清华大学计算机系列教材

王爱英 主编

计算机组成与结构

（第5版）

清华大学出版社
北京

内 容 简 介

本书共分 12 章。第 1 章~第 10 章主要论述计算机的基本组成原理和结构，内容包括数制和码制，基本逻辑部件，构成计算机系统的中央处理器(CPU)、存储器系统以及输入输出(I/O)系统等。第 11 章讨论了计算机系统和基于互联网的应用。第 12 章介绍了计算机硬件技术的发展及其实施基础。

本书可作为理工科大学生学习"计算机组成与结构"课程或"计算机组成原理"课程的教材，也可供计算机研发和应用领域的工程技术人员参考。

图书在版编目（CIP）数据

计算机组成与结构/王爱英主编. —5 版. --北京：清华大学出版社，2013.1（2022.8重印）
清华大学计算机系列教材
ISBN 978-7-302-29011-7

Ⅰ．①计…　Ⅱ．①王…　Ⅲ．①计算机体系结构－高等学校－教材　Ⅳ．①TP303

中国版本图书馆 CIP 数据核字(2012)第 123044 号

责任编辑：白立军　战晓雷
封面设计：傅瑞学
责任校对：白　蕾
责任印制：宋　林

出版发行：清华大学出版社
　　　　网　　　址：http://www.tup.com.cn, http://www.wqbook.com
　　　　地　　　址：北京清华大学学研大厦 A 座　　　　邮　　编：100084
　　　　社 总 机：010-83470000　　　　　　　　　　邮　　购：010-62786544
　　　　投稿与读者服务：010-62776969，c-service@tup.tsinghua.edu.cn
　　　　质量反馈：010-62772015，zhiliang@tup.tsinghua.edu.cn
　　　　课件下载：http://www.tup.com.cn,010-83470236
印 装 者：大厂回族自治县彩虹印刷有限公司
经　　销：全国新华书店
开　　本：185mm×260mm　　印　张：21.25　　　　字　　数：521 千字
版　　次：1989 年 7 月第 1 版　　2013 年 1 月第 5 版　　印　　次：2022 年 8 月第22次印刷
定　　价：49.00 元

产品编号：043913-02

前 言

本书是为计算机专业的学生以及从事计算机科学与技术研究与开发的工程技术人员编写的,但同样适合电子类其他专业(如自动化、微电子、通信等)的学生使用。本书从计算机基本原理讲起,密切注意与当前计算机发展水平相结合,内容广泛,同时力图贯彻少而精的原则。

本书于 1989 年初次出版,第 2、3、4 版分别在 1995 年、2001 年和 2007 年问世。承蒙各界厚爱,本书发行量已达到 60 余万册,并先后获得电子部和教育部的奖励,被评定为北京高等教育精品教材。众所周知,计算机应用推广极为迅猛,计算技术与移动通信、视频技术日益融合。为了更好地为教学和读者服务,我们不断对本书进行修订,跟踪技术的发展,调整和充实内容,并提高可读性,以有利于教学工作的开展。

改革开放以来,我国经济建设各方面取得了很大成就,在科学、技术和制造等领域,正从引进向创新阶段迈进,只有创新才能自立。计算机软件和微电子是国家重点发展的目标,计算机软件运行在计算机上,微电子的水平体现在微处理器的设计和制造能力上,其他学科也有类似情况,这就说明了为什么多个专业都需要了解计算机硬件。

在本书中我们把计算机结构定义为系统程序员所能见到的计算机硬件特性,计算机组成则是指计算机硬件的具体实现。

本书的第 1 章对计算机系统进行了综述,第 2 章～第 10 章着重阐述构成一台计算机的基本原理。由于计算机技术发展很快,某些观点会随着计算机的发展而产生变化,因此希望读者着重于基本原理的理解。例如,对于计算机的各个功能部件,应着重了解它们在整机中的作用以及由此而分配给各部件所要完成的任务,从而正确设计或选用硬件,而不致被众多的、风格各异的计算机结构及组成所迷惑。根据摩尔定律,半导体芯片的集成度每隔 18 个月翻一番,计算机的功能和性能也随之提高,由此可理解计算机技术的发展是必然的。这就可以说明为什么过去仅在大型机中才采用的流水线组织、并行处理、cache 和虚拟存储器等技术可以移到微处理器芯片中去实现。随着互联网(Internet)的发展,计算机和网络已融为一体,对计算机的结构影响很大;更由于操作系统与硬件、网络和应用关系密切,因此在第 11 章中介绍了操作系统和计算机网络的基本概念,为后续课程的学习起引导作用。

第 12 章讲述了计算机硬件技术的发展及其实施基础,强调了计算机向高性能和普及应用方向发展的实现与采取的技术措施。目前计算机的硬件设计已深入到微电子领域,作为计算机、自动化、微电子和电子类其他专业的学生,今后会有一部分人从事硬件设计工作。因此在本章中介绍一些基础知识。

本书的第 1 版经过当时的清华大学计算机系“计算机原理”教学小组讨论、参与和试用。后来因计算机科技的发展以及进一步提高教学质量等原因,对本书进行了多次重大的修改、调整和补充。在本书第 4 版中,第 2 章和第 12 章的部分内容(硬件描述语言)由王尔乾编写,蔡月茹提供了一部分习题和答案。在第 5 版中,第 11 章由杨蔚明编写,杨健、叶郁和杨蔚明提供了与当前计算技术和应用相关的资料。王爱英对全书进行了修改和整理。在此向所有为本书的出版付出劳动的老师和同事们表示感谢。

最后向使用本书作为教材的老师和同学们以及广大的读者表示感谢,正是依靠你们,本书的作用才得以发挥。

编　者

2012 年 5 月

目　　录

第1章 计算机系统概论

电子技术、通信技术的发展和军事上的需求促使了计算机的诞生,计算技术的进步使计算机系统从一台计算机独立工作,发展到众多计算机组成网络相互配合工作。计算机系统由软件系统和硬件组成,应用领域极为广泛。本章将对上述内容进行概要介绍,以便于读者进一步学习后续各章。

1.1 计算机的诞生和发展

1943—1946 年美国宾夕法尼亚大学研制的电子数字积分器和计算机 ENIAC(electronic numerical integrator and computer)是世界上第一台电子计算机。当时第二次世界大战正在进行,为了进行新武器的弹道问题中许多复杂的计算,在美国陆军部的资助下开展了这项研究工作,ENIAC 计算机于 1946 年 2 月正式交付使用,是现代计算机的始祖。

ENIAC 计算机共用 18 000 多个电子管,1500 个继电器,重达 30 吨,占地 170 平方米,耗电 140kW,每秒钟能计算 5000 次加法,领导研制的是埃克特(J. P. Eckert)和莫克利(J. W. Mauchly)。ENIAC 计算机存在两个主要缺点:一是存储容量太小,只能存 20 个字长为 10 位的十进制数;二是用线路连接的方法来编排程序,因此每次解题都要依靠人工改接连线,准备时间大大超过实际计算时间。

与 ENIAC 计算机研制的同时,冯·诺依曼(von Neumann)与莫尔小组合作研制 EDVAC 计算机,采用了存储程序方案,即把解题过程中的每一步用指令表示,并按执行顺序编写而成为程序,存放在存储器中。其后在相当长一段时间内开发的计算机与 EDVAC 计算机的方案基本保持一致,称为冯·诺依曼型计算机。一般认为冯·诺依曼型计算机具有如下基本特点。

(1) 计算机由运算器、控制器、存储器、输入设备和输出设备 5 部分组成。

(2) 采用存储程序的方式,程序和数据放在同一个存储器中,并以二进制码表示。

(3) 指令由操作码和地址码组成。

(4) 指令在存储器中按执行顺序存放,由指令计数器(即程序计数器 PC)指明要执行的指令所在的存储单元地址,一般按顺序递增,但可按运算结果或外界条件而改变。

(5) 机器以运算器为中心,输入输出设备与存储器间的数据传送都通过运算器。

60 多年来,随着技术的发展和新应用领域的开拓,对冯·诺依曼型计算机作了很多改革,使计算机系统结构有了很大的新发展。

根据电子计算机所采用的物理器件的发展,一般把电子计算机的发展分成 5 个阶段,习惯上称为五代。相邻两代计算机之间时间上有重叠。

第一代:电子管计算机时代(从 1946 年第一台计算机研制成功到 20 世纪 50 年代后期)。其主要特点是采用电子管作为基本器件。在这一时期,主要为军事与国防尖端技术的需要而研制计算机,并进行有关的研究工作,为计算机技术的发展奠定了基础,其研究成果扩展到其他先进科研领域,形成了计算机工业。

20 世纪 50 年代中期,美国 IBM 公司在计算机行业中崛起,1954 年 12 月推出的 IBM650(小型机)是第一代计算机中行销最广的机器,销售量超过 1000 台。1958 年 11 月问世的 IBM709(大型机)是 IBM 公司性能最高的最后一台电子管计算机产品。

第二代:晶体管计算机时代(从 20 世纪 50 年代中期到 60 年代后期)。这一时期计算机的主要器件逐步由电子管改为晶体管,因而缩小了体积,降低了功耗,提高了速度和可靠性。而且价格不断下降。后来又采用了磁芯存储器,使速度得到进一步提高。不仅使计算机在军事与尖端技术上的应用范围进一步扩大,而且在气象、工程设计、数据处理以及其他科学研究等领域内也应用起来。在这一时期开始重视计算机产品的继承性,形成了适应一定应用范围的计算机"族",这是系列化思想的萌芽,从而缩短了新机器的研制周期,降低了生产成本,实现了程序兼容,方便了新机器的使用。

1960 年控制数据公司(CDC)研制了高速大型计算机系统 CDC6600,于 1964 年完成,取得了巨大成功,深受美国和西欧各原子能、航空与宇航、气象研究机构和大学的欢迎,使该公司在研究和生产科学计算高速大型机方面处于领先地位。1969 年 1 月,水平更高的超大型计算机 CDC7600 研制成功,平均速度达到每秒千万次浮点运算,成为 20 世纪 60 年代末、70 年代初性能最高的计算机。

第三代:集成电路计算机时代(从 20 世纪 60 年代中期到 70 年代前期)。这一时期的计算机采用集成电路作为基本器件,因此功耗、体积和价格等进一步下降,而速度及可靠性相应地提高,这就促使了计算机的应用范围进一步扩大。正是由于集成电路成本的迅速下降,产生了成本低而功能不是太强的小型计算机供应市场。

小型机规模小、结构简单,所以设计试制周期短,便于及时采用先进工艺,生产量大,硬件成本低;同时由于其软件比大型机的简单,所以软件成本也低。再加上容易操作、容易维护和可靠性高等特点,使得管理机器和编制程序都比较简单,因而得以迅速推广,掀起一个计算机普及应用的浪潮。DEC 公司的 PDP-11 系列是 16 位小型机的代表。

IBM360 系统是最早采用集成电路的通用计算机,也是影响最大的第三代计算机。在 1964 年宣布 IBM360 系统时就有大、中、小型等 6 个计算机型号,平均运算速度从每秒几千次到一百万次,它的主要特点是通用化、系列化和标准化,说明如下:

通用化:指令系统丰富,兼顾科学计算、数据处理和实时控制 3 个方面。

系列化:IBM360 各档机器采用相同的系统结构,即在指令系统、数据格式、字符编码、中断系统、控制方式、输入输出操作方式等方面保持统一,从而保证了程序兼容,当用户更换新机器时,原来在低档机上编写的程序可以不作修改就使用在高档机中。IBM360 系统后来陆续增加的几种型号仍保持与前面的产品兼容。

标准化:采用标准的输入输出接口,因而各个机型的外部设备是通用的。采用积木式结构设计,除了各个型号的中央处理器独立设计以外,存储器和外部设备都采用标准部件组装。

第四代:大规模集成电路计算机时代。20 世纪 70 年代初,半导体存储器问世,迅速取代了磁芯存储器,并不断向大容量、高速度发展。此后,半导体芯片集成度大体上每 18 个月翻一番,这就是著名的摩尔定律。1971 年内含 2300 个晶体管的 Intel 4004 芯片问世。

20 世纪 70 年代中期,32 位高档小型机开始兴起,DEC 公司的 VAX11/780 于 1978 年开始生产,应用极为广泛。VAX11 系列与 PDP11 系列是兼容的。80 年代以后,精简指令系统计算机(RISC)问世,导致小型机性能大幅度提高。

小型机的出现打开了在控制领域应用计算机的局面,许多大型分析仪器、测量仪器和医疗仪器使用小型机进行数据采集、整理、分析和计算等。应用于工业生产上的计算机除了进行上述工作外还可进行自动控制。

利用 4 位微处理器 Intel 4004 组成的 MCS-4 是世界上第一台微型机,微型机的出现与发展,掀起了计算机大普及的浪潮。Intel 8086 是最早开发成功的 16 位微处理器(1978年)。1981 年 32 位微处理器 Intel 80386 问世,与原来的产品相比较,除了提高主频速度外,还将原属片外的有关电路集成到片内。

32 位微处理机采用过去大中型计算机中所采用的技术,因此用它构成的微型机系统的性能可以达到 20 世纪 70 年代大中型计算机的水平。

20 世纪 70 年代后期,兴起个人计算机(PC,一种独立微型机系统)热潮,最早出现的是 Apple 公司的 Apple II 型微机(1977 年),此后各种型号的个人计算机纷纷出现。1981 年 IBM 公司推出了 IBM PC,其后采用 Intel 公司的微处理器芯片和微软公司操作系统组成的微机成为主流产品。

第五代:超大规模集成电路(VLSI,ULSI)计算机时代。

VLSI 芯片内含 $10^5 \sim 10^7$ 个晶体管,ULSI 芯片内含 $10^7 \sim 10^9$ 个晶体管。目前高性能微处理器芯片所含的晶体管数已突破 10 亿个,计算机向高性能和普及应用两个方向迅速发展。

在各个时期,促进先进技术发展的是大型计算机,其中以 IBM 公司的大型通用计算机影响最大。后来不少先进技术被小型机和微型机采用。微型机向小型化发展,出现了笔记本电脑和平板电脑等。计算技术与通信技术结合产生了智能手机等。尤其是将地理上分散的多台可独立运行的计算机,通过软硬件的配合和互连,实现信息交换、资源共享(存储和计算)、协同工作等功能,从而实现了到处可见的计算机网络。

硬件、软件和网络已构成计算机系统中不可缺少的组成部分,目前计算机已广泛应用于军事、航天事业、科学研究、设计、管理、控制和个人的生活及娱乐活动中。

1.2　计算机的硬件

1. 计算机中执行的程序

在计算机中能执行的程序是由指令组成的,因此计算机执行程序的过程,实际上就是按照给定次序执行一组指令的过程。

一条指令通常分成两部分。

(1) 操作码。规定该指令执行什么样的运算(或操作),因此被命名为操作码。

(2) 地址码。规定对哪些数据进行运算,通常表示的是数据地址,因此被称为地址码。当前,计算机指令类型很多,各条指令的功能差异很大,并不局限于对数据进行运算,甚至有的指令中不需要地址,因此地址码的含义是灵活多变的。在第 5 章指令系统中专门讨论这个问题。

由于二进制码不易辨认,因此往往用符号来表示一条指令,例如加法运算指令可用符号表示如下:

```
ADD A,B
```

其中 ADD 为指令的操作码,A、B 为两个操作数的地址码,并隐含指定将运算结果送到地址

A 或 B 中。假如 A 中已存放有二进制数 0010,B 中为 0011,并默认运算结果送 A,那么执行本条指令以后,A 中的内容将更换成 0101,B 中的内容保持不变,仍为 0011。

假如需要得到 $d=b^2-4ac$ 的值,当用符号来表示指令时,其程序如下:

	程序		注释(运算结果)
1.	MUL	B B	;b^2 送入 B
2.	MUL	A E	;4a 送入 A
3.	MUL	A C	;4ac 送入 A
4.	SUB	B A	;b^2-4ac 送入 B
5.	MOV	D B	;b^2-4ac 从 B 传送到 D
A		a	;数据
B		b	;数据
C		c	;数据
D		d	;数据
E		4	;数据

其中 1~5 条为指令,MUL 为乘法指令的操作码,SUB 为减法指令的操作码,MOV 为传送指令的操作码。A、B、C、D、E 分别表示存储数 a、b、c、d 及常数 4 的地址,上述这些指令统称为算术逻辑运算指令。

指令前面的序号表示指令的执行顺序,也表示该指令在存储器中的相对位置,必须按此顺序将指令存放在相邻的存储单元中。

例如,第 1 条指令存放在地址为 n 的存储单元中,则其后继的指令依次存放在地址为 $n+1$、$n+2$、$n+3$ 和 $n+4$ 的存储单元中。编制程序时还需考虑求得 d 值后机器如何运行的问题。如果已不再需要进行其他工作,则在 $n+5$ 存储单元可安排一条停机指令或动态停机指令(等待指令)。动态停机指令不完成任何有效的具体操作,仅使计算机处于"空转"状态,待有某些特定信号(如中断信号,见本书第 10 章)来到时,才转到相应的程序入口继续运行。如果还需要进行其他工作,则从 $n+5$ 开始继续编制程序,或者安排一条转移指令,将程序转到需执行处。

数据地址 A、B、C、D 和 E,从原则上讲,相互之间不受约束,即可存放在主存储器任何有空闲的地方。但习惯上经常也是顺序安放的,于是可将程序改写如下:

n	MUL	$n+7$	$n+7$		$n+6$	a
$n+1$	MUL	$n+6$	$n+10$		$n+7$	b
$n+2$	MUL	$n+6$	$n+8$		$n+8$	c
$n+3$	SUB	$n+7$	$n+6$		$n+9$	d
$n+4$	MOV	$n+9$	$n+7$		$n+10$	4
$n+5$	HLT					

HLT 为停机指令。

2. 计算机硬件的组成

组成计算机的基本部件有中央处理器(CPU,运算器和控制器)、存储器和输入输出设备。

输入设备用来输入原始数据和处理这些数据的程序。输入的信息有数字符、字母和控制符等，人们经常用 8 位二进制码表示一个数字符(0～9)、一个字母或其他符号。当前通用的是 ASCII 码，它用 7 位二进制码表示一个字符。在计算机中一般把 8 位二进制码称为一个字节，最高的一位可用于奇偶校验或作其他用处。在我国使用的计算机一般有处理汉字的能力，详见本书第 9 章。

输出设备用来输出计算机的处理结果，可以是数字、字母、表格和图形图像等。最常用的输入输出设备是显示终端和打印机。终端设备采用键盘作为输入工具，处理结果显示在屏幕上，而打印机则将结果打印在纸上。除此以外，为了监视人工输入信息的正确性，在用键盘输入信息时，将刚输入的信息显示在屏幕上，如有错误，可及时纠正。

目前常见的输入输出信号还有图像、影视和语音等。

存储器用来存放程序和数据，存储器又有主存储器和辅助存储器之分。主存储器是计算机各种信息的存储和交流中心，可与 CPU、输入输出设备交换信息，起存储、缓冲和传递信息的作用。当前正在计算机上运行的程序和数据是存放在主存储器中的。

中央处理器又叫 CPU，在早期的计算机中分成运算器和控制器两部分，由于电路集成度的提高，早已把它们集成在一个芯片中。

运算器是对信息或数据进行处理和运算的部件，经常进行的是算术运算和逻辑运算，所以在其内部有一个算术及逻辑运算部件(ALU)。算术运算是按照算术规则进行的运算，例如加、减、乘、除、求绝对值、求负值等。逻辑运算一般是指非算术性质的运算，例如移位、逻辑乘、逻辑加和按位加等。在计算机中，一些复杂的运算往往被分解成一系列算术运算和逻辑运算。

当 CPU 处理的数据局限于整数时，这个 CPU 有时被称为整数运算部件(IU)。为了快速而有效地对实数进行处理，一般 CPU 中都设置有浮点运算部件。

控制器主要用来实现计算机本身运行过程的自动化，即实现程序的自动执行。在控制器控制之下，从输入设备输入程序和数据，并自动存放在存储器中，然后由控制器指挥各部件(运算器、存储器等)协同工作以执行程序，最后将结果打印(或以其他方式)输出。作为控制用的计算机则直接控制对象。

在计算机中，各部件间来往的信号可分成 3 种类型，即地址、数据和控制信号。通常这些信号是通过总线传送的，如图 1.1 所示。CPU 发出的控制信号经控制总线送到存储器和输入输出设备，控制这些部件完成指定的操作。与此同时，CPU(或其他设备)经地址总线向存储器或输入输出设备发送地址，使得计算机各个部件中的数据能根据需要互相传送。输入输出设备和存储器有时也向 CPU 送回一些信号，CPU 可根据这些信号来调整本身发出的控制信号。现代计算机还允许输入输出设备直接向存储器提出读写要求，控制数据传送。

随着微电子技术工艺上的进步，集成度的提高，硬件价格下降。再加上软件的发展，简化了使用者编写程序和操作机器的过程。从而扩大了计算机的应用范围，既可应用于尖端科研、高速计算和大容量存储等领域，又可设计成简单的嵌入式设备，成为将计算机集成在一个芯片的片上系统(SoC)。

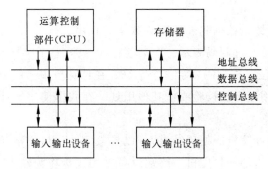

图 1.1 以总线连接的计算机框图

3. 计算机系统的分类

随着计算机系统结构的发展,出现了各种复杂程度不同、运算速度和处理能力各异的计算机系统,同时也出现了对计算机系统进行分类的各种方法。目前常用的是 1966 年弗林根据指令流和数据流数量进行分类的方法。其中指令流是机器执行的指令序列,数据流是由指令流调用的数据序列。可将计算机系统分成下列 4 类。

1) 单指令流单数据流(SISD)计算机系统

通常由一个处理器和一个存储器组成。典型的 SISD 计算机每次执行一条指令,每次从存储器取(或存)一个数据,为了提高运算速度,有些 SISD 计算机设置了指令流水线和运算操作流水线,有些还设置了多个功能部件和多体交叉存储器。

2) 单指令流多数据流(SIMD)计算机系统

通常由一个指令控制部件、多个处理器和多个存储器组成。各处理器和各存储器之间通过系统内部的互连逻辑电路进行通信。在程序运行时由指令控制部件向各个处理器传送同一条指令,处理器执行指令时所需的数据是从存储器中取的,各处理器所处理的数据是各不相同的,这就是多数据流。

3) 多指令流单数据流(MISD)计算机系统

MISD 计算机系统在同一时刻执行多条指令,但处理同一个数据。大多数人认为能列在这一系统中的计算机很少或根本不存在。

4) 多指令流多数据流(MIMD)计算机系统

典型的 MIMD 计算机系统由多台处理器(包括指令控制部件和处理器)和多个存储器组成,并有一个系统内部的互连逻辑电路实现各处理器和各存储器之间的通信。每台处理器执行各自的指令,存取各自的数据(各不相同)。

1.3   计算机的软件

早期,计算机的使用者必须用二进制码表示的指令编写程序(一般用八进制或十六进制书写),称为机器语言程序。在 20 世纪 50 年代,出现了符号式程序设计语言,称为汇编语言,程序员可用 ADD、SUB、MUL 和 DIV 等符号分别表示加法、减法、乘法、除法的操作码,并用符号来表示指令和数据的地址。汇编语言程序的大部分语句是和机器指令一一对应的。用户用汇编语言编写程序后,依靠计算机将它翻译成机器语言(二进制代码),然后再在计算机上运行。这个翻译过程是由系统程序员提供的汇编程序实现的。

翻译程序有编译程序和解释程序两种。

编译程序是将人们编写的源程序中全部语句翻译成机器语言程序后,再执行机器语言程序。假如一个题目需要重复计算几遍,那么一旦翻译以后,只要源程序不变,不需要再次进行翻译。但源程序若有任何修改,都要重新经过编译。

解释程序则是在将源程序的一条语句翻译成机器语言以后立即执行它(而且不再保存刚执行完的机器语言程序),然后再翻译执行下一条语句。如此重复,直到程序结束。它的特点是翻译一次只能执行一次,当第二次重复执行该语句时,又要重新翻译,因而效率较低。

用机器语言或汇编语言编写应用程序的工作量很大,容易出错,要求编写应用程序的人员对计算机的硬件和指令有正确、深入的理解,应用专业知识丰富,编程技巧熟练。

为了管理计算机硬件各部件的工作,早期开发了管理程序,后来发展到操作系统和网络操作系统。

操作系统合理地组织计算机的工作流程,管理和分配存储空间,控制和管理外部设备,并提供给用户使用计算机的良好界面,使用户不必了解硬件和软件的细节就可较方便地使用计算机。

操作系统本身也是一组程序,目前一般是由系统程序员用 C++、Java 等语言编写的,经翻译成机器语言后再存入计算机中。操作系统中控制和管理外部设备的程序称为 BIOS。大多数操作系统(如 Windows)提供了一种基于图形人机界面的窗口式操作环境(屏幕),通过对屏幕上各种图形和符号的简单操作,实现对计算机的使用。

当前用户的应用程序一般是用高级语言(如 C++、FORTRAN 和 Java 等)编写的,是由英文字母、数字和运算符号等按照一定的语法规则组成的。先将其翻译成操作系统支持的表达形式,再翻译成机器语言程序,才能在计算机硬件上运行,计算机系统的多级层次结构如图 1.2 所示。

图中的"中间件/平台级"在当前的计算机系统中还不是必须设置的,由于应用程序与操作系统之间的通信接口尚未标准化,造成了在不同计算机上编写的应用程序不能相互交换使用(即缺乏互操作性),期望经过专家讨论,能在操作系统之上形成较为标准的平台,降低上述弱点造成的影响。

当前计算机中使用的系统软件(高级语言的编译程序、中间件、操作系统等)需要翻译成机器语言后在用户的计算机中存放,以便于用户的使用。

计算机硬件是实际存在的机器,配上操作系统后,就称为虚拟计算机,对应用程序员来说,他并不需要了解计算机的组成。而且目前存在多种操作系统,常用的有 Windows、

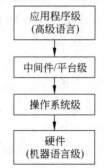

图 1.2　计算机系统的多级
层次结构

UNIX、Linux 等,使用不同的操作系统,出现在人的面前就成了不同的计算机了。随着硬件资源的丰富,在软硬件配合下出现了众多虚拟化情况,例如,多道程序的并行操作、虚拟存储器、云计算等。

广泛应用计算机的结果,在科学计算、数据处理、商业经营、经济管理、工业控制、工程设计、个人消费和娱乐等领域中开发出各自的程序,称为应用软件。计算机厂家向用户提供软件(系统软件和应用软件)时与硬件分别计价,并产生了专门从事软件研制、生产和销售工作的软件公司(如美国的微软公司)。但是软件的发展跟不上需要,软件费用急剧增长,这是因为硬件是工业化生产,价格不断下降;而软件为人工劳动,生产率低。一些科学家提出了软件工程的概念,对软件开发实行工程化管理,以期得到廉价、可靠、有效的软件。软件还具有容易复制的特点,软件成果容易被别人占有,因此影响了软件开发者进行软件开发及将软件投入市场的积极性。为了保护软件不被剽窃,可以采取加密码等技术措施以及低价销售、随硬件提供等经营措施。这些措施能发挥一定的保护作用,但不能彻底解决问题,因此由国家来制定和实施对软件的保护法律是至关重要的,国与国之间相互承担保护对方公民(和法人)软件的义务已成为各国之间经济合作关系的一个重要组成部分。

1.4 计算机网络基础

1. 计算机网络基础知识

计算机技术和通信技术的结合产生了计算机网络。

凡是地理位置不同,并具有独立功能的多个计算机系统,通过通信设备和线路互相连接起来,并配以功能完善的网络软件,实现资源共享、信息交换和协同工作的系统,称为"计算机网络"。这里所说的资源可以是信息、计算机、磁盘驱动器、打印机以及各种软件等;连接的介质可以是双绞线、同轴电缆和光纤等有线信道,也可以是通过载波调制实现的无线信道,这种介质可以是为计算机网络专设的,也可以使用电话线等。

双绞线是把两根分别包有绝缘层的铜线绞在一起,一根导线在传输中辐射的电波会被另一根导线上发出的电波抵消,这样就降低了信号的干扰程度。

同轴电缆是一个圆柱体,电缆中间的铜线是信号线,在其周围是以信号线为轴心的用铜丝编织而成的地线,信号线与地线之间为绝缘层。这种线的抗干扰能力强,信号失真小。以太网通常用同轴电缆。

光缆是由超细玻璃丝或熔硅纤维制成的线。

光传输系统由 3 部分组成:

① 传输介质(传输线)为光缆;

② 光源是发光二极管 LED 或激光二极管,前者的传输距离为几千米,后者可达 100km;

③ 接收信号的检测器利用光电二极管检测信号。

按照网络内连接的计算机的地域覆盖范围,可将网络分成局域网、城域网和广域网。

(1) 局域网(local area network,LAN)。网内所有计算机之间的距离比较短,一般在 2.5km 之内;数据传输率在 1Mbps~1000Mbps 之间。Mbps 为兆位/秒。

（2）城域网（metropolitan area network，MAN）。网内计算机之间的距离可达到 10km。

（3）广域网（wide area network，WAN）。通过通信线路（专用线、电话线或卫星）将远距离（甚至全世界）的计算机连接起来。

通信中传输信息的通道称为信道。如果有多个信息源以及多个接收端经过传输介质连接在一起进行信息通信与共享，则称该信道为共享信道。如果两台进行通信的计算机之间有一条专用的通道（非共享）连接起来，则称为点对点（或端到端）连接。

如果连接 A、B 设备的信道允许 A、B 双方同时向对方传输信息，称该信道为全双工信道；如果该信道只允许设备 A 或 B 单方向传输信息（例如电视信号），该信道被称为单工信道；如果通信双方可以交替地发送和接收信息，该信道称为半双工信道。

当传输的数据量较大时，将长时间占用通信线路，就可能会延误其他计算机传送数据，为此限制计算机每次所能传输的数据量。计算机网络采用分组方式发送数据信息，把一个要传输的完整的信息内容按照所规定的长度划分为多个数据组后按组进行传输，分组由一个数据组加上发送和接收站点的地址以及控制字符组成。当计算机传送完一个分组后，如果线路上有其他计算机请求传送时，则让所有请求传送的计算机轮流发送分组。其结果是，短的信息无须等待长信息发送结束，就可以发送出去了。

计算机中的信息以 0、1 两种方式出现，用以表示的电脉冲信号呈现方波形式，其所占据的频带通常为直流和低频，称为基带信号。在传输距离较近时，计算机网络系统都采用基带传输方式。而在远程传输中，特别是通过无线信道或光信道进行的数据传输中，数字基带信号经过高频调制后成为宽带传输信号中的一部分，才能在信道中进行传输。在数字通信系统中大多采用载波调幅传输方式，有载波输出表示 1，无载波输出表示 0，如图 1.3 所示。

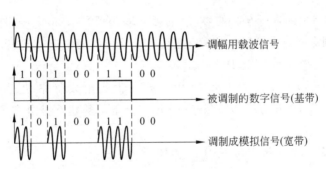

图 1.3　载波调幅信号

经过调制的信号在传输到接收端之后要通过滤波器滤掉相应的载波信号、噪声与干扰，从而恢复原来的基带信号，这一过程称为解调，其相应的设备叫解调器。将基带信号变换为调制信号的设备叫调制器。由于计算机通信时，既要接收信号，也要发送信号，因此需要具有调制和解调功能的设备，即调制解调器。

宽带信道可以同时传送数字、音频和视频信号，对它们采用不同频率的载波进行调制，调制后的信号称为模拟信号。

为了不同的计算机能在网络中协调工作，而制定了各种网络标准（或称为网络协议）。

2. 网络协议（ISO/OSI 基本参考模型、TCP/IP 协议）

1) ISO/OSI 基本参考模型

为了将不同类型、不同操作系统的计算机互连起来形成计算机网络，实现资源共享，需要有一个共同遵守的标准或协议。国际标准化组织（ISO）提出了"开放系统互连基本参考模型 OSI（Open System Inter-Connection-basic reference model）"，即 ISO/OSI 参考模型。

该模型将网络功能分成 7 个层次，从高到低为应用层、表示层、会话层、传输层、网络层、数据链路层和物理层，其最高层（应用层）是人与网络系统的接口，其任务是向用户提供各种服务，例如文件服务、检索服务、计算服务、共享打印机服务和电子邮件等。

网络的最低层为物理层，由硬件接口（例如以太网）实现计算机之间的数据传送。数据以二进制位流或字符流的形式组成。

在物理层和应用层之间的 5 层则用来解决两台计算机之间传送数据时产生的问题。例如，两台计算机的硬件或操作系统可能是完全不同的，相互之间如何进行操作；要传送的数据量很大，如何将它们分段后再传送；如何检查传送过来的数据是否有错；如何选择数据的传输路径等。

ISO/OSI 参考模型对每一层规定了需要遵守的约定和规则（称为协议），不同的计算机遵循同一协议，就可以在网络上运行了。

以上所述功能都是由网络的软、硬件自动完成的，用户不必为之费心，实际应用的网络与上述参考模型有差异。

2) TCP/IP

TCP/IP 是网络之间进行互联的协议（网际互联协议）。1969 年美国国家科学基金会（NSF）、能源部、国家航空宇航局（NASA）把其下属单位的网络连接起来，组成 ARPANET 网，经过推广和发展产生了 TCP/IP 协议。

互联网（Internet）是 20 世纪 80 年代兴起的世界上发展最快、用户最多的网络。Internet 使用的是 TCP/IP 协议。每个连入 Internet 的计算机都被分配了一个 IP 地址，这个地址是全球唯一的。

IP 协议根据其版本分为 IPv4 和 IPv6 协议。

（1）IPv4 地址

TCP/IP 协议规定，每台连到 Internet 的主机地址长 4 字节（32 位），用点号分隔的 4 个十进制数表示。例如，166.111.16.5 是某台指定计算机的 IP 地址。

与 IP 地址相比较，人们更偏爱使用字母表示计算机地址。Internet 允许用户为自己的计算机命名，如果不发生重名现象，可用此名字来代替其 IP 地址。同时 Internet 提供了一种服务，自动将计算机名字翻译成十进制数字表示的 IP 地址。

（2）IPv6 地址

长度为 128 位，它含有的地址数是 3.4×10^{38}，能够为所有可以想象出的网络设备提供一个全球唯一的地址。128 位地址被划分为 8 个 16 位部分，每个部分用十六进制表示。

习　题

1.1　说明高级语言、汇编语言和机器语言三者的差别和联系。

1.2　计算机硬件由哪几部分组成？各部分的作用是什么？各部分之间是怎样联系的？

1.3　计算机系统可分为哪几个层次？说明各层次的特点及其相互联系。

1.4　操作系统的作用是什么？

1.5　如何划分计算机发展的 5 个阶段（第一代～第五代）？当前广泛应用的计算机主要采取哪一代的技术？

1.6　列出通用机、小型机和微型机等计算机的典型机种以及这些计算机的主要应用范围。

1.7　早期的主机系统的主要特点是什么？

1.8　计算机能够普及应用的主要原因是什么？

1.9　冯·诺依曼型计算机的结构特点是什么？

1.10　试用机器语言编写求 5 个数平均值的程序（自定指令系统）。

1.11　SISD、SIMD 和 MIMD 计算机系统的主要差别是什么？

1.12　什么是局域网、广域网和互联网？试解释 IP 地址。

1.13　请解释网络中传输信息的两种方式：基带传输和宽带传输。

1.14　请说明制订标准（或协议）对计算机和网络的重要性。

第 2 章 计算机的逻辑部件

本章介绍设计和实现计算机逻辑部件的集成电路。

2.1 计算机中常用的组合逻辑电路

如果逻辑电路的输出状态仅和当时的输入状态有关,而与过去的输入状态无关,称这种逻辑电路为组合逻辑电路。在本节中将介绍三态门、异或门、加法器、算术逻辑单元、译码器、数据选择器等常见的组合逻辑电路。

2.1.1 三态电路

三态电路是一种重要的总线接口电路,在数字系统中得到了广泛的应用。

所谓"三态",是指正常 0 态、正常 1 态和高阻态 Z。其中,前两种状态的输出阻抗很低,所以又称为低阻 0 态和低阻 1 态。而高阻态是指三态电路的输出呈高阻。多个三态电路的输出可以连接在一起去驱动总线。当接在总线上的三态电路输出为高阻态时,电路在形式上是和总线相连的,但实际上可以看成是和总线"脱开"的。高阻态简称 Z 态。

三态反相门的功能表及逻辑图示于图 2.1。它有一个三态控制端 $\bar{G}$。当 $\bar{G}=0$,反相门输出 $Y=\bar{A}$;当 $\bar{G}=1$,电路输出呈高阻,此时 Y 记作:$Y=Z$。电路的输出表达式为

$$Y = \bar{G}Z + \bar{G}\bar{A}$$

还有一种三态电路,其三态控制端 $G=1$ 时,电路处于正常态;当 $G=0$ 时,$Y=Z$,图 2.2 是它的功能表及逻辑图。

功能表			
$\bar{G}$	$\bar{Y}$		$A\!-\!\rhd\!\circ\!-\!Y$
0	$\bar{A}$		$\bar{G}$
1	Z		

功能表			
$\bar{G}$	$\bar{Y}$		$A\!-\!\rhd\!\circ\!-\!Y$
0	Z		$\bar{G}$
1	$\bar{A}$		

图 2.1 三态反相门(1)的功能表及逻辑图   图 2.2 三态反相门(2)的功能表及逻辑图

图 2.3 是三态反相门的时序图。在时序图上常用"不高不低"的"中间线"来表示 Z 态,数据输入到输出有上升延迟和下降延迟。

若干个三态门共同驱动总线是最常见的应用。

在图 2.4 中,当总线传送数据时应该只有一个三态门处于正常态,其余的三态门均应处于高阻态。图中,如 D_1 要通向总线,那么 D_2 和 D_3 就应被禁止。所以,此时 $\bar{G}_1$ 应为 0,$\bar{G}_2$、$\bar{G}_3$ 应为 1。这样,三态门 1 和总线"接通",三态门 2、3 因呈高阻态而和总线"脱开"。

如果原来是 D_1 通过总线,现要改由 D_2 通过总线,那么 $\bar{G}_1$ 应由 0 变为 1,$\bar{G}_2$ 应由 1 变为 0,即:门 1 应由正常态变为高阻态,门 2 应由高阻态变为正常态。但是,应该使 $\bar{G}_1$ 的正

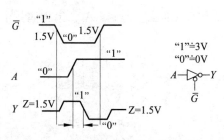

图 2.3　Z 态在时序图中的表示

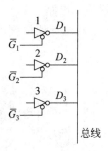

图 2.4　三态门应用实例

跳变先于 $\overline{G_2}$ 的负跳变到来为好,这样,门 1 和门 2 有一段时间均为高阻态,然后门 2 再进入正常态。如果不是这样,就会出现门 1 和门 2 同时和总线"接通"的情况,从而扰乱总线的正常工作。

为可靠起见,三态电路由正常态转变为高阻态的过程总是快于高阻态向正常态的转变的(查阅电路参数手册可得),这样,即使 $\overline{G_2}$ 的负跳变和 $\overline{G_1}$ 的正跳变同时到来,也不能出现门 1 和门 2 同时处于正常态的情况。

2.1.2　异或门及其应用

异或门的功能表和逻辑图如图 2.5 所示。应用举例如下。

1) 原码/反码输出电路

若把异或门的一个输入端作控制端,另一输入端为数码输入端,由功能表可知:当控制端为 1 时,输出为输入的反码;当控制端为 0 时,输出为输入的原码。图 2.6 是四位原/反码输出电路。

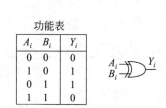

图 2.5　异或门的功能表和逻辑图

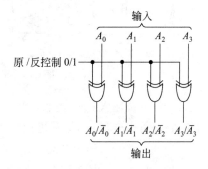

图 2.6　四位原/反码输出电路

2) 半加器

当两数码 A_i、B_i 做算术加(称半加);只要把 A_i、B_i 加在异或门的输入端,由异或门功能表可知,输出 Y_i 即为半加和(详见 2.1.3 节中有关半加器的内容)。

3) 数码比较器

数码 A_i、B_i 加在异或门输入端,由其功能表可知:当 $A_i = B_i$,则 $Y_i = 0$;当 $A_i \neq B_i$,则 $Y_i = 1$。图 2.7 是四位比较器的逻辑图,当 $A_{0\sim3} = B_{0\sim3}$,$F = 0$;当 $A_{0\sim3} \neq B_{0\sim3}$,$F = 1$。

4) 奇偶检测电路

图 2.8 是八位奇偶检测电路,当 $A_{0\sim7}$ 包含奇数个 1 时,$F=1$;当 $A_{0\sim7}$ 包含偶数个 1 时,$F=0$。

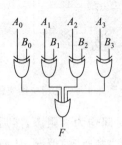

图 2.7 四位比较器的逻辑图

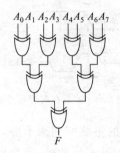

图 2.8 八位奇偶检测电路

2.1.3 加法器

加法器是计算机的基本运算部件之一。

不考虑进位输入时,两数码 X_n、Y_n 相加称为半加。图 2.9(a)是其功能表。由功能表写出半加和 H_n 的表达式如下:

$$H_n = X_n \cdot \overline{Y}_n + \overline{X}_n \cdot Y_n = X_n \oplus Y_n$$

图 2.9(b)和(c)是它的逻辑图。半加器可用反相器及与或非门来实现,也可用异或门来实现。

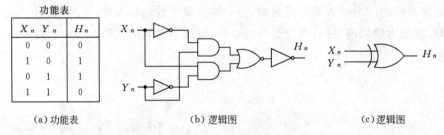

(a)功能表   (b)逻辑图   (c)逻辑图

图 2.9 半加器的功能表和逻辑图

X_n,Y_n 及进位输入 C_{n-1} 相加称为全加,运算结果 F_n 称为全加和。图 2.10(a)是其功能表。由功能表可得全加和 F_n 和进位输出 C_n 的表达式:

$$F_n = X_n\overline{Y}_n\overline{C}_{n-1} + \overline{X}_nY_n\overline{C}_{n-1} + \overline{X}_n\overline{Y}_nC_{n-1} + X_nY_nC_{n-1}$$

$$C_n = X_nY_n\overline{C}_{n-1} + X_n\overline{Y}_nC_{n-1} + \overline{X}_nY_nC_{n-1} + X_nY_nC_{n-1}$$

图 2.10(b)是其逻辑图。F_n 还可用两个半加器来形成(如图 2.10(c)所示),其表达式为:

$$F_n = X_n \oplus Y_n \oplus C_{n-1}$$

将 4 个全加器相连可得 4 位加法器(如图 2.11 所示),但加法时间较长。这是因为其位间进位是串行传送的,本位全加和 F_i 必须等低位进位 C_{i-1} 来到后才能进行,加法时间与位数有关。只有改变进位逐位传送的方式,才能提高加法器的工作速度。解决办法之一是采用"超前进位产生电路"来同时形成各位的进位,从而实现快速加法。这种加法器称为超前进位加法器。

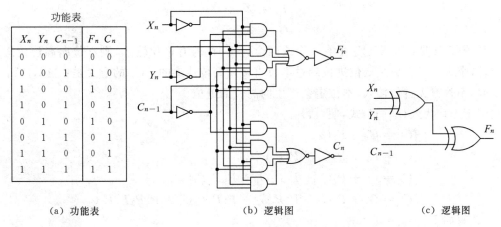

功能表

X_n	Y_n	C_{n-1}	F_n	C_n
0	0	0	0	0
0	0	1	1	0
1	0	0	1	0
1	0	1	0	1
0	1	0	1	0
0	1	1	0	1
1	1	0	0	1
1	1	1	1	1

（a）功能表　　　　　　　（b）逻辑图　　　　　　　（c）逻辑图

图 2.10　全加器的功能表及逻辑图

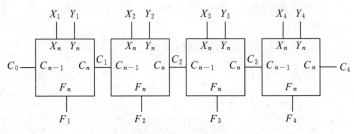

图 2.11　串行进位加法器

超前进位产生电路是根据各位进位的形成条件来实现的。只要满足下述两个条件中的任一个,就可形成 C_1:

(1) X_1、Y_1 均为 1;

(2) X_1、Y_1 任一个为 1,且进位 C_0 为 1。

由此,可写得 C_1 的表达式为

$$C_1 = X_1 Y_1 + (X_1 + Y_1)C_0$$

只要满足下述 3 个条件中的任一个即可形成 C_2:

(1) X_2、Y_2 均为 1;

(2) X_2、Y_2 任一为 1,且 X_1、Y_1 均为 1;

(3) X_2、Y_2 任一为 1,同时 X_1、Y_1 任一为 1,且 C_0 为 1。

由此可得 C_2 表达式为

$$C_2 = X_2 Y_2 + (X_2 + Y_2)X_1 Y_1 + (X_2 + Y_2)(X_1 + Y_1)C_0$$

同理,有 C_3、C_4 的表达式如下:

$$C_3 = X_3 Y_3 + (X_3 + Y_3)X_2 Y_2 + (X_3 + Y_3)(X_2 + Y_2)X_1 Y_1$$
$$+ (X_3 + Y_3)(X_2 + Y_2)(X_1 + Y_1)C_0$$

$$C_4 = X_4 Y_4 + (X_4 + Y_4)X_3 Y_3 + (X_4 + Y_4)(X_3 + Y_3)X_2 Y_2$$
$$+ (X_4 + Y_4)(X_3 + Y_3)(X_2 + Y_2)X_1 Y_1$$
$$+ (X_4 + Y_4)(X_3 + Y_3)(X_2 + Y_2)(X_1 + Y_1)C_0$$

下面引入进位传递函数 P_i 和进位产生函数 G_i。它们的定义为:

$$\begin{cases} P_i = X_i + Y_i \\ G_i = X_i \cdot Y_i \end{cases}$$

P_1 的意义是：当 X_1、Y_1 中有一个或两个为 1 时，若有进位输入，则本位向高位传送此进位，这个进位可看成是低位进位越过本位直接向高位传递的。G_1 的意义是：当 X_1、Y_1 均为 1 时，不管有无进位输入，本位定会产生向高位的进位。

将 P_i、G_i 代入 $C_1 \sim C_4$ 式，便可得：

$$\begin{cases} C_1 = G_1 + P_1 C_0 \\ C_2 = G_2 + P_2 G_1 + P_2 P_1 C_0 \\ C_3 = G_3 + P_3 G_2 + P_3 P_2 G_1 + P_3 P_2 P_1 C_0 \\ C_4 = G_4 + P_4 G_3 + P_4 P_3 G_2 + P_4 P_3 P_2 G_1 + P_4 P_3 P_2 P_1 C_0 \end{cases}$$

将 C_1 改写如下：

$$C_1 = G_1 + P_1 C_0 = \overline{\overline{G_1 + P_1 C_0}} = \overline{\overline{G_1}(\overline{P_1} + \overline{C_0})} = \overline{\overline{G_1}\,\overline{P_1} + \overline{G_1}\,\overline{C_0}} = \overline{\overline{P_1} + \overline{G_1}\,\overline{C_0}}$$

其中 $\overline{G_1}\,\overline{P_1} = \overline{P_1}$（分两种情况分析：当 $G_1 = 1$ 时，P_1 必为 1，所以 $\overline{G_1}\,\overline{P_1} = \overline{P_1} = 0$；当 $G_1 = 0$ 时，$\overline{G_1} = 1$，所以 $\overline{G_1}\,\overline{P_1} = \overline{P_1}$）。

$C_2 \sim C_4$ 可采用同样方法改写，从而得到以下公式：

$$\begin{cases} C_1 = \overline{\overline{P_1} + \overline{G_1}\,\overline{C_0}} \\ C_2 = \overline{\overline{P_2} + \overline{G_2}\,\overline{P_1} + \overline{G_2}\,\overline{G_1}\,\overline{C_0}} \\ C_3 = \overline{\overline{P_3} + \overline{G_3}\,\overline{P_2} + \overline{G_3}\,\overline{G_2}\,\overline{P_1} + \overline{G_3}\,\overline{G_2}\,\overline{G_1}\,\overline{C_0}} \\ C_4 = \overline{\overline{P_4} + \overline{G_4}\,\overline{P_3} + \overline{G_4}\,\overline{G_3}\,\overline{P_2} + \overline{G_4}\,\overline{G_3}\,\overline{G_2}\,\overline{P_1} + \overline{G_4}\,\overline{G_3}\,\overline{G_2}\,\overline{G_1}\,\overline{C_0}} \end{cases}$$

根据上述公式可画出"超前进位产生电路"及"四位超前进位加法器"的逻辑图，如图 2.12 所示。由图可以看到，只要 $X_1 \sim X_4$、$Y_1 \sim Y_4$ 和 C_0 同时到来，就可几乎同时形成 $C_1 \sim C_4$，并且几乎同时形成 $F_1 \sim F_4$。

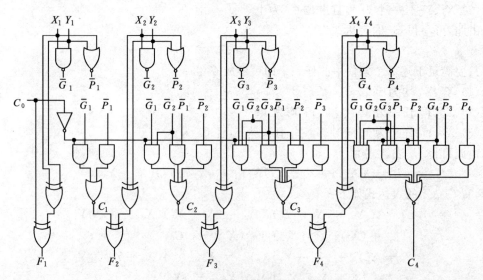

图 2.12　四位超前进位加法器

用 4 片"四位加法"电路可组成 16 位 ALU（如图 2.13 所示）。图中片内进位是快速的，但片间进位是逐片传递的,因此形成 $F_0 \sim F_{15}$ 的时间还是比较长。

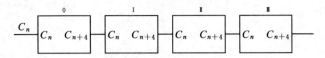

图 2.13　用 4 片 ALU 构成的 16 位 ALU

如果把 16 位 ALU 中的每 4 位作为一组,用类似四位超前进位加法器(如图 2.12 所示)"位间快速进位"的形成方法来实现 16 位 ALU 中的"组间快速进位",那么就能得到 16 位快速 ALU。下面来讨论组间(即片间)快速进位的形成方法。

和前面讲过的一位的进位产生函数 G_i 的定义相似,4 位一组的进位产生函数 G_N 为 1 的条件有以下 4 个中的任一个(相加的两个数为 $X_3 X_2 X_1 X_0$ 和 $Y_3 Y_2 Y_1 Y_0$)。

(1) X_3、Y_3 均为 1,即 $G_3 = 1$;

(2) X_3、Y_3 中有一个为 1,同时 X_2、Y_2 均为 1,即 $P_3 G_2 = 1$;

(3) X_3、Y_3 中有一个为 1,同时 X_2、Y_2 中有一个为 1,同时 X_1、Y_1 均为 1,即 $P_3 P_2 G_1 = 1$;

(4) X_3、Y_3 中有一个为 1,同时 X_2、Y_2 中有一个为 1,同时 X_1、Y_1 中有一个为 1,同时 X_0、Y_0 均为 1,即 $P_3 P_2 P_1 G_0 = 1$。依此,可得 G_N 的表达式为:

$$G_N = G_3 + P_3 G_2 + P_3 P_2 G_1 + P_3 P_2 P_1 G_0$$

和前面讲过的一位的进位传递函数 P_i 的定义相似,4 位一组的组进位传递函数 P_N 为 1 的条件为:X_3、Y_3 中有一个为 1,同时 X_2、Y_2 中有一个为 1,同时 X_1、Y_1 中有一个为 1,同时 X_0、Y_0 中有一个为 1。依此,可得 P_N 的表达式为

$$P_N = P_3 P_2 P_1 P_0$$

图 2.13 所示的第 0 片 ALU 向第 Ⅰ 片、第 Ⅰ 片向第 Ⅱ 片、第 Ⅱ 片向第 Ⅲ 片传送的进位分别为 C_3、C_7、C_{11},只要把四位加法器中的 G_1、G_2、G_3 分别换以 G_{N_0}、G_{N_1}、G_{N_2},把 P_1、P_2、P_3 分别换以 P_{N_0}、P_{N_1}、P_{N_2},把 C_0 换以 C_n,即可得 C_3、C_7、C_{11} 的表达式如下:

$$C_3 = G_{N_0} + P_{N_0} C_n$$

$$C_7 = G_{N_1} + P_{N_1} G_{N_0} + P_{N_1} P_{N_0} C_n$$

$$C_{11} = G_{N_2} + P_{N_2} G_{N_1} + P_{N_2} P_{N_1} G_{N_0} + P_{N_2} P_{N_1} P_{N_0} C_n$$

只要每片 ALU 能提供输出 G_N、P_N,那么按上述 3 个公式就能实现 16 位快速 ALU 的进位信号。

图 2.14 给出了用 4 片 ALU 和组间超前进位电路组成的 16 位快速 ALU。

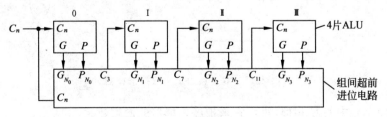

图 2.14　16 位快速 ALU

由于器件集成度的提高,由更多位组成的 ALU 仅是芯片内的一部分电路。

2.1.4　译码器

译码器有 n 个输入变量,2^n 个(或少于 2^n 个)输出。当输入为某一组合时,对应的仅有一个输出为 0(或为 1),其余输出均为 1(或为 0)。译码器的用途是把输入代码译成相应的控制电位,以实现代码所要求的操作。在 2.3.1 节给出了输入的地址译码器电路。

在市场上提供的译码器中常设置"使能"控制端 $\overline{E}$,当该端为 1 时,译码器功能被禁止,此时所有输出均为 1(或均为 0)。使能端可用来扩充输入变量数。例如,用 2 片 3 输入 8 输出译码器扩展成一个 4 输入 16 输出译码器,其中一个输入用于选片(从 2 片译码器中选出 1 片),因此在 16 个输出中仅有一个为 0(或为 1),该译码器的逻辑图可参阅第 2 章 2.5 习题的答案。

市场上提供的各种集成电路器件一般都设置"使能"端。

2.1.5　数据选择器

数据选择器又称多路选择器或多路开关,从多个输入通道中选择某一个通道的数据作为输出。

图 2.15 是两个"4 通道选 1"数据选择器的逻辑图和功能表。其中 S_0、S_1 是通道选择信号,$\overline{G}(\overline{G}_1,\overline{G}_2)$ 是三态控制端,$D_0 \sim D_3$ 和 $D_4 \sim D_7$ 是输入数据,输出 Y_1 和 Y_2 的表达式为

$$Y_1 = (\overline{S}_0\overline{S}_1 D_0 + S_0\overline{S}_1 D_1 + \overline{S}_0 S_1 D_2 + S_0 S_1 D_3)\overline{\overline{G}}_1 + \overline{G}_1 \cdot Z$$
$$Y_2 = (\overline{S}_0\overline{S}_1 D_4 + S_0\overline{S}_1 D_5 + \overline{S}_0 S_1 D_6 + S_0 S_1 D_7)\overline{\overline{G}}_2 + \overline{G}_2 \cdot Z$$

功能表(Y_1)

S_1	S_0	D_3	D_2	D_1	D_0	$\overline{G}$	Y_1
×	×	×	×	×	×	1	Z
1	1	D_3	×	×	×	0	D_3
1	0	×	D_2	×	×	0	D_2
0	1	×	×	D_1	×	0	D_1
0	0	×	×	×	D_0	0	D_0

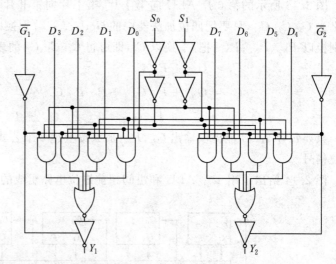

图 2.15　双 4 通道选 1 数据选择器

$\overline{G}$ 的作用和译码器中的 $\overline{E}$ 相似,可用它来扩展选择器的通道数。

由于 Y_1、Y_2 是三态输出,如果把它们的输出"连接"在一起(而且 $\overline{G}_1$ 和 $\overline{G}_2$ 反相),就是 8 选 1 选择器的输出了。

2.2 时序逻辑电路

如果逻辑电路的输出状态不但和当时的输入状态有关,而且还与电路在此以前的输入状态有关,称这种电路为时序逻辑电路。时序电路内必须要有能存储信息的记忆元件——触发器。触发器是构成时序电路的基础。

2.2.1 触发器

触发器种类很多。按时钟控制方式来分,有电位触发、边沿触发和主-从触发等方式。对使用者来说,在选用触发器时,若触发方式选用不当,系统不能达到预期设计要求。

1. 电位触发方式触发器(电位触发器)

图 2.16 给出了被称为锁定触发器(又称锁存器)的电位触发器的逻辑图、功能表和波形图。由 E 控制 D 和 $\overline{D}$ 能否进入触发器:当 $E=1$,D 和 $\overline{D}$ 进入(由门 1 和门 2 组成的)基本触发器,此时 $Q=D$,$\overline{Q}=\overline{D}$;当 $E=0$,D 和 $\overline{D}$ 被封锁,触发器状态保持不变,而且以 E 从"1"转变到"0"时的 D 电平来决定 $E=0$ 期间 Q 的状态。

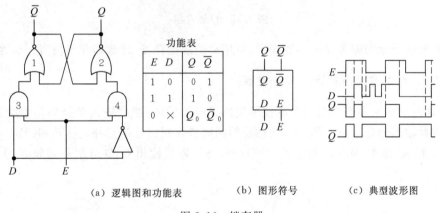

功能表

E	D	Q	$\overline{Q}$
1	0	0	1
1	1	1	0
0	$\times$	Q_0	$\overline{Q}_0$

(a) 逻辑图和功能表　　　　(b) 图形符号　　　　(c) 典型波形图

图 2.16　锁存器

电位触发器具有结构简单的优点。在计算机中常用它来组成暂存器。在使用时务必注意 Q 和 E、D 的关系。

2. 边沿触发方式触发器(D 触发器)

触发器接收的是时钟脉冲 CP 某一约定跳变(正跳变或负跳变)来到时的输入数据。在 CP=1 及 CP=0 期间以及 CP 非约定跳变到来时,触发器不接收数据。

常用的正边沿触发器是 D 触发器,图 2.17 给出了它的逻辑图及典型波形图。门 1 和门 2 构成基本触发器;$\overline{R}_D$ 和 $\overline{S}_D$ 分别将触发器清 0 和置 1;门 3~门 6 起维持阻塞作用,保证把 CP 正确并完整地送到基本触发器。

在计算机硬件电路设计中,为了提高运行的稳定性,很重视维持阻塞技术的使用。

D 触发器在 CP 正跳变以外期间出现在 D 端的数据变化和干扰不会被接收,因此有很

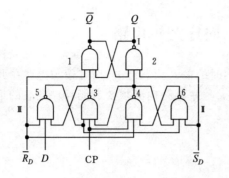

功能表

$\bar{R}_D$	$\bar{S}_D$	CP	D	Q	$\bar{Q}$
0	1	×	×	0	1
1	0	×	×	1	0
1	1	↑	0	0	1
1	1	↑	1	1	0

(a) D 触发器逻辑图

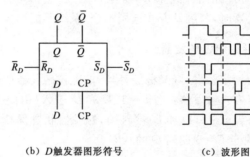

(b) D 触发器图形符号　　　　(c) 波形图

图 2.17　D 触发器

强的抗数据端干扰的能力而被广泛应用,可用来组成寄存器、计数器和移位寄存器等。

3. 主-从触发方式触发器(J-K 触发器)

主-从触发器基本上是由两个电位触发器级联而成的,接收输入数据的是主触发器,接收主触发器输出的是从触发器,主、从触发器的同步控制信号是互补的(CP 和 $\overline{\text{CP}}$)。

图 2.18(a)是主-从 J-K 触发器的原理图,触发器的输出 Q、$\bar{Q}$ 分别和接收 K、J 数据的

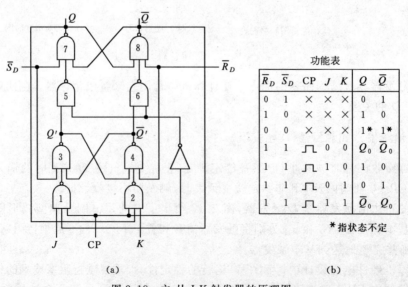

功能表

$\bar{R}_D$	$\bar{S}_D$	CP	J	K	Q	$\bar{Q}$
0	1	×	×	×	0	1
1	0	×	×	×	1	0
0	0	×	×	×	1*	1*
1	1	⊓	0	0	Q_0	$\bar{Q}_0$
1	1	⊓	1	0	1	0
1	1	⊓	0	1	0	1
1	1	⊓	1	1	$\bar{Q}_0$	Q_0

*指状态不定

(a)　　　　　　　　(b)

图 2.18　主-从 J-K 触发器的原理图

输入门相连。在 CP=1 期间主触发器接收数据;在 CP 负跳变来到时,从触发器接收主触发器最终的状态。图 2.18(b)是主-从 J-K 触发器功能表。主从触发器由于有计数功能,常用于组成计数器。

2.2.2 寄存器和移位寄存器

寄存器是计算机的一个重要部件,用于暂存数据和指令等。它由触发器和一些控制门组成。在寄存器中,常用的是 D 触发器和锁存器。

图 2.19 所示是由正沿触发的 D 触发器组成的 4 位寄存器。在 CP 正沿作用下,外部数据才能进入寄存器。

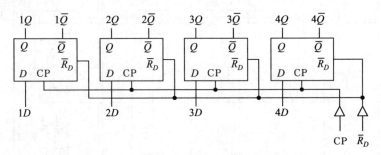

图 2.19 4D 寄存器

在计算机中常要求寄存器有移位功能。例如在进行乘法时,要求将部分积右移;在将并行数转换成串行数时也需移位。有移位功能的寄存器称为移位寄存器。此时应增加逻辑电路来控制触发器的输入数据(1D~4D)。

2.2.3 计数器

计数器是计算机和数字仪表中常用的一种电路。计数器中各触发器的时钟信号由同一脉冲提供的称为同步计数器,各触发器是同时翻转的。

图 2.20 用主-从 J-K 触发器构成 1 位十进制同步计数器。采用快速进位方式计数。各触发器 J、K 表达式为

$$\begin{cases} J_A = K_A = 1 & \text{低位} \\ J_B = K_B = Q_A \cdot \bar{Q}_D & \\ J_C = K_C = Q_A \cdot Q_B & \\ J_D = K_D = Q_A \cdot Q_B \cdot Q_C + Q_A \cdot Q_D & \text{高位} \end{cases}$$

图 2.20 中门 1~3 就是按上式设计的快速进位部分。

"预置数"是同步计数器的一个重要功能。设置控制端 L,用来选择电路是执行计数还是执行预置数:当 $L=1$,同步计数;$L=0$,预置数。由于 J-K 触发器数据输入是双端的,所以要将单端的预置数 A~D 经两级"与非"门变成互补信号,再加在 J、K 端。图 2.20 所示与非门 4~11 就是为此目的而设置的。当 $L=1$ 时,这些与非门被封锁,快速进位电路输出经或门 12~15 进入触发器,电路执行计数;当 $L=0$ 时,门 4~11 打开,快速进位被封锁,电

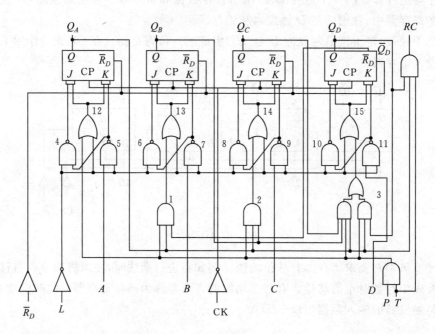

功能表

P	T	L	$\overline{R}_D$	CK	功　　能
1	1	1	1	⊓⊔	计　　数
×	×	0	1	⊓⊔	并行输入数据
0	1	1	1	×	保　　持
×	0	1	1	×	触发器保持,$RC=0$
×	×	×	0	×	异步清0

图 2.20　十进制同步计数器

路执行置数。

RC 标志计数器已计至最大数 9(1001),$RC=Q_A Q_D$。

计数器应有保持功能。图中设置了"计数允许"端 P 和 T,用来控制计数器快速进位电路和 RC 形成门。当 P、T 均为 1,快速进位电路才能打开,此时若 $L=1$,电路处于计数状态;若 $P=0$,$T=1$,快速进位电路封锁,电路不能计数,此时若 $L=1$,预置数也被封锁,又由于 $T=1$ 时 RC 的形成门不封锁,所以各触发器状态及 RC 均保持。

2.3　阵列逻辑电路

"阵列"是指逻辑元件在硅芯片上以阵列形式排列,电路具有用户自编程及减小系统的硬件规模等优点。本节将讨论以下几种电路。

只读存储器(ROM)用于存储固定的信息(如监控程序、函数和常数等)。在使用前把信息存入其中,使用时读出已存入的信息,而不能写入新的信息。ROM 主要由全译码的地址译码器和存储单元体组成,前者是一种"与"阵列,后者则是"或"阵列。存储体中写入的信息是由用户事先决定的,称为用户"可编程"的,而地址译码器则是用户"不可编程"的。

可编程序逻辑阵列(programmable logic array,PLA)由与阵列、或阵列组成,两者都是用户可编程的。PLA 在组成控制器、存储固定函数以及实现随机逻辑中有广泛的应用。

可编程序阵列逻辑(programmable array logic,PAL)的与阵列是用户可编程的,而或阵列是用户不可编程的。PAL 也有广泛的应用。

通用阵列逻辑(general array logic,GAL)比 PAL 功能更强。在它的输出有一个逻辑宏单元,通过对它的编程,可以获得多种输出形式,从而使功能大大增强。

门阵列(gate array,GA)是一种逻辑功能很强的阵列逻辑电路。在芯片上制作了排成阵列形式的门电路,根据用户需要对门阵列中的门电路进行互连设计,再通过集成电路制作工艺来实现互连,以实现所需的逻辑功能。

宏单元阵列(macro cell array,MCA)是一种比 GA 功能更强、集成度更高的阵列电路,在芯片上排列成阵列的除门电路外,还有触发器、加法器、寄存器以及 ALU 等。

现场可编程门阵列(field programmable gate array,FPGA)是一种集编程设计灵活性和宏单元阵列于一体的高密度电路。它与 GA 和 MCA 有区别,FPGA 内部按阵列分布的宏单元块都是用户可编程的。用户所需逻辑可在软件支持下,由用户自己装入来实现,而无须集成电路制造工厂介入,并且这种装入是可以修改的,因而其连接十分灵活。

上述阵列逻辑电路统称为可编程序逻辑器件(programmable logic devices,PLD)。在本节中将介绍 ROM、PLA、PAL、GAL、GA、MCA、SCA 和 FPGA 等器件。

2.3.1　只读存储器(ROM)

存储器中存放信息的单元是存储单元,它是由若干个二进制信息组成的,叫做"字",每个二进制信息称为"位"。为了寻找存入存储器中的字,给每个字以编号,称为地址码,简称地址。

ROM 主要由地址译码器和存储单元体组成,如图 2.21 所示。通过设置或不设置如三极管、二极管或熔丝等元件来表示存入的二进制信息。ROM 的工作原理如下:地址译码器根据输入地址选择某条输出(称字线),由它再去驱动该字线的各位线,以便读出字线上各存储单元所存储的代码。

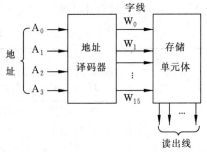

图 2.21　ROM 的结构

图 2.22 是以二极管为存储元件的 8×4 ROM(通常以"字线×位线"来表示存储器的存储容量)的原理图。它以保留二极管表示存入的是 0,不保留二极管表示存入的是 1。例如,存入字 1 的是 1011。在 ROM 中,一般都设置片选端 $\overline{CS}$(也有写作 $\overline{CE}$ 的)。当 $\overline{CS}=0$ 时,ROM 工作;当 $\overline{CS}=1$ 时,ROM 被禁止,输出为全 1 或呈高阻态。

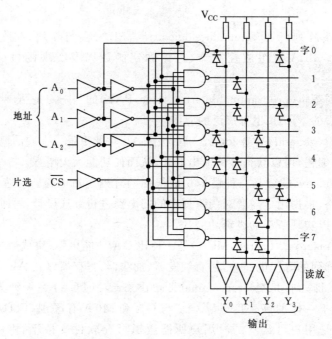

图 2.22　8×4 ROM 原理图

2.3.2　可编程序逻辑阵列(PLA)

当用户要存入 ROM 的字数少于 ROM 所提供的字数时,ROM 中有许多存储单元便会闲置不用,造成集成电路管芯面积的浪费。此外,在 ROM 中,地址和字之间有一一对应关系,对任何一个给定地址,只能读出一个字,因此,即使有若干个字的内容一样,也无法节省单元。PLA 用较少的存储单元就能存储大量的信息。下面通过把一张信息表(如表 2.1 所示)存入 PLA 的过程来说明它的原理。

表 2.1　一张信息表

输　入				输　　出							
I_3	I_2	I_1	I_0	F_7	F_6	F_5	F_4	F_3	F_2	F_1	F_0
0	0	0	0	0	0	0	0	0	0	0	0
0	0	0	1	0	0	0	0	0	0	0	1
0	0	1	0	0	0	0	0	0	1	0	0
0	0	1	1	0	0	0	0	1	0	0	1
0	1	0	0	0	0	0	1	0	0	0	0
0	1	0	1	0	0	1	0	1	0	0	1
0	1	1	0	0	0	0	0	0	1	0	0
0	1	1	1	0	0	1	1	0	0	0	1
1	0	0	0	0	1	0	0	0	0	0	0

输 入				输 出							
I_3	I_2	I_1	I_0	F_7	F_6	F_5	F_4	F_3	F_2	F_1	F_0
1	0	0	1	0	1	0	1	0	0	0	1
1	0	1	0	0	1	0	0	0	1	0	0
1	0	1	1	0	1	0	0	1	0	0	1
1	1	0	0	0	0	0	1	0	0	0	0
1	1	0	1	0	0	0	0	1	0	0	1
1	1	1	0	1	1	1	0	0	1	0	0
1	1	1	1	1	1	1	0	0	0	0	1

先把表 2.1 用逻辑表达式写出,并进行化简,可得:

$$\begin{cases} F_0 = \times\times\times I_0 = P_0 \\ F_1 = 0 \\ F_2 = \times\times I_1\bar{I}_0 = P_1 \\ F_3 = \times I_2\bar{I}_1 I_0 + \times \bar{I}_2 I_1 I_0 = P_2 + P_3 \\ F_4 = \times I_2\bar{I}_1\bar{I}_0 + \bar{I}_3 I_2 \times I_0 + I_3\bar{I}_2 \times I_0 = P_4 + P_5 + P_6 \\ F_5 = \bar{I}_3 I_2 \times I_0 + I_3 I_2 I_1 \times = P_5 + P_7 \\ F_6 = I_3\bar{I}_2 \times\times + I_3 I_2 I_1 \times = P_8 + P_7 \\ F_7 = I_3 I_2 I_1 \times = P_7 \end{cases}$$

现以 F_3 为例,根据表 2.1 列出逻辑表达式,进行化简:

$$\begin{aligned} F_3 &= \bar{I}_3\bar{I}_2 I_1 I_0 + \bar{I}_3 I_2\bar{I}_1 I_0 + I_3\bar{I}_2 I_1 I_0 + I_3 I_2\bar{I}_1 I_0 \\ &= (\bar{I}_3 + I_3) I_2\bar{I}_1 I_0 + (\bar{I}_3 + I_3)\bar{I}_2 I_1 I_0 \\ &= \times I_2\bar{I}_1 I_0 + \times\bar{I}_2 I_1 I_0 \end{aligned}$$

得出:F_3 的值与 I_3 无关。在 $F_0 \sim F_7$ 的公式中:$\times$ 为任意值。P 项称为乘积项,它们分别为:

$$\begin{array}{ll} P_0 = \times\times\times I_0 & P_1 = \times\times I_1\bar{I}_0 \\ P_2 = \times I_2\bar{I}_1 I_0 & P_3 = \times\bar{I}_2 I_1 I_0 \\ P_4 = \times I_2\bar{I}_1\bar{I}_0 & P_5 = \bar{I}_3 I_2 \times I_0 \\ P_6 = I_3\bar{I}_2 \times I_0 & P_7 = I_3 I_2 I_1 \times \\ P_8 = I_3\bar{I}_2 \times\times & \end{array}$$

最后,画成图 2.23 所示的逻辑图,它就是一个已存入表 2.1 所示信息的 PLA。PLA 也由两部分组成。上半部分是一个形成 P 项的二极管与阵列(即译码阵列),它和 ROM 的译码器相当,9 条 P 线称为 PLA 的字线;下半部分是形成输出 F 的三极管或阵列(即存储阵列),它相当于 ROM 的存储矩阵。显然,如用 ROM 来存储表 2.1,则 ROM 的与矩阵容量应为 16×8,其或矩阵应为 16×8。若用 PLA 来存储表 2.1,则 PLA 的与矩阵容量只需 9×8,其或矩阵容量只需 9×8。可见用 PLA 存储信息,所需存储容量往往要比 ROM 小。

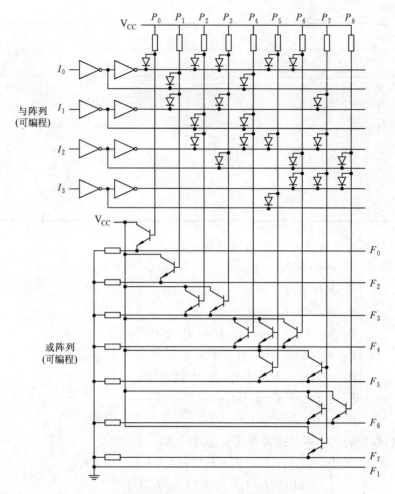

图 2.23 存储表 2.1 所示信息的 PLA

图 2.24 是一个 PLA 器件的电路图。它有 16 个输入端、8 个输出端,96 个乘积项,与阵列规模是 32×96,或阵列规模是 96×8。采用熔丝作存储元件。在电路的输出处设置了和输出端数目相等的异或门及三态门。异或门的一端的熔丝接地,由它来决定存入 PLA 的内容究竟是以原码还是以反码形式输出:若异或门的熔丝保留,则输出为原码;若熔丝熔断,则输出为反码。若片选 $\overline{CS}=0$,则 PLA 输出为正常态;若 $\overline{CS}=1$,则输出为高阻态。

2.3.3 可编程序阵列逻辑(PAL)

PAL 的与阵列是可编程的,或阵列是不可编程的。仍采用熔丝工艺。在某些 PAL 器件中还设置记忆元件(触发器),还具有反馈功能,即输出可反馈到输入端,作为输入信号使用。图 2.25 给出了带触发器并具有反馈功能的 PAL 电路。

图 2.25 所示的 PAL 共有 8 个输入端 $I_0 \sim I_7$,8 个输入输出端 $(\overline{I/O})_0 \sim (\overline{I/O})_7$,既可作为输入端又可作为输出端使用。电路提供了 64 个 P 项,$I_{0\sim7}$、$\bar{I}_{0\sim7}$、$(I/O)_{0\sim7}$ 和 $\overline{(I/O)}_{0\sim7}$ 均可

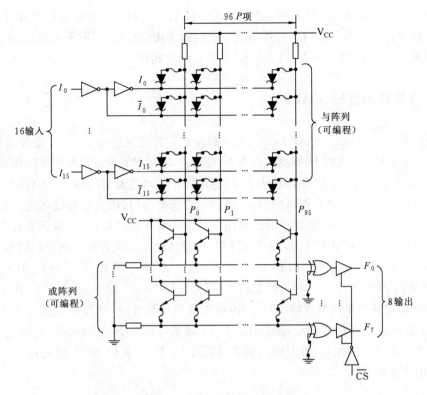

图 2.24　PLA 器件的电路图

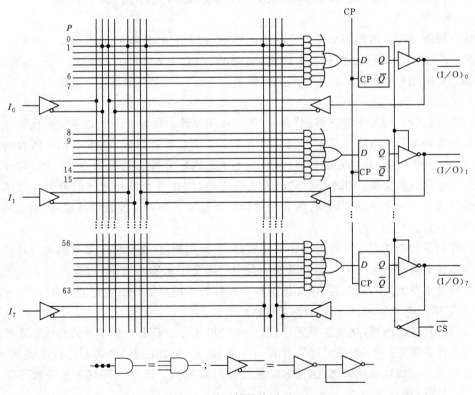

图 2.25　带反馈的阵列型 PAL

作为 P 项的元素。例如,图中 $P_1 = \overline{I}_0 I_1 I_7 (\overline{I/O})_0 (I/O)_1 (I/O)_7$。每 8 个 P 项通过一个 8 输入或门并经寄存元件和三态门后对外输出。或门的连接是固定的,即不可编程,不用的或门输入端应置 0,这可设置一个 P_i 项 $= I_j \cdot \overline{I}_j$(等于 0)来实现。

2.3.4　通用阵列逻辑(GAL)

通用阵列逻辑(generic array logic,GAL)器件是一种可用电擦除的,可重复编程的高速 PLD。可擦除重写 100 次以上,数据可保存 20 年以上,在数秒钟内即可完成擦除和编程过程。

GAL 的输出结构有一个输出逻辑宏单元(OLMC),通过对它的编程,使 GAL 有多种输出方式:寄存器型输出、组合逻辑输出,并可控制三态输出门,因此显得很灵活。

图 2.26 为 GAL 16V8 型器件的逻辑图。从图中可见,GAL 16V8 包括输入门、输出三态门、与门阵列、输出逻辑宏单元(内含或阵列)以及从输出反馈到输入的控制门等。与门阵列由 8×8 个与门组成,每个与门有 32 个输入,共形成 64 个乘积项(P 项)。16V8 芯片有 20 个引出端,其中有 8 个(2~9)为固定输入端($I_1 \sim I_8$),8 个(12~19)为 I/O 端($F_0 \sim F_7$),可通过编程确定其为输入端或输出端,引出端 1 有两种选择,可通过编程确定为 I_0 或 CK,引出端 11 也可通过编程确定为 I_9 或 $\overline{OE}$。16V8 最多可以有 16 个输入端(此时输出端仅为 2 个),最多可有 8 个输出端(此时输入端不得超过 10 个)。引出端 20 接电源 V_{CC},引出端 10 接地(图中未画出)。

2.3.5　门阵列(GA)、宏单元阵列(MCA)和标准单元阵列(SCA)

这 3 种阵列芯片内部的单元以阵列形式排列,因此它们是阵列逻辑电路。但是经常用它们来实现生产批量较大的专用集成电路(application specific integrated circuit,ASIC)。它们都是要由用户向集成电路生产厂家定做的。

1) 门阵列(gate array,GA)

门阵列设计利用预先制造好的"母片"进行布图设计。母片上通常以一定的间距成行成列地排列着基本单元电路。基本单元一般由 6~10 个晶体管组成,基本单元内所含的电路元件(晶体管、电阻等)是事先制备好的,对基本单元内部元件进行不同连线,就可构成各种类型的门电路或触发器。基本单元之间有走线过道,用作基本单元之间的外部连线区。门阵列设计系统有一个单元库,它存放各种逻辑门及触发器的内部连线以及输入、输出端的引线位置等信息。

门阵列设计的优点是设计自动化程度较高,设计周期短,设计成本低。因为母片已完成了整个集成电路制造工艺的大部分流程。当用户提交了逻辑图之后,只需进行基本单元内部布线和基本单元之间的互连,因此把这种器件称为半用户器件或半定制器件。

2) 宏单元阵列(macro cell array,MCA)

对门阵列进行改进,产生宏单元阵列,一个宏单元可由若干个基本单元构成。宏单元阵列自动设计系统有一个"宏单元库",存有门电路、触发器、加法器、译码器等各类逻辑元件。由于宏单元的逻辑功能比较强,因而布图密度比门阵列高。宏单元阵列也是一种半用户器件,具有制造周期短等优点。

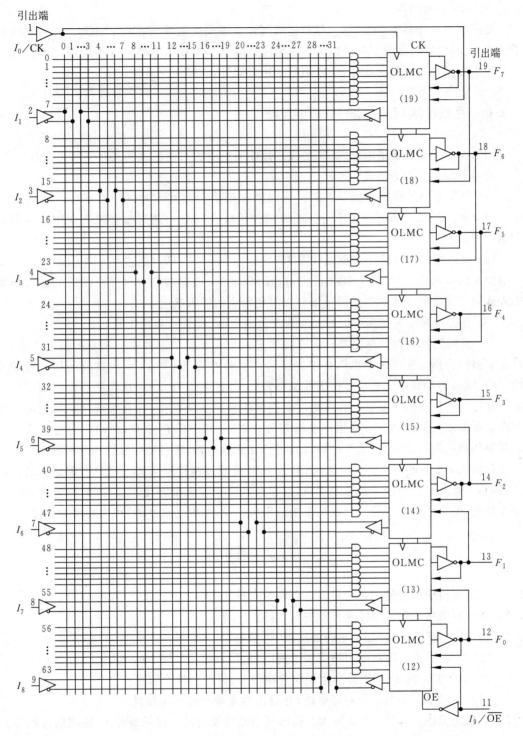

图 2.26　GAL 16V8 逻辑图

3）标准单元阵列（standard cell array，SCA）

标准单元阵列以预先设计好的功能单元为基础,这些单元可以是门、触发器或有一定功能的功能块(如加法器)。

在标准单元阵列中,所有单元都是根据用户逻辑图的需要安排在芯片上。布局布线易于实现,现有的好的布线算法可以保证100%完成全部布线。这种芯片不能像门阵列那样事先将半成品芯片大量制造好,所以不是半用户器件,而是用户器件。

2.3.6 现场可编程序门阵列(FPGA)

FPGA由大规模集成电路构成,在该芯片中门电路数目前已达到几万个到几百万个。它主要由4个部分组成。

(1) 可编程序逻辑宏单元(CLB)。它以阵列形式分布在芯片的中心部位。每个CLB由若干个触发器及一些可编程序组合逻辑部件组成。CLB可通过编程来实现用户所需的逻辑。

(2) 可编程序输入输出宏单元(IOB)。它排列在CLB四周,是芯片内部CLB与芯片外部引脚间的可编程接口,每个IOB可进行边沿触发器、锁存器、上拉电阻选择、三态选择等输入输出方式控制。IOB也是通过编程来实现所需的输入输出方式。

(3) 互连资源。它包括可编程的互连开关矩阵、内部长线和总线等。

(4) 重构逻辑的程序存储器。它以阵列形式分布在整个芯片上。FPGA器件工作时,首先要将用户所需实现的逻辑以某种程序形式从片外读至FPGA重构逻辑的程序存储器内,该存储器的存储单元输出直接去控制指定的CLB、IOB等单元,从而使器件有确定的功能。常把这一过程称为配置。程序由厂商提供的开发系统产生,并直接装至重构逻辑存储器内。开发系统能自动完成将用户逻辑划分为CLB和IOB的集合;自动确定每个宏单元块所要承担的逻辑功能;自动在逻辑块间进行互连设计;最终自动生成重构逻辑程序。开发软件包可在PC上进行。也就是说,CLB及IOB是通过编程序来实现用户所需逻辑的。这样,FPGA可以允许用户多次修改逻辑,且程序修改和装入都方便,与门阵列和宏单元阵列相比,FPGA更适合在产品试验或生产批量不大时使用,因为这样做,更为经济和快捷。

习 题

2.1 在计算机中一般使用哪些逻辑电路驱动总线?

2.2 在计算机中一般使用哪些基本逻辑电路?

2.3 根据图2.12的四位超前进位加法器,请回答:

① 从 X、Y 输入到 F 输出需要多少时间(假设异或门延迟20ns,其他门为10ns)?

② 如果扩大到8位,直接产生超前进位信号,将产生什么问题?

2.4 找出本章中已画出的译码器电路,并写出输入端和输出端数量。

2.5 画出逻辑图:用2个有3输入8输出译码器功能的芯片组成具有16输出的译码器。

2.6 把4个寄存器的输出送到某一组输出线上,可使用四选一多路选择器,也可使用三态门。用四选一实现和用三态门实现,对开门信号的要求有什么差别?

2.7 设 A 为锁存器,B 为 D 触发器,设输入信号和触发信号关系如下图所示,画出输出端波形(设 A、B 原状态均为0)。

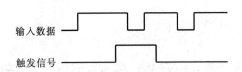

2.8 使用 J-K 触发器构成 4 位二进制同步计数器,请写出 J、K 表达式,为什么这些表达式比 2.2.3 节列出的 1 位十进制同步计数器表达式简单?

2.9 用 PLA(与阵列、或阵列的输入、输出数不限)和一个四 D 寄存器实现一个 4 位的双向移位寄存器。要求当控制信号 $M=0$ 时,左移;$M=1$ 时,右移。左移输入信号为 D_L,右移输入信号为 D_R。

2.10 门阵列、宏单元阵列、标准单元阵列和现场可编程序门阵列有何主要差别?

2.11 今要生产 10 台样机,用于试验定型,预计需根据试验结果修改设计后再正式投产,已知上题所列 4 种芯片均能满足样机的设计要求,你认为选择哪一种较合理?

2.12 如果设计计算机中使用的一个逻辑部件,需要经过反复实验才能确定方案,今有 PLA、PAL 和 GAL 三种器件可供选择,你认为选择哪一种器件比较合适?

第3章 运算方法和运算部件

早期的计算机是作为计算工具而应用于科学研究和军事领域中的,对数据进行快速运算是促进计算机诞生和早期发展的动力。目前计算机的应用范围大大地扩展了,但是数据在计算机中是如何表示的,怎样进行运算,如何实现运算仍是最基本的问题,这就是本章要讨论的课题——运算方法和实现运算的部件。

3.1 数据的表示方法和转换

3.1.1 数值型数据的表示和转换

1. 数制

日常生活中,人们广泛使用十进制数,任意一个十进制数$(N)_{10}$可表示为:

$$(N)_{10} = D_m \cdot 10^m + D_{m-1} \cdot 10^{m-1} + \cdots + D_1 \cdot 10^1 + D_0 \cdot 10^0$$
$$+ D_{-1} \cdot 10^{-1} + D_{-2} \cdot 10^{-2} + \cdots + D_{-k} \cdot 10^{-k}$$
$$= \sum_{i=m}^{-k} D_i \cdot 10^i$$

其中,$(N)_{10}$的下标10表示十进制,该数共有$m+k+1$位,且m和k为正整数;D_i可以是0~9这10个数码中的任意一个,根据D_i在式中所处位置而赋以一个固定的单位值10^i,称之为权(Weight)。式中的10称为基数或"底"。

在计算机中,十进制数的存储和运算都不太方便,于是二进制计数制应运而生。任意一个二进制数可表示为:

$$(N)_2 = D_m \cdot 2^m + D_{m-1} \cdot 2^{m-1} + \cdots + D_1 \cdot 2^1 + D_0 \cdot 2^0$$
$$+ D_{-1} \cdot 2^{-1} + D_{-2} \cdot 2^{-2} + \cdots + D_{-k} \cdot 2^{-k}$$
$$= \sum_{i=m}^{-k} D_i \cdot 2^i$$

式中,整数部分有$m+1$位,小数部分有k位,基数(或底)为2。

二进制数$(N)_2$按公式展开,可计算得该数的十进制表示。

例3.1 $(1101.0101)_2 = (1 \cdot 2^3 + 1 \cdot 2^2 + 0 \cdot 2^1 + 1 \cdot 2^0 + 0 \cdot 2^{-1}$
$$+ 1 \cdot 2^{-2} + 0 \cdot 2^{-3} + 1 \cdot 2^{-4})_{10}$$
$$= (8 + 4 + 0 + 1 + 0 + 0.25 + 0 + 0.0625)_{10}$$
$$= (13.3125)_{10}$$

对人来说,二进制数的书写或阅读均很不方便,为此经常采用八进制数或十六进制数。

任意一个八进制数可表示为:

$$(N)_8 = \sum_{i=m}^{-k} D_i \cdot 8^i$$

D_i 可为 0～7 这 8 个数码中的任意一个。

例 3.2
$$(15.24)_8 = (1 \cdot 8^1 + 5 \cdot 8^0 + 2 \cdot 8^{-1} + 4 \cdot 8^{-2})_{10}$$
$$= (8 + 5 + 0.25 + 0.0625)_{10}$$
$$= (13.3125)_{10}$$

任意一个十六进制数可表示为：

$$(N)_{16} = \sum_{i=m}^{-k} D_i \cdot 16^i$$

式中，D_i 可以是 0～15 共 16 个数中的任一个。为书写和辨认方便，通常用 0～9 和 A～F 分别表示十六进制数 0～9 和 10～15。

例 3.3
$$(0D.5)_{16} = (0 \cdot 16^1 + 13 \cdot 16^0 + 5 \cdot 16^{-1})_{10}$$
$$= (0 + 13 + 0.3125)_{10}$$
$$= (13.3125)_{10}$$

二进制数、八进制数、十六进制数和十进制数之间的关系如表 3.1 所示。

表 3.1 二、八、十六和十进制数的对应关系

二进制数	八进制数	十六进制数	十进制数
0 0 0 0	0 0	0	0
0 0 0 1	0 1	1	1
0 0 1 0	0 2	2	2
0 0 1 1	0 3	3	3
0 1 0 0	0 4	4	4
0 1 0 1	0 5	5	5
0 1 1 0	0 6	6	6
0 1 1 1	0 7	7	7
1 0 0 0	1 0	8	8
1 0 0 1	1 1	9	9
1 0 1 0	1 2	A	1 0
1 0 1 1	1 3	B	1 1
1 1 0 0	1 4	C	1 2
1 1 0 1	1 5	D	1 3
1 1 1 0	1 6	E	1 4
1 1 1 1	1 7	F	1 5

2. 不同数制间的数据转换

1）二进制数、八进制数和十六进制数之间的转换

八进制数和十六进制数是从二进制数演变而来的，由 3 位二进制数组成 1 位八进制数，4 位二进制数组成 1 位十六进制数。对于一个兼有整数和小数部分的数，以小数点为界，对小数点前后的数分别分组进行处理，不足的位数用 0 补足，对整数部分将 0 补在数的左侧，对小数部分将 0 补在数的右侧。这样数值不会发生差错。

假如从二进制数转换到八进制数，则以 3 位为 1 组（在例中用下划线表示）。

例 3.4　$(1\ 101.010\ 1)_2 = (001\ 101.010\ 100)_2 = (15.24)_8$

假如从二进制数转换到十六进制数,则以 4 位为 1 组。

例 3.5　$(1\ 1101.0101)_2 = (0001\ 1101.0101)_2 = (1D.5)_{16}$

从八进制数或十六进制数转换到二进制数,只要顺序将每一位数写成 3 位或 4 位即可。

例 3.6　$(15.24)_8 = (001\ 101.010\ 100)_2 = (1101.0101)_2$

八进制数与十六进制数之间的转换可以用二进制数作为中间媒介进行。

2) 二进制数转换成十进制数

利用上面讲到的公式 $(N)_2 = \sum_{i=m}^{-k} D_i \cdot 2^i$ 进行计算。可参阅前面的例子,在此不再重复。

3) 十进制数转换成二进制数

通常要对一个数的整数部分和小数部分分别进行处理,各自得出结果后再合并。

对整数部分,一般采用除 2 取余数法,其规则如下。

将十进制数除以 2,所得余数(0 或 1)即为对应二进制数最低位的值;然后对上次所得的商除以 2,所得余数即为二进制数次低位的值。如此进行下去,直到商等于 0 为止,最后得出的余数是所求二进制数最高位的值。

例 3.7　将 $(105)_{10}$ 转换成二进制。

$$
\begin{array}{rll}
 & \text{余数} & \text{结果} \\
2\,\underline{|\,105} & & \\
2\,\underline{|\,52} & 1 & \text{最低位} \\
2\,\underline{|\,26} & 0 & \\
2\,\underline{|\,13} & 0 & \\
2\,\underline{|\,6} & 1 & \vdots \\
2\,\underline{|\,3} & 0 & \\
2\,\underline{|\,1} & 1 & \\
0 & 1 & \text{最高位}
\end{array}
$$

得出 $(105)_{10} = (1101001)_2$

对小数部分,一般用乘 2 取整数法,其规则如下。

将十进制数乘以 2,所得乘积的整数部分即为对应二进制小数最高位的值;然后对所余的小数部分乘以 2,所得乘积的整数部分为次高位的值。如此进行下去,直到乘积的小数部分为 0,或结果已满足所需精度要求为止。

例 3.8　将 $(0.3125)_{10}$ 和 $(0.3128)_{10}$ 转换成二进制数(要求 4 位有效位)。

①		结果	0.3125×2	②		结果	0.3128×2
最高位	0		$.6250 \times 2$	最高位	0		$.6256 \times 2$
$\vdots$	1		$.2500 \times 2$	$\vdots$	1		$.2512 \times 2$
	0		$.5000 \times 2$		0		$.5024 \times 2$
最低位	1		$.0000$	最低位	1		$.0048$

得出 $(0.312\ 5)_{10} = (0.0101)_2$　　　　　得出 $(0.312\ 8)_{10} = (0.0101)_2$

例 3.8 中①最后一次乘积的小数部分为 0,转换成精确的二进制数;例 3.8 中②最后一次乘积的小数部分不为 0,因此舍去了更低位的值,现取 4 位有效位,其误差 $< 2^{-4}$。

当一个数既有整数部分又有小数部分时,分别进行转换后再进行拼接,如有数 $(105.3125)_{10}$,则根据前面的计算,得出 $(105.3125)_{10} = (1101001.0101)_2$。

4) 十进制数转换成八进制数

参照十进制数转换成二进制数的方法,将基数 2 改为 8,即可实现转换。

例 3.9 将 $(13.312\,5)_{10}$ 转换成八进制数,处理过程如下:

整数部分转换		小数部分转换	

整数部分转换　　　　　余数

$8\underline{|13}$

$8\underline{|1}$　　　　　5

　0　　　　　1

$(13)_{10} = (15)_8$

小数部分转换

　　　0.3125×8

2　　$.5000 \times 8$

4　　$.0000$

$(0.312\,5)_{10} = (0.24)_8$

得出 $(13.312\,5)_{10} = (15.24)_8$

3. 数据符号的表示

数据的数值通常以正(+)负(−)号后跟绝对值来表示,称之为"真值"。在计算机中正负号也需要数字化,一般用 0 表示正号,1 表示负号。正号有时可省略,如用 $(01001)_2$ 或 $(1001)_2$ 表示 $(+9)_{10}$,$(11001)_2$ 表示 $(-9)_{10}$。

3.1.2　十进制数的编码与运算

在计算机中采用 4 位二进制码对每个十进制数位进行编码。4 位二进制码有 16 种不同的组合,从中选出 10 种来表示十进制数位的 0~9,有多种方案可供选择,下面介绍最常用的几种。

1) 有权码

表示一位十进制数的二进制码的每一位有确定的权。一般用 8421 码,其 4 个二进制码的权从高到低分别为 8、4、2 和 1。用 0000、0001、…、1001 分别表示 0、1、…、9,每个数位内部满足二进制规则,而数位之间满足十进制规则,故称这种编码为"以二进制编码的十进制码"(binary coded decimal,BCD)。

在计算机内部实现 BCD 码算术运算,要对运算结果进行修正,对加法运算的修正规则如下。

如果两个一位 BCD 码相加之和小于或等于 $(1001)_2$,即 $(9)_{10}$,不需要修正;如相加之和大于或等于 $(10)_{10}$,要进行加 6 修正,并向高位进位,进位可以在首次相加(例 3.10③)或修正时(例 3.10②)产生。

例 3.10　① 1+8=9　　　　② 4+9=13　　　　③ 9+7=16

① 1+8=9

```
    0001
  + 1000
    1001
```
不需要修正

② 4+9=13

```
    0100
  + 1001
    1101
  + 0110   修正
  10011
```
　进位

③ 9+7=16

```
    1001
  + 0111
  10000
  + 0110   修正
  10110
```
　进位

2）无权码

表示一个十进制数位的二进制码的每一位没有确定的权。用得较多的是余 3 码（Excess-3 Code）和格雷码（Gray Code），格雷码又称"循环码"。

余 3 码是在 8421 码的基础上，把每个编码都加上 0011 而形成的（如表 3.2 所示）。

当两个余 3 码相加不产生进位时，应从结果中减去 0011；产生进位时，应将进位信号送入高位，本位加 0011。

例 3.11　$(28)_{10}+(55)_{10}=(83)_{10}$

$$
\begin{array}{cc}
0101 & 1011 \\
+)1000 \quad 1\ 1000 \\
\hline
1110 \qquad 0011 \\
-)0011 \quad +)0011 \\
\hline
1011 \qquad 0110
\end{array}
$$

$(28)_{10}$
$(55)_{10}$
低位向高位产生进位，高位不产生进位。
低位 +3，高位 -3。$(0011)_2=(3)_{10}$

格雷码的编码规则是：任何两个相邻编码只有 1 个二进制位不同，而其余 3 个二进制位相同。其优点是从一个编码变到下一个相邻编码时，只有 1 位发生变化，用它构成计数器时可得到更好的译码波形（见第 6 章）。格雷码的编码方案有多种，表 3.2 给出两组常用的编码值。

表 3.2　4 位无权码

十进制数	余 3 码	格雷码（1）	格雷码（2）
0	0011	0000	0000
1	0100	0001	0100
2	0101	0011	0110
3	0110	0010	0010
4	0111	0110	1010
5	1000	1110	1011
6	1001	1010	0011
7	1010	1000	1001
8	1011	1100	1001
9	1100	0100	1000

3.2　带符号的二进制数据在计算机中的表示方法及加减法运算

在计算机中表示的带符号的二进制数称为"机器数"。机器数有 3 种表示方式：原码、补码和反码。

为讨论方便，先假设机器数为小数，符号位放在最左面，小数点置于符号位与数值之间。数的真值用 X 表示。

3.2.1　原码、补码、反码及其加减法运算

1. 原码表示法

机器数的最高位为符号位，0 表示正数，1 表示负数，数值跟随其后，并以绝对值形式给

出。这是与真值最接近的一种表示形式。

原码的定义：

$$[X]_原 = \begin{cases} X & 0 \leqslant X < 1 \\ 1 - X = 1 + |X| & -1 < X \leqslant 0 \end{cases}$$

即$[X]_原 = $符号位$+ |X|$。

例 3.12　$X = +0.1011$,　　$[X]_原 = 01011$;

　　　　　　$X = -0.1011$,　　$[X]_原 = 11011$。

由于小数点位置已默认在符号位之后,书写时可以将其保留或省略。

根据定义,当$X = -0.1011$时,$[X]_原 = 1 - (-0.1011) = 1.1011$。

数值零的真值有$+0$和-0两种表示形式,其原码也有两种表示形式：

$$[+0]_原 = 00000, \quad [-0]_原 = 10000。$$

数的原码与真值之间的关系比较简单,其算术运算规则与大家已经熟悉的十进制运算规则类似,当运算结果不超出机器能表示的范围时,运算结果仍以原码表示。它的最大缺点是在机器中进行加减法运算时比较复杂。例如,当两数相加时,先要判别两数的符号,如果两数是同号,则相加；两数是异号,则相减。而进行减法运算又要先比较两数绝对值的大小,再用大绝对值减去小绝对值,最后还要确定运算结果的正负号。下面介绍的用补码表示的数在进行加减法运算时可避免这些缺点。

2. 补码表示法

机器数的最高位为符号位,0 表示正数,1 表示负数,其定义如下：

$$[X]_补 = \begin{cases} X & 0 \leqslant X < 1 \\ 2 + X = 2 - |X| & -1 \leqslant X < 0 \end{cases}$$

即

$$[X]_补 = 2 \cdot 符号位 + X \quad \bmod 2$$

此处 2 为十进制数,即为二进制的 10。

例 3.13　$X = +0.1011$,则$[X]_补 = 0.1011$

　　　　　　$X = -0.1011$,则$[X]_补 = 2 + X = 2 + (-0.1011) = 1.0101$

数值零的补码表示形式是唯一的,即：

$$[+0]_补 = [-0]_补 = 0.0000$$

这可根据补码定义计算如下：

当$X = +0.0000$时,　　$[X]_补 = 0.0000$。

当$X = -0.0000$时,　　$[X]_补 = 2 + X = 10.0000 + 0.0000 = 10.0000 = 0.0000 \quad \bmod 2$

当补码加法运算的结果不超出机器范围时,可得出以下重要结论：

(1) 用补码表示的两数进行加法运算,其结果仍为补码。

(2) $[X + Y]_补 = [X]_补 + [Y]_补$。

(3) 符号位与数值位一样参与运算。

下面举例说明之。

例 3.14 设 $X=0.1010, Y=0.0101$，两数均为正数，则有：

$$[X+Y]_{补}=[0.1010+0.0101]_{补}=[0.1111]_{补}=0.1111$$
$$[X]_{补}+[Y]_{补}=0.1010+0.0101=0.1111$$

即

$$[X+Y]_{补}=[X]_{补}+[Y]_{补}=0.1111$$

例 3.15 设 $X=0.1010, Y=-0.0101, X$ 为正，Y 为负，则有：

$$[X+Y]_{补}=[0.1010+(-0.0101)]_{补}=0.0101$$
$$[X]_{补}+[Y]_{补}=0.1010+[-0.0101]_{补}=0.1010+(2-0.0101)$$
$$=2+0.0101=0.0101 \quad \text{mod } 2$$

即

$$[X+Y]_{补}=[X]_{补}+[Y]_{补}=0.0101$$

例 3.16 设 $X=-0.1010, Y=0.0101, X$ 为负，Y 为正，则有：

$$[X+Y]_{补}=[-0.1010+0.0101]_{补}=[-0.0101]_{补}=1.1011$$
$$[X]_{补}+[Y]_{补}=[-0.1010]_{补}+[0.0101]_{补}=1.0110+0.0101=1.1011$$

即

$$[X+Y]_{补}=[X]_{补}+[Y]_{补}=1.1011$$

例 3.17 设 $X=-0.1010, Y=-0.0101$，两数均为负数，则有：

$$[X+Y]_{补}=[-0.1010+(-0.0101)]_{补}=[-0.1111]_{补}=1.0001$$
$$[X]_{补}+[Y]_{补}=1.0110+1.1011=11.0001=1.0001 \quad \text{mod } 2$$

即

$$[X+Y]_{补}=[X]_{补}+[Y]_{补}=1.0001$$

在例 3.14～例 3.17 中，包括了 X、Y 各为正负数的各种组合，证实了当运算结果不超出机器所能表示的范围时，$[X+Y]_{补}=[X]_{补}+[Y]_{补}$。

以下再举两个特例。

例 3.18 设 $X=-0.0000, Y=-0.0000$

$$[X]_{补}+[Y]_{补}=[X+Y]_{补}=(2+0.0000)+(2+0.0000)=4+0.0000$$
$$=0.0000 \quad \text{mod } 2$$

说明两个负零相加，最后得正零，再次说明了补码零在机器中的表示形式是唯一的。

例 3.19 设 $X=-0.1011, Y=-0.0101$，则有：

$$[X+Y]_{补}=[X]_{补}+[Y]_{补}=1.0101+1.1011=11.0000$$
$$=1.0000 \quad \text{mod } 2$$

而 $X+Y$ 的真值 $=-0.1011+(-0.0101)=-1.0000$，为 -1。由此说明一个数的补码值的范围在 -1 和 $(1-2^{-n})$ 之间（假设数值部分为 n 位）。

对于减法运算，因为 $[X-Y]_{补}=[X+(-Y)]_{补}=[X]_{补}+[-Y]_{补}$，所以计算时，可以先求出 $-Y$ 的补码，然后再进行加法运算，这样在用逻辑电路实现加减法运算时，可以只考虑用加法电路，而不必设置减法电路。

图 3.1 为实现加法运算的逻辑示例。

在图 3.1 中，被加数（或被减数）X 和加数（或减数）Y 分别存放在 A 寄存器和 B 寄存器中。当执行加法运算时，执行 $[X]_{补}+[Y]_{补}$，将 $[X]_{补}$ 和 $[Y]_{补}$ 从 A 寄存器和 B 寄存器送到加

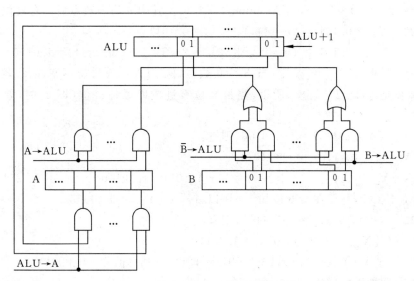

图 3.1　实现加法运算的逻辑示例

法器的两个输入端(加法器及其快速进位逻辑电路参阅第 2 章)。当执行减法运算时,执行 $[X]_补 + [-Y]_补$,将运算结果保存在 A 寄存器中。从 $[Y]_补$ 形成 $[-Y]_补$ 有简便的方法:将 $[Y]_补$ 的各位取反(即 $0\to 1, 1\to 0$),并在最低位 $+1$,即可得 $[-Y]_补$。

假设 $Y=0.1100$,则 $-Y$ 的真值应等于 -0.1100。根据上述方法,取 Y 数中各位的反值,得 1.0011,并在最低位 $+1$,即 $1.0011+0.0001=1.0100$。该值正好是 $-Y$ 的补码。

在逻辑电路中,ALU 由多个全加器及其他电路组成。每个全加器有 3 个输入端,其中一个接收从低位来的进位信号,而最低位恰好没有进位信号输入,因此可利用来作为"$+1$"信号,于是可归纳出以下控制信号。

当执行加法时,应提供的控制信号有:

A→ALU,B→ALU(从 B 寄存器的各触发器的 1 端输出),ALU→A。

当执行减法时,应提供的控制信号有:

A→ALU,$\overline{B}$→ALU(从 B 寄存器的各触发器的 0 端输出),ALU+1,ALU→A。

其中,ALU+1 操作可以与加法操作同时进行,所以总共只需要进行一次加法运算。

补码的英文表示为 two's complement。

当前大部分计算机字长为 32 位/64 位,一般符号位取 1 位,数值部分取 31 位/63 位。ALU 和寄存器都为 32 位/64 位,最高位产生的进位自动丢弃,满足补码定义中有关"mod 2"的运算规则,不必另行处理。这在运算结果不超出机器能表示的数的范围时,结果是正确的。超出机器数范围的情况称之为溢出,将在 3.2.2 节介绍。

3. 反码表示法

机器码的最高位为符号,0 表示正数,1 表示负数。

反码的定义:

$$[X]_反 = \begin{cases} X & 0 \leqslant X < 1 \\ 2 - 2^{-n} + X & -1 < X \leqslant 0 \end{cases}$$

即：$[X]_{反}=(2-2^{-n})\cdot$符号位$+X$　$\mathrm{mod}(2-2^{-n})$。其中 n 为小数点后的有效位数。

例 3.20　$X=+0.1011$　$(n=4)$，则$[X]_{反}=0.1011$

　　　　　$X=-0.1011$　$(n=4)$，则$[X]_{反}=2-2^{-4}+(-0.1011)=1.0100$

即：当 X 为正数时，$[X]_{反}=[X]_{原}$；当 X 为负数时，保持$[X]_{原}$符号位不变，而将数值部分取反。反码运算是以 $2-2^{-n}$ 为模，所以，当最高位有进位而丢掉进位（即 2）时，要在最低位$+1$。

例 3.21　$X=0.1011,Y=-0.0100$，则有：

　　　　　$[X]_{反}=0.1011,[Y]_{反}=1.1011$

　　　　　$[X+Y]_{反}=[X]_{反}+[Y]_{反}=0.1011+1.1011=\underline{1}0.0110$　　　$\mathrm{mod}(2-2^{-4})$

其中，最高位 1 丢掉，并要在最低位加 1。所以，得$[X+Y]_{反}=0.0111$

例 3.22　$X=0.1011,Y=-0.1100$，则有：

　　　　　$[X]_{反}=0.1011,[Y]_{反}=1.0011$

　　　　　$[X+Y]_{反}=0.1011+1.0011=1.1110$（其真值为$-0.0001$）

反码零有两种表示形式：

$$[+0]_{反}=0.0000,[-0]_{反}=1.1111$$

反码运算在最高位有进位时，要在最低位$+1$，此时要多进行一次加法运算，增加了复杂性，又影响了速度，因此很少采用。

反码的英文表示为 one's complement。

从以上讨论可见，正数的原码、补码和反码的表示形式是相同的，而负数则各不相同。

4. 数据从补码和反码表示形式转换成原码

仿照原码转换成补码或反码的过程再重复执行一遍，即可还原成原码形式。

(1) 将反码表示的数据转换成原码。

转换方法：符号位保持不变，正数的数值部分不变，负数的数值部分取反。

例 3.23　设$[X]_{反}=0.1010$，则$[X]_{原}=0.1010$，真值 $X=0.1010$。

例 3.24　设$[X]_{反}=1.1010$，则$[X]_{原}=1.0101$，真值 $X=-0.0101$。

(2) 将补码表示的数据转换成原码。

例 3.25　设$[X]_{补}=0.1010$，则$[X]_{原}=0.1010$，真值 $X=0.1010$。

例 3.26　设$[X]_{补}=1.1010$，则$[X]_{原}=1.0110$，真值 $X=-0.0110$。

在计算机中，当用串行电路按位将原码转换成补码形式时（或反之），经常采取以下方法：自低位开始转换，从低位向高位，在遇到第一个 1 之前，保持各位的 0 不变，第一个 1 也不变，以后的各位按位取反，最后保持符号位不变，经历一遍后，即可得到补码。

5. 整数的表示形式

设 $X=X_n\cdots X_2X_1X_0$，其中 X_n 为符号位。

1) 原码

$$[X]_{原}=\begin{cases}X & 0\leqslant X<2^n\\2^n-X=2^n+|X| & -2^n<X\leqslant 0\end{cases}$$

2）补码

$$[X]_{补} = \begin{cases} X & 0 \leqslant X < 2^n \\ 2^{n+1} + X = 2^{n+1} - |X| & -2^n \leqslant X < 0 \end{cases}$$

3）反码

$$[X]_{反} = \begin{cases} X & 0 \leqslant X < 2^n \\ (2^{n+1} - 1) + X & -2^n < X \leqslant 0 \end{cases}$$

3.2.2　加减法运算的溢出处理

当运算结果超出机器数所能表示的范围时,称为溢出。显然,两个异号数相加或两个同号数相减,其结果是不会溢出的。仅当两个同号数相加或者两个异号数相减时,才有可能发生溢出的情况,一旦溢出,运算结果就不正确了,因此必须将溢出的情况检查出来。

今以 4 位二进制补码整数加法运算为例说明如下。

例 3.27　① 9+5=14　　　② (-9)+(-5)=-14　③ 12+7=19(溢出)

```
    01001              10111              01100
  + 00101            + 11011            + 00111
  ─────────          ─────────          ─────────
    01110            110010              10011
```

④ (-12)+(-7)=-19(溢出)　⑤ 14-1=13　　　⑥ -14+1=-13

```
    10100              01110              10010
  + 11001            + 11111            + 00001
  ─────────          ─────────          ─────────
  101101            101101              10011
```

在上例中,①、②、⑤和⑥得出正确结果,③和④为溢出。

现以 f_A、f_B 表示两操作数(A、B)的符号位,f_S 为结果的符号位。符号位 f_A、f_B 直接参与运算,它所产生的进位以 C_f 表示。在以 2^{n+1} 为模的运算中符号位有进位,并不一定表示溢出,在例 3.27 中的②和⑤即是这种情况。假如用 C 来表示数值最高位产生的进位,那么 $C=1$ 也不一定表示溢出,例 3.28 中的②和⑤仍属这种情况。究竟如何判断溢出,实现时有多种方法可供选择,采用其中一种方法即可,现将判别溢出的几种方法介绍如下。

(1) 当符号相同的两数相加时,如果结果的符号与加数(或被加数)不相同,则为溢出。例 3.27 中③和④,溢出条件为 $\overline{f_A}\,\overline{f_B}f_S + f_A f_B \overline{f_S}$。在计算机中判溢出的逻辑电路如图 3.2 所示,图 3.2(a)和图 3.2(b)是两种不同逻辑电路,但其结果是相同的。

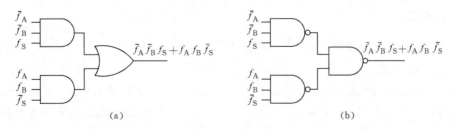

(a)　　　　　　　　　　　　　　　　(b)

图 3.2　判溢出的逻辑图(之一)

(2) 当任意符号两数相加时,如果 $C=C_f$,运算结果正确,其中 C 为数值最高位的进位,C_f 为符号位的进位。如果 $C \neq C_f$,则为溢出,所以溢出条件为 $C \oplus C_f$。其逻辑电路如图 3.3

所示。例 3.27 中的③和④即为这种情况。

（3）采用双符号位 $f_{S2}f_{S1}$。正数的双符号位为 00，负数的双符号位为 11。符号位参与运算，当结果的两个符号位 f_{S1} 和 f_{S2} 不相同时，为溢出。所以溢出条件为 $f_{S1}\oplus f_{S2}$，或者溢出条件为 $f_{S2}\overline{f_{S1}}+\overline{f_{S2}}f_{S1}$。其逻辑电路如图 3.4 所示。见例 3.28。

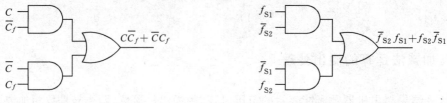

图 3.3　判溢出的逻辑图（之二）　　　　图 3.4　判溢出的逻辑图（之三）

例 3.28　①　$9+5=14$　　　　　　②　$12+7=19$

$$
\begin{array}{r}
0\,0\,1\,0\,0\,1\\
+\ 0\,0\,0\,1\,0\,1\\
\hline
0\,0\,1\,1\,1\,0
\end{array}
$$
$f_{S1}=f_{S2}$　不溢出

$$
\begin{array}{r}
0\,0\,1\,1\,0\,0\\
+\ 0\,0\,0\,1\,1\,1\\
\hline
0\,1\,0\,0\,1\,1
\end{array}
$$
$f_{S1}\neq f_{S2}$　溢出

运算结果的符号位为 f_{S2}（无论溢出与否），f_{S2} 为高符号位。

采用多符号位的补码又叫"变形补码"。

如果采用双符号位，当数为小数时，模 $m=4$；当数为整数时，模 $m=2^{n+2}$。其中 n 为数值部分的位数。一般运算时用双符号位，存储时仅保留一个符号位。因为在正常情况下，两个符号位保持一致；而发生溢出情况时，一般要产生出错信号，由 CPU 执行纠错程序进行处理，情况严重时将停机。

3.2.3　定点数和浮点数

在计算机中的数据有定点数和浮点数两种表示方式。

1. 定点数

定点数是指小数点固定在某个位置上的数据，前面讨论的数据为定点数。

2. 浮点数

浮点数是指小数点位置可浮动的数据，通常以下式表示：
$$N = M \cdot R^{E}$$
其中，N 为浮点数，M（mantissa）为尾数，E（exponent）为阶码，R（radix）称为"阶的基数（底）"，而且 R 为一常数，一般为 2、8 或 16。在一台计算机中，所有数据的 R 都是相同的，于是不需要在每个数据中表示出来。因此，浮点数的机内表示一般采用以下形式：

M_S	E	M
1 位	$n+1$ 位	m 位

M_S 是尾数的符号位,设置在最高位上。

E 为阶码,有 $n+1$ 位,一般为整数,其中有一位符号位,设置在 E 的最高位上,用来表示正阶或负阶。

M 为尾数,有 m 位,由 M_S 和 M 组成一个定点小数。$M_S=0$,表示正号;$M_S=1$,表示负号。为了保证数据精度,尾数通常用规格化形式表示:当 $R=2$,且尾数值不为 0 时,其绝对值应大于或等于 $(0.5)_{10}$。对非规格化浮点数,通过将尾数左移或右移,并修改阶码值使之满足规格化要求。假设浮点数的尾数为 0.0011,阶码为 0100(设定 $R=2$),规格化时,将尾数左移 2 位,而成为 0.1100,阶码减去 $(10)_2$,修改成 0010,浮点数的值保持不变。

当一个浮点数的尾数为 0(不论阶码是何值),或阶码的值比能在机器中表示的最小值还小时,计算机都把该浮点数看成零值,称为机器零。

根据 IEEE 754 国际标准,常用的浮点数有两种格式。

(1) 单精度浮点数(32 位),阶码 8 位,尾数 24 位(内含 1 位符号位)。

(2) 双精度浮点数(64 位),阶码 11 位,尾数 53 位(内含 1 位符号位)。

该标准还规定:基数为 2,阶码采用增码(即移码),尾数采用原码。因为规格化原码尾数的最高位恒为 1,所以不在尾数中表示出来,计算时在尾数的前面自动添上 1。

在多数通用机中,浮点数的尾数用原码或补码表示,阶码用补码或移码表示。移码的定义如下(当阶码为 $n+1$ 位二进制整数,其中最高位为符号位时):

$$[X]_{移}=2^n+X \qquad -2^n \leqslant X < 2^n$$

将这一定义与整数补码的定义比较,可找出补码与移码之间的关系。

$$[X]_{补}=\begin{cases} X & 0 \leqslant X < 2^n \\ 2^{n+1}+X & -2^n \leqslant X < 0 \end{cases}$$

当 $0 \leqslant X < 2^n$ 时,

$$[X]_{移}=2^n+X=2^n+[X]_{补}$$

当 $-2^n \leqslant X < 0$ 时,

$$[X]_{移}=2^n+X=(2^{n+1}+X)-2^n=[X]_{补}-2^n$$

因此把 $[X]_{补}$ 的符号位取反,即得 $[X]_{移}$。

例 3.29　$X=+1011$　　$[X]_{补}=01011$　　$[X]_{移}=11011$

　　　　　　$X=-1011$　　$[X]_{补}=10101$　　$[X]_{移}=00101$

移码具有以下特点:

(1) 最高位为符号位,1 表示正号,0 表示负号。

(2) 在计算机中,移码(阶码)只执行加减法运算,且需要对得到的结果加以修正,修正量为 2^n,即要对结果的符号位取反,得到 $[X]_{移}$。

设 $X=+1010,Y=+0011$,则 $[X]_{移}=11010,[Y]_{移}=10011$。执行加法运算:

$$[X]_{移}+[Y]_{移}=11010+10011=\underline{1}01101$$

加 2^n 后得 $[X+Y]_{移}(2^n=10000)$:

$$[X+Y]_{移}=01101+10000=11101$$

(3) 数据零有唯一的编码,即 $[+0]_{移}=[-0]_{移}=1000\cdots0$。当数据小于机器能表示的最小数时(移码 $\leqslant -2^n$),称为机器零,将阶码(移码)置为 $0000\cdots0$,且不管尾数值大小如何,都按浮点数下溢处理。

3. 计算机中数据的数值范围和精度

数值范围是指机器所能表示的一个数的最大值和最小值之间的范围。数据精度是指一个数的有效位数。因此,数值范围和数据精度是两个不同的概念。例如,32 位定点小数(补码)的范围为 $-1 \sim 1-2^{-31}$,定点整数(补码)的范围是 $-2^{31} \sim 2^{31}-1$,数据精度为 31 位。

通用计算机在处理不同领域的题目时,其数据范围可以差别很大(例如星球之间的距离和原子质量)。在定点机中处理数据之前,必须选择合适的"比例因子"将数据转换到机器所能表示的范围之内,并保证运算过程产生的中间结果和最终结果也在此范围内。在输出最终结果时,还要把计算的结果通过相应的比例因子予以恢复,这对解题带来诸多不便,而且在运算过程中稍有不慎,其精度也很容易降低。

浮点数由于阶码的存在而扩大了数据的范围。例如,标准的 32 位单精度数,其数值的可表示范围为 $-2^{127} \sim (1-2^{-23}) \cdot 2^{127}$,精度为 24 位。因此用于科学计算的计算机,其 CPU 中一般都有浮点处理器。

3.3 二进制乘法运算

3.3.1 定点数一位乘法

1. 定点原码一位乘法

两个原码数相乘,其乘积的符号为相乘两数符号的异或值,数值则为两数绝对值之积。假设

$$[X]_{原} = X_0 . X_1 X_2 \cdots X_n \quad X_0 \text{ 为符号}$$
$$[Y]_{原} = Y_0 . Y_1 Y_2 \cdots Y_n \quad Y_0 \text{ 为符号}$$

则

$$[X \cdot Y]_{原} = [X]_{原} \cdot [Y]_{原} = (X_0 \oplus Y_0) \mid (X_1 X_2 \cdots X_n) \cdot (Y_1 Y_2 \cdots Y_n)$$

符号"|"表示把符号位和数值邻接起来。

为了说明在计算机中如何实现定点原码一位乘法,先从人工计算开始,举例如下。

例 3.30 $X=0.1101, Y=0.1011$,计算乘积 $X \cdot Y$。

解:

```
        0.1 1 0 1
      × 0.1 0 1 1
        1 1 0 1          即 X·Y=0.10001111,符号为正。
      1 1 0 1
    0 0 0 0
  1 1 0 1
  ─────────────────
  0.1 0 0 0 1 1 1 1
```

在计算时,逐次按乘数每一位上的值是 1 还是 0,决定相加数取被乘数的值还是取零值,而且相加数逐次向左偏移 1 位,最后一起求积。

在计算机内实现原码乘法的逻辑框图如图 3.5 所示。其中 3 个寄存器 A、B、C 分别存放部分积、被乘数和乘数,运算方法在人工计算的基础上做了以下修改。

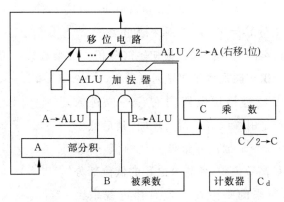

图 3.5 实现原码一位乘法的逻辑电路框图

（1）在机器内多个数据一般不能同时相加，一次加法操作只能求出两数之和，因此每求得一个相加数，就与上次部分积相加。

（2）人工计算时，相加数逐次向左偏移一位，由于最后的乘积位数是乘数（或被乘数）的两倍，如按此法在机器中运算，加器也需增到两倍。观察计算过程很容易发现，在求本次部分积时，前一次部分积的最低位不再参与运算，因此可将其右移一位，相加数可直送而不必偏移，于是用 N 位加法器就可实现两个 N 位数相乘。

（3）部分积右移时，乘数寄存器同时右移一位，这样可以用乘数寄存器的最低位来控制相加数（取被乘数或零），同时乘数寄存器的最高位可接收部分积右移出来的一位，因此，完成乘法运算后，A 寄存器中保存乘积的高位部分，乘数寄存器中保存乘积的低位部分。

例 3.31 设 $X=0.1101$，$Y=0.1011$，求 $X \cdot Y$。

解：计算过程如下：取双符号位

```
                部分积            乘数
              00.0000         1 0 1 1
   +X         00.1101
              ─────────
              00.1101
   右移1位→    00.0110         1 1 0 1    1(丢失)
   +X         00.1101
              ─────────
              01.0011
   右移1位→    00.1001         1 1 1 0    1(丢失)
   +0         00.0000
              ─────────
              00.1001
   右移1位→    00.0100         1 1 1 1    0(丢失)
   +X         00.1101
              ─────────
              01.0001
   右移1位→    00.1000         1 1 1 1    1(丢失)

              乘积高位          乘积低位
```

45

$$X \cdot Y = 0.10001111$$

乘积的符号位$= X_0 \oplus Y_0 = 0 \oplus 0 = 0$，乘积为正数。

乘法开始时，A 寄存器被清为零，作为初始部分积。被乘数放在 B 寄存器中，乘数放在 C 寄存器中。实现部分积和被乘数相加是通过给出 A→ALU 和 B→ALU 命令，在 ALU 中完成的。ALU 的输出经过移位电路向右移一位送入 A 寄存器中。C 寄存器是用移位寄存器实现的，其最低位用作 B→ALU 的控制命令。加法器最低一位的值，右移时将移入 C 寄存器的最高数值位，使相乘之积的低位部分保存进 C 寄存器中，原来的乘数在逐位右移过程中丢失了。

图 3.5 中还给出了一个计数器 C_d，用来控制逐位相乘的次数。它的初值经常放乘数位数的补码值，以后每完成一位乘计算就执行$(C_d) + 1$；如果放原码值，则执行$(C_d) - 1$。待计数到 0 时，给出结束乘运算的控制信号。

图 3.5 中未画出求结果的符号的电路。

乘法运算的控制流程图如图 3.6 所示。数据的位序号从左至右按 0、1、…、n 的次序编，0 位表示符号，共 n 位数值。

从流程图中可以清楚地看到，这里的原码一位乘是通过循环迭代的办法实现的。

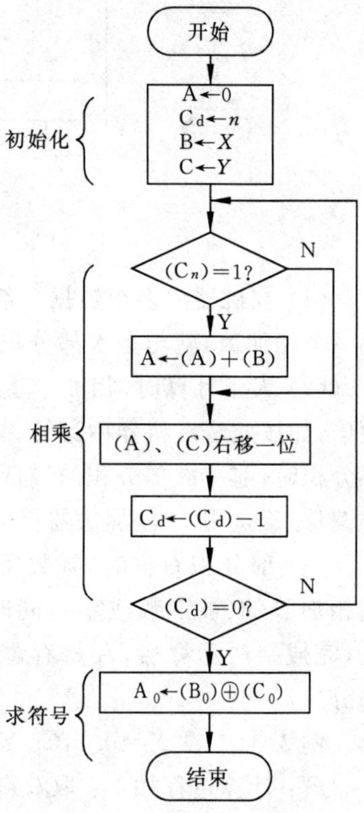

图 3.6 乘法运算的控制流程

2. 定点补码一位乘法

有的机器为方便加减法运算，数据以补码形式存放。如采用原码乘法，则在相乘之前，要将负数还原成原码形式，相乘之后，如乘积为负数，又要将其转换成补码形式，增加了操作步骤。为此，有不少计算机直接采用补码相乘。

补码一位乘法的规则如下（证明略）：

设被乘数$[X]_{\math\text{补}} = X_0 . X_1 X_2 \cdots X_n$，乘数$[Y]_{\math\text{补}} = Y_0 . Y_1 Y_2 \cdots Y_n$，则有：

$$[X \cdot Y]_{\math\text{补}} = [X]_{\math\text{补}}(0.Y_1 Y_2 \cdots Y_n) - [X]_{\math\text{补}} \cdot Y_0$$

从公式中可见，如果 Y 为负数（即 $Y_0 = 1$），需要补充进行$-[x]_{\math\text{补}}$操作；Y 为正数（$Y_0 = 0$），则不需要。

例 3.32 设 $X = -0.1101$，$Y = 0.1011$，即：$[X]_{\math\text{补}} = 11.0011$，$[Y]_{\math\text{补}} = Y = 0.1011$，求$[X \cdot Y]_{\math\text{补}}$。

解：计算过程如下：

部分积	乘数	说明
00.0000	1 0 1 1	初始值
+[X]补 11.0011		+[X]补
11.0011		
右移 1 位→ 11.1001	1 1 0 1	右移 1 位
+[X]补 11.0011		+[X]补
10.1100		
右移 1 位→ 11.0110	0 1 1 0	右移 1 位
+0 00.0000		+0
11.0110		
右移 1 位→ 11.1011	0 0 1 1	右移 1 位
+[X]补 11.0011		+[X]补
10.1110		
右移 1 位→ 11.0111	0 0 0 1	右移 1 位
乘积高位	乘积低位	

$$[X \cdot Y]_补 = 1.01110001$$
$$X \cdot Y = -0.10001111$$

例 3.33 设 $X = -0.1101, Y = -0.1011$,即:$[X]_补 = 11.0011, [Y]_补 = 11.0101$,求 $[X \cdot Y]_补$。

解:计算过程如下:

部分积	乘数	说明
00.0000	0 1 0 1	初始值
+[X]补 11.0011		+[X]补
11.0011		
右移 1 位→ 11.1001	1 0 1 0	右移 1 位
+0 00.0000		+0
11.1001		
右移 1 位→ 11.1100	1 1 0 1	右移 1 位
+[X]补 11.0011		+[X]补
10.1111		
右移 1 位→ 11.0111	1 1 1 0	右移 1 位
+0 00.0000		+0
11.0111		
右移 1 位→ 11.1011	1 1 1 1	右移 1 位
+[−X]补 00.1101		+[−X]补
00.1000	1 1 1 1	
乘积高位	乘积低位	

$$[X \cdot Y]_{\text{补}} = 0.10001111$$

将前述补码乘法公式进行变换,可得出另一公式,是由布斯(Booth)提出的,又称为"布斯公式"。其运算规则如下(Y_{i+1} 与 Y_i 为相邻两位)。

(1) $Y_{i+1} - Y_i = 0$($Y_{i+1}Y_i = 00$ 或 11),部分积加 0,右移 1 位。

(2) $Y_{i+1} - Y_i = 1$($Y_{i+1}Y_i = 10$),部分积加 $[X]_{\text{补}}$,右移 1 位。

(3) $Y_{i+1} - Y_i = -1$($Y_{i+1}Y_i = 01$),部分积加 $[-X]_{\text{补}}$,右移 1 位。

最后一步($i = n+1$)不移位。

例 3.34 设 $X = -0.1101, Y = 0.1011$,即:$[X]_{\text{补}} = 11.0011, [Y]_{\text{补}} = 0.1011$,求 $[X \cdot Y]_{\text{补}}$。

解:在本例中 $n = 4$,$[Y]$补的初始值 $= Y_0.Y_1Y_2Y_3Y_4Y_5 = 0.10110$。计算过程如下:

部分积	乘数	说明
00. 0000	0.1 0 1 1 0	初始值,乘数最低位之后补 0
+ 00. 1101		$Y_5Y_4 = 01$ $+[-X]_{\text{补}}$
00. 1101		
→ 00. 0110	1 0 1 0 1 1	右移 1 位
+ 00. 0000		$Y_4Y_3 = 11$ $+0$
00. 0110		
→ 00. 0011	0 1 0 1 0 1	右移 1 位
+ 11. 0011		$Y_3Y_2 = 10$ $+[X]_{\text{补}}$
11. 0110		
→ 11. 1011	0 0 1 0 1 0	右移 1 位
+ 00. 1101		$Y_2Y_1 = 01$ $+[-X]_{\text{补}}$
00. 1000		
→ 00. 0100	0 0 0 1 0 1	右移 1 位
+ 11. 0011		$Y_1Y_0 = 10$ $+[X]_{\text{补}}$
11. 0111	0 0 0 1	

乘积高位　　　　　乘积低位

$$[X \cdot Y]_{\text{补}} = 1.01110001$$
$$X \cdot Y = -0.10001111$$

在本小节所举例 3.30～例 3.34 中,X 与 Y 的绝对值都没有变化,所以最后的乘积(真值)的数值部分都相等。

3.3.2 定点数二位乘法

按乘数每两位的取值情况,一次求出对应于该两位的部分积。此时,只要增加少量逻辑电路,就可使乘法速度提高一倍。

假设乘数和被乘数都用原码表示。

两位乘数有 4 种可能组合,每种组合对应于以下操作。

00——相当于 $0 \cdot X$。部分积 P_i 右移 2 位,不进行其他运算;

01——相当于 $1 \cdot X$。部分积 $P_i + X$,右移 2 位;

10——相当于 $2 \cdot X$。部分积 $P_i + 2X$,右移 2 位;

11——相当于 $3 \cdot X$。部分积 $P_i + 3X$,右移 2 位。

与前述的一位乘法比较,多出了 $+2X$ 和 $3X$ 两种情况。把 X 左移 1 位即得 $2X$,在机器内通常采用向左斜送 1 位来实现。可是 $+3X$ 一般不能一次完成,如分成两次进行,又降低了计算速度。解决问题的办法是:以 $(4X-X)$ 来代替 $3X$ 运算,在本次运算中只执行 $-X$,而 $+4X$ 则归到下一步执行,此时部分积已右移了两位,上一步欠下的 $+4X$ 已变成 $+X$,在实际线路中要用一个触发器 C 来记录是否欠下 $+4X$,若是,则 $1 \rightarrow C$。因此实际操作用 Y_{i-1}、Y_i、C 三位来控制,运算规则如表 3.3 所示。表 3.3 中 2^{-2} 为右移 2 位。

表 3.3　原码两位乘法规则

Y_{i-1}	Y_i	C	操　作	
0	0	0	$(P_i+0)2^{-2}$	$0 \rightarrow C$
0	0	1	$(P_i+X)2^{-2}$	$0 \rightarrow C$
0	1	0	$(P_i+X)2^{-2}$	$0 \rightarrow C$
0	1	1	$(P_i+2X)2^{-2}$	$0 \rightarrow C$
1	0	0	$(P_i+2X)2^{-2}$	$0 \rightarrow C$
1	0	1	$(P_i-X)2^{-2}$	$1 \rightarrow C$
1	1	0	$(P_i-X)2^{-2}$	$1 \rightarrow C$
1	1	1	$(P_i+0)2^{-2}$	$1 \rightarrow C$

下面举例说明原码两位乘法。

例 3.35　假定 $X=0.100111$,$Y=0.100111$ 则:$[-X]_{补}=1.011001$。X 和部分积各取 3 位符号位。

<pre>
              部分积   乘数   欠位 C
          0 0 0 . 0 0 0 0 0 0   1 0 0 1 1 1   0
  +[-X]补 1 1 1 . 0 1 1 0 0 1
          1 1 1 . 0 1 1 0 0 1
 右移2位→ 1 1 1 . 1 1 0 1 1 0   0 1 1 0 0 1   1
   +2X   0 0 1 . 0 0 1 1 1 0
          0 0 1 . 0 0 0 1 0 0
 右移2位→ 0 0 0 . 0 1 0 0 0 1   0 0 0 1 1 0   0
   +2X   0 0 1 . 0 0 1 1 1 0
          0 0 1 . 0 1 1 1 1 1
 右移2位→ 0 0 0 . 0 1 0 1 1 1   1 1 0 0 0 1   0
</pre>

$$X \cdot Y = 0.010111110001$$

如果最后一次操作欠下 $+4X$,则最后一次右移 2 位后还需补充 $+X$ 操作,$+X$ 后不再移位。

根据前述的布斯算法,将两步合并成一步,可推导出补码两位乘的公式,在此不再讨论。

3.3.3 阵列乘法器

为了进一步提高乘法运算速度,可采用类似于人工计算的方法,用图3.7所示的一个阵列乘法器完成 $X \cdot Y$ 乘法运算($X = X_1X_2X_3X_4$,$Y = Y_1Y_2Y_3Y_4$)。阵列的每一行送入乘数 Y 的每一位数位,而各行错开形成的每一斜列则送入被乘数的每一数位。图中每一个方框包括一个与门和一位全加器。该方案所用加法器数量很多,但内部结构规则性强,适于用超大规模集成电路实现。

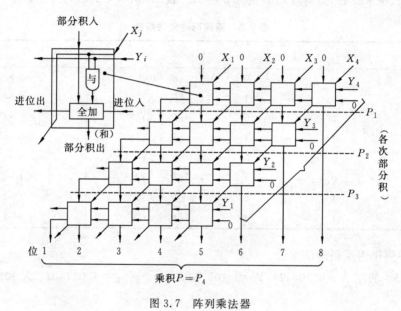

图 3.7 阵列乘法器

3.4 二进制除法运算

3.4.1 定点除法运算

定点除法运算有恢复余数法和加减交替法两种方法,在计算机中常用的是加减交替法,因为它的操作步骤少,而且也不复杂。

两个原码数相除,其商的符号为两数符号的异或值,数值则为两数绝对值相除后的结果。下面讨论定点原码一位除法。

1. 恢复余数法

设被除数 $X = 0.1011$,除数 $Y = 0.1101$,除法的人工计算过程如下:

$$
\begin{array}{r}
0.1101 \\
0.1101\overline{\smash{\big)}\,0.10110} \\
1101 \\
\overline{10010} \\
1101 \\
\overline{10100} \\
1101 \\
\overline{0111}
\end{array}
$$

$X/Y = 0.1101$

余数为 0.0111×2^{-4}

商的符号为 0

人工进行二进制除法的规则是：判断被除数与除数的大小，若被除数小，则上商0，并在余数最低位补0，再用余数和右移一位的除数比，若够减，则上商1，否则上商0。然后继续重复上述步骤，直到除尽（即余数为零）或已得到的商的位数满足精度要求为止。

上述计算方法要求加法器的位数为除数位数的两倍。但分析一下，会发现右移除数，可以通过左移被除数（余数）来替代，左移出界的被除数（余数）的高位都是无用的0，对运算不会产生任何影响。另外，上商0还是1是计算者用观察比较的办法确定的，而在计算机中，只能用做减法判结果的符号为负还是为正来确定。当差为负时，上商为0，同时还应把除数再加到差上去，恢复余数为原来的正值之后再将其左移一位。若减得的差为0或为正值时，就没有恢复余数的操作，上商为1，余数左移一位。

这种方法的缺点是：当某一次 $-Y$ 的差值为负时，要多做一次 $+Y$ 恢复余数的操作。

2. 加减交替法

加减交替法是对恢复余数除法的一种修正。当某一次求得的差值（余数 R_i）为负时，不是恢复它，而是继续求下一位商，但用加上除数（$+Y$）的办法来取代 $-Y$ 操作，其他操作依然不变。其原理证明如下。

在恢复余数除法中，若第 $i-1$ 次求商的余数为 R_{i-1}，下一次求商的余数为 R_i，则：

$$R_i = 2R_{i-1} - Y$$

如果 $R_i < 0$，商的第 i 位上0，并执行操作：恢复余数（$+Y$），将余数左移一位，再减 Y，得 R_{i+1}。其过程可用公式表示如下：

$R_{i+1} = 2(R_i + Y) - Y = 2R_i + 2Y - Y = 2R_i + Y$，由此得到证明。

所以可得出加减交替法的规则如下：

当余数为正时，商上1，求下一位商的办法是，余数左移一位，再减去除数；当余数为负时，商上0，求下一位商的办法是，余数左移一位，再加上除数。此方法不用恢复余数，所以又叫不恢复余数法。但若最后一次上商为0，而又需得到正确余数，则在这最后一次仍需恢复余数。

例 3.36 设 $X = 0.1011$，$Y = 0.1101$，用加减交替法求 X/Y。

解： $[-Y]_{补} = 11.0011$

被除数(余数)		操作说明
0 0 . 1 0 1 1	0 0 0 0 0	开始情形
+)1 1 . 0 0 1 1		+[−Y]补
1 1 . 1 1 1 0	0 0 0 0 0	不够减,商上0
1 1 . 1 1 0 0	0 0 0 0 0	左移
+)0 0 . 1 1 0 1		+Y
0 0 . 1 0 0 1	0 0 0 0 1	够减,商上1
0 1 . 0 0 1 0	0 0 0 1 0	左移
+)1 1 . 0 0 1 1		+[−Y]补
0 0 . 0 1 0 1	0 0 0 1 1	够减,商上1
0 0 . 1 0 1 0	0 0 1 1 0	左移
+)1 1 . 0 0 1 1		+[−Y]补
1 1 . 1 1 0 1	0 0 1 1 0	不够减,商上0
1 1 . 1 0 1 0	0 1 1 0 0	左移
+)0 0 . 1 1 0 1		+Y
0 0 . 0 1 1 1	0 1 1 0 1	够减,商上1
余数	商	

$$X/Y = 0.1101 \quad 余数 = 0.0111 \times 2^{-4}$$

最后说明如下：

(1) 对定点小数除法,首先要比较除数和被除数的绝对值的大小,以检查是否出现商溢出的情况。

(2) 商的符号为相除两数的符号的半加和(异或值)。

(3) 被除数的位数可以是除数的两倍,其低位的数值部分开始时放在商寄存器中。运算过程中,放被除数和商的寄存器同时移位,并将商寄存器中的最高位移到被除数寄存器的最低位中。

(4) 实现除法的逻辑电路与乘法的逻辑电路(如图 3.5 所示)极相似,但在 A 寄存器中放被除数/余数,B 寄存器中放除数,C 寄存器中放商(如被除数为双倍长,在开始时 C 中放被除数的低位)。此外,移位电路应有左移 1 位的功能,以及将 Y 或[−Y]补送 ALU 的电路。

3.4.2　提高除法运算速度的方法举例

1. 跳 0 跳 1 除法

这种方法是提高规格化小数绝对值相除速度的算法(有关规格化小数的解释参见3.5.1 节),可根据余数前几位代码值再次求得几位同为 1 或 0 的商。其规则如下。

(1) 如果余数 $R \geqslant 0$,且 R 的高 K 个数位均为 0,则本次直接得商 1,后跟 $K-1$ 个 0。R 左移 K 位后,减去除数 Y,得新余数。

(2) 如果余数 $R < 0$,且 R 的高 K 个数位均为 1,则本次商为 0,后跟 $K-1$ 个 1,R 左移 K 位后,加上除数 Y,得新余数。

(3) 不满足上述规则(1)和(2)中的条件时,按一位除法上商。

例 3.37 设 $X=0.1010000, Y=0.1100011$,求 X/Y。

解: $[-Y]_\text{补}=1.0011101$

被除数(余数)	商	操作说明
0.1 0 1 0 0 0 0		
$+$ 1.0 0 1 1 1 0 1		$-Y$
1.1 1 0 1 1 0 1	0 1	$R<0$,符号位后有 2 个"1",商 01
← 1.0 1 1 0 1 0 0	0 1 0 0	左移 2 位
$+$ 0.1 1 0 0 0 1 1		$+Y$
0.0 0 1 0 1 1 1	0 1 1 0	$R>0$,符号位后有 2 个"0",商 10
← 0.1 0 1 1 1 0 0	0 1 1 0 0 0	左移 2 位
$+$ 1.0 0 1 1 1 0 1		$-Y$
1.1 1 1 1 0 0 1	0 1 1 0 0 1 1 1	$R<0$,符号位后有 4 个"1",商 0111
		(接下去可左移 4 位,$+Y$,继续求商)

$$X/Y=0.1100111$$

2. 除法运算通过乘法操作来实现

在计算机运行时,执行乘法指令的几率比除法高。某些 CPU 中设置有专门的乘法器,一般没有专用除法器,在这种情况下,利用乘法来完成除法运算可提高速度。

设 X 为被除数,Y 为除数,按下式完成 X/Y。

$$\frac{X}{Y}=\frac{X \cdot F_0 \cdot F_1 \cdots F_i \cdots F_r}{Y \cdot F_0 \cdot F_1 \cdots F_i \cdots F_r}$$

式中 F_i($0 \leqslant i \leqslant r$)为迭代系数,如果迭代几次后,可以使分母 $Y \cdot F_0 \cdot F_1 \cdots F_r$ 趋近于 1,则分子即为商:

$$X \cdot F_0 \cdot F_1 \cdots F_r$$

因此,问题是如何找到一组迭代系数,使分母很快趋近于 1。

若 X 和 Y 为规格化正小数二进制代码,可写成:

$$Y=1-\delta \quad (0<\delta \leqslant 1/2)$$

如果取 $F_0=1+\delta$,则第一次迭代结果:

$$Y_0=Y \cdot F_0=(1-\delta)(1+\delta)=1-\delta^2$$

取 $F_1=1+\delta^2$,则第二次迭代结果:

$$Y_1=(1-\delta^2)(1+\delta^2)=1-\delta^4$$

$$\cdots$$

取 $F_i=1+\delta^{2^i}$,则第 $i+1$ 次迭代结果:

$$Y_i=Y_{i-1} \cdot F_i=(1-\delta^{2^i})(1+\delta^{2^i})=1-\delta^{2^{i+1}}$$

可见当 i 增加时,Y 将很快趋近于 1,其误差为 $\delta^{2^{i+1}}$。

实际上求得 F_i 的过程很简单,即

$$F_i=1+\delta^{2^i}=2-1+\delta^{2^i}=2-(1-\delta^{2^i})=2-Y_{i-1}$$

即 F_i 就是 $(-Y_{i-1})$ 的补码 $(0 \leqslant i \leqslant r)$。请见例 3.38。

例 3.38 设 $X = 0.1000, Y = 0.1011$，则 $\delta = 1 - Y = 0.0101, F_0 = 1 + \delta = 1.0101$

$$\frac{X_0}{Y_0} = \frac{X \cdot F_0}{Y \cdot F_0} = \frac{0.1000 \cdot 1.0101}{0.1011 \cdot 1.0101} = \frac{0.1011}{0.1110} \qquad \text{分子分母分别进行乘法运算}$$

$$F_1 = 2 - Y_0 = 2 - 0.1110 = 1.0010$$

$$\frac{X_1}{Y_1} = \frac{X_0 \cdot F_1}{Y_0 \cdot F_1} = \frac{0.1011 \cdot 1.0010}{0.1110 \cdot 1.0010} = \frac{0.1100}{0.1111} \qquad \text{分母趋近于 1}$$

所以 $\dfrac{X}{Y} \doteq \dfrac{X_1}{Y_1} \doteq X_1 = 0.1100$

3.5 浮点数的运算方法

浮点数的表示形式（假设以 2 为底）：

$$N = M \cdot 2^E$$

其中，M 为浮点数的尾数，为规格化二进制小数，一般用原码或补码形式表示；E 为浮点数的阶码，一般是用移码或补码表示的整数。有关规格化小数的解释参见 3.5.1 节。

阶码的底除了 2 以外，还有用 8 或 16 表示的，这里先以 2 为底进行讨论，然后再简介以 8 或 16 为底的数的运算。

3.5.1 浮点数的加减法运算

设有两浮点数 X、Y，实现 $X \pm Y$ 运算，其中：
$X = M_X \cdot 2^{E_X}, Y = M_Y \cdot 2^{E_Y}$。均为规格化数。
执行以下 5 步完成运算。

（1）"对阶"操作。

比较两浮点数阶码的大小，求出其差 ΔE，并保留其大值 E，$E = \max(E_X, E_Y)$。当 $\Delta E \neq 0$ 时，将阶码值小的数的尾数右移 ΔE 位，并将其阶码值加上 ΔE，使两数的阶码值相等，这一操作称为"对阶"。尾数右移时，对原码表示的尾数，符号位不参加移位，尾数数值部分的高位补 0；对补码表示的尾数，符号位参加右移，并保持原符号位不变。为减少误差（保持精度），可用附加线路，保留右移过程中丢掉的一位或几位的高位，供以后舍入操作用。

（2）尾数的加减运算。

执行对阶后，两尾数进行加/减运算，得到两数之和/差。

（3）规格化操作。

规格化的目的是使尾数部分的绝对值尽可能以最大值的形式出现。设尾数 M 的数值部分有 n 位，规格化数的范围为：$1/2 \leqslant |[M]_原| \leqslant 1 - 2^{-n}$，$1/2 \leqslant [M]_补 \leqslant 1 - 2^{-n}$（当 M 为正），$\dfrac{1}{2} \leqslant |[M]_补| \leqslant 1$（当 M 为负）。

当运算的结果（和/差）不是规格化数时，需将它转变成规格化数。双符号位的原码规格化尾数，其数值的最高位为 1；双符号位的补码规格化尾数，应是 $00.1 \times \times \cdots \times$ 或 $11.0 \times \times \cdots \times$（$\times$ 可为 0 或 1）。规格化操作的规则是：

① 如果结果的两个符号位的值不同,表示加减运算尾数结果溢出,此时将尾数结果右移 1 位,阶码 $E+1$,称为"向右规格化",简称"右规"。

② 如果结果的两个符号位的值相同,表示加减运算尾数结果不溢出。但若最高数值位与符号位相同,此时尾数连续左移,直到最高数值位与符号位的值不同为止;同时从 E 中减去移位的位数,称为"向左规格化",简称"左规"。

（4）舍入。

在执行右规或对阶时,尾数低位上的数值会移掉,使数值的精度受到影响,常用 0 舍 1 入法。当移掉的最高位为 1 时,在尾数的末位加 1,如果加 1 后又使尾数溢出,则要再进行一次右规(参见 3.5.2 节中的"浮点数的舍入处理")。

（5）检查阶码是否溢出。

阶码溢出表示浮点数溢出。在规格化和舍入时都可能发生溢出,若阶码不溢出,加减运算正常结束。若阶码下溢,则置运算结果为机器零(通常将阶码和尾数全部置"0"),若上溢,则置溢出标志。

图 3.8 为规格化浮点数加减运算流程。

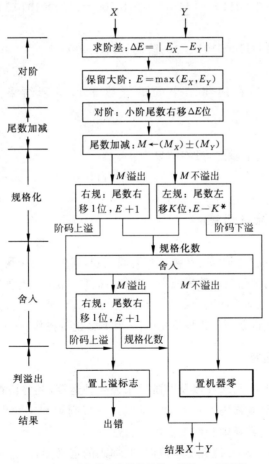

*如果已为规格化数,则 $K=0$,不移位。

图 3.8　规格化浮点数加减运算流程

例 3.39 两浮点数相加,求 $X+Y$。

已知:$X=2^{010} \cdot 0.11011011, Y=2^{100} \cdot (-0.10101100)$

解:X 和 Y 在运算器中的浮点补码表示形式为(双符号位):

	阶符	阶码	数符	尾数
X:	0 0	0 1 0	0 0	1 1 0 1 1 0 1 1
Y:	0 0	1 0 0	1 1	0 1 0 1 0 1 0 0

计算过程如下。

(1) 对阶操作

$$\text{阶差 } \Delta E=[E_X]_\text{补}+[-E_Y]_\text{补}=00010+11100=11110$$

X 阶码小,M_X 右移 2 位,保留阶码 $E=00100$。

$$[M_X]_\text{补}=00\ 00\ 110\ 110\ \underline{11}$$

下划线上的数是右移出去而保留的附加位。

(2) 尾数相加

$[M_X]_\text{补}+[M_Y]_\text{补}=0000110110\ \underline{11}+1101010100=1110001010\ \underline{11}$。

(3) 规格化操作

左规,移 1 位,结果 $=1100010101\ \underline{10}$;阶码 -1,$E=00011$。

(4) 舍入

附加位最高位为 1,在所得结果的最低位 $+1$,得新结果:$[M]_\text{补}=1100010110$,$M=-0.11101010$。

(5) 判溢出

阶码符号位为 00,故不溢出,最终结果为:

$$X+Y=2^{011} \cdot (-0.11101010)$$

3.5.2 浮点数的乘除法运算

两浮点数相乘,其乘积的阶码为相乘两数阶码之和,其尾数为相乘两数的尾数之积。两个浮点数相除,商的阶码为被除数的阶码减去除数的阶码得到的差,尾数为被除数的尾数除以除数的尾数所得的商。参加运算的两个数都为规格化浮点数。乘除运算都可能出现结果不满足规格化要求的问题,因此也必须进行规格化、舍入和判溢出等操作。规格化时要修改阶码。

1. 浮点数的阶码运算

阶码有加 1、减 1、两阶码求和以及两阶码求差 4 种运算,还要检查结果是否溢出。在计算机中,阶码通常用补码或移码形式表示。补码运算规则和判定溢出的方法已在 3.2.2 节说明,这里讨论移码的运算规则和判定溢出的方法。

当阶码由 1 位符号位和 n 位数据组成时,其移码的定义为:

$$[X]_\text{移}=2^n+X \qquad -2^n \leqslant X<2^n$$

按此定义,则有

$$[X]_\text{移}+[Y]_\text{移}=2^n+X+2^n+Y$$

$$= 2^n + (2^n + (X+Y))$$
$$= 2^n + [X+Y]_{移}$$

即直接用移码实现求阶码之和时,结果的最高位多加了个 1,要得到移码形式的结果,需对结果的符号取反。

根据补码定义:$[Y]_补 = 2^{n+1} + Y \qquad \bmod 2^{n+1}$

对同一个数值,移码和补码的数值位完全相同,而符号位正好相反。因此求阶码和(移码表示)可用如下方式完成:

$$[X]_{移} + [Y]_补 = 2^n + X + 2^{n+1} + Y$$
$$= 2^{n+1} + (2^n + (X+Y))$$
$$= [X+Y]_{移} \qquad \bmod 2^{n+1}$$

同理有 $\qquad\qquad\qquad [X]_{移} + [-Y]_补 = [X-Y]_{移}$

以上表明执行移码加或减时,取加数或减数符号位的反码进行运算。

如果阶码运算的结果溢出,上述条件则不成立。此时,使用双符号位的阶码加法器,并规定移码的第二个符号位,即最高符号位恒用 0 参加加减运算,则溢出条件是结果的最高符号位为 1。此时,当低位符号位为 0 时,表明结果上溢;为 1 时,表明结果下溢。当最高符号位为 0 时,表明没有溢出,低位符号位为 1,表明结果为正;为 0 时,表明结果为负。例如,假定阶码用 4 位表示,则其表示范围为 -8 到 $+7$。讨论以下 4 种情况:

(1) 当 $X = +011, Y = +110$ 时,则有

$$[X]_{移} = 01011, \qquad [Y]_补 = 00110, \qquad [-Y]_补 = 11010$$

① 阶码加 $[X+Y]_{移} = [X]_{移} + [Y]_补 = 01011 + 00110 = 10001$,结果上溢。

② 阶码减 $[X-Y]_{移} = [X]_{移} + [-Y]_补 = 01011 + 11010 = 00101$,结果正确,为 -3。

(2) 当 $X = -011, Y = -110$ 时,则有

$$[X]_{移} = 00101, \qquad [Y]_补 = 11010, \qquad [-Y]_补 = 00110$$

① 阶码加 $[X+Y]_{移} = [X]_{移} + [Y]_补 = 00101 + 11010 = 11111$,结果下溢。

② 阶码减 $[X-Y]_{移} = [X]_{移} + [-Y]_补 = 00101 + 00110 = 01011$,结果正确,为 $+3$。

(3) 当 $X = +011, Y = -110$ 时,则有

$$[X]_{移} = 01011, \qquad [Y]_补 = 11010, \qquad [-Y]_补 = 00110$$

① 阶码加 $[X+Y]_{移} = [X]_{移} + [Y]_补 = 01011 + 11010 = 00101$,结果正确,为 -3。

② 阶码减 $[X-Y]_{移} = [X]_{移} + [-Y]_补 = 01011 + 00110 = 10001$,结果上溢。

(4) 当 $X = -011, Y = +110$ 时,则有

$$[X]_{移} = 00101, \qquad [Y]_补 = 00110, \qquad [-Y]_补 = 11010$$

① 阶码加 $[X+Y]_{移} = [X]_{移} + [Y]_补 = 00101 + 00110 = 01011$,结果正确,为 $+3$。

② 阶码减 $[X-Y]_{移} = [X]_{移} + [-Y]_补 = 00101 + 11010 = 11111$,结果下溢。

2. 浮点数的舍入处理

在计算机中,浮点数的尾数是用确定的位数来表示的,但浮点数的运算结果却常常超过给定的位数。如加减运算过程中的对阶和右规处理,会使尾数低位部分的一位或多位值因移位而丢失;乘除运算(无论是定点数或浮点数)可能产生超过给定位数的结果,在这里讨论如何处理这些多出来的位上的值。处理的原则是尽量减少本次运算所造成的误差以及按此

原则产生的累计误差。

（1）无条件地丢掉正常尾数最低位之后的全部数值。这种办法被称为截断处理，其好处是处理简单，缺点是影响结果的精度。

（2）运算过程中保留右移中移出的若干高位的值，然后再按某种规则用这些位上的值修正尾数。这种处理方法被称为舍入处理。较简单的舍入方法是：只要尾数最低位为 1，或移出去的几位中有 1，就把尾数的最低位置 1，否则仍保持原有的 0 值。或者采用更简便的方法，即最低位恒置 1 的方法。另外一种办法是 0 舍 1 入法（相当于十进制中的四舍五入法），即当丢失的最高位的值为 1 时，把这个 1 加到最低数值位上进行修正，否则舍去丢失的各位的值，其缺点是要多进行一次加法运算。下面举例说明 0 舍 1 入的情况。

例 3.40 设有 5 位数（其中有一附加位），用原码或补码表示，舍入后保留 4 位结果。

$$\text{设：} [X]_原 = 0.11011 \qquad \text{舍入后} [X]_原 = 0.1110$$
$$[X]_原 = 0.11100 \qquad \text{舍入后} [X]_原 = 0.1110$$
$$[X]_补 = 1.00101 \qquad \text{舍入后} [X]_补 = 1.0011$$
$$[X]_补 = 1.00100 \qquad \text{舍入后} [X]_补 = 1.0010$$

舍入后产生了误差，但误差值小于末位的权值。

3. 浮点乘法运算步骤

下面举例说明浮点乘法的运算步骤。

例 3.41 阶码 4 位（移码），尾数 8 位（补码，含 1 符号位），阶码以 2 为底。运算结果仍取 8 位尾数。

设：$X = 2^{-5} \cdot 0.1110011$，$Y = 2^3 \cdot (-0.1110010)$，$X$、$Y$ 为真值，此处阶码用十进制表示，尾数用二进制表示。运算过程中阶码取双符号位。

（1）求乘积的阶码。乘积的阶码为两数阶码之和。
$$[E_X + E_Y]_移 = [E_X]_移 + [E_Y]_补 = 00011 + 00011 = 00110$$

（2）尾数相乘。用定点数相乘的办法，此处仅列出结果，不进行详细计算。
$$[X \cdot Y]_补 = \underline{1.0011001} \quad \underline{1001010} \quad \text{（尾数部分）}$$
$$\text{高位部分} \quad \text{低位部分}$$

（3）规格化处理。本例尾数已规格化，不需要再处理。

（4）舍入。尾数（乘积）低位部分的最高位为 1，需要舍入，在乘积高位部分的最低位加 1，因此得到：$[X \cdot Y]_补 = 1.0011010$ （尾数部分）

（5）判溢出。阶码未溢出，故结果正确。
$$X \cdot Y: \quad 0110 \qquad 1.0011010$$
$$\text{阶码（移码）} \qquad \text{尾数（补码）}$$

$$X \cdot Y = 2^{-2} \cdot (-0.1100110)$$

乘法运算可能产生溢出的情况如下。

在求乘积的阶码（即两阶码相加）时，有可能产生上溢或下溢的情况；在进行尾数向左规格化时，也有可能产生下溢。

4. 浮点数乘法运算（阶码的底为 8 或 16）

前面的讨论是以阶码值的底为 2 来进行的。为了用相同位数的阶码表示更大范围

的浮点数,在一些计算机中也有选用阶码的底为 8 或 16 的。此时浮点数 N 被表示成

$$N=8^E \cdot M \qquad \text{或} \qquad N=16^E \cdot M$$

阶码 E 和尾数 M 仍用二进制表示,其运算规则与阶码以 2 为底基本相同,但关于对阶和规格化操作有新的相应规定。

当阶码以 8 为底时,只要尾数满足 $1/8 \leqslant M < 1$ 或 $-1 \leqslant M < -1/8$ 就是规格化数。执行对阶和规格化操作时,每当阶码的值增或减 1,尾数要相应右移或左移 3 位。

当阶码以 16 为底时,只要尾数满足 $1/16 \leqslant M < 1$ 或 $-1 \leqslant M < -1/16$ 就是规格化数。执行对阶和规格化操作时,阶码的值增或减 1,尾数必须移 4 位。

判别为规格化数或实现规格化操作,均应使数值的最高 3 位(以 8 为底)或 4 位(以 16 为底)中至少有一位与符号位不同。

5. 浮点数除法运算步骤

浮点数除法运算与乘法运算类似,也分求商的阶码、尾数相除、规格化、舍入和判溢出 5 个步骤,不再详细讨论。

3.6 运 算 部 件

1. 定点运算部件

定点运算部件由算术逻辑运算部件 ALU、若干个寄存器、移位电路、计数器和门电路等组成。

ALU 部件主要完成加减法算术运算及逻辑运算,其中还应包含有快速进位电路。

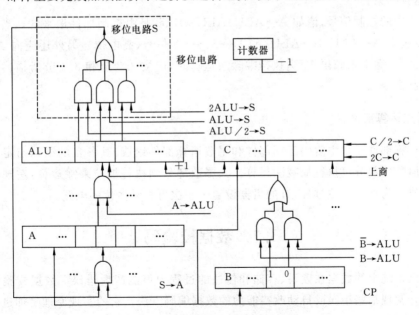

图 3.9 定点运算部件的框图

图 3.9 为定点运算部件的框图,考虑到最简单的情况,图中仅有 3 个寄存器(A、B、C),

而目前一般的运算部件都设置有数量较多的寄存器,可任意放置操作数和运算结果等,称为通用寄存器。图3.9中的3个寄存器都被指定为专用的寄存器,A寄存器在运算前放置操作数,运算后放置运算结果。当执行加减运算和逻辑运算时,只用到A、B两个寄存器;当执行乘除法时,用到3个寄存器。各寄存器的作用如表3.4所示。

表3.4 A、B、C寄存器的作用

运算	A寄存器		B寄存器	C寄存器
加法	被加数	运算结果	加数	无用
减法	被减数	运算结果	减数	无用
乘法	部分积	乘积高位	被乘数	乘数,乘积低位
除法	被除数	余数	除数	商

数据存放在存储器中时,一般仅有1个符号位,根据算术运算算法,在运算部件中扩充到2个或3个符号位。

图3.9中的数据传送门仅画出了一位,实际上应该不小于n位(设n为字长),另外,对判溢出等电路都省略了。S为移位电路,一般由门电路组成,乘法运算时向右移一位(ALU/2→S),除法运算时向左移一位(2ALU→S),加减法及逻辑运算时不移位(ALU→S)。C为移位寄存器,乘法运算时右移一位,乘数右移一位后,其空出来的高位接受ALU最低位,到乘法结束时,C寄存器内保存了乘积的低n位。当进行除法运算时,上商到C的最低位,并左移一位,当运算结束时,C内为n位商。计数器是用来控制乘除法运算是否结束,在运算开始时,置n值,每进行一次加/减和移位操作后计数器减1,当减到0时,表示乘/除法运算结束。

图3.9中的控制信号,诸如A→ALU、ALU→S等,是由控制部件送来的。当执行加法运算时,应送来A→ALU、B→ALU、ALU→S、S→A信号(高电位),另外还应向ALU发出加法运算命令(图中未画出)。当执行乘除法运算时,应按3.3节和3.4节所描述的执行顺序发出控制命令。

2. 浮点运算部件

浮点运算部件通常由阶码运算部件和尾数运算部件组成,其各自的结构与定点运算部件相似。但阶码部分仅执行加减法运算。其尾数部分则执行加减乘除运算,左规时有时需要左移多位。为加速移位过程,有的机器设置了一次可移动多位的电路。

3.7 数据校验码

计算机系统中的数据在读写、存储和传送的过程中可能产生错误。数据校验码是一种常用的带有发现某些错误或自动改错能力的数据编码方法。它的实现原理是加进一些冗余码,使合法数据编码出现某些错误时,就成为非法编码。这样,就可以通过检测编码的合法性来达到发现错误的目的。这里用到一个码距的概念。码距是根据任意两个合法码之间至少有几个二进制位不相同而确定的,仅一位不同,称其码距为1。例如,用4位二进制表示 16 种状态,则 16 种编码都用到了,此时码距为 1,就是说,任何一个状态的 4 位码中的一位或几位出错,就变成另一个合法码,此时无查错能力。若用 4 个二进制位表示 8 个状态,就可以只用其中的 8 种编码,而把另 8 种编码作为非法编码,此时码距为 2。一般来说,合理地增大码距,就能提高发现错误的能力,但码所使用的二进制位数变多,增加了数据存储的容量或数据传送的数量。在确定与使用数据校验码的时候,通常要考虑在不过多增加硬件的情况下,尽可能发现或改正更多的错误。常用的数据校验码是奇偶校验码、海明校验码和循环冗余校验码。

3.7.1 奇偶校验码

奇偶校验码是一种开销小,能发现数据代码中一位或奇数个位出错情况的编码,常用于存储器读写检查,或数据传送过程中的检查。它的实现原理是使码距由 1 增加到 2。若编码中有奇数个二进制位的值出错了,由 1 变成 0,或由 0 变成 1,这个码都将成为非法编码。实现的具体方法通常是为一个字节补充一个二进制位,称为校验位,使字节的 8 位和该校验位含有 1 值的个数为奇数或偶数。在使用奇数个 1 的方案进行校验时,称为奇校验;反之,则称为偶校验。校验位的值是由专设的线路实现的(如图 3.10 所示)。例如,当要把一个字节($D_1 \sim D_8$)的值写进主存时,用此电路形成校验位的值,然后将这 9 位的代码作为合法数据编码写进主存。当下一次读出这一代码时,再用相应线路检测读出的 9 位码的合法性。这种方案只能发现一位错或奇数个位错,但不能确定是哪一位错,也不能发现偶数个位错。考虑到一位出错的几率比多位同时出错的几率高得多,该方案还是有很好的实用价值。

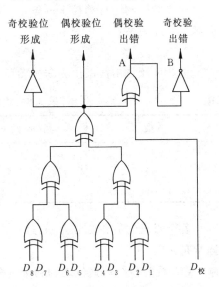

图 3.10 奇偶校验位的形成及校验

下面给出对几个字节值的奇偶校验的编码结果:

数据	奇校验的编码	偶校验的编码
0 0 0 0 0 0 0 0	1 0 0 0 0 0 0 0 0	0 0 0 0 0 0 0 0 0
0 1 0 1 0 1 0 0	0 0 1 0 1 0 1 0 0	1 0 1 0 1 0 1 0 0
0 1 1 1 1 1 1 1	0 0 1 1 1 1 1 1 1	1 0 1 1 1 1 1 1 1

其中,最高一位为校验位,其余低 8 位为数据位。从中可以看到,校验位的值取 0 还是 1,是由数据位中 1 的个数决定的。

图 3.10 综合了奇偶校验位的形成及校验的电路,在计算机中实际使用时根据具体情况进行舍取,例如校验位形成处不需要校验出错的电路(反之也成立);奇校验与偶校验只需要选择其中之一。

3.7.2 海明校验码

海明码是由 Richard Hamming 于 1950 年提出的,目前还被广泛采用。它的实现原理是在数据中加入几个校验位,并把数据的每一个二进制位分配在几个奇偶校验组中。当某一位出错后,就会引起有关的几个校验组的值发生变化,这不但可以发现出错,还能指出是哪一位出错,为自动纠错提供了依据。

假设校验位的个数为 r,则它能表示 2^r 个信息,用其中的一个信息指出"没有错误",其余的 2^r-1 个信息指出错误发生在哪一位。错误也可能发生在校验位,因此只有 $k=2^r-1-r$ 个信息能用于纠正数据的一位错,也就是说要满足关系:$2^r \geqslant k+r+1$。

如果数据的长度为 1 个字节(8 位),则 $k=8,r=4$。

如要能检测与自动校正一位错,并发现两位错,此时校验位的位数 r 和数据位的位数 k 应满足下述关系:

$$2^{r-1} \geqslant k+r$$

据此可计算出数据位 k 与校验位 r 的对应关系,如表 3.5 所示。

表 3.5 数据位 k 与校验位 r 的对应关系

k 值	最小的 r 值	k 值	最小的 r 值
1~4	4	27~57	7
5~11	5	58~120	8
12~26	6		

若海明码的最高位号为 m,最低位号为 1,即 $H_m H_{m-1} \cdots H_2 H_1$,则此海明码的编码规律通常是:

(1) 校验位与数据位之和为 m,每个校验位 P_i 在海明码中被分在位号 2^{i-1} 的位置,其余各位为数据位,并按从低向高逐位依次排列的关系分配各数据位。

(2) 海明码的每一位码 H_i(包括数据位和校验位本身)由多个校验位校验,其关系是被校验的每一位位号要等于校验它的各校验位的位号之和。这样安排的目的是希望校验的结果能正确反映出出错位的位号。

按上述规律讨论一个字节的海明码。

每个字节由 8 个二进制位组成,此处的 k 为 8,按表 3.5 得出校验位的位数 r 应为 5,故海明码的总位数为 13,可表示为

$$H_{13} H_{12} H_{11} \cdots H_3 H_2 H_1$$

5 个校验位 $P_5 \sim P_1$ 对应的海明码位号应分别为 H_{13}、H_8、H_4、H_2 和 H_1。P_5 只能放在 H_{13} 一位上,它已经是海明码的最高位了,其他 4 位满足 P_i 的位号等于 2^{i-1} 的关系。其余为数据位 D_i,则有如下排列关系:

$$P_5 D_8 D_7 D_6 D_5 P_4 D_4 D_3 D_2 P_3 D_1 P_2 P_1$$

按前面讲的每个海明码的位号要等于参与校验它的几个校验位的位号之和的关系,可以给出如表 3.6 所示的结果。

表 3.6 出错的海明码位号和校验位位号的关系

海 明 码 位 号	数据位/ 校验位	参与校验的 校验位位号	被校验位的 海明码位号 $=$ 校验位 位号之和
H_1	P_1	1	1＝1
H_2	P_2	2	2＝2
H_3	D_1	1,2	3＝1＋2
H_4	P_3	4	4＝4
H_5	D_2	1,4	5＝1＋4
H_6	D_3	2,4	6＝2＋4
H_7	D_4	1,2,4	7＝1＋2＋4
H_8	P_4	8	8＝8
H_9	D_5	1,8	9＝1＋8
H_{10}	D_6	2,8	10＝2＋8
H_{11}	D_7	1,2,8	11＝1＋2＋8
H_{12}	D_8	4,8	12＝4＋8
H_{13}	P_5	13	13＝13

表 3.6 给出了每一位海明码和参与对其校验的有关校验位的对应关系,即 5 个校验位各自只与本身有关,数据位 D_1 由校验位 P_1 和 P_2 校验,查表,D_1 的海明码位号为 3,而 P_1 和 P_2 的海明码位号分别为 1 和 2,满足 3＝1＋2 的关系。又如 $D_7(H_{11})$ 是由 $P_1(H_1)$、$P_2(H_2)$ 和 $P_4(H_8)$ 三个校验位校验的等。

从表 3.6 中,可以进一步找出 4 个校验位各自与哪些数据位有关。如 P_1 参与对数据位 D_1、D_2、D_4、D_5 和 D_7 的校验,P_4 参与对 D_5、D_6、D_7 和 D_8 的校验等。由此关系,就可以进一步求出由各有关数据位形成 P_i 值的偶校验的结果。

$$P_1 = D_1 \oplus D_2 \oplus D_4 \oplus D_5 \oplus D_7$$
$$P_2 = D_1 \oplus D_3 \oplus D_4 \oplus D_6 \oplus D_7$$
$$P_3 = D_2 \oplus D_3 \oplus D_4 \oplus D_8$$
$$P_4 = D_5 \oplus D_6 \oplus D_7 \oplus D_8$$

如果要分清是两位出错还是一位出错,还要补充一个 P_5 总校验位,使

$$P_5 = D_1 \oplus D_2 \oplus D_3 \oplus D_4 \oplus D_5 \oplus D_6 \oplus D_7 \oplus D_8 \oplus P_4 \oplus P_3 \oplus P_2 \oplus P_1$$

在这种安排中,每一位数据位都至少要出现在 3 个 P_i 值的形成关系中。当任一位数据码发生变化时,必将引起 3 个或 4 个 P_i 值跟着变化,该海明码的码距为 4。

按如下关系对所得到的海明码实现偶校验:

$$S_1 = P_1 \oplus D_1 \oplus D_2 \oplus D_4 \oplus D_5 \oplus D_7$$
$$S_2 = P_2 \oplus D_1 \oplus D_3 \oplus D_4 \oplus D_6 \oplus D_7$$
$$S_3 = P_3 \oplus D_2 \oplus D_3 \oplus D_4 \oplus D_8$$
$$S_4 = P_4 \oplus D_5 \oplus D_6 \oplus D_7 \oplus D_8$$
$$S_5 = P_5 \oplus P_4 \oplus P_3 \oplus P_2 \oplus P_1 \oplus D_1 \oplus D_2 \oplus D_3 \oplus D_4 \oplus D_5 \oplus D_6 \oplus D_7 \oplus D_8$$

则校验得到的结果值 $S_5 \sim S_1$ 能反映 13 位海明码的出错情况。任何偶数个数出错,S_5 一定为 0,因此可区分两位出错或一位出错。

图 3.11 是 $H=12$,数据位 $k=8$,校验位 $r=4$ 的海明校验线路,记作(12,8)分组码。

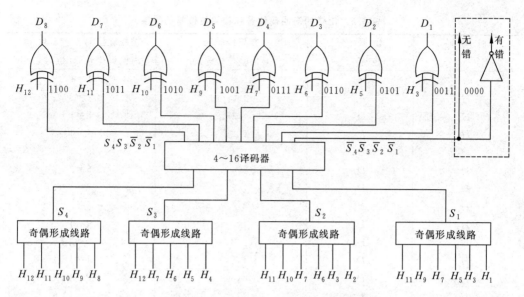

图 3.11 (12,8)分组码海明校验线路

图 3.11 中的 H_{12}、H_{11}、$\cdots$、H_1 是被校验码，D_8、D_7、$\cdots$、D_1 是纠正后的数据。在线路中，先用奇偶形成线路得到 S_4、S_3、S_2、S_1，如果 $S_4 \sim S_1$ 为全 0，说明代码无错，则 $D_8 D_7 \cdots D_1 = H_{12} H_{11} H_{10} H_9 H_7 H_6 H_5 H_3$。如果 $S_4 \sim S_1$ 不全为 0，说明有错。若为 1100 或 1011，则分别表示 H_{12} 或 H_{11} 位错，对应这两种出错情况，相关的两条译码线之一为 1，它与相应的数据位

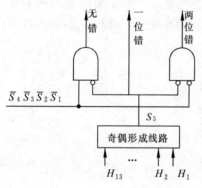

图 3.12 判 1 位/2 位错的附加线路

经异或线路，就把该位校正过来，得到正确的编码输出。依次类推，如 $S_4 S_3 S_2 S_1$ 为 1010、1001、0111、0110、0101 或 0011，分别表示 H_{10}、H_9、H_7、H_6、H_5 或 H_3 位错，用相同的方法予以纠正。如错误发生在校验位上，则相关的译码线（1000、0100、0010、0001）之一为 1，在图 3.11 中未画出。

如前所述，假如要进一步判别是一位错还是两位错，则再增加一个校验位。并用图 3.12 来取代图 3.11 虚框中的内容，此时增加了一个奇偶形成线路 S_5。如为一位错，仍按图 3.11 来纠正数据位；如为两位错，则无法纠正错误。

3.7.3 循环冗余校验(CRC)码

二进制信息位流沿一条线逐位在部件之间或计算机之间传送称为串行传送。CRC(cyclic redundancy check)码可以发现并纠正信息存储或传送过程中连续出现的多位错误，因此在磁介质存储和计算机之间通信方面得到广泛应用。

CRC 码一般是指 k 位信息码之后拼接 r 位校验码。应用 CRC 码的关键是如何从 k 位信息位简便地得到 r 位校验位（编码），以及如何从 $k+r$ 位信息码判断是否出错（理论问题请参阅有关书籍）。

1. CRC 码的编码方法

先介绍 CRC 码编码用到的模 2 运算。

模 2 运算是指以按位模 2 相加为基础的四则运算,运算时不考虑进位和借位。

(1) 模 2 加减:即按位加,可用异或逻辑实现。模 2 加与模 2 减的结果相同,即 $0\pm0=0,0\pm1=1,1\pm0=1,1\pm1=0$。两个相同的数据的模 2 和为 0。

(2) 模 2 乘:按模 2 加求部分积之和(例 3.42)。

例 3.42 模 2 乘

$$
\begin{array}{r}
1\ 0\ 1\ 0 \\
\times)\quad\quad 1\ 0\ 1 \\
\hline
1\ 0\ 1\ 0 \\
0\ 0\ 0\ 0 \\
1\ 0\ 1\ 0 \\
\hline
1\ 0\ 0\ 0\ 1\ 0
\end{array}
$$

(3) 模 2 除:按模 2 减求部分余数。每求一位商应使部分余数减少一位。上商的原则是:当部分余数的首位为 1 时,商取 1;当部分余数的首位为 0 时,商取 0。当部分余数的位数小于除数的位数时,该余数即为最后余数(例 3.43)。

例 3.43 模 2 除

$$
\begin{array}{r}
101 \quad\quad\cdots\ \text{商} \\
101\overline{)10000} \\
\underline{101} \\
010 \\
\underline{000} \\
100 \\
\underline{101} \\
\hline
01 \quad\quad \cdots R\ \ \text{余数}
\end{array}
$$

下面介绍 CRC 码的编码方法。

首先,可将待编码的 k 位有效信息位表达为多项式 $M(x)$:
$$M(x) = C_{k-1}x^{k-1} + C_{k-2}x^{k-2} + \cdots + C_i x^i + \cdots + C_1 x + C_0$$
式中 C_i 为 0 或 1。

若将信息位左移 r 位,移空处补以 0,则可表示为多项式 $M(x) \cdot x^r$。这样就可以空出 r 位,以便拼接 r 位校验位。

CRC 码用多项式 $M(x) \cdot x^r$ 除以生成多项式 $G(x)$(产生校验码的多项式)所得余数作为校验位(模 2 运算)。为了得到 r 位余数(校验位),$G(x)$ 必须是 $r+1$ 位。

设所得余数表达为 $R(x)$,商为 $Q(x)$。将余数拼接在信息位组左移 r 位空出的 r 位上,就构成这个有效信息的 CRC 码。这个 CRC 码可用多项式表示为:
$$M(x) \cdot x^r + R(x) = [Q(x) \cdot G(x) + R(x)] + R(x)$$
$$= [Q(x) \cdot G(x)] + [R(x) + R(x)]$$

$$= Q(x) \cdot G(x)$$

因此所得 CRC 码可被 $G(x)$ 表示的数码除尽。

例 3.44 对 4 位有效信息(1100)求循环冗余校验编码,选择生成多项式(1011)。

$$M(x) = x^3 + x^2 = 1100 \qquad\qquad (k = 4)$$

$$M(x) \cdot x^3 = x^6 + x^5 = 1100000 \qquad\qquad (左移 r = 3 位)$$

$$G(x) = x^3 + x + 1 = 1011 \qquad\qquad (r + 1 = 4 位)$$

$$\frac{M(x) \cdot x^3}{G(x)} = \frac{1100000}{1011} = 1110 + \frac{010}{1011} \qquad\qquad (模 2 除)$$

$$M(x) \cdot x^3 + R(x) = 1100000 + 010 = 1100010 \qquad\qquad (模 2 加)$$

将编好的循环冗余校验码称为(7,4)码,即 $n = 7, k = 4$。n 为 CRC 码的位数。

2. CRC 的译码与纠错

将收到的循环冗余校验码用约定的生成多项式 $G(x)$ 去除,如果码字无误,则余数应为 0,如有某一位出错,则余数不为 0,不同位出错,余数不同。通过例 3.44 求出其出错模式如表 3.7 所示。更换不同的待测码字可以证明:余数与出错位的对应关系是不变的,只与码制和生成多项式有关。因此表 3.7 给出的关系可作为(7,4)码的判别依据。对于其他码制或选用其他生成多项式,出错模式将发生变化。

表 3.7 (7,4)循环码的出错模式(生成多项式 $G(x) = 1011$)

	A_1	A_2	A_3	A_4	A_5	A_6	A_7	余 数			出 错 位
正 确	1	1	0	0	0	1	0	0	0	0	无
	1	1	0	0	0	1	1	0	0	1	7
	1	1	0	0	0	0	0	0	1	0	6
	1	1	0	0	1	1	0	1	0	0	5
错 误	1	1	0	1	0	1	0	0	1	1	4
	1	1	1	0	0	1	0	1	1	0	3
	1	0	0	0	0	1	0	1	1	1	2
	0	1	0	0	0	1	0	1	0	1	1

如果循环冗余校验码有一位出错,用 $G(x)$ 作模 2 除将得到一个不为 0 的余数。如果在余数的右侧补 1 个 0 继续除下去,将发现一个现象,各次余数将按表 3.7 顺序循环。例如,第 7 位出错,循环冗余校验码为 1100011,余数为 001,补 0 后循环冗余校验码为 11000110,再除,第二次余数为 010,以后依次为 100、011、…,反复循环,这是一个有价值的特点。如果在求出余数不为 0 后,一边对循环冗余校验码补 0 继续做模 2 除,同时让被检测的循环冗余校验码字循环左移。表 3.7 说明,当出现余数(101)时,出错位也移到 A_1 位置。可通过异或门将它纠正后在下一次移位时送回 A_7。继续移满一个循环(对 7,4 码共移 7 次),就得到一个纠正后的码字。这样我们就不必像海明校验那样用译码电路对每一位提供纠正条件。当位数增多时,循环码校验能有效地降低硬件代价。

3. 关于生成多项式

并不是任何一个 $r + 1$ 位多项式都可以作为生成多项式的。从检错及纠错的要求出发,生成多项式应能满足下列要求。

(1) 任何一位发生错误都应使余数不为 0。

(2) 不同位发生错误应当使余数不同。

(3) 对余数继续作模 2 除,应使余数循环。

将这些要求反映为数学关系是比较复杂的,对一个 (n,k) 码来说,可将 x^n-1 分解为若干质因子(注意是模 2 运算),根据编码所要求的码距选取其中的因式或若干因式的乘积作为生成多项式。

例 3.45 $x^7-1=(x+1)(x^3+x+1)(x^3+x^2+1)$ (模 2 运算)

选择 $G(x)=x+1=11$,可构成 $(7,6)$ 码,只能判一位错。

选择 $G(x)=x^3+x+1=1011$,或 $G(x)=x^3+x^2+1=1101$,可构成 $(7,4)$ 码,能判两位错或纠一位错。

选择 $G(x)=(x+1)(x^3+x+1)=11101$,可构成 $(7,3)$ 码,能判两位错并纠正一位错。

习　题

3.1　把下列十进制数化成二进制数和八进制数(无法精确表示时,二进制数取 3 位小数,八进制数取 1 位小数):

　　　$7+3/4,\pm3/64,73.5,725.9375,25.34$

3.2　把下列各数化成十进制数:

　　　$(101.10011)_2,(22.2)_8,(AD.4)_{16}$

3.3　完成下列二进制运算:

　　　$101.111+11.011,1001.10-110.01,101.11\times11.01,101110111\div1101$

3.4　写出下列各二进制数的原码、补码和反码:

　　　$0.1010,0,-0,-0.1010,0.1111,-0.0100$

3.5　已知 $[X]_原$ 为下述各值,求 $[X]_补$:

　　　$0.10100,1.10111,1.10110$

3.6　已知 $[X]_补$ 为下述各值,求 X(真值):

　　　$0.1110,1.1100,0.0001,1.1111,1.0001$

3.7　已知 $X=0.1011,Y=-0.0101$,试求:

　　　$[X]_补,[-X]_补,[Y]_补,[-Y]_补,[X/2]_补,[X/4]_补,[2X]_补,[Y/2]_补,[Y/4]_补,[2Y]_补,$
　　　$[-2Y]_补$

3.8　设十进制数 $X=(+128.75)\times2^{-10}$。

　　(1) 若 $(Y)_2=(X)_{10}$,用定点数表示 Y 值。

　　(2) 设用 21 个二进制位表示浮点数,阶码用 5 位,其中阶符用 1 位;尾数用 16 位,其中符号用 1 位。阶码的基数为 2。写出阶码和尾数均用原码表示的 Y 的机器数。

　　(3) 写出阶码和尾数均用反码表示 Y 的机器数。

　　(4) 写出阶码和尾数均用补码表示 Y 的机器数。

3.9　设机器字长 16 位。定点表示时,数值 15 位,符号位 1 位;浮点表示时,阶码 6 位,其中阶符 1 位;尾数 10 位,其中数符 1 位,阶码的基数为 2。试求:

(1) 定点原码整数表示时,最大正数和最小负数各是多少?

(2) 定点原码小数表示时,最大正数和最小负数各是多少?

(3) 浮点原码表示时,最大浮点数和最小浮点数各是多少?

绝对值最小的呢(非 0)? 估算表示的十进制值的有效数字位数。

3.10 设机器字长 16 位,阶码 7 位,其中阶符 1 位;尾数 9 位,其中数符 1 位(阶码的基数为 2)。若阶码和尾数均用补码表示,说明在尾数规格化和不规格化两种情况下,它所能表示的最大正数、非零最小正数、绝对值最大的负数以及绝对值最小的负数各是哪几个数? 写出机器数,并给出十进制值(不采用隐藏位)。若阶码用移码,尾数仍用补码,上述各值有变化吗? 若有变化,请列出。

3.11 按下列要求设计一个尽可能短的浮点数格式(阶的基数取 2):

(1) 数值范围为 $1.0 \times 10^{\pm38}$。

(2) 有效数字为十进制 7 位。

(3) 0 的机器数为全 0。

3.12 写出下列各数的移码:

$+01101101$,-11001101,-00010001,$+00011101$

3.13 已知 X 和 Y,求出 8421 码的 $[X]_补$、$[Y]_补$ 和 $[-Y]_补$。

(1) $X=15$　$Y=8$　　(2) $X=24$　$Y=-16$。

3.14 用补码运算计算下列各组数的和。

(1) $X=0.11001$　$Y=-0.10111$　(2) $X=0.10010$　$Y=0.11000$

3.15 用补码运算计算下列各组数的差($X-Y$)。

(1) $X=-0.01111$　$Y=0.00101$　(2) $X=0.11011$　$Y=-0.10010$

3.16 已知下述 $[X]_移$ 和 $[Y]_移$,用移码运算求 $[X+Y]_移$ 和 $[X-Y]_移$。注意指出溢出情况。

(1) $[X]_移=01101111$　$[Y]_移=10101011$

(2) $[X]_移=11101111$　$[Y]_移=01010101$

3.17 用原码一位乘计算 $X=0.1101$ 和 $Y=-0.1011$ 的积 $X \cdot Y$。

3.18 用补码一位乘计算 $X=0.1010$ 和 $Y=-0.0110$ 的积 $X \cdot Y$。

3.19 $X=-0.10110$,$Y=0.11111$,用加减交替法原码一位除计算 X/Y 的商及余数。

3.20 用原码两位乘方法求 $X \cdot Y$。已知 $X=0.1011$,$Y=0.1101$。

3.21 设浮点数 X、Y 的阶码(补码形式)和尾数(原码形式)如下:

X:阶码 0001,尾数 0.1010;Y:阶码 1111,尾数 0.1001。设基数为 2。

(1) 求 $X+Y$(阶码运算用补码,尾数运算用补码)

(2) 求 $X \cdot Y$(阶码运算用移码,尾数运算用原码一位乘)

(3) 求 X/Y(阶码运算用移码,尾数运算用原码加减交替法)

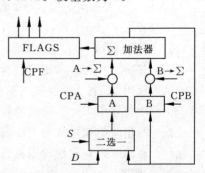

3.22 浮点加减乘除运算各在什么情况下会发生溢出?

3.23 设某运算器由一个加法器和 A、B 两个 D 型边

沿寄存器组成,A、B 均可接收加法器输出,A 还可接收外部数据 D,如右图。问:

(1) 外部数据如何才能传送到 B?

(2) 如何实现 A+B→A 和 A+B→B?

(3) 如何估算加法执行时间?

(4) 若 A、B 均为锁存器,实现 A+B→A 和 A+B→B 有何问题?

3.24 现有一串行加法器,计算两个 n 位数据之和(不带符号位),已知相加两数存放在 A、B 寄存器中,请画出能实现(A)+(B)→A 的逻辑图。图中只准用一个一位加法器,逐位进行计算。

3.25 如果采用偶校验,下述两个数据的校验位的值是什么?

(1) 0101010　　(2) 0011011

3.26 设有 16 个信息位,如果采用海明校验,至少需要设置多少个校验位?应放在哪些位置上?

3.27 设有 8 位有效信息,试为之编制海明校验线路。说明编码方法,并分析所选方案具有怎样的检错与纠错能力。若 8 位信息为 01101101,海明码是何值?

3.28 现有 4 个数:00001111、11110000、00000000 和 11111111,请回答:

(1) 其码距为多少?最多能纠正或发现多少位错?如果出现数据 00011111,应纠正成什么数?当已经知道出错位时如何纠正?

(2) 如果再加上两个数 00110000 和 11001111(共 6 个数),其码距为多少?能纠正或发现多少位错?

3.29 现有 4 位二进制数,请回答:

(1) 如果是无符号数,能表示的数据个数是多少?

(2) 如果内有 1 位符号位,则用原码、补码或反码表示时,能表示的数据个数各是多少?

3.30 规格化浮点数阶码有 P 位,尾数有 M 位,各自包含 1 位符号位,且都用补码表示,该数的基数为 2,请说出用这种格式能表示的全部不同的规格化数的总个数。当基数为 8 时,又能表示多少个规格化数(不考虑机器零)?

第4章 主存储器

在现代计算机中,主存储器(简称主存或内存)处于全机中心地位,其原因是:

(1) 当前计算机正在执行的程序和数据(除了暂存于 CPU 寄存器以外的所有原始数据、中间结果和最后结果)均存放在存储器中。CPU 直接从存储器取指令或存取数据。

(2) 计算机系统中输入输出设备数量增多,数据传送速度加快,因此采用了直接存储器存取(DMA)技术和输入输出通道技术,在存储器与输入输出系统之间直接传送数据。

(3) 共享存储器的多处理机的出现,利用存储器存放共享数据,并实现处理机之间的通信,更加强了存储器作为全机中心的作用。

现在大部分计算机中还设置有辅助存储器(简称辅存)或称为外存储器(简称外存),通常用来存放主存的副本和当前不在运行的程序和数据。在程序执行过程中,每条指令所需的数据及取下一条指令的操作都不能直接访问辅助存储器。

由于中央处理器是高速器件,而主存的读写速度则慢得多,不少指令的执行速度与主存储器技术的发展密切相关。为了弥补主存读写造成的影响,一般在 CPU 与主存之间设置有高速缓冲存储器(cache)。

4.1 主存储器分类、技术指标和基本操作

1. 主存储器的类型

(1) 随机存储器(random access memory,RAM)

随机存储器(又称读写存储器)指通过指令可以随机地、个别地对各个存储单元进行访问(读写)的存储器,一般访问所需时间基本固定,而与存储单元地址无关,但停电会造成信息丢失。在讨论计算机的主存时,如果没有特别说明,就是指随机存储器。

(2) 非易失性存储器

停电仍能保持其内容,见 4.3 节。

2. 主存储器的主要技术指标

主存储器的主要技术指标为主存容量、存储器存取时间和存储周期。

计算机可寻址的最小信息单位是一个存储字,相邻的存储器地址表示相邻存储字。一个存储字所包括的二进制位数称为字长。现代计算机中,大多数把一个字节定为 8 个二进制位,因此,一个字的字长通常是 8 的倍数。有些计算机可以按"字节"寻址。以字节为单位来表示主存储器存储单元的总数,就是主存储器的容量。

指令中地址码的位数决定了主存储器的可直接寻址的最大空间。例如,32 位微型机提供 32 位物理地址,支持对 4G 字节的物理主存空间的访问(G 表示千兆,常用的计量存储空间的单位还有 KB 和 MB。K 为 2^{10},M 为 2^{20},G 为 2^{30})。

存储器存取时间(memory access time)又称存储器访问时间,是指从启动一次存储器操

作(读/写)到完成该操作所经历的时间。

存储周期(memory cycle time)指连续启动两次独立的存储器操作(例如连续两次读操作)所需间隔的最小时间。通常,存储周期略大于存取时间。

主存储器的速度和容量两项指标随着存储器件的发展得到了极大的提高。但是,具有合适价格的主存储器能提供信息的速度总是跟不上 CPU 的处理指令和数据的速度。

3. 主存储器的基本操作

主存储器和 CPU 的连接是由总线支持的,举例如图 4.1 所示。总线包括数据总线、地

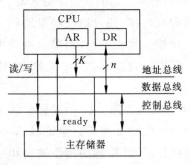

图 4.1 主存储器与 CPU 的联系

址总线和控制总线。CPU 通过使用 AR(地址寄存器)和 DR(数码寄存器)和主存进行数据传送。若 AR 为 K 位字长,DR 为 n 位字长,则允许主存包含 2^K 个可寻址单位(字节或字)。在一个存储周期内,CPU 和主存之间通过总线进行 n 位数据传送。此外,控制总线包括控制数据传送的读(read)、写(write)和表示存储器功能完成的(ready)控制线。

当 CPU 需要从存储器中取一个信息字时,CPU 必须指定存储器字地址,并令存储器进行"读"操作。CPU 需要把信息字的地址送到 AR,经地址总线送往主存储器。同时,CPU 应用控制线(读/写)发一个"读"请求。此后,CPU 等待从主存储器发来的回答信号,通知 CPU"读"操作完成。主存储器通过 ready 线做出回答,若 ready 信号为 1,说明存储字的内容已经读出,并放在数据总线上,送入 DR。这时,"取"数操作完成。

为了"存"一个字到主存,CPU 先将信息字在主存中的地址经 AR 送地址总线,并将信息字送 DR。同时,发出"写"命令。此后,CPU 等待写操作完成信号。主存储器从数据总线接收到信息字并按地址总线指定的地址存储,然后经 ready 控制线发回存储器操作完成信号。这时,"存"数操作完成。

从以上讨论可见,CPU 与主存之间采取异步工作方式,以 ready 信号表示一次访存操作的结束。

4.2 读/写存储器

随机存储器(RAM)按存储元件在运行中能否长时间保存信息分为静态存储器和动态存储器两种。前者利用触发器保存信息,只要不断电,信息就不会丢失;动态存储器利用 MOS 电容存储电荷来保存信息,需不断给电容充电才能使信息保持。静态存储器的集成度低,功耗较大;动态存储器的集成度高,功耗小,它主要用于大容量存储器。

1. 静态存储器(SRAM)

1) 存储单元和存储器

图 4.2 是 MOS 静态存储器的存储单元的线路。它由 6 管组成。$T_1 \sim T_4$ 组成两个反相器,两

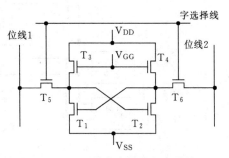

图 4.2 MOS 静态存储器的存储单元

个反相器是交叉耦合连接的,它们组成一个触发器。为了使触发器能成为读出和写入信息的存储单元,还需要 T_5、T_6 把它和字线、位线连接起来。T_5、T_6 是读、写操作的控制门,它们的栅极和字选择线相连。和 T_5、T_6 相连的还有两条位线,用来传送读、写信号。当单元未被选中时,字选择线保持低电位,两条位线保持高电位,T_5、T_6 截止,触发器和位线隔开。读操作过程如下,字选择线来高电位,单元被选中。若原来单元处于 1 态(T_1 导通、T_2 截止),就有电流自位线 1 经 T_5 流向 T_1,从而在位线 1 产生一个负脉冲。因 T_2 截止,因此位线 2 不产生负脉冲。若触发器处于 0 态,即 T_1 截止、T_2 导通,则与上述情况相反,在位线 2 将产生负脉冲。这样,可根据两条位线中哪一条有负脉冲来判断触发器的状态。写入时,只要位线 1、位线 2 分别送高电位和低电位,或分别送低电位和高电位,便可迫使触发器状态发生变化,从而把信息写入单元。例如,位线 1 送低电位、位线 2 送高电位,当单元被选中时,位线 2 便通过 T_6 向 T_1 栅极充电,使 T_1 导通,而 T_2 栅极通过 T_5 和位线 1 放电,使 T_2 截止,从而单元便处于 1 态。

图 4.3 是用图 4.2 所示单元组成的 16×1 位静态存储器的结构图。16 个存储单元排成 4×4 矩阵。写入电路和读数均经 T_7、T_8 和单元的位线 1、位线 2 相连。地址码 $A_0 \sim A_3$ 分成两组,A_0、A_1 和 A_2、A_3 分别驱动 X 译码器和 Y 译码器,X 译码器的每个输出和一条字选择线相连,去选择存储矩阵中的一个字;Y 译码器的每个输出(称列选择线)去控制每一列单元的 T_7、T_8 管。图中字线和列线相交处的单元即为选中的存储单元。当某单元被选中,字选择线把该单元的 T_5、T_6 打开,列选择线使 T_7、T_8 导通。若写允许信号 $\overline{WE}=0$,电路执行写操作,写入数据 D_{IN} 经 T_7、T_8 以及 T_5、T_6 进入单元;若 $\overline{WE}=1$,电路执行读操作,

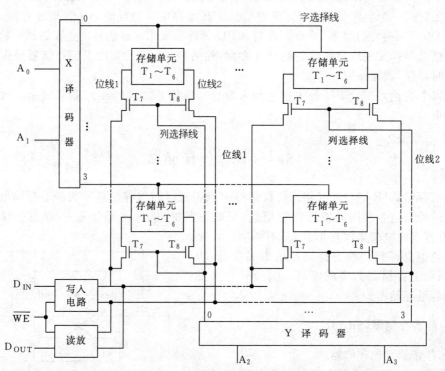

图 4.3　MOS 静态存储器结构图

单元的状态经位线 1,位线 2 和 T_7、T_8 传至读放。

实际上,送到存储器芯片上的还有片选信号 $\overline{CS}$,若 $\overline{CS}=1$,不进行读写操作。

2)读/写时序

静态存储器的片选、写允许、地址和写入数据在时间配合上有一定要求。在存储器的器件手册中提供相关参数。

(1)读时序

根据地址和片选信号建立时间的先后不同,有两种读数时间 T。若片选信号先建立,其输入输出波形如图 4.4(a)所示;若地址先建立,其输入输出波形如图 4.4(b)所示。读出的延迟时间 t 主要由后建立的信号决定。

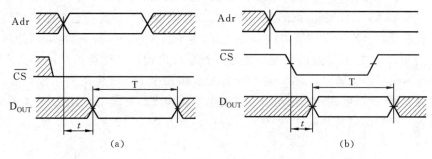

图 4.4 静态存储器芯片读数时序

(2)写时序(图 4.5)

存储器一般不允许地址在 $\overline{WE}=0$ 期间有变化。若在 $\overline{WE}=0$ 期间地址有变化,会使一些无关的单元也写入数据。

2. 动态存储器(DRAM)工作原理

1)存储单元和存储器原理

先介绍动态存储单元。单管存储单元的线路如图 4.6 所示。它由一个晶体管和一个与源极相连的电容组成。信息存储在电容 C_S 上,由 C_S 上有无电荷分别表示 1 和 0;T 晶体管起地址选择作用,单管单元只设置一条选择线(即字线)和一条数据线(即位线)。

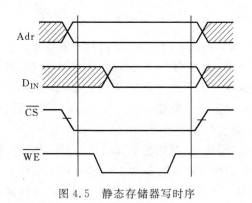

图 4.5 静态存储器写时序

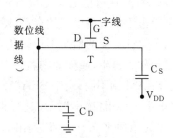

图 4.6 单管存储单元线路图

单管单元写入过程如下：对某单元写入时，字线为高电平，T 导通。若数据线为低电平（写 1）且 C_s 上无储存电荷，则接在 C_s 一端的 V_{DD} 通过 T 对 C_s 充电；若数据线为高电平（写 0）且 C_s 上有储存电荷，则 C_s 通过 T 放电；如写入的数据与原存数据相同，则 C_s 上的电荷保持不变。对单元读出时，数据线预充电至高电平。当字线为高电平，T 导通，若原来 C_s 上就充有电荷，则 C_s 放电，使数据线电位下降，此时若在数据线上接一个读出放大器，便可检出 C_s 的 1 态，若原来 C_s 上无电荷，则数据线无电位变化，放大器无输出。表示 C_s 上存储的是 0。

单管单元的优点是线路简单，单元占用面积小，速度快。但它的缺点是：读出是破坏性的，故读出后要立即对单元进行"重写"，以恢复原信息；单元读出信号很小，要求有高灵敏度的读出放大器。16K×1 位动态存储器的原理和容量更大的动态存储器相似，为简单起见，下面以 16K×1 位动态存储器为例介绍动态存储器的原理。

图 4.7 是 16K×1 位动态存储器的框图，其工作原理与大容量动态存储器相似，存储单元采用单管单元。16K 字存储器需 14 位地址码，为了减少封装引脚数，地址码分两批（每批 7 位）送至存储器。先送行地址，后送列地址。行地址由行地址选通信号 $\overline{RAS}$ 送入，列地址由列地址选通信号 $\overline{CAS}$ 送入，16K 位存储单元矩阵由两个 64×128 阵列组成。读出信号保存在读出放大器（简称读放）中，读出放大器由触发器构成。在读出时，读出放大器又使相应的存储单元的存储信息自动恢复（重写），所以读出放大器还用作再生放大器。

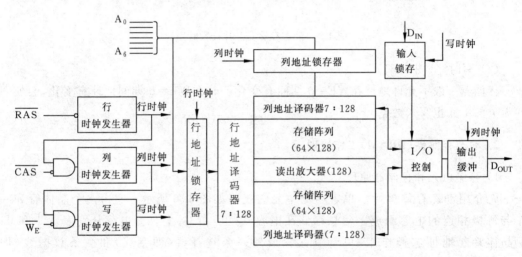

图 4.7 16K×1 位动态存储器框图

2）再生

DRAM 是通过把电荷充积到 MOS 管的栅极电容或专门的 MOS 电容中而实现信息存储的。但是由于电容漏电阻的存在，随着时间的增加，其电荷会逐渐漏掉，从而使存储的信息丢失。为了保证存储的信息不遭破坏，必须在电荷漏掉前就进行充电，以恢复原来的电荷。这一充电过程称为再生，或称为刷新。对于 DRAM，再生一般应在小于或等于 2ms 的时间内进行一次。SRAM 则不同，由于 SRAM 以双稳态电路为存储单元，因此它不需要再生。

DRAM 采用"读出"方式进行再生。前面已经讲过，对单管单元的读出是一种破坏性读出（若单元中原来充有电荷，读出时，C_s 放电），而接在单元数据线上的读放是一个再生放大器，在读出的同时，读放又使该单元的存储信息自动地得以恢复。由于 DRAM 每列都有自已的读放,因此,只要依次改变行地址,轮流对存储矩阵的每一行所有单元同时进行读出,当把所有行全部读出一遍,就完成了对存储器的再生(这种再生称为行地址再生)。

3) 时序图

下面介绍读工作方式、写工作方式、页面工作方式的时序图。在介绍时序图前,先介绍$\overline{\text{RAS}}$、$\overline{\text{CAS}}$与地址 Adr 的相互关系(如图 4.8 所示)。

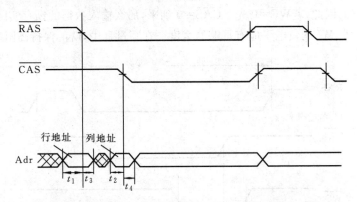

图 4.8 动态存储器$\overline{\text{RAS}}$、$\overline{\text{CAS}}$与地址 Adr 的相互关系

在这里,要强调以下三点。首先,由$\overline{\text{RAS}}$的下沿把行地址送入存储器的行地址锁存器,然后再由$\overline{\text{CAS}}$的下沿把列地址送入列地址锁存器,因此,$\overline{\text{CAS}}$的下沿必须滞后于$\overline{\text{RAS}}$的下沿,其最小滞后值应大于存储器参数手册的规定值。其次,$\overline{\text{RAS}}$、$\overline{\text{CAS}}$的负电平及正电平宽度分别应大于手册中的规定值,这是保证存储器内部电路正常工作以及能进行预充电所必需的,$\overline{\text{CAS}}$的上升沿可以在$\overline{\text{RAS}}$的正电平期间发生,也可在$\overline{\text{RAS}}$的负电平期间发生。第三,行地址对$\overline{\text{RAS}}$的下沿以及列地址对$\overline{\text{CAS}}$的下沿均应有足够的地址建立时间 t_1、t_2 和地址保持时间 t_3、t_4。在以后给出各种工作方式的时序图中,$\overline{\text{RAS}}$、$\overline{\text{CAS}}$和 Adr 的相互关系就不再详细画出了。

各厂商生产的 RAM 芯片基本原理相同,但还存在差别,使用时请查阅各自的手册。

(1) 读工作方式($\overline{\text{WE}}=1$)

图 4.9 是读工作方式的时序图。读工作周期 $t_{\text{C}_{\text{RD}}}$ 是读工作方式的一个重要参数,它是指 DRAM 完成一次"读"所需的最短时间,$t_{\text{C}_{\text{RD}}}$ 是$\overline{\text{RAS}}$的一个周期时间。为了确保能正常"读出",$\overline{\text{WE}}=1$ 应在列地址送入前(即$\overline{\text{CAS}}$下沿到来前)建立,$\overline{\text{WE}}=1$ 的撤除应在$\overline{\text{CAS}}$的正

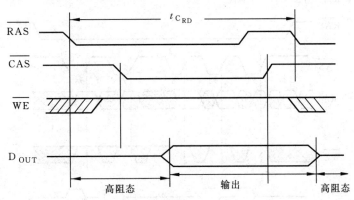

图 4.9 动态存储器读工作方式时序图

沿来到后,输出读出信号可保持到$\overline{CAS}$负电平撤销之后。

（2）写工作方式（$\overline{WE}=0$）

图 4.10 是写工作方式的时序图。在"写"工作方式时,$\overline{RAS}$的一个周期时间即"写工作周期"$t_{C_{WR}}$。写工作方式的特点是$\overline{WE}$的下沿早于$\overline{CAS}$下沿到来。由 DRAM 的框图(图 4.7)可知,写入数据 D_{IN} 是由写时钟来锁存的,而写时钟又是列时钟(它是由$\overline{CAS}$下沿激发的)和$\overline{WE}=0$共同作用产生的,因此,若$\overline{WE}=0$先于$\overline{CAS}=0$到来,那么输入数据的锁存实际上是由$\overline{CAS}$的下沿激发的。此外,$\overline{WE}$的负电平应有足够的宽度。在写过程中,D_{OUT} 保持高阻态。

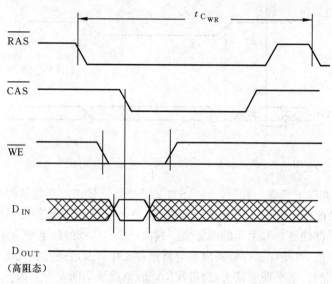

图 4.10　动态存储器写工作方式时序图

（3）页面工作方式

它是具有批写入或批读出能力的动态存储器特有的工作方式。其工作过程如下:

当$\overline{RAS}$的负跳变来到后,行地址锁存,然后保持$\overline{RAS}=0$。只要在$\overline{RAS}=0$期间不断变化列地址和$\overline{CAS}$,便可在行地址不变的情况下对某一行的所有单元连续地进行读/写。页面工作方式有页面读、页面写、页面读-改写等几种。

图 4.11 是页面读方式的时序图。

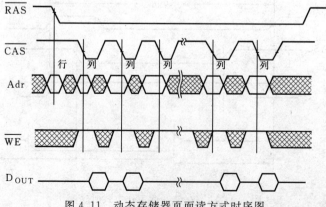

图 4.11　动态存储器页面读方式时序图

页面方式有两个优点。

① 速度快。例如,对 64K 动态存储器,输入一次行地址,便可产生 256 个 $\overline{CAS}$ 周期变化,对 256 个单元进行读/写,省去了大量的 $\overline{RAS}$ 变化的时间。

② 功耗小。避免了大量的 $\overline{RAS}$ 变化所出现的瞬态功耗。

3. DRAM 的发展

1) 同步 DRAM(Synchronous DRAM,SDRAM)

前面介绍的 DRAM 是异步工作的,处理器送地址和控制信号到存储器后,等待存储器进行内部操作(选择行线和列线,向行线和列线上的分布电容充电,读出信号放大,并送输出缓冲器等),此时处理器只能等待,因而影响了系统性能。

SDRAM 与处理器之间的数据传送是与外部时钟同步的,全速运行于处理器-存储器总线而不需要加等待状态。在系统时钟控制下,处理器送地址和控制命令到 SDRAM 并锁存于 SDRAM 中,在经过一定数量(其值是已知的)的时钟周期后,SDRAM 完成读或写的内部操作。在此期间,处理器可以进行其他工作。SDRAM 的电源电压为 3.3V。

SDRAM 的内部逻辑如图 4.12 所示。SDRAM 采用成组传送方式(即一次传送一组数据),除了传送第一个数据需要地址建立时间和行线充电时间以外,在以后顺序读出数据时,均可省去上述时间,因此 SDRAM 对读出存储阵列中同一行的一组顺序数据特别有效,对顺序传送大量数据(如字处理和多媒体等)也特别有效。图 4.12 中的方式寄存器和控制逻辑给用户提供了附加的功能:(1)允许用户设置成组传送数据的长度;(2)允许程序员设定 SDRAM 接收命令后到开始传送数据的延迟时间。

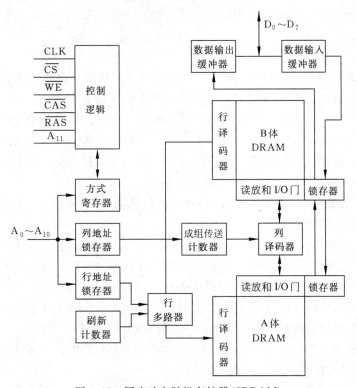

图 4.12　同步动态随机存储器(SDRAM)

另外，SDRAM 芯片内部有两个存储体，提供了芯片内部并行操作（读/写）的机会。当一个存储体工作时，另一个存储体可做准备。

2）DDR（double data rate）SDRAM

DDR SDRAM 是双数据传送速率的 SDRAM，一般就称之为 DDR。它与 SDRAM 不同的是时钟的上升沿和下降沿都能读出数据（读出时预取 2 位）。当存储器芯片内部工作频率为 100MHz（DDR200）时，数据传输率达到 1.6GB/s，称为 PC1600（传输率计算得出：100MHz×2×64b÷8＝1600MB/s＝1.6GB/s）。从 DDR200 开始，经过 DDR266、DDR333，发展到双通道 DDR400 技术。

DDR 的电源电压为 2.5V。

芯片接受读写命令后，经过一定数量时钟周期（称为 CL），才能开始读写操作，DDR 的 CL＝2/2.5，CL 值由生产厂家提出。

DDR 能沿用 SDRAM 的工艺生产线，DDR 内存条的尺寸与 SDRAM 相同，但引脚数不同，SDRAM 为 168 针，DDR 为 184 针。

3）DDR2 SDRAM

一般就称之为 DDR2。它与 DDR 内存技术标准最大的区别就是：虽然同是采用了在时钟的上升/下降沿进行数据传送的基本方式，却拥有 4 位数据读预取的能力。换句话说，DDR2 内部每个时钟能以 4 倍外部总线的速度读写数据。DDR2 的最大特点是降低了电压（1.8V），因而降低了功耗，延长了笔记本电脑电池的寿命；同时在一般芯片内建的终结电阻（是为了抑制信号反射和提高信噪比而加的匹配电阻），在 DDR2 中则加在芯片外部。当芯片内部频率为 100MHz 时，等效的传输频率为 400MHz（DDR2-400），数据传输率为 3200MB/s（3.2GB/s）。现有 DDR2-533/677/800/1066，CL＝2～5。内存条的引脚为 240 针。

4）DDR3

DDR3 将预取的能力提升到 8 位，其芯片内部的工作频率只有外部频率的 1/8。DDR3-1600（PC3-12800）的内部工作频率为 200MHz，传输率为 12 800MB/s，根据计算，传输率＝200MHz×8×64b÷8＝12 800MB/s＝12.8GB/s。市场上流行的有 DDR3-1066/1333/1600，并且已有 DDR3-2000/2400。CL＝5～11。引脚有 200 针和 240 针两种。工作电压为 1.5V。DDR3 广泛应用于计算机（台式机、笔记本等）、游戏机和显示器的显示卡等。在计算机上使用的内存条容量范围约为 2～8GB。

在 DRAM 的研究中不断降低电压，因而可减轻功耗，有利于提高工作频率。芯片的散热状况与功耗和封装有关。

CL 是 CAS Latency 的缩写。内存在接到读写命令后，要等待 CL 个时钟周期才能开始进行读写。该时钟周期是由 CPU 与内存之间的工作频率决定的。例如，DDR333 的时钟周期（时间）＝1×2/工作频率＝1×2/333MHz＝6ns。假设内存的读写时间为 5ns，则：

若 CL 为 2.5，总的存取时间（称为延迟时间）为 6×2.5＋5＝20ns。

若 CL 为 2，总的存取时间（称为延迟时间）为 6×2＋5＝17ns。

这说明对于同一型号的芯片，若 CL 低，则性能好；同时应选择 CL 值相等的芯片安装在内存条中，否则只能按 CL 值高的芯片处理。

又假如 DDR-400 和 DDR2-400 具有相同的传输率（3.2GB/s），那么其工作频率分别为

200MHz 和 100MHz，即 DDR-400 的时钟周期为 $1/200MHz=5ns$，而 DDR2-400 的时钟周期=$1/100MHz=10ns$，并且 DDR2 的 CL 大，在这种情况下 DDR2 的延迟时间大，购买芯片应予以注意。

5）Rambus DRAM（RDRAM）

由 Rambus 公司开发的 Rambus DRAM 着重研究提高存储器频带宽度问题。该芯片采取垂直封装，所有引出针都从一边引出，使得存储器的装配非常紧凑。它与 CPU 之间传送数据通过专用的 RDRAM 总线，而且不用通常的 $\overline{RAS}$、$\overline{CAS}$、$\overline{WE}$ 和 $\overline{CE}$ 信号。该芯片采取异步成组数据传输协议，能达到高速度是因为精确地规定了总线的阻抗、时钟和信号。

Rambus 曾得到 Intel 公司的支持，但是由于价格贵，而且不能与以前用的存储器芯片兼容，所以未能推广使用。

6）集成随机存储器（IRAM）

将整个 DRAM 系统集成在一个芯片内，包括存储单元阵列、刷新逻辑、裁决逻辑、地址分时、控制逻辑及时序等。片内还附加有测试电路。

4. DRAM 与 SRAM 的比较

DRAM 有很多优点。首先，由于它使用简单的单管单元作为存储单元，因此，每片存储容量较大，约是 SRAM 的 4 倍。其次，DRAM 的价格比较便宜，大约只有 SRAM 的 1/4。最后，DRAM 所需功率大约只有 SRAM 的 1/6。由于上述优点，DRAM 作为计算机主存储器的主要元件得到了广泛的应用。

DRAM 的速度比 SRAM 要低。DRAM 需要再生，不仅浪费了时间，还需要有配套的再生（刷新）电路。SRAM 一般用作容量不大的高速存储器。

4.3　非易失性半导体存储器

前面介绍的 DRAM 和 SRAM 均为可任意读写的随机存储器，当掉电时，所存储的内容立即消失，所以是易失性存储器。下面介绍的半导体存储器，即使停电，所存储的内容也不会丢失。根据半导体制造工艺的不同，可分为 ROM、PROM、EPROM、E^2PROM 和 Flash Memory。

1. 只读存储器（ROM）

掩模式 ROM 由芯片制造商在制造时写入内容，以后只能读而不能再写入。其基本存储原理是以元件的"有/无"来表示该存储单元的信息（1 或 0），可以用熔丝、二极管或晶体管作为元件，其存储内容是不会改变的。见第 2 章 2.3.1 节。

2. 可编程序的只读存储器（PROM）

PROM 可由用户根据自己的需要来确定 ROM 中的内容，常见的熔丝式 PROM 是以熔丝的接通和断开来表示所存的信息为 1 或 0。刚出厂的产品，其熔丝是全部接通的，使用前，用户根据需要断开某些单元的熔丝（写入）。显而易见，断开后的熔丝是不能再接通了，因此，它是一次性写入的存储器。掉电后不会影响其所存储的内容。

3. 可擦可编程序的只读存储器（EPROM）

为了能多次修改 ROM 中的内容，产生了 EPROM。其基本存储单元由一个管子组成，

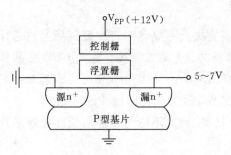

图 4.13　EPROM 存储单元和编程电压

但与其他电路相比管子内多增加了一个浮置栅，如图 4.13 所示。编程序（写入）时，控制栅上接 12V 编程序电压 V_{PP}，源极接地，漏极上加 5V 电压。漏源极间的电场作用使电子穿越沟道，在控制栅的高压吸引下，这些自由电子越过氧化层进入浮置栅；当浮置栅极获得足够多的自由电子后，漏源极间便形成导电沟道（接通状态），信息存储在周围都被氧化层绝缘的浮置栅上，即使掉电，信息仍保存。当 EPROM 中的内容需要改写时，先将其全部内容擦除成全 1，然后对需要存入 0 的存储单元改写为 0。擦除是靠紫外线使浮置栅上的电荷泄漏而实现的。EPROM 芯片封装上方有一个石英玻璃窗口，将器件从电路上取下，用紫外线照射这个窗口，可实现整体擦除。EPROM 的编程次数不受限制。

4. 可电擦可编程序只读存储器（E^2PROM）

E^2PROM 的编程序原理与 EPROM 相同，但可用电擦除，重复改写的次数有限制（因氧化层被磨损），一般为 10 万次。其读写操作可按每个位或每个字节进行，类似于 SRAM，但每字节的写入周期要几毫秒，比 SRAM 长得多。E^2PROM 每个存储单元采用两个晶体管。其栅极氧化层比 EPROM 薄，因此具有电擦除功能。

5. 快擦除读写存储器（Flash Memory）

Flash Memory 是在 EPROM 与 E^2PROM 的基础上发展起来的，它与 EPROM 一样，用单管来存储一位信息，它与 E^2PROM 相同之处是用电来擦除。但是它擦除整个区或整个器件，图 4.14 是擦除原理图。在源极上加高压 V_{PP}，控制栅接地，在电场作用下，浮置栅上的电子越过氧化层进入源极区而全部消失，实现整体擦除或分区擦除。

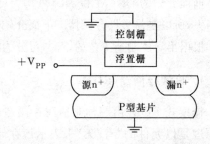

图 4.14　Flash Memory 存储单元和擦除电压

快擦除读写存储器于 1983 年推出，1988 年商品化，是唯一具有大存储量、非易失性、低价格、可在线改写和高速度（读）等特性的存储器。它是近年来发展很快、很有前途的存储器，又称为闪存。

闪存可通过 USB 接口与计算机相连，从而实现信息的传递。也可以做成内存卡广泛应用于数码相机、摄像机、手机、平板电脑、电子书和玩具等。存储容量一般在 2～32GB 范围内。传输率在每秒几 MB 到十几 MB 之间。尺寸也不大，例如用于移动通信设备的 mini SD 卡体积为 21.5mm×20mm×1.4mm。

4.4 存储器的组成与控制

存储器的读写时间已小于10ns,其芯片集成度高,体积小,片内还包含有译码器和寄存器等电路。常用的存储器芯片有多字一位片和多字多位(4位、8位)片。为便于表达和图示,本节讨论的芯片容量远远小于实际容量。

1. 存储器容量扩展

一个存储器的芯片容量是有限的,它在字数或字长方面与实际存储器的要求都有很大差距,需要在字向和位向进行扩充。本节讨论静态存储器的位扩展和字扩展。

1) 位扩展

位扩展指的是用多个存储器芯片对字长进行扩充。其连接方式是将多片存储器的地址、片选$\overline{CS}$、读写控制端$R/\overline{W}$相应并联,数据端分别引出。图4.15是采用2个16K×4位芯片组成16K×8位的存储器,存储器字长8位。每个芯片字长4位,每片有14条地址线引出端和4条数据线引出端。

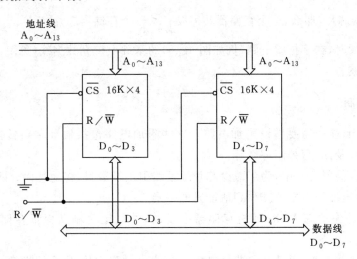

图4.15 位扩展连接方式

2) 字扩展

字扩展指的是增加存储器中字的数量。静态存储器进行字扩展时,将各芯片的地址线、数据线和读写控制线相应并联,而由片选信号来区分各芯片的地址范围。图4.16所示的字扩展存储器是用4个16K×8位芯片组成64K×8位存储器。数据线$D_0 \sim D_7$与各片的数据端相连,地址总线低位地址$A_0 \sim A_{13}$与各芯片的14位地址端相连,而两位高位地址A_{14}、A_{15}经过译码器和4个片选端相连。图4.15中的$R/\overline{W}$与图4.16中的$\overline{WE}$是同一信号的两种不同表示。

动态存储器一般不设置$\overline{CS}$端,但可用$\overline{RAS}$端来扩展字数,从图4.7的16K×1位存储器框图可知,行地址锁存是由$\overline{RAS}$的下降边激发出的行时钟来实现的,列地址锁存是由行地址及$\overline{CAS}$下降边共同激发的列时钟来实现的。当$\overline{RAS}=1$时,存储器既不会产生行时钟,也

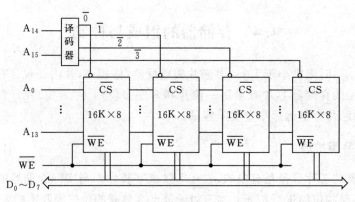

图 4.16　字扩展连接方式

不会产生列时钟,因此地址码 $A_0 \sim A_{13}$ 是不会进入存储器的,电路不工作。只有当$\overline{RAS}$由"1"变"0"时,才会激发出行时钟,存储器才会工作。

3) 字位扩展

实际存储器往往需要字向和位向同时扩充。一个存储器的容量为 $M \times N$ 位,若使用 $L \times K$ 位存储器芯片,那么,这个存储器共需要$\frac{M}{L} \times \frac{N}{K}$个存储器芯片。

当字位扩展时,在字扩展电路(例如图 4.16)的基础上扩充数据线(见图 4.15)。可参考习题 4.6 的答案。

2. 存储控制

在存储器中,往往需要增设附加电路。这些附加电路包括地址多路转换线路、地址选通、刷新逻辑,以及读/写控制逻辑等。

在大容量存储器芯片中,为了减少芯片地址线引出端数目,将地址码分两次送到存储器芯片,因此芯片地址线引出端减少到地址码的一半。

刷新逻辑是为动态 MOS 随机存储器准备的,通过定时刷新保证存储器的信息不致丢失。

动态存储器采用"读出"方式进行刷新。在读出过程中恢复了存储单元的 MOS 栅极电容电荷,保持了原单元的内容,所以,读出过程就是再生过程。但是存储器的访问地址是随机的,不能保证所有的存储单元在一定时间内都可以通过正常的读写操作进行刷新,因此需要专门予以考虑。通常,在再生过程中只改变行选择线地址,每次再生一行,依次对存储器的每一行进行读出,就可完成对整个 RAM 的刷新。从上一次对整个存储器刷新开始到本次对整个存储器刷新开始之间的时间间隔称作再生周期或刷新周期,一般为 2ms。

假设存储器有 1024 行,采取在 2ms 时间内分散地将 1024 行刷新一遍的方法,称为分布式刷新。具体做法是将刷新周期除以行数,得到两次刷新操作之间的最大时间间隔 t,利用逻辑电路每隔时间 t 产生一次刷新请求。

动态 MOS 存储器的刷新需要有硬件电路的支持,包括刷新计数器、刷新访存裁决、刷新控制逻辑等。这些线路可以集中在 RAM 存储控制器芯片中。

图 4.17 是 Intel 8203 DRAM 控制器逻辑框图。基本上可分成两部分,上面为地址处理部分,下面为时序处理部分。图 4.17 进行了简化。

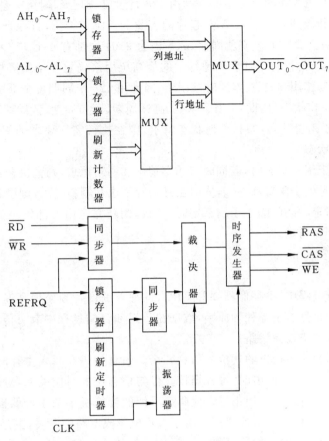

图 4.17 Intel 8203 RAM 控制器简化图

地址处理部分接收从计算机系统的地址总线送来的地址经锁存器后形成行地址和列地址分时输出到存储器芯片。另外为了考虑刷新,由 8203 内部的刷新计数器产生刷新用的行地址。所以在地址处理部分共有两个多路开关 MUX,分别用来选择行地址的来源以及分时输出行地址和列地址。与此同时,时序处理部分输出 $\overline{\text{RAS}}$ 或 $\overline{\text{CAS}}$ 信号,向 RAM 芯片指示此时输出的地址是行地址或列地址。

下面讨论时序处理部分。

8203 的基准时钟可用两种方法产生:一是由内部振荡器电路产生基准时钟,二是直接输入外部时钟。

$\overline{\text{RD}}$、$\overline{\text{WR}}$ 是从外部输入的读、写信号,经过 8203 后产生 $\overline{\text{WE}}$ 信号控制 RAM。

REFRQ 用来输入外部刷新请求信号,如无输入,则由 8203 内部刷新电路每隔 2ms 完成一次全部存储单元的刷新操作。

$\overline{\text{RD}}$、$\overline{\text{WR}}$、REFRQ 和刷新定时器的输出信号送到同步器/裁决器,通过裁决器决定哪个信号送入时序发生器。

在刷新周期,刷新计数器顺序产生存储器所有各行地址,由多路选择器 MUX 选择作为

地址 $\overline{\text{OUT}_0} \sim \overline{\text{OUT}_7}$ 输出，并由行选通信号 $\overline{\text{RAS}}$ 控制 RAM 刷新。每再生一次，8 位刷新计数器自动加 1。刷新定时器用来控制两次刷新之间的时间间隔，每隔 $10 \sim 16 \mu s$ 刷新定时器发出一次刷新请求，如 RAM 的存储单元阵列由 128 行组成，则全部刷新一遍的时间为 $1.28 \sim$ 2.05ms(128 个刷新周期)。2164RAM 芯片的容量为 $64K \times 1$ 位，行地址与列地址分别有 8 位，但刷新一遍只需要 128 个刷新周期，那是因为 2164 内部有 4 个 128×128 的基本存储单元矩阵，在正常读写时，行地址和列地址中的最高位用来确定 4 个矩阵中的哪一个，在刷新周期，最高位不起作用，4 个矩阵同时被刷新，因此用 128 个周期可全部刷新一遍。

8203 有 5 个工作状态(周期)：闲置状态、测试周期、刷新周期、读周期和写周期。

8203 通常处于闲置状态，如有其他状态请求，则在执行完所要求的周期又无新周期请求时，仍回到闲置状态。

如果 8203 处于闲置状态时，若同时有访存请求和刷新请求，则裁决器首先保证访存。

如果 8203 不是处于闲置状态，若同时出现访存请求和刷新请求，则刷新请求优先。

若外部刷新请求时间间隔小于刷新定时，那么，刷新完全由外部请求实现，内部定时器将没有机会产生刷新请求。

3. 存储校验线路

计算机在运行过程中，主存储器要和 CPU、各种外围设备频繁地高速交换数据。由于结构、工艺、干扰和元件质量等种种原因，数据在传送和存储过程中有可能出错，所以，一般在主存储器中设置差错校验线路。

实现差错检测和差错校正的代价是信息冗余。信息代码在写入主存时，按一定规则附加若干位，称为校验位。在读出时，可根据校验位与信息位的对应关系，对读出代码进行校验，以确定是否出现差错，或可纠正错误代码。早期的计算机多采用奇偶校验电路，只有一位附加位，只能发现一位错而不能纠正。由于大规模集成电路的发展，主存储器的位数可以做得更多，使多数计算机的存储器有纠正错误代码的功能(ECC)。一般采用的海明码校验线路可以纠正一位错(参见第 3 章)。

4.5　多体交叉存储器

计算机中大容量的主存可由多个存储体组成，每个存储体都具有自己的读写线路、地址寄存器和数据寄存器，称为"存储模块"。这种多模块存储器可以实现重叠与交叉存取。如果在 M 个模块上交叉编址 $(M=2^m)$，则称为模 M 交叉编址。通常采用的编址方式及访问时间安排如图 4.18 所示。设存储器包括 M 个模块，每个模块的容量为 L，各存储模块进行低位交叉编址，连续的地址分布在相邻的模块中。第 i 个模块 M_i 的地址编号应按下式给出：

$$M \cdot j + i$$

其中，$j = 0, 1, 2, \cdots, L-1$

$\qquad i = 0, 1, 2, \cdots, M-1$

表 4.1 列出了模 4 交叉各模块的编址序列。这种编址方式使用地址码的低位字段经过译码选择不同的存储模块，而高位字段指向相应的模块内部的存储字。这样，连续地址分布在相邻的不同模块内，而同一模块内的地址都是不连续的。在理想情况下，如果程序段和数

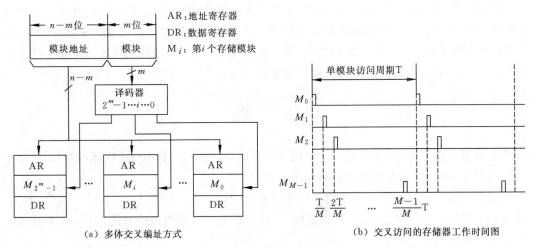

（a）多体交叉编址方式　　　　　　　　　（b）交叉访问的存储器工作时间图

图 4.18　多体交叉存储

据块都连续地在主存中存放和读取，那么，这种编址方式将大大地提高主存的有效访问速度。但当遇到程序转移或随机访问少量数据，访问地址就不一定均匀地分布在多个存储模块之间，这样就会产生存储器冲突而降低了使用率，所以 M 个交叉模块的使用率是变化的，大约在 $\sqrt{M}$ 和 M 之间。例如，在大型计算机中 M 取 $16\sim32$，则平均有效存取时间至少可以缩短到单存储体的 $1/4\sim1/6$。高档微机 M 值可取 2 或 4。

表 4.1　地址的模 4 交叉编址

模　体	地址编址序列	对应二进制地址最低二位
M_0	$0,4,8,12,\cdots,4j+0,\cdots$	0　0
M_1	$1,5,9,13,\cdots,4j+1,\cdots$	0　1
M_2	$2,6,10,14,\cdots,4j+2,\cdots$	1　0
M_3	$3,7,11,15,\cdots,4j+3,\cdots$	1　1

　　一般模块数 M 取 2 的 m 次幂，但有的机器采用质数个模块，如我国银河机的 M 为 31，其硬件实现比较复杂，要有专门的逻辑电路，用来从主存的物理地址快速计算出存储体的模块号和块内地址。但这种办法可以减少存储器冲突，只有当连续访存的地址间隔是 M 或 M 的倍数时才会产生冲突，这种情况的出现机会是很少的。

　　M 个模块按一定的顺序轮流启动各自的访问周期，启动两个相邻模块的最小时间间隔等于单模块访问周期的 $1/M$。

　　多体交叉访问存储器工作时间图如图 4.18(b)所示。可以看出，就每一存储模块本身来说，对它的连续两次访问时间间隔仍等于单模块访问周期。

　　CPU 和 IOP(输入输出处理机)对存储器的访问是通过主存控制部件控制的。

　　当 CPU 发出读或写请求操作时，由交叉编址位选择存储体。并查询该存储体控制部件中的"忙"触发器是否为 1。当该触发器为 1 时，表示存储体正在进行读或写操作，需要等待这次操作结束后将"忙"触发器置 0，才能响应新的读或写请求。当存储体完成读写操作时，向 CPU 发出"回答"信号。如果 CPU 还要继续读、写操作，则将下一个地址码及其读、写命令送至存储控制部件，重复上述过程。

由于 CPU 和 IOP 共享主存,或多处理机共享主存的原因,访问主存储器的请求源来自多方面,因此可能出现几个请求源同时访问同一个存储体的情况。出现这种冲突情况时,存储体只能先满足其中一个请求源的要求,然后再满足其他请求源的要求,这就需要经过一个排队线路,先处理排队优先的请求源提出的要求。

习　题

4.1　在计算机的主存中,常常设置一定的 ROM 区。试说明设置 ROM 区域的目的。

4.2　为什么 DRAM 芯片的地址一般要分两次接收?

4.3　对于 SRAM 芯片,如果片选信号始终是有效的,问:

(1) 若读信号有效后,地址仍在变化,或数据线上有其他电路送来的信号,对读出有什么影响?

(2) 若写信号有效后,地址仍在变化,或写入数据仍不稳定,对写入有什么影响?

4.4　下图是某 SRAM 的写入时序图,其中 R/$\overline{\text{W}}$ 是读/写命令控制线,当 R/$\overline{\text{W}}$ 线为低电平时,存储器按给定地址 24A8H 把数据线上的数据写入存储器。请指出下图写入时序中的错误,并画出正确的写入时序图。

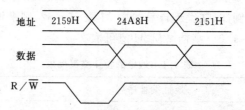

4.5　有一个 512K×16 的存储器,由 64K×1 位的 2164RAM 芯片构成(芯片内是 4 个128×128 结构),问:

(1) 总共需要多少个 RAM 芯片?

(2) 采用分散刷新方式,如单元刷新间隔不超过 2ms,则刷新信号的周期是多少?

4.6　某机器中,已知有一个地址空间为 0000H～1FFFH 的 ROM 区域,现在再用 RAM 芯片(8K×4)形成一个 16K×8 的 RAM 区域,起始地址为 2000H,假设 RAM 芯片有 $\overline{\text{CS}}$ 和 $\overline{\text{WE}}$ 信号控制端。CPU 地址总线为 A_{15}～A_0,数据总线为 D_7～D_0,控制信号为 R/$\overline{\text{W}}$ (读/写)和 $\overline{\text{MREQ}}$(当存储器进行读或写操作时,该信号指示地址总线上的地址是有效的)。要求画出逻辑图。

4.7　SRAM 和 DRAM 的主要差别是什么?

4.8　当前较先进的微机采用何种 DRAM? DDR3-1333 的传输率是多少?

4.9　试从结构与应用两方面讨论 EPROM 和 E^2PROM 的特点。

4.10　设有一 4 体交叉存储器,但使用时经常遇到连续访问同一存储体的情况,会产生怎样的结果?

4.11　现有动态存储器芯片,其容量为 256M×1 位,用之组成的存储器容量为 1G×32 位,且采用 4 体交叉存储方案,请说明如何安排地址线。

4.12　设某主存储器访问一次存储器的时间如下:传送地址 1 个时钟周期,读/写 4 个时钟周期,数据传送 1 个时钟周期,采用下述 3 种主存结构读取 16 个字的数据块,各需多少时钟周期?

(1) 单字宽主存,一次只能读/写 1 个字。

(2) 4 字宽主存,一次可读写 4 个字,但 CPU 与主存的数据传送宽度为 1 个字。

(3) 4 体交叉存储器,每个存储体为单字宽。

4.13 通用微机是否可采用 Flash memory 作为主存?

第5章 指令系统

5.1 指令系统的发展

计算机的性能与它所设置的指令系统有很大的关系,而指令系统的设置又与机器的硬件结构密切相关。通常性能较好的计算机都设置有功能齐全、通用性强、指令丰富的指令系统,但这需要复杂的硬件结构来支持。

在20世纪50年代和60年代早期,由于计算机采用分立元件(电子管或晶体管),其体积庞大,价格昂贵,因此,大多数计算机的硬件结构比较简单。所支持的指令系统一般只有定点加减运算、逻辑运算、数据传送和转移等十几至几十条最基本的指令,而且寻址方式简单。到60年代中、后期,随着集成电路的出现,计算机硬件的价格不断下降,硬件功能不断增强,指令系统也越来越丰富。除了具有以上最基本的指令以外,还设置了乘除法运算指令、浮点运算指令、十进制运算指令以及字符串处理指令等,指令数多达一二百条,寻址方式也趋于多样化。

随着集成电路的发展和计算机应用领域的不断扩大,计算机的软件价格相对不断提高。为了继承已有的软件,减少软件的开发费用,人们迫切希望各机器上的软件能够兼容,以便在旧机器上编制的各种软件也能在新的、性能更好的机器上正确运行,因此,在20世纪60年代出现了系列(series)计算机。

所谓系列计算机是指基本指令系统相同、基本体系结构相同的一系列计算机,如IBM 370系列、VAX-11系列、IBM PC微机系列等。一个系列往往有多种型号,由于推出的时间不同,所采用的器件也不同,因此在结构和性能上可以有很大差异。通常是新推出的机种在性能和价格方面要比早推出的机种优越。系列机能解决软件兼容问题的必要条件是该系列的各机种有共同的指令集,而且新推出的机种的指令系统一定包含旧机种的所有指令,因此在旧机种上运行的各种软件可以不加任何修改地在新机种上运行。

计算机发展至今,其硬件结构随着超大规模集成电路(VLSI)技术的飞速发展而越来越复杂化,所支持的指令系统也趋于多用途、强功能化。指令系统的改进是围绕着缩小指令与高级语言的语义差异以及有利于操作系统的优化而进行的。例如,高级语言中的实数计算是通过浮点运算实现的,因此对用于科学计算的计算机来讲,如能设置浮点运算指令能显著提高运算速度;另外在高级语言程序中经常用到IF语句、DO语句等,为此设置功能较强的条件转移指令;为了便于程序嵌套,设置了调用指令(Call)和返回指令(Return);为了便于操作系统的实现和优化,还设置有控制系统状态的特权指令、管理多道程序和多处理机系统的专用指令等。然而,指令结构太复杂也会带来一些不利的因素,如设计周期长,正确性难以保证且不易维护等;此外,实验证明,在如此庞大的指令系统中,只有诸如算术逻辑运算、数据传送、转移和子程序调用等几十条最基本的指令才是经常使用的,而需要大量硬件支持的大多数较复杂的指令却利用率很低,造成硬件资源的极大浪费。为了解决这个问题,在20世纪70年代末人们提出了便于VLSI实现的精简指令系统计算机,简称RISC(见5.5

节),同时将指令系统越来越复杂的计算机称为复杂指令系统计算机,简称 CISC。

5.2　指　令　格　式

计算机的指令格式与机器的字长、存储器的容量及指令的功能都有很大的关系。从便于程序设计,增加基本操作并行性,提高指令功能的角度来看,指令中所包含的信息以多为宜;但在有些指令中,其中一部分信息可能无用,这将浪费指令所占的存储空间,从而增加了访存次数,也许反而会影响速度。因此,应合理、科学地设计指令格式,使指令既能给出足够的信息,其长度又尽可能地与机器的字长相匹配,以便节省存储空间,缩短取指时间,提高机器的性能。

5.2.1　指令格式

计算机是通过执行指令来处理各种数据的。为了指出数据的来源、操作结果的去向及所执行的操作,一条指令一般包含下列信息。

(1) 操作码。具体说明操作的性质及功能。一台计算机可能有几十条至几百条指令,每一条指令都有一个相应的操作码,计算机通过识别该操作码来完成不同操作。

(2) 操作数的地址。CPU 通过该地址就可以取得所需的操作数。

(3) 操作结果的存储地址。把对操作数的处理所产生的结果保存在该地址中。

(4) 下一条指令的地址。当程序顺序执行时,下一条指令的地址由程序计数器(PC)给出,仅当改变程序的运行顺序(如转移、调用子程序)时,下一条指令的地址才由指令给出。

从上述分析可知,一条指令包括两种信息即操作码和地址码。操作码(operation code)表示该指令所要完成的操作(如加、减、乘、除、数据传送等),其长度取决于指令系统中的指令条数;地址码描述该指令的操作对象,或者直接给出操作数,或者指出操作数的存储器地址或寄存器地址。根据地址码部分所给出地址的个数,指令格式可分为如下几种。

1. 零地址指令

格式:　| OPCODE |

　　OPCODE——操作码。

指令中只有操作码,而没有操作数或没有操作数地址。这种指令有两种可能:

(1) 无须任何操作数。如空操作指令、停机指令等。

(2) 操作数地址是默认的。如堆栈结构计算机的运算指令,所需的操作数默认在堆栈中,有的计算机指令将操作数或操作数地址安排在默认的寄存器中。

2. 一地址指令

格式:　| OPCODE | A |

　　OPCODE——操作码。

A——操作数的存储器地址或寄存器地址。

指令中只给出一个地址,该地址既是操作数的地址,又是操作结果的存储地址。如加 1、减 1 和移位等单操作数指令均采用这种格式。

在某些字长较短的微型机中(如早期的 Z80、Intel 8080、MC6800 等),大多数算术逻辑运算指令也采用这种格式,第一个源操作数由地址码 A 给出,第二个源操作数在一个默认的寄存器中,运算结果仍送回到这个寄存器中,替换了原寄存器内容,通常把这个寄存器称为累加器。

3.二地址指令

格式:

OPCODE——操作码。

A_1——第一个源操作数的存储器地址或寄存器地址。

A_2——第二个源操作数和存放操作结果的存储器地址或寄存器地址。

这是最常见的指令格式,两个地址指出两个源操作数地址,其中一个还是存放结果的目的地址。对两个源操作数进行操作码所规定的操作后,将结果存入目的地址。

4.三地址指令

格式: OPCODE | A_1 | A_2 | A_3

OPCODE——操作码。

对 A_1、A_2 地址指出的两个源操作数进行操作,结果存入 A_3 中。

5.多地址指令

在某些性能较强的计算机中,往往设置处理成批数据的指令,如字符串处理指令,向量、矩阵运算指令等。为了描述一批数据,指令中需要多个地址来指出源数据存放的首地址、长度以及运算结果存放的地址等。

以上所述的几种指令格式只是一般情况,并非所有的计算机都具有。零地址、一地址和二地址指令具有指令短、执行速度快、硬件实现简单等特点。而三地址和多地址指令具有功能强、便于编程等特点,多为字长较长的计算机所采用。

在计算机中,指令和数据一样都是以二进制码的形式存储的,从表面来看,两者没有什么差别。但是,指令的地址是由程序计数器(PC)规定的,而数据的地址是由指令规定的,在 CPU 控制下访存绝对不会将指令和数据混淆。为了程序能重复执行,一般要求程序在运行前后所有的指令都保持不变。在有些计算机中如果发生了修改指令情况,按出错处理。

5.2.2 指令操作码的扩展技术

指令操作码的长度决定了指令系统中完成不同操作的指令条数。若某机器的操作码长度固定为 K 位,则它最多只能有 2^K 条不同指令。指令操作码通常有两种编码格式,一种是固定格式，即操作码的长度固定，且集中放在指令字的一个字段中。这种格式对于简化硬件设计，减少指令译码时间非常有利，在字长较长的计算机以及 RISC（见 5.5 节）上广泛采用。另一种是可变格式，即操作码的长度可变，且分散地放在指令字的不同字段中。这种格式能够有效地压缩程序中操作码的平均长度，在字长较短的微型机上广泛采用。

通常是在指令字中用一个固定长度的字段来表示基本操作码，而对于一部分不需要某个地址码的指令，把它们的操作码扩充到该地址字段，这样既能充分地利用指令字的各个字段，又能在不增加指令长度的情况下扩展操作码的长度，使它能表示更多的指令。例如，设某机器的指令长度为 16 位，包括 4 位基本操作码字段和 3 个 4 位地址字段，其格式如图 5.1 所示。

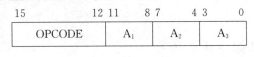

图 5.1　指令格式

若 4 位基本操作码全部用于表示三地址指令，则只有 16 条指令。但是，若三地址指令仅需 15 条，两地址指令需 15 条，一地址指令需 15 条，零地址指令需 16 条，共 61 条指令，应如何安排操作码？显然，只有 4 位基本操作码是不够的，必须将操作码的长度向地址码字段扩展才行。一种可供扩展的方法和步骤如下。

（1）15 条三地址指令的操作码由 4 位基本操作码从 0000～1110 给出，剩下一个码点 1111 用于把操作码扩展到 A_1，即 4 位扩展到 8 位。

（2）15 条二地址指令的操作码由 8 位操作码从 11110000～11111110 给出，剩下一个码点 11111111 用于把操作码扩展到 A_2，即从 8 位扩展到 12 位。

（3）15 条一地址指令的操作码由 12 位操作码从 111111110000～111111111110 给出，剩下一个码点 111111111111 用于把操作码扩展到 A_3，即从 12 位扩展到 16 位。

（4）16 条零地址指令的操作码由 16 位操作码从 1111111111110000～1111111111111111 给出。

除了这种方法以外，还有其他多种扩展方法，例如还可以形成 15 条三地址指令、14 条两地址指令、31 条一地址指令和 16 条零地址指令，共 76 条指令。在可变长度的指令系统的设计中，到底使用何种扩展方法有一个重要的原则：使用频度（即指令在程序中的出现概率）高的指令应分配短的操作码，使用频度低的指令相应地分配较长的操作码。这样不仅可以有效地缩短操作码在程序中的平均长度，节省存储器空间，而且可以缩短经常使用的指令的取指时间（例如一次访存取出几条指令），因而可以提高程序的运行速度。

根据程序中指令出现频率高低而赋以不同长度的操作码，称为霍夫曼编码的操作码（如表 5.1 所示），其中 A 方案全按霍夫曼编码，最长需 6 位；B 方案基本按霍夫曼编码，最长从 6 位缩短成 5 位。A 方案操作码的平均长度为 1.97 位，此乃计算而得（$0.45+0.3\times2+0.15\times3+0.05\times4+0.03\times5+(0.01+0.01)\times6=1.97$）。B 方案操作码的平均长度为 2.00 位。

由此可见，操作码扩展技术是一种重要的指令优化技术，它可以缩短指令的平均长度，减少程序的总位数以及增加指令字所能表示的操作信息。当然，扩展操作码比固定操作码译码复杂，使控制器的设计难度增大，且需更多的硬件来支持。

表 5.1　霍夫曼编码的操作码

指　令	使用频度	A 方案		B 方案	
		操作码	长度	操作码	长度
I_1	0.45	0	1 位	0	1 位
I_2	0.30	10	2 位	10	2 位
I_3	0.15	110	3 位	110	3 位
I_4	0.05	1110	4 位	11100	5 位
I_5	0.03	11110	5 位	11101	5 位
I_6	0.01	111110	6 位	11110	5 位
I_7	0.01	111111	6 位	11111	5 位

5.2.3　指令长度与数据字长的关系

数据字长决定了计算机的运算精度,字长越长,计算机的运算精度越高,因此,高性能的计算机字长较长,其次,地址码长度决定了指令直接寻址能力,若为 n 位,则给出的 n 位直接地址可寻址 2^n 个字或字节。若给出的地址码长度远远满足不了实际需要,可以采用地址扩展技术,把存储空间分成若干个段,用基地址加位移量的方法(参见 5.3 节)来增加地址码的长度。

为了便于处理数据和尽可能地充分利用存储空间,一般机器的字长都是字节长度(即 8 位)的 1、2、4 或 8 倍,也就是 8、16、32 或 64 位。

指令码的长度主要取决于操作码的长度、操作数地址的长度和操作数地址的个数。由于操作码的长度、操作数地址的长度及指令格式不同,各指令的长度不是固定的,但也不是任意的。为了充分地利用存储空间,指令的长度通常为字节的整数倍。如 Intel 8086 的指令的长度为 8、16、24、32、40 和 48 位 6 种。通常是把最常用的指令(如算术逻辑运算指令、数据传送指令)设计成短长度指令。

如果计算机所用数据字长为 32 位,存储器的地址按字节表示,则计算机的指令系统可支持对字节、半字、字、双字的运算,有些计算机有位处理指令。为便于硬件实现,一般要求多字节数据对准边界,如图 5.2 中在地址 0 中存放的字,当所存数据不能满足此要求时,则

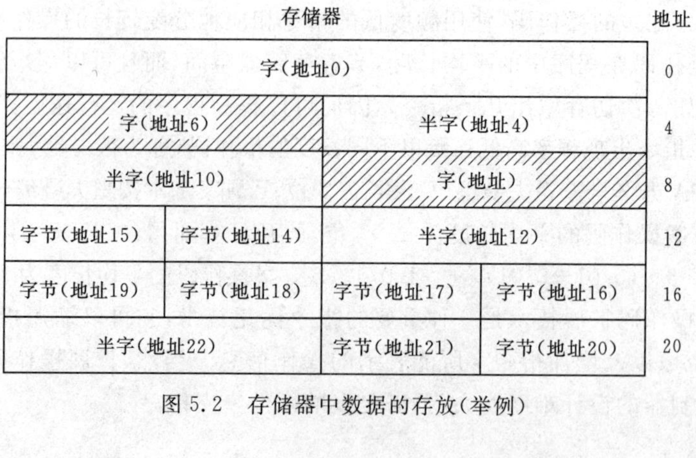

存储器				地址
字(地址0)				0
字(地址6)		半字(地址4)		4
半字(地址10)		字(地址)		8
字节(地址15)	字节(地址14)	半字(地址12)		12
字节(地址19)	字节(地址18)	字节(地址17)	字节(地址16)	16
半字(地址22)		字节(地址21)	字节(地址20)	20

图 5.2　存储器中数据的存放(举例)

填充一个或多个空白字节。也有的计算机不要求对准边界,但可能增加访问存储器次数,访存指令所要求存取的数据(例如一个字)可能在两个存储单元中,因此需要访问两次存储器,而且还要对高低字节的位置进行调整,图5.2的阴影部分即属这种情况。在数据对准边界的计算机中,当以二进制来表示地址时,半字地址的最低位恒为零,字地址的最低两位为零,双字地址的最低三位为零。

5.3 寻址方式

寻址方式(或编址方式)指的是确定本条指令的数据地址及下一条要执行的指令地址的方法,它与计算机硬件结构紧密相关,而且对指令格式和功能有很大影响。不同的计算机有不同的寻址方式,但其基本原理是相同的。有的计算机寻址种类较少,因此在指令的操作码中表示出寻址方式;而有的计算机采用多种寻址方式,此时在指令中专设一个字段表示一个操作数的来源或去向。本节仅介绍几种被广泛采用的基本寻址方式。在一些计算机中,某些寻址方式还可以组合使用,从而形成更复杂的寻址方式。

1. 直接寻址

指令的地址码部分给出操作数在存储器中的地址,图5.3(a)仅给出一个操作数地址A;当有多个地址时,情况类似,不再重复,该指令的寻址方式由操作码表示。图5.3(b)增加了一个寻址方式字段M,假如M为3位二进制码,则可表示8种寻址方式。

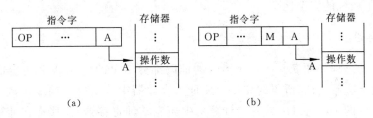

图5.3 直接寻址方式

2. 寄存器寻址

计算机的中央处理器一般设置有一定数量的通用寄存器,用以存放操作数、操作数的地址或中间结果。假如指令地址码部分给出某一通用寄存器地址,而且所需的操作数就在这一寄存器中,则称为寄存器寻址。通用寄存器的数量一般在几个至几十个之间,比存储单元少很多,因此地址码短,而且从寄存器中存取数据比从存储器中存取快得多,所以这种方式可以缩短指令长度,节省存储空间,提高指令的执行速度,在计算机中得到广泛应用。

3. 基址寻址

在计算机中设置一个专用的基址寄存器,或由指令指定一个通用寄存器为基址寄存器。操作数的地址由基址寄存器的内容和指令的地址码A相加得到,如图5.4所示。在这种情况下,地址码A通常被称为位移量(disp),也可用其他方法获得位移量。

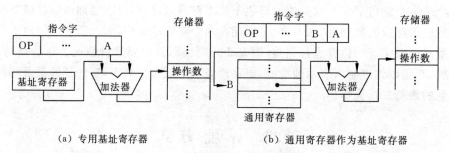

（a）专用基址寄存器   （b）通用寄存器作为基址寄存器

图 5.4　基址寻址过程

　　基址寄存器主要用于为程序或数据分配存储区，对多道程序或浮动程序很有用，实现从浮动程序的逻辑地址（编写程序时所使用的地址）到存储器的物理地址（程序在存储器中的实际地址，有时称为有效地址）的转换。

　　另外，当存储器的容量较大，由指令的地址码部分直接给出的地址不能直接访问到存储器的所有单元时，通常把整个存储空间分成若干个段，段的首地址存放于基址寄存器或段寄存器中，段内位移量由指令给出。存储器的实际地址就等于基址寄存器的内容（即段首地址）与段内位移量之和，这样通过修改基址寄存器的内容就可以访问存储器的任一单元。

　　综上所述，基址寻址主要用以解决程序在存储器中的定位和扩大寻址空间等问题。通常基址寄存器中的值只能由系统程序设定，由特权指令执行，而不能被一般用户指令所修改，因此确保了系统的安全性。

4. 变址寻址

　　变址寻址的过程如图 5.5 所示。指令地址码部分给出的地址 A 和指定的变址寄存器 X 的内容通过加法器相加，所得的和作为地址从存储器中读出所需的操作数。这是几乎所有计算机都采用的一种寻址方式。当计算机中还有基址寄存器时，那么在计算有效地址时还要加上基址寄存器内容。

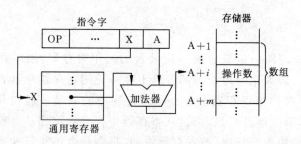

图 5.5　变址寻址过程

　　图 5.5 表示变址操作对处理一维数组（A+1,…,A+m）的支持，用户需编写对数组中每一个元素进行运算的程序。改变变址寄存器中的值（从 1→m），对程序循环执行 m 次，就可以对数组中的 m 个元素逐个进行处理。这就是利用变址操作与循环执行程序的方法对整个数组进行运算的例子，在整个执行过程中不改变原程序，因此对实现程序的重入性是有好处的。

5. 间接寻址

在寻址时,有时根据指令的地址码所取出的内容既不是操作数,也不是下一条要执行的指令,而是操作数的地址或指令的地址,这种方式称为间接寻址或间址。根据地址码指的是寄存器地址还是存储器地址,间接寻址又可分为寄存器间接寻址和存储器间接寻址两种方式。间接寻址有一次间址和多次间址两种情况,大多数计算机只允许一次间址。对于存储器一次间址情况,需访问两次存储器才能取得数据,第一次从存储器读出操作数地址,第二次读出操作数。

图 5.6(a)和图 5.6(b)分别为寄存器间址与存储器间址的操作数寻址过程。

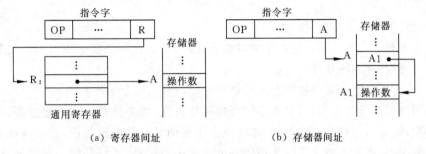

(a) 寄存器间址   (b) 存储器间址

图 5.6 间接寻址过程

图 5.7 以转移指令 Jump 为例来说明在直接寻址和间接寻址方式下如何确定下一条要执行的指令的地址。图中(A1)表示 A1 中的内容。

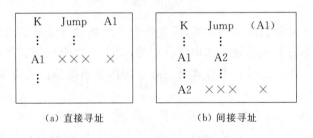

(a) 直接寻址   (b) 间接寻址

图 5.7 确定 Jump 指令的转移地址

在存储器 K 单元中存放的是转移指令。在直接寻址情况下,执行第 K 条指令后,将执行第 A1 条指令;而在间接寻址情况下,执行第 K 条指令后,将执行第 A2 条指令。

6. 相对寻址

把程序计数器 PC 的内容(即当前执行指令的地址)与指令的地址码部分给出的位移量(Disp)之和作为操作数的地址或转移地址,称为相对寻址。相对寻址主要用于转移指令,执行本条指令后,将转移到(PC)+Disp,(PC)为程序计数器的内容。相对寻址有两个特点。

(1) 转移地址不是固定的,它随着 PC 值的变化而变化,并且总是与 PC 相差一个固定值 disp,因此无论程序装入存储器的任何地方,均能正确运行,对浮动程序很适用。

(2) 位移量可正、可负,通常用补码表示。如果位移量为 n 位,则这种方式的寻址范围在(PC)-2^{n-1}到(PC)$+2^{n-1}-1$之间。

计算机的程序和数据一般是分开存放的,程序区在程序执行过程中不允许修改。在程序与数据分区存放的情况下,不用相对寻址方式来确定操作数地址。

7. 立即数寻址

所需的操作数由指令的地址码部分直接给出,就称为立即数(或直接数)寻址方式。这种方式的特点是:取指时,操作码和一个操作数同时被取出,减少了访问存储器次数,提高了指令的执行速度。但是由于这一操作数是指令的一部分,不能修改,故这种方式只能适用于操作数固定的情况。通常用于给某一寄存器或存储器单元赋初值或提供一个常数等。

8. 堆栈寻址

堆栈寻址见 5.4.1 节的说明。

以上这 8 种寻址方式在计算机中可以组合使用,例如在一条指令中可以同时实现基址寻址与变址寻址,其有效地址为:

$$基址寄存器内容+变址寄存器内容+指令地址码 A$$

假如用户用高级语言编程,根本不用考虑寻址方式,因为这是编译程序的事;但若用汇编语言编程,则应对它有确切的了解,才能编出正确而又高效率的程序,此时应认真阅读指令系统的说明书,因为不同计算机采用的寻址方式是不同的,即使是同一种寻址方式,在不同的计算机中也有不同的表达方式或含义。

5.4 指 令 类 型

指令系统决定了计算机的基本功能,因此指令系统的设计是计算机系统设计中的一个核心问题。它不仅与计算机的硬件结构紧密相关,而且直接影响到编写操作系统和编写编译程序的难易程度。因此设计一个合理而又有效的指令系统是至关重要的,它对机器的性能价格比有很大影响。

一台计算机最基本的、必不可少的指令是不多的,因为很多指令都可以用这些最基本的指令组合来实现。例如,乘法(除法)运算指令、浮点运算指令,既可以直接用硬件实现,也可以用其他指令编成子程序来实现;但两者在执行时间上差别很大,因此在指令系统中,有相当一部分指令是为了提高程序的执行速度和便于程序员编写程序而设置的。

5.4.1 指令的分类及功能

一台计算机的指令系统通常有几十条至几百条指令,按其所完成的功能可分为算术逻辑运算指令、移位操作指令、浮点运算指令、十进制运算指令、字符串处理指令、向量运算指令、数据传送指令、转移指令、堆栈操作指令、输入输出指令和特权指令等。下面分别说明各类指令的功能。

1. 算术逻辑运算指令

一般计算机都具有这类指令。早期的低档微型机,要求价格便宜,硬件结构比较简单,支持的算术运算指令就较少,一般只支持二进制加减法、比较和求补码(取负数)等最基本的指令;而其他计算机,由于要兼顾性能和价格两方面因素,还设置了乘除法运算指令。这里讲的算术运算一般指的是定点数运算,即相当于高级语言中对整数(integer)的处理。

通常根据算术运算的结果置状态位,一般有 Z(结果为 0)、N(结果为负)、V(结果溢出)、C(产生进位或借位)4 个状态位。当满足括号内所提出的条件时,相应位置成 1,否则为 0。例如,结果为 0 时,Z=1,否则 Z=0;结果为负数时,N=1,否则 N=0。

在这 4 个状态位中,N 和 V 是根据带符号数的运算结果置的条件码。C 是根据无符号数的运算结果置的条件码,两数相加时,最高位有进位信号,置 C=1,无进位信号,置 C=0;两数相减,当不够减时,要向更高位借位,置 C=1,够减时,C=0。对状态位 Z,当用补码进行运算时,无论是否是带符号的数,结果为 0 的表示方式是相同的,均为全 0。因此当对无符号数进行运算时,根据结果所置的状态位 N 和 V 不具有判别结果是否是负数以及是否溢出的功能。同样对带符号位数进行运算产生的 C 也不表示有进位/借位。

通常计算机具有对两个数进行与、或、非(求反)、异或(按位加)等操作的逻辑运算指令。有些计算机还设置有位操作指令,如位测试(测试指定位的值)、位清除(把指定位清零)、位求反(取某位的反值)指令等。逻辑运算指令不修改状态位。

2. 移位操作指令

移位操作指令分为算术移位、逻辑移位和循环移位 3 种,可以将操作数左移或右移若干位,如图 5.8 所示。算术移位与逻辑移位很类似,但由于操作对象不同(前者的操作数为带符号数,后者的操作数为无符号数)而移位操作有所不同。它们的主要差别在于右移时填入

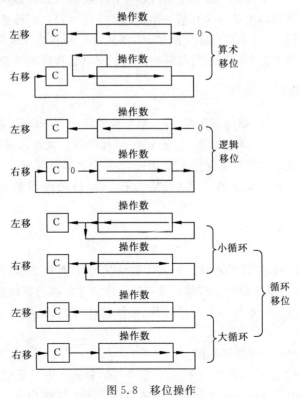

图 5.8　移位操作

最高位的数据不同。算术右移保持最高位(符号位)不变,而逻辑右移最高位补零。循环移位按是否与"进位"位 C 一起循环,还分为小循环(即自身循环)和大循环(即和"进位"位 C 一起循环)两种。它们一般用于实现循环式控制、高低字节互换或与算术、逻辑移位指令一起实现双倍字长或多倍字长的移位。

3. 浮点运算指令

高级语言中的实数(real)经常是先转换成浮点数的形式而后再进行处理。某些机器没有设置浮点运算指令而用子程序实现,其速度较低。因此主要用于科学计算的计算机应该设置浮点运算指令,一般能对单精度(32 位)和双精度(64 位)数据进行处理。

4. 十进制运算指令

在人机交互作用时,输入输出的数据都是以十进制形式表示的。在某些数据处理系统中输入输出的数据很多,但对数据本身的处理却很简单。在不具有十进制运算指令的计算机中,首先将十进制数据转换成二进制数,再在机器内运算;尔后又转换成十进制数据输出。因此,在输入输出数据频繁的计算机系统中设置十进制运算指令能提高数据处理的速度。

5. 字符串处理指令

字符串处理指令是一种非数值处理指令,一般包括字符串传送、字符串比较、字符串查询和字符串转换等指令。其中"字符串传送"指的是数据块从主存储器的某区传送到另一区域;"字符串比较"是一个字符串与另一个字符串逐个字符进行比较,以确定其是否相等;"字符串查询"是查找在字符串中是否含有某一指定的子串或字符;"字符串转换"指的是从一种数据表达形式转换成另一种表达形式。例如,从 ASCII 码转换成 EBCDIC 码(扩充的 BCD 码)。这种指令在需对大量字符串进行各种处理的文字编辑和排版方面非常有用。

6. 数据传送指令

这类指令用以实现寄存器与寄存器、寄存器与存储器(主存)单元、存储器单元与存储器单元之间的数据传送。一次可以传送一个数据或一批数据。数据传送时,数据从源地址传送到目的地址,而源地址中的数据保持不变,因此实际上是数据复制。

有些机器设置了数据交换指令,完成源操作数与目的操作数互换,实现双向数据传送。

7. 转移指令

这类指令用以控制程序流的转移。在大多数情况下,计算机是按顺序方式执行程序的,但是也经常会遇到离开原来的顺序转移到另一段程序或循环执行某段程序的情况。

按转移的性质,转移指令分为无条件转移、条件转移、过程调用与返回及陷阱(trap)等几种。

1) 无条件转移指令与条件转移指令

无条件转移指令不受任何条件约束,直接把程序转移到指令所规定的目的地,在那里继续执行程序,在本书中以 jump 表示无条件转移指令。条件转移指令则根据计算机处理结果来决定程序如何执行。它先测试根据处理结果设置的条件码,然后根据所测试的条件是否满足来决定是否转移,本书中用 branch 表示条件转移指令。条件码的建立与转移的判断可以在一条指令中完成,也可以由两条指令完成。前者通常在转移指令中先完成比较运算,然后根据比较的结果来判断转移的条件是否成立,如条件为"真"(成立)则转移,如条件为"假"(不成立)则顺序执行下一条指令。后者由转移指令前面的指令来建立条件码,转移指令根据条件码来判断是否转移,通常用算术指令建立的条件码 N、Z、V、C 来控制程序的执行方向,实现程序的分支。有的计算机还设置有奇偶标志位 P。如果 P 为偶标志位,则当运算结果有奇数个 1 时,置 P=1。

下面根据这 5 个标志的组合,列出 16 种可能采用的转移条件。

(1) C:进位为 1 或无符号数比较小于时转移。对于后者,当两个无符号数 A、B 进行比较时,若 $A<B$,则 $A-B<0$,C=1(在减法运算中,C 实际上是借位。下同)。

(2) $\overline{C}$:进位为 0 或无符号数比较大于或等于时转移。当两个无符号数 A、B 进行比较时,若 $A \geqslant B$,则 $A-B \geqslant 0$,无进位输出,所以 C=0(与(1)的条件相反)。

(3) Z:结果为 0 时转移。

(4) $\overline{Z}$:结果非 0 时转移。

(5) N:结果为负时转移。

(6) $\overline{N}$:结果为正时转移。

(7) V:结果溢出时转移。

(8) $\overline{V}$:结果不溢出时转移。

(9) P:结果有奇数个 1 时转移。

(10) $\overline{P}$:结果有偶数个 1 时转移。

(11) $\overline{C+Z}$:无符号数比较大于时转移。当两个无符号数 A、B 进行比较时,若 $A>B$,则 $A-B>0$,无进位输出(即 C=0)且差值不为 0(即 Z=0),所以 C+Z=0,即 $\overline{C+Z}=1$。

(12) C+Z:无符号数比较小于或等于时转移。当两个无符号数 A、B 进行比较时,若 $A \leqslant B$,则 $A-B \leqslant 0$,也即差值或者小于 0(即 C=1)或者等于 0(即 Z=1),所以 C+Z=1(与(11)的条件相反)。

(13) $\overline{(N \oplus V)+Z}$:带符号数比较大于时转移。当两个带符号数 A、B(用补码表示)进行比较时,若 $A>B$,则 $A-B$ 的结果有两种可能:其一,当不溢出(即 V=0)时,差值为正(即 N=0)且不为 0(即 Z=0);其二,当溢出(即 V=1)时,差值为负(即 N=1)且不为 0(即 Z=0)。所以两种情况归结为 $(N \oplus V)+Z=0$。

(14) $N \oplus V$:带符号数比较小于时转移。当两个带符号数 A、B 进行比较时,若 $A<B$,则 $A-B$ 的结果为:不溢出(即 V=0)时差值为负(即 N=1),溢出(即 V=1)时差值为正(即 N=0),所以 $N \oplus V=1$。

(15) $\overline{N \oplus V}$:带符号数比较大于或等于时转移。与(14)的条件相反。

(16) $(N \oplus V)+Z$:带符号比较小于或等于时转移。与(13)的条件相反。

转移指令的转移地址一般采用相对寻址和直接寻址两种寻址方式来确定。若采用相对寻址方式,则称为相对转移,转移地址为当前指令地址(即当前 PC 的值)和指令地址码部分给出的位移量之和,即 PC←(PC)+位移量;若采用直接寻址方式,则称为绝对转移,转移地址由指令地址码部分直接给出,即 PC←目标地址。

2) 调用指令与返回指令

在编写程序过程中,常常需要编写一些经常使用的、能够独立完成某一特定功能的程序段,在需要时能随时调用,而不必多次重复编写,以便节省存储器空间和简化程序设计。这种程序段就称为子程序或过程。

除了用户自己编写的子程序以外,为了便于各种程序设计,系统还提供了大量通用子程序,如申请资源、读写文件、控制外部设备等。需要时,可直接调用,而不必重新编写。通常使用调用(过程调用/系统调用/转移子程序)指令来实现从一个程序转移到另一个程序的操作,在本书中用 call 表示调用指令。call 指令与 jump 指令、branch 指令的主要差别是需要保留返回地址,也就是说当执行完被调用的程序后要回到原调用程序,继续执行 call 指令的下一条指令。返回地址一般保留于堆栈中,随同保留的还有一些状态寄存器或通用寄存器内容。保留寄存器内容有两种方法:①由调用程序保留从被调用程序返回后要用到的那部分寄存器内容,其步骤是先由调用程序将寄存器内容保存在堆栈中,当执行完被调用程序,返回到调用程序后,再从堆栈中取出并恢复寄存器内容。②由被调用程序保留并最后恢复本程序要用到的那些寄存器内容,也是保存在堆栈中。这两种方法的目的都是为了保证调用程序继续执行时寄存器内容的正确性。

调用(call)与返回(return)是一对配合使用的指令,返回指令从堆栈中取出返回地址,继续执行调用指令的下一条指令。

3) 陷阱(trap)与陷阱指令

在计算机运行过程中,有时可能出现电源电压不稳、存储器校验出错、输入输出设备出现故障、用户使用了未定义的指令或特权指令等种种意外情况,使得计算机不能正常工作。这时若不及时采取措施处理这些故障,将影响到整个系统的正常运行。因此,一旦出现故障,计算机就发出陷阱信号,并暂停当前程序的执行(称为中断),转入故障处理程序进行相应的故障处理。

有些计算机设置可供用户使用的陷阱指令或"访管"指令,利用它来实现系统调用和程序请求。例如,IBM PC 的软件中断指令实际上就是一种直接提供给用户使用的陷阱指令,用它可以完成系统调用过程。它的汇编格式为:

```
INT TYPE
```

其中,TYPE 是一个 8 位常数,表示中断类型。执行时,根据中断类型就可以找到相应系统子程序的入口地址。

有关中断的概念请参考第 10 章 10.2 节。

8. 堆栈及堆栈操作指令

堆栈(stack)是由若干个连续的存储单元组成的先进后出(first in last out,FILO)存储区,第一个送入堆栈中的数据存放在栈底,最近送入堆栈中的数据存放在栈顶。栈底是固定不变的,而栈顶却是随着数据的入栈和出栈在不断变化。为了表示栈顶的位置,有一个寄存器或存储器单元用于指出栈顶的地址,称为堆栈指针(stack pointer,SP)。堆栈操作的对象与堆栈指针有关。

在堆栈结构的计算机中(如 HP-3000),堆栈是用来提供操作数和保存运算结果的主要存储区,大多数指令(包括运算指令)通过访问堆栈来获得所需的操作数或把操作结果存入堆栈中。而在一般计算机中,堆栈主要用来暂存中断和子程序调用时的现场数据及返回地址,用于访问堆栈的指令只有压入(即进栈)和弹出(即退栈)两种,它们实际上是一种特殊的数据传送指令。压入指令(PUSH)是把指定的操作数送入堆栈的栈顶,而弹出指令(POP)的操作刚好相反,是把栈顶的数据取出,送到指令所指定的目的地。在一般的计算机中,堆栈从高地址向低地址扩展,即栈底的地址总是大于或等于栈顶的地址(也有少数计算机刚好相反)。当执行压入操作时,首先把堆栈指针(SP)减量(减量的多少取决于压入数据的字节数,若压入一个字节,则减 1;若压入两个字节,则减 2,依此类推),然后把数据送入 SP 所指定的单元;当执行弹出操作时,首先把 SP 所指定的单元(即栈顶)的数据取出,然后根据数据的大小(即所占的字节数)对 SP 增量。例如:

压入指令

PUSH OPR   把 OPR(如果长度为两个字节)压入堆栈

其操作是:(SP)-2→SP

OPR→(SP)

弹出指令

POP OPR   弹出一个数据(如果长度为两个字节)送 OPR

其操作是:((SP))→OPR

(SP)+2→SP

其中,(SP)表示堆栈指针的内容,((SP))表示 SP 所指的栈顶的内容。

由于堆栈具有先进后出的性质,因而在中断和子程序调用过程中广泛用于保存返回地址、状态标志及现场信息。例如,假设有一主程序 M 和两个子程序 A、B,它们的调用关系是 M 调用 A,A 又调用 B,如图 5.9 所示。当主程序 M 执行到子程序调用指令 call A 时,首先把该指令的下一条指令的地址 M1 以及其他信息逐个压入堆栈中保存,然后转入子程序 A 执行。当子程序 A 执行到指令 call B 时,又把其下一条指令的地址 A1 压入堆栈,并转入子程序 B 执行。子程序 B 执行完毕,从堆栈中弹出 A1(此时 A1 在栈顶)作为返回地址,返回到 A 子程序继续执行。A 子程序执行完毕,又从堆栈中弹出 M1(此时 M1 在栈顶),返回主程序 M 继续执行。

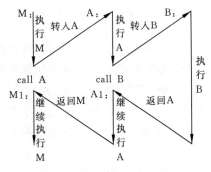

图 5.9 子程序嵌套调用

堆栈还有一个重要的作用,就是用于子程序调用时参数的传递。利用堆栈传递参数时,首先把所需传递的参数压入堆栈中,然后调用子程序。为了在子程序中方便地访问到堆栈中的任一参数,除了指向栈顶的堆栈指针(SP)以外,通常还设置了一个指向参数区的参数指针,利用该指针访问堆栈就像访问存储器一样不受堆栈先进后出性质的限制,可以直接用变址方式访问堆栈中的各个参数。

9. 输入输出(I/O)指令

计算机所处理的一切原始数据和所执行的程序(除了固化在 ROM 中的以外)均来自外

部设备的输入,处理结果需通过外部设备输出。输入输出指令的一般格式如下:

OP	REG	A

其中 OP 是操作码,表示 I/O 指令。REG 是寄存器地址,用于指定 CPU 与外部设备交换数据的寄存器。A 是外部设备中的寄存器地址或设备码,其长度一般为 8~16 位,可以表示 256~64K 个设备寄存器(输入数据寄存器/输出数据寄存器/控制寄存器)。输入指令完成从 A 地址所指定的外部设备寄存器中读入一个数据到 REG 寄存器中;输出指令刚好相反,是把 REG 寄存器中的数据送到 A 地址所指定的外部设备寄存器中。此外,I/O 指令还可用来发送和接收控制命令和回答信号,用以控制外部设备的工作。

有些计算机采用外部设备与主存储器统一编址的方法,把外部设备寄存器看成是主存的某些单元,利用访问存储器的存数/取数指令来完成输入输出功能,而不再专设 I/O 指令。

10. 特权指令

某些指令使用不当会破坏系统或其他用户信息,因此为了安全起见,这类指令只能用于操作系统或其他系统软件,而不提供给用户使用,称为特权指令。

一般来说,在单用户、单任务的计算机中不一定需要特权指令,而在多用户、多任务的计算机系统中,特权指令却是必不可少的。它主要用于系统资源的分配和管理,包括改变系统的工作方式、检测用户的访问权限、修改虚拟存储器管理的段表、页表和完成任务的创建和切换等。

在某些多用户的计算机系统中,为了统一管理所有的外部设备,输入输出指令也作为特权指令,不允许用户直接使用。需输入输出时,可通过系统调用,由操作系统来完成。

11. 其他指令

(1) 向量指令。对向量或矩阵数据求和、求积的指令。

(2) 多处理机指令。在多处理机或多处理器系统中,为了管理共享的公共资源和相互通信,一般设置"测试与设定"或"数据交换"指令,这些指令最主要的特点是在执行过程中不允许打断。例如,在 Sun 微系统公司的 SPARC 处理机中有一条"读写字节"指令,它从存储器某单元读出一个字节后立即写回一个全"1"字节,可以用它来防止多个处理器同时修改共享数据区的内容。其方法是:当计算机总清或初始化时,在该单元中写入一个非全 1 值(例如全 0),其后当某处理器要访问共享数据区时,先执行这条指令,当读出的值非全 1 时,表示没有处理器正在访问该数据区,因此本处理器可以对数据区的数据进行访问修改,同时将该单元置全 1,此后若有其他处理器读该单元,将得到全 1 值,表示该数据区有处理器在访问而需等待之。当处理器访问完毕时,恢复该单元为非全 1 值,此后允许其他处理器访问该数据区,所以这条指令相当于一把锁;当访问者没有将锁打开时,其他处理器不得访问被锁的数据区。

(3) 控制指令。包括等待指令、停机指令、空操作指令、开中断、关中断和置条件码指令等。

当用户程序执行完毕时,可安排一条停机指令,此时机器不再继续执行程序。但在多用户情况下,则不允许停机,因为其他用户程序可能正在等待,此时通常让机器处于动态停机状态:执行等待指令或执行只有 1~2 条指令的小循环程序。

空操作指令除了将程序计数器增量外(若空操作指令为字节指令则加1,4字节指令则加4),不进行其他操作。

5.4.2 双字长运算(子程序举例)

有时候,需对双字长操作数进行运算,而机器本身并没有双字长指令,这样就需要通过子程序予以实现。下面以双字长加法运算为例。

假设在寄存器 R_1、R_2 和 R_3、R_4 分别存放两个双字长操作数,其中 R_1、R_3 为高位。加法运算可分为两种情况讨论。

(1) 假设机器设置有 ADD(加法指令)和 ADC(加进位的加法指令),则执行下列两条指令后在 R_3、R_4 中得到运算结果。

	指　　令		操 作 说 明
K:	ADD	R_2,R_4	;低位相加,$R_4 \leftarrow (R_2)+(R_4)$,并根据运算结果置进位位 C
$K+1$:	ADC	R_1,R_3	;高位相加,并加进位位 C,$R_3 \leftarrow (R_1)+(R_3)+C$

(2) 假设机器仅设置 ADD 指令,而没有 ADC 指令,则应执行下列程序后在 R_3、R_4 中得到运算结果。

	指　　令		操 作 说 明
K:	ADD	R_2,R_4	;低位相加,$R_4 \leftarrow (R_2)+(R_4)$,并根据运算结果置进位位 C
$K+1$:	BCC	$K+3$	;如 C=0,程序转到 $K+3$;如 C=1,顺序执行下一条指令
$K+2$:	ADD	$\sharp 1,R_1$	;$R_1 \leftarrow (R_1)+1$
$K+3$:	ADD	R_1,R_3	;高位相加,$R_3 \leftarrow (R_1)+(R_3)$

5.4.3 指令系统的兼容性

各计算机公司设计生产的计算机,其指令的数量与功能、指令格式、寻址方式、数据格式都有差别,即使是一些常用的基本指令,如算术逻辑运算指令、转移指令等也是各不相同的,在将应用程序(例如 FORTRAN 语言程序)编译成机器语言后,其差别是很大的,因此将用机器语言表示的程序移植到其他机器上去几乎是不可能的。从计算机的发展过程已经看到,由于构成计算机的基本硬件发展迅速,计算机的更新换代是很快的,这就存在软件如何跟上的问题。一台新机器推出交付使用时,仅有少量系统软件(如操作系统)可提交用户,大量软件是不断充实的,尤其是应用程序,有相当一部分是用户在使用机器时不断产生的,这就是所谓第三方提供的软件。为了缓解新机器的推出与原有应用程序的继续使用之间的矛盾,1964 年在设计 IBM 360 计算机中所采用的系列机思想较好地解决了这一问题。从此以后,各个计算机公司生产的同一系列的计算机尽管其硬件实现方法可以不同,但指令系统、数据格式和 I/O 系统等保持相同,因而软件完全兼容(在此基础上产生了兼容机)。当研制该系列计算机的新型号或高档产品时,尽管指令系统可以有较大的扩充,但仍保留原来的全部指令,保持软件向上兼容的特点,即低档机或旧机型上的软件不加修改即可在新机器上运行,以保护用户在软件上的投资;但是新机器上新添加的指令在执行原来的程序时都用不上,与之有关的先进结构也不能发挥作用,仅当适合新处理器的软件推出后才能发挥新处理器的性能优势。

5.5　精简指令系统计算机(RISC)和复杂指令系统计算机(CISC)

5.5.1　CISC 的特点

DEC 公司的 VAX11/780 计算机有 303 条指令,18 种寻址方式,称它为复杂指令系统计算机(complex instruction set computer,CISC)。Intel 公司的 80x86 微处理器以及 IBM 公司的大、中型计算机均为 CISC。但是庞大的指令系统使计算机的研制周期变长,而且增加了调试和维护的难度。随着计算机应用范围的扩大,推动了软硬件的研究与发展。

5.5.2　RISC 的产生与发展

1. RISC 的产生

1975 年 IBM 公司开始研究指令系统的合理性问题,IBM 的 John Cocke 提出精简指令系统的想法。后来美国加州伯克利大学的 RISC Ⅰ 和 RISC Ⅱ 机、斯坦福大学的 MIPS 机的研究成功,为精简指令系统计算机(reduced instruction set computer,RISC)的诞生与发展起了很大作用。

对 CISC 进行测试表明,各种指令的使用频率相差悬殊,最常使用的是一些比较简单的指令,仅占指令总数的 20%,但在程序中出现的频率却占 80%;而较少使用的占指令总数 20% 的复杂指令,为了实现其功能而设计的微程序代码(参见第 6 章)却占总代码的 80%。

复杂的指令系统必然增加硬件实现的复杂性,这不仅增加了研制时间和成本以及设计失误的可能性,而且由于复杂指令需要进行复杂的操作,与功能较简单的指令同时存在于一个机器中,很难实现流水线操作(参见第 6 章),从而降低了机器的速度。

由于以上原因,终于产生了不包含复杂指令的 RISC。

2. RISC 的发展

1983 年以后,一些公司开始推出 RISC 产品,由于它具有较高的性能价格比,市场占有率不断提高。1987 年 Sun 微系统公司用 SPARC 芯片构成工作站,从而使其工作站的销售量居于世界首位。一些发展较早的大公司转向 RISC 是很不容易的,因为 RISC 与 CISC 指令系统不兼容,因此他们在 CISC 上开发的大量软件如何转到 RISC 平台上来是首先要考虑的;而且这些公司的操作系统专用性强,又比较复杂,更给软件的移植带来了困难。而像 Sun 微系统公司,是以 UNIX 操作系统作为基础,软件移植比较容易,因此它的工作站的重点很快从 CISC(用 68020 微处理器)转移到 RISC(用 SPARC 微处理器)。

早期使用的 RISC 芯片有 SPARC 和 MIPS。

5.5.3　RISC 的特点

精简指令系统计算机的着眼点不是简单地放在简化指令系统上,而是通过简化指令使计算机的结构更加简单合理,从而提高运算速度。

计算机执行程序所需要的时间 P 可用下式表示:

$$P = I \times \text{CPI} \times T$$

其中,I 是程序在机器上运行的指令数,CPI 为执行每条指令所需的平均周期数,T 是每个机器周期的时间。

由于 RISC 指令比较简单,原 CISC 机中比较复杂的指令在这里用子程序来代替,因此 RISC 的 I 要比 CISC 多 20%～40%。但是 RISC 的大多数指令只用一个机器周期实现(在 20 世纪 80 年代),所以 CPI 的值要比 CISC 小得多。同时因为 RISC 结构简单,所以完成一个操作所经过的数据通路较短,使得 T 值大为减少。后来,RISC 的硬件结构有很大改进,一个机器周期平均可完成 1 条以上指令,甚至可达到数条指令。

RISC 是在继承 CISC 的成功技术并克服 CISC 的缺点的基础上产生并发展起来的,大部分 RISC 具有下述一些特点。

(1) 优先选取使用频率较高的简单指令以及有用而不复杂的指令。避免复杂指令。

(2) 指令长度固定,指令格式种类少,寻址方式种类少。指令之间各字段的划分比较一致,各字段的功能也比较规整。

(3) 只有取数/存数指令(load/store)访问存储器,数据在寄存器和存储器之间传送。其余指令的操作都在寄存器之间进行。

(4) CPU 中通用寄存器数量相当多。算术逻辑运算指令的操作数都在通用寄存器中存取。

(5) 大部分指令在一个或小于一个机器周期内完成。

(6) 以硬布线控制逻辑为主,不用或少用微码控制。

(7) 特别重视程序编译优化工作,以减少程序执行时间。

5.6 指令系统举例

下面通过两种类型计算机的简介来增加对指令系统的认识。

5.6.1 SPARC 的指令系统

SPARC 指令字长 32 位,有 3 种指令格式、6 种指令类型。

1. SPARC 的指令类型

(1) 算术运算/逻辑运算/移位指令(31 条)。

SPARC 有多条加法和减法指令,没有乘法和除法指令,但设置了一条乘法步指令,执行一次"加和移位"操作。

下面对 4 条加法指令(ADD、ADDcc、ADDX、ADDXcc)作一说明。

以 cc 结尾的加法指令表示除了进行加法运算以外还要根据运算结果置状态触发器 N、Z、V、C;X 表示加进位信号;Xcc 表示加进位信号并置 N、Z、V、C。

(2) LOAD/STORE 指令(22 条)。

取/存字节(LDB/STB)、半字、字、双字共 20 条指令,其中一半是特权指令。SPARC 结构将存储器分成若干区,其中有 4 个区分别为用户程序区、用户数据区、系统程序区和系统数据区,并规定在执行用户程序时,只能从用户程序区取指令,在用户数据区存取数据;而执行系统程序时则可使用特权指令访问任一区。

另外还有两条供多处理机系统使用的数据交换指令 SWAP 和读后置字节指令 LDSTUB。

（3）控制转移指令（5 条）。

（4）读/写专用寄存器指令（8 条）。

（5）浮点运算指令。

（6）协处理器指令。

由于 SPARC 为整数运算部件(IU),所以当执行浮点运算指令或协处理器指令时,将交给浮点运算器或协处理器处理,当机器没有配置这种部件时,将通过子程序实现。

2. SPARC 的指令格式

共有 3 种格式。

格式 1：CALL 指令

OP	disp30(位移量,30 位)

31　　30 29　　　　　　　　　　　　　　　　　　　　　　　　　　0

格式 2：SETHI 指令和 Branch 指令

OP	rd	OP2	imm22(立即数)
OP	a	Cond	OP2	disp22(位移量)

31　　30　29　28　　　25　24　　22 21　　　　　　　　　　　　0

格式 3：其他指令

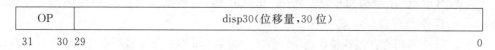

31　　30　29　　　25　24　　　19 18　　　14 13 12　　　5 4　　0

其中 OP、OP2、OP3 为指令操作码,OPf 为浮点指令操作码。实际上整数部件 IU 大部分指令码固定在第 31、30 位(OP)和第 24~19 位(OP3)。为了增加立即数长度和位移量长度,总共有 3 条指令将指令码缩短了,其中 CALL 为调用指令,Branch 为转移类指令,SETHI 指令的功能是将 22 位立即数左移 10 位,送入 rd 所指示的寄存器中,然后再执行一条加法指令补充上后面 10 位数据,这样就可生成 32 位字长的数据。

rs1 和 rs2 为通用寄存器地址,一般用作源操作数寄存器地址。

rd 为目的寄存器地址,此寄存器通常用来保存运算结果或从存储器中取来的数据。只有执行 STORE 指令时,rd 中保存的是源操作数,并将此操作数送往存储器的指定地址中。

加法指令的汇编语言表示形式为:

```
ADD  rs1  rs2  rd
```

Simm13 是 13 位扩展符号的立即数,在对它进行运算时,假如它的最高位为 1,那么在最高位前面的所有位都扩展为 1;假如它的最高位为 0,那么在最高位前面的所有位都扩展为 0。

i 用来选择第二个操作数,假如 i=0,第二操作数在 rs2 中;假如 i=1,Simm13 为第二操作数。

3. 各类指令的功能及寻址方式

下面把前述第(1)类~第(4)类指令进行简单介绍。

(1) 算术逻辑运算指令

功能:(rs1) OP(rs2)→rd (当 i=0 时)

   (rs1) OP Simm13→rd (当 i=1 时)

本指令将 rs1 和 rs2 的内容(或 Simm13)按操作码所规定的操作进行运算后将结果送 rd。RISC 的特点之一是所有参与算术逻辑运算的数均在寄存器中。

(2) LOAD/STORE 指令(取数/存数指令)

功能:LOAD 指令将存储器中的数据送 rd 中

   STORE 指令将 rd 的内容送存储器中

存储器地址的计算(寄存器间址寻址方式):

当 i=0 时,存储器地址=(rs1)+(rs2);

当 i=1 时,存储器地址=(rs1)+Simm13。

在 RISC 中,只有 LOAD/STORE 指令访问存储器。

(3) 控制转移类指令

此类指令改变 PC 值,SPARC 有 5 种控制转移指令。

① 条件转移(Branch):根据指令中的 Cond 字段(条件码)决定程序是否转移。转移地址由相对寻址方式形成。

② 转移并连接(JMPL):采用寄存器间址方式形成转移地址,并将本条指令的地址(即 PC 值)保存在以 rd 为地址的寄存器中,以备程序返回时用。

③ 调用(CALL):采用相对寻址方式形成转移地址。为了扩大寻址范围,本条指令的操作码只取两位,位移量有 30 位。

④ 陷阱(trap):采用寄存器间址方式形成转移地址。

⑤ 从 trap 程序返回(RETT):采用寄存器间址方式形成返回地址。

(4) 读写专用寄存器指令

SPARC 有 4 个专用寄存器(PSR、Y、WIM、TBR),其中 PSR 为程序状态寄存器。几乎所有机器都设置 PSR 寄存器(有的计算机称为程序状态字 PSW)。PSR 的内容反映并控制计算机的运行状态,比较重要,所以读写 PSR(RDPSR 和 WRPSR)指令一般为特权指令。这 4 个寄存器将在第 6 章进行讨论。

4. 某些指令的实现技巧

在 SPARC 中,有一些指令没有设置,但很容易用一条其他指令来替代,这是因为

SPARC 约定 R_0 的内容恒为 0，而且立即数可以作为一个操作数处理，表 5.2 中列出的一些指令就属于这种情况。

表 5.2　某些指令的实现

指　　令	功　　能	替代指令	实　现　方　法
MOVE	寄存器间传送数据	ADD(加法)	$(Rs)+(R_0) \rightarrow Rd$
INC	寄存器内容+1	ADD(加法)	$(Rs)+1 \rightarrow Rd$(立即数 imm13=1，作为操作数)
DEC	寄存器内容-1	SUB(减法)	$(Rs)-1 \rightarrow Rd$(立即数 imm13=-1，作为操作数)
NEG	取负数	SUB(减法)	$R_0 - Rs \rightarrow Rd$
NOT	取反码	XOR(异或)	$(Rs) \text{XOR} 11\cdots 1 \rightarrow Rd$ (立即数 imm13=-1，作为操作数)
CLEAR	清除寄存器	ADD(加法)	$(R_0)+(R_0) \rightarrow Rd$
CMP,TEST	比较测试	SUB(减法)	$(Rs_1)-(Rs_2) \rightarrow R_0$(将 R_P 作为 Rd，并置条件码)

从这里可以看出，指令系统是很灵活的，有些操作可以用硬件来完成，也可以用软件完成。例如，表 5.2 中的 MOVE 指令，可以设置这条指令，用硬件实现，也可以用另一条指令（即软件的方法）来实现这条指令。当然有时可能需要连续执行几条指令才能完成另一条指令的功能。所以计算机中软、硬件功能的分工不是一成不变的。

5.6.2　Pentium 微处理器指令系统

Pentium 微处理器由 Intel X86 微处理器发展而来，目前广泛应用的是 Intel Xeon(至强)和 Core(酷睿)微处理器。

下面先介绍程序员编程序时将用到的寄存器，然后再介绍指令系统。

1. 程序员能见到的寄存器(如图 5.10 所示)

Pentium 处理器有两个工作模式：实模式和保护模式。维持 Intel 8086 操作系统功能的工作模式称为实模式。

Pentium 处理器包括 4 个 32 位数据寄存器，EAX、EBX、ECX 和 EDX。其低 16 位称为 AX、BX、CX 和 DX，低 16 位还可分为两个 8 位，例如 AX 的低 8 位为 AL，高 8 位为 AH。寄存器名字中的 E 表示扩展，所以 EAX 表示将 16 位 AX 扩充到 32 位。

还有 5 个 32 位寄存器用作指针或变址寄存器，它们是堆栈指针 ESP、基指针 EBP、源变址寄存器 ESI、目的变址寄存器 EDI 和指令指针 EIP(即程序计数器 PC)。

EAX、EBX、ECX、EDX、EBP、ESI 和 EDI 可用作通用寄存器。AX、BX、CX、DX、BP、SI 和 DI 可被程序员作为多种用途而应用于实模式，但也可被指定为专用。例如，AX 用于乘法和除法操作中或者在指令中用于访问 I/O 端口；CX 在循环操作中作为指针，CX 的低 8 位 CL 寄存器还可作为移位操作的计数器；DX 用于乘法和除法操作，还可作为访问 I/O 的指针；SI 和 DI 在字符串操作中作为指针。

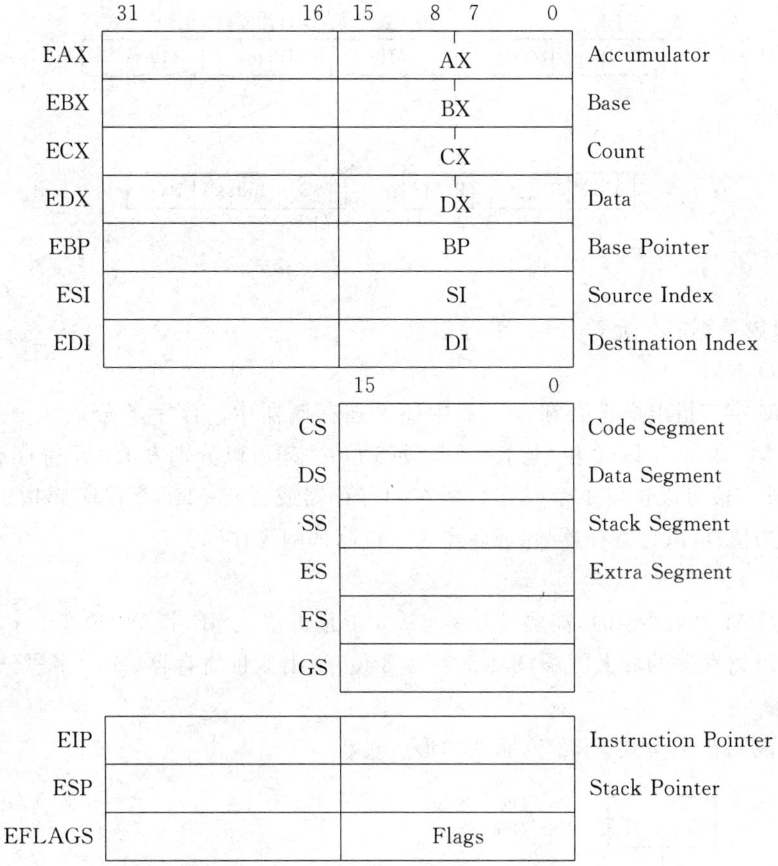

图 5.10 程序员能见到的寄存器

Pentium 拥有 6 个段寄存器,用于控制访问主存和外设 I/O 端口。CS 用于取指令,DS 常被默认用于读/写数据,堆栈指针 SS 用于堆栈操作,ES 用于程序员希望的任何事情。附加的两个段寄存器 FS 和 GS 是从 80386 开始增加的,可供程序员任意使用。所有段寄存器都为 16 位。下面以 CS 为例说明之。

设 CS 的内容为 A000H(16 位二进制),IP(即 PC)的内容为 5F00H(16 位二进制),在实模式下,可访问的主存容量为 1MB,形成 20 位访存地址的过程如下。

将 CS 的内容左移 4 位,即把 A000H 改变成 A0000H,然后与 IP 的内容相加,得A5F00H,并以此新值写入 IP 中,此即为下一条指令的地址。

在保护模式下,主存容量扩大,段寄存器用作选择器,指出预定义的段描述符,段描述符中包含有寻址和控制信息,用以产生 32 位地址(有关细节不再介绍)。

2. Pentium 指令系统

Pentium 的指令长度变化很大(1 字节~12 字节),其指令格式如图 5.11 所示。

指令包括以下字段。

(1) OP(操作码)

每条指令都有操作码,某些指令在操作码中还包含有操作数长度 W(8 位、16 位或

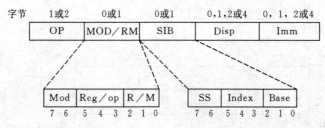

图 5.11　Pentium 的指令格式

32 位)或立即数是否需扩充符号位(S)等信息。

(2) MOD/RM

MOD/RM 字节指出操作数在寄存器中还是在存储器中。该字节分成 3 个字段：Mod、Reg/op 和 R/M。Mod 字段(2 位)与 R/M 字段(3 位)一起可以分别表示 8 个寄存器和 24 种寻址方法。R/M 字段可以指出 1 个操作数所在的寄存器或者与 Mod 字段一起指出寻址方式。Reg/op 字段(3 位)可以是寄存器号，或者作为 3 位附加的操作码。

(3) SIB

当 MOD/RM 为某些值时，需要 SIB 参与决定寻址方式。SIB 字节分成 3 个字段：SS 字段 (2 位)指出变址寄存器的放大因子，Index 字段(3 位)指出变址寄存器，Base 字段(3 位)指出基寄存器。

图 5.12 说明在实模式下 32 位地址的形成过程。

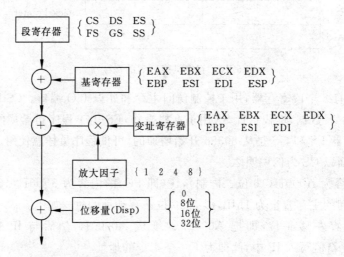

图 5.12　实模式下形成 32 位地址

举例：MOV　EAX,[EBX][ECX×4+6]

基　变址　放大因子 位移量

上例中假设 EBX 为基寄存器，ECX 为变址寄存器，放大因子为 4，位移量为 6。放大因子在处理数组时(该数组中的数据可以是字节、字、双字或 4 字)特别有用。

寄存器与其编码之间的关系如表 5.3 所示。

表 5.3　寄存器编码

寄存器字段编码	8 位数据	16 位数据	32 位数据	寄存器字段编码	8 位数据	16 位数据	32 位数据
000	AL	AX	EAX	100	AH	SP	ESP
001	CL	CX	ECX	101	CH	BP	EBP
010	DL	DX	EDX	110	DH	SI	ESI
011	BL	BX	EBX	111	BH	DI	EDI

(4) Disp

当寻址方式指示用到 Disp(位移量)时,则存在 8 位、16 位或 32 位的位移量字段。

(5) Imm

当寻址方式指示使用立即数时,存在 8 位、16 位或 32 位立即数。

5.7　机器语言、汇编语言和高级语言

本章讨论的指令系统以二进制码来表示操作码、操作数或地址,即为机器语言。当用助记符来取代二进制码,就构成了汇编语言的基本部分。

用汇编语言编写程序,对程序员来说虽然比用机器语言方便得多,可读性较好,出错也便于检查和修改,但存在如下 3 个缺陷。

(1) 汇编语言基本上与机器语言对应,程序员使用它编写程序必须十分熟悉计算机硬件结构的配置、指令系统和寻址方式。汇编语言描述问题的能力差,用它编写程序工作量大,源程序较长。

(2) 用汇编语言编写的程序与问题的描述相差甚远,其可读性仍然不好。

(3) 汇编语言依赖于计算机的硬件结构和指令系统,而不同的机器有不同的结构和指令,因而用它编写的程序不能在其他类型的机器上运行,可移植性差。

FORTRAN 和 C 语言等高级语言(high level language)就是为了克服汇编语言的这些缺陷而发展起来的,但高级语言也存在着如下两个缺陷。

(1) 用高级语言编写的程序,必须翻译成机器语言才能执行,这一工作通常由计算机执行编译程序(compiler)来完成。由于编译过程既复杂又死板,翻译出来的机器语言非常冗长,与有经验的程序员用汇编语言编写的程序相比至少要多占内存 2/3,速度要损失一半以上。

(2) 由于高级语言程序"看不见"机器的硬件结构,因而很难用它来编写需访问机器硬件资源的系统软件或设备控制软件。

为了克服高级语言不能直接访问机器硬件资源(如某个寄存器或存储器单元)的缺陷,一些高级语言提供了与汇编语言之间的调用接口。用汇编语言编写的程序可作为高级语言的一个外部过程或函数,利用堆栈来传递参数或参数的地址(如何传递参数与高级语言的版本有关)。两者的源程序通过编译或汇编生成目标(OBJ)文件后,利用连接程序(linker)把它们连接成可执行文件便可运行。采用这种方法,用高级语言编写程序时,若用到机器的硬件资源,则可调用汇编程序来实现。

汇编语言和高级语言各有其特点。汇编语言与硬件的关系密切,用它编写的程序紧凑,

占内存小,速度快,特别适合于编写经常与硬件打交道的系统软件;而高级语言不涉及机器的硬件结构,通用性强,编写程序容易,适合于编写运行在系统软件之上的应用软件。目前使用汇编语言的热情已趋淡薄。

习　题

5.1 某指令系统指令长 16 位,每个操作数的地址码长 6 位,指令分为无操作数、单操作数和双操作数 3 类。若双操作数指令有 K 条,无操作数指令有 L 条,问单操作数指令最多可能有多少条?

5.2 基址寄存器的内容为 2000H(H 表示十六进制),变址寄存器内容为 03A0H,指令的地址码部分是 3FH,当前正在执行的指令所在地址为 2B00H,请求出变址编址(考虑基址)和相对编址两种情况的访存有效地址(即实际地址)。

5.3 接上题。

(1) 设变址编址用于取数指令,相对编址用于转移指令,存储器内存放的内容如下:

地　　址	内　　容
003FH	2300H
2000H	2400H
203FH	2500H
233FH	2600H
23A0H	2700H
23DFH	2800H
2B00H	063FH

请写出从存储器中所取的数据以及转移地址。

(2) 若采取直接编址,请写出从存储器取出的数据。

5.4 加法指令与逻辑加指令的区别何在?

5.5 在下列有关计算机指令系统的描述中,选择出正确的答案。

(1) 浮点运算指令对用于科学计算的计算机是很必要的,可以提高机器的运算速度。

(2) 不设置浮点运算指令的计算机就不能用于科学计算。

(3) 处理大量输入输出数据的计算机一定要设置十进制运算指令。

(4) 兼容机之间指令系统是相同的,但硬件的实现方法可以不同。

(5) 同一系列中的不同型号计算机保持软件向上兼容的特点。

(6) 在计算机的指令系统中,真正必须的指令数是不多的,其余的指令都是为了提高机器速度和便于编程而引入的。

5.6 某计算机指令长度在 1~4 字节内变化,CPU 与存储器之间数据传送宽度为 32 位,每次取出 1 字(32 位),请问如何知道该字包含多少条指令呢?

5.7 假设某 RISC 机有加法指令和减法指令,指令格式及功能与 SPARC 相同,且 R_0 的内容恒为 0,现要将 R_2 的内容清除,该如何实现(写出 3 种方法)?

5.8 已知 Pentium 微处理器各段寄存器的内容如下:DS = 0800H,CS = 1800H,SS = 4000H,ES = 3000H。又 Disp 字段的内容为 2000H。

(1) 执行 MOV 指令,且已知为直接寻址,请计算有效地址。

(2) IP(指令指针)的内容为 1440,请计算出下一条指令的地址(假设顺序执行)。

(3) 现将某寄存器内容直接送入堆栈,请计算出接收数据的存储器地址。

5.9 在下面有关寻址方式的叙述中,选择正确答案填入 ☐ 内。

根据操作数所在位置,指出其寻址方式:操作数在寄存器中,为 ☐A☐ 寻址方式;操作数地址在寄存器中称为 ☐B☐ 寻址方式;操作数在指令中称为 ☐C☐ 寻址方式;操作数地址(主存)在指令中为 ☐D☐ 寻址方式。操作数的地址为某一寄存器中的内容与位移量之和则可以是 ☐E☐、☐F☐、☐G☐ 寻址方式。

A、B、C、D、E、F、G 供选择的答案:①直接;②寄存器;③寄存器间接;④基址;⑤变址;⑥相对;⑦堆栈;⑧立即数。

5.10 试论指令兼容的优缺点。

5.11 讨论 RISC 和 CISC 在指令系统方面的主要区别。

5.12 现有两个 5 位数:$X=00101,Y=01010$,最高位为符号位,求 $X+Y$ 和 $X-Y$ 的结果(包括状态位)。

5.13 某计算机有 10 条指令,其使用频率分别为 0.35、0.20、0.11、0.09、0.08、0.07、0.04、0.03、0.02 和 0.01,试用霍夫曼编码规则对操作码进行编码,并计算平均代码长度。

第6章 中央处理器

早期的计算机采用分立元件,一台计算机通常由若干个机柜构成。随着集成电路的出现及其集成度的提高,出现了微处理器。微处理器将运算器与控制器集成在一个芯片上,称为中央处理器(CPU)。早期的微处理器受集成度限制,位数较少(4位或8位),同时受器件封装引出端数的限制,有些引出端是分时复用的。例如,地址线和数据线共用一组线,而且位数也不能太多,使得不少操作只能串行顺序进行。这种微处理器的特点是价格便宜(生产批量大)、速度低、性能较差,由它构成的微机系统结构简单。目前情况不同了,在一个芯片中可集成数亿个晶体管,除了功能强大的微处理器芯片外,并有配套芯片组(chipset)产品出售,计算机制造厂商可方便地选用这些芯片构成计算机系统。本书的目的是向读者提供必要的基础知识,本章以CPU内部结构为重点,以掌握逻辑设计要点为目标。由于CPU内的运算部件已在第3章中讨论过,因此本章的重点将放在控制计算机运行的硬件部件,即过去称之为控制器的部件上。

计算机进行信息处理的过程分为两个步骤,首先将一部分数据和程序输入计算机主存储器中,然后从"程序入口"开始执行该程序,得到所需要的结果后,结束运行。"程序入口"指的是该程序开始执行的第一条指令的地址,控制器的作用是协调并控制计算机的各个部件执行程序的指令序列。

当机器刚加电时,假如不采取措施,那么随机存取存储器(RAM)以及寄存器的状态将处于随机状态,可能会执行一些不该执行的操作。为保证正常工作,加电时硬件自动产生的一个复位(reset)信号使计算机处于初始状态,并将某值(例如全0)置于程序计数器PC中,此即为开机后执行的第一条指令的地址,也就是程序入口地址,也可用其他方法产生程序入口,然后进入操作系统环境,等候使用人员从键盘送入命令,或用鼠标对显示屏上的图标进行选择,从而进入工作环境。

计算机的工作过程可描述如下。

加电→产生reset信号→执行程序→停机→停电。

本章主要论述CPU中各个部件的操作过程及其实现方法的原理。重点讲述程序是如何执行的,计算机怎样实现各条指令的功能,又如何保证逐条指令的连续执行。本章中所讲的存储器如果没有特别说明即是主存储器。

6.1 控制器的组成

6.1.1 控制器的功能

计算机对信息进行处理(或计算)是通过程序的执行而实现的,程序要预先存放在存储器中。控制器的作用是控制程序的执行,它必须具有以下基本功能。

1. 取指令

当程序已在存储器中时,首先根据程序入口取出第一条指令,为此要发出指令地址及控制信号。然后不断取出第 2、3、…条指令。

2. 分析指令

分析指令又叫解释指令、指令译码等。是对当前取得的指令进行分析,指出它要求作什么操作,并产生相应的操作控制命令,如果参与操作的数据在存储器中,还需要形成操作数地址。

3. 执行指令

根据分析指令时产生的"操作命令"和"操作数地址"形成相应的操作控制信号序列,通过 CPU、存储器及输入输出设备的执行,实现每条指令的功能,其中还包括对运算结果的处理以及下一条指令地址的形成。

计算机不断重复地顺序执行上述 3 种基本操作,取指、分析、执行,再取指、再分析、再执行,……,如此循环,直到遇到停机指令或外来的干预为止。

此外,程序和数据要输入机器,运算结果要输出,机器运行过程中出现的某些异常情况或请求要进行处理,人与机器之间要进行对话,因此控制器还应该具有以下功能。

4. 控制程序和数据的输入与结果输出

根据程序的安排或人工干预,在适当的时候向输入输出设备发出一些相应的命令来完成 I/O 功能,这实际上也是通过执行程序来完成的。

5. 对异常情况和某些请求的处理

当机器出现某些异常情况,诸如算术运算的溢出和数据传送的奇偶错等;或者某些外来请求,诸如磁盘上的成批数据需送存储器或程序员从键盘送入命令等,此时由这些部件或设备发出中断请求信号或 DMA 请求信号。

(1)"中断请求"信号。待 CPU 执行完当前指令后,响应该请求,中止当前执行的程序,转去执行中断程序。当处理完毕后,再返回原程序继续运行下去。

(2) DMA 请求信号。等 CPU 完成当前机器周期操作后,暂停工作,让出总线给 I/O 设备,在完成 I/O 设备与存储器之间的传送数据操作后,CPU 从暂时中止的机器周期开始继续执行指令。DMA 操作不允许改变 CPU 中任一寄存器状态(除 DMA 专用部件外),否则会影响 CPU 工作的正确性。详细情况将在第 10 章讨论。

6.1.2 控制器的组成

根据对控制器功能分析,得出控制器的基本组成如下(见图 6.1)。

1. 程序计数器(PC)

即指令地址寄存器。用来存放当前正在执行的指令地址或即将要执行的下一条指令地

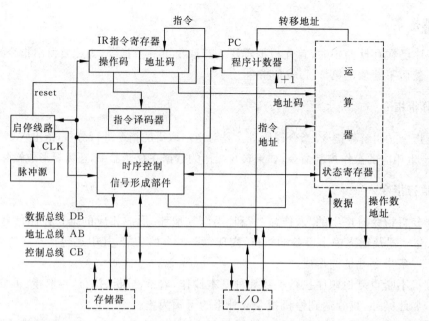

图 6.1　控制器基本组成框图

址；而在有指令预取功能的计算机中，一般还需要增加一些程序计数器用来存放要预取的指令地址。

有两种途径来形成指令地址，其一是顺序执行的情况，通过程序计数器加 1 形成下一条指令地址（如存储器按字节编址，而指令长度为 4 个字节，则加 4）。其二是改变顺序执行程序的情况，一般由转移类指令形成转移地址送往程序计数器，作为下一条指令的地址。

2. 指令寄存器(IR)

用以存放当前正在执行的指令，以便在指令执行过程中控制完成一条指令的全部功能。

3. 指令译码器或操作码译码器

对指令寄存器中的操作码进行分析解释，产生相应的控制信号。

在执行指令过程中，需要形成有一定时序关系的操作控制信号序列，为此还需要下述组成部分。

4. 脉冲源及启停线路

脉冲源产生一定频率的脉冲作为整个机器的时钟脉冲，是机器周期和工作脉冲的基准信号，在机器刚加电时，还应产生一个总清信号（reset）。启停线路保证可靠地送出或封锁完整的时钟脉冲，控制时序信号的发生或停止，从而启动机器工作或使之停机。

5. 时序控制信号形成部件

当机器启动后，在 CLK 时钟作用下，根据当前正在执行的指令的需要，产生相应的时序控制信号，并根据被控功能部件的反馈信号调整时序控制信号。例如，当执行加法指令时，若产生运算溢出的异常情况,一般不再执行将结果送入目的寄存器(或存储单元)的操作,而发出中断请求信号,转入中断处理。

图 6.1 是控制器基本组成的框图,图中地址和数据的传送都由逻辑门控制(在图中未标出)。假设操作数地址以及转移地址的计算在运算器中进行,事实上有不少计算机专设有地址加法器。并假设运算器与控制器之间有内部连线,而运算器、控制器与存储器、输入输出设备之间均通过总线相连。一般数据总线能双向传送数据,地址总线的信息传送方向将视情况而定,一般总线"主设备"送出地址,总线"从设备"接收地址,因此 CPU 输出地址(指令地址或数据地址),存储器接收地址,而 I/O 设备则有可能接收地址,也可能输出地址。

在某些计算机的控制器中,将反映机器运行的状态集中在一起,称为程序状态字(PSW),而将保存程序状态的寄存器称为程序状态寄存器(PSR)。图 6.1 中的程序计数器 PC 和运算器中的状态寄存器以及是否允许 CPU 响应中断的标志位等都可包含在程序状态字中。应该说明的是,各个机器的程序状态字所包含的内容不完全相同。

图 6.1 给出的框图是最基本的控制器组成,事实上由于超大规模集成电路(VLSI)的发展,使计算机体系结构有了很大的发展,例如在 CPU 中,往往有一个指令预取队列,可以预取出若干条指令,存放在由寄存器组成的队列中,这样当执行程序需取指令时,可以从速度比主存储器快得多的寄存器中得到,从而缩短运行程序的时间。同样为了提高速度,当一条指令还未执行完毕时,就开始执行第二条指令,这就是后面讲到的流水线技术。另外 CPU 还应具有"中断处理"的功能。凡此种种,增加了机器硬件的复杂性,也就增加了控制器的复杂性。为了有利于读者掌握控制器的基本原理,在此对实际机器进行了简化、提炼,并作如下假设:程序是存放在主存储器中的,当执行完一条指令后才从主存中取出下一条指令(非流水线);指令的长度是固定的,并限制了寻址方式的多样化;在程序运行前,程序与数据都已存放在主存储器中,等等。所以本章接下去要讲到的控制器将比实际的控制器简单得多,当掌握了控制器的基本原理以后,将在 6.5 节介绍流水线工作原理。在后面各章将讲到种种先进技术。

6.1.3　指令执行过程(运算器与控制器配合)

1. 组成控制器的基本电路

计算机中采用的电路基本上分为两种类型。

一类是具有记忆功能的触发器以及由它组成的寄存器、计数器和存储单元等。其特点是当输入信号消失后,原信息仍保留其中,图 6.2 即是这样的电路。该图表示在时间 t_2 时,将 A 触发器的内容传送到 B 触发器中,在时间 t_3 以后,A 触发器在其他信号作用下变为 0,但 B 触发器仍保持不变,这在第 2 章中称为时序逻辑电路。

另一类是没有记忆功能的门电路及由它组成的加法器、算术逻辑运算单元(ALU)和各种逻辑电路等。其特点是当输入信号改变后,输出跟着变化。图 6.3 为加法器电路,对 A、B 进行加法运算,设 A=1,B=0,则"和"S=1,该值仅在 A、B 保持不变时才成立,若在 t_2 时间 A 变为 0,则 S 立即发生变化(如果忽略电路延迟时间),也变为 0,而与原来的状态无关,所以这种电路没有记忆作用,这在第 2 章中称为组合逻辑电路。

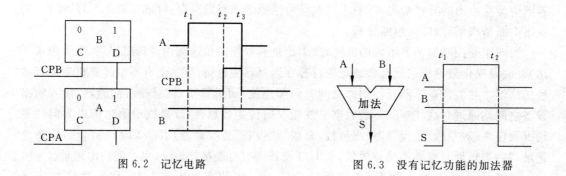

图 6.2 记忆电路   图 6.3 没有记忆功能的加法器

2. 指令执行过程举例

下面介绍加法指令和转移指令的执行过程。

1) 一条加法指令的执行过程

假设运算器的框图如图 6.4 所示。运算器由 8 个通用寄存器 GR 及一个算术逻辑运算部件 ALU 组成,并有 4 个记忆运算结果状态的标志触发器 N、Z、V 和 C。其中:

N(负数):当运算结果为负数时,置 1,否则为 0。

Z(零):当运算结果为零时,置 1,否则为 0。

V(溢出):当运算结果溢出时,置 1,否则为 0。

C(进位):当加法运算产生进位信号或减法运算产生借位信号时,置 1,否则为 0。

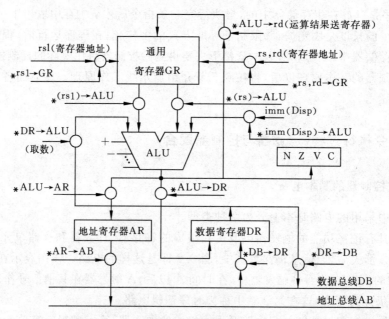

图 6.4 运算器框图

图 6.4 中的"·"表示两线相接,"○"表示受控制的"与"门,带 * 的是控制命令,各控制命令均来自控制器,其功能在图上已标明。

图 6.5 是加法指令的操作时序图,图中 CLK 为时钟(由 CLK$_2$ 分频得到),假设一个基

本操作需要两个时钟（T_1 和 T_2）才能完成。在一般情况下，当控制命令为 1（高电平）时，将受控门打开（例如 PC→AB 等）；控制命令为 0（低电平）时，将门关闭。而在控制命令（或回答信号）的上面有上划线"‾"时，其作用相反。例如，当 ADS 为高电位时，表示向存储器送去了一个读/写启动命令，存储器根据另一控制命令 W/$\overline{\text{R}}$ 来决定进行写操作还是读操作。当 W/$\overline{\text{R}}$=1 时，进行写操作；当 W/$\overline{\text{R}}$=0 时，进行读操作。另外，由于本例中存储器和 I/O 设备中的寄存器是统一编制的，因此利用 M/$\overline{\text{IO}}$ 信号来区分究竟是访问存储器还是 I/O 设备。当存储器或I/O设备完成读写操作时，向 CPU 送回 $\overline{\text{ready}}$ 信号。其他信号请对照图 6.1、图 6.4 和图 6.5 所示，此处不再一一介绍了。

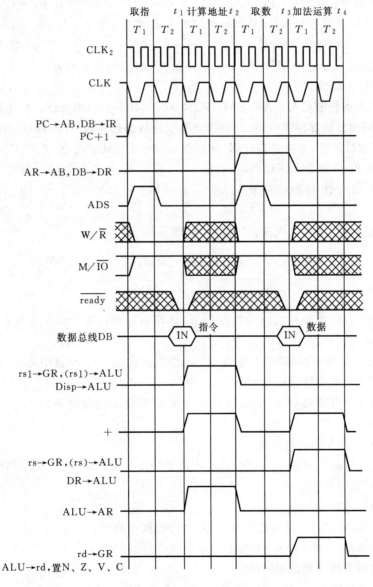

图 6.5　加法指令时序图

假设指令格式如下：

操作码	rs,rd	rs1	Imm(或 Disp)

其中,rs、rd 和 rs1 为通用寄存器地址,Imm(或 Disp)为立即数(或位移量)。

加法指令功能:将寄存器(rs)中的一个数与存储器中的一个数(其地址为(rs1)+disp)相加,结果放在寄存器 rd 中,rs 与 rd 为同一寄存器。

加法指令完成以下操作。

(1) 从存储器取指令,送入指令寄存器,并进行操作码译码(分析指令)。

程序计数器加 1,为下一条指令作好准备。

控制器发出的控制信号:$PC \rightarrow AB$,$W/\bar{R}=0$,$M/\overline{IO}=1$;$DB \rightarrow IR$;$PC+1$。

(2) 在 ALU 计算数据地址,将计算得到的有效地址送地址寄存器 AR。

控制器发出的控制信号:$rs1 \rightarrow GR$,$(rs1) \rightarrow ALU$,$disp \rightarrow ALU$(将 rs1 的内容与 Disp 送 ALU);"+"(加法命令送 ALU);$ALU \rightarrow AR$(有效地址送地址寄存器)。

(3) 到存储器取数。

控制器发出的控制信号:$AR \rightarrow AB$,$W/\bar{R}=0$,$M/\overline{IO}=1$;$DB \rightarrow DR$(将地址寄存器内容送地址总线,同时发访存读命令,存储器读出数据送数据总线后,打入数据寄存器)。

(4) 进行加法运算,结果送寄存器,并根据运算结果置状态位 N、Z、V、C。

控制器送出的控制信号:$rs \rightarrow GR$,$(rs) \rightarrow ALU$,$DR \rightarrow ALU$(两个源操作数送 ALU);"+"(ALU 进行加法运算);$rd \rightarrow GR$,$ALU \rightarrow rd$,置 N、Z、V、C(结果送寄存器,并置状态位)。

以上操作需要 4 个机器周期,其时间安排如下:

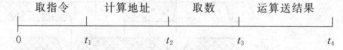

其中取指令和取数周期通过总线访问存储器;计算地址和运算送结果周期在 CPU 内部进行操作,此时总线空闲。

CPU 内部的寄存器,如程序计数器(PC)、指令寄存器(IR)和通用寄存器(GR)等都是在一个周期的末尾接受信息的,即在 T_2 时,利用 CLK 时钟的下降沿打入寄存器,在图 6.5 中未标明。大部分计算机 CPU 中的触发器、寄存器都是利用与时钟同步的脉冲打入的,这在后面进行解释。

2) 条件转移指令的执行过程

指令功能:根据 N、Z、V、C 的状态,决定是否转换。如转移条件成立,则转移到本条指令所指定的地址,否则顺序执行下一条指令。

本条指令完成以下操作。

(1) 从存储器取指令,送入指令寄存器,并进行操作码译码。

程序计数器加 1,如不转移,即为下一条要执行的指令地址。

本操作对所有指令都是相同的。

(2) 如转移条件成立,根据指令规定的寻址方式计算有效地址,转移指令经常采用相对寻址方式,此时转移地址=PC+Disp。此处 PC 是指本条指令的地址,而在上一机器周期已执行 PC+1 操作,因此计算时应取原 PC 值,或对运算进行适当修正。最后将转移地址送 PC。

本条指令只需要两个机器周期,如转移条件成立,在第二机器周期增加一个 ALU→PC 信号;另外,如为相对转移,则用 PC→ALU 信号取代加法指令第二周期中的(rs1)→ALU 信号,其他信号与加法指令的前两个机器周期中的信号相同。

某些计算机对条件转移指令的功能规定为:先进行比较运算,根据运算(比较)结果置条件码,并根据条件码决定是否转移。要完成这样的功能显然要增加周期数。

其他指令的控制信号也按同样方法分析,根据每条指令的功能确定所需的机器周期数,并得出每个机器周期所需要的控制信号,最后将所有的控制信号进行综合简化。

控制器的功能就是按每条指令的要求产生所需的控制信号。因此在设计控制器时要求系统设计师提供一个完整的无二义性的指令系统说明书。

到此为止,只讲到为什么需要控制信号及需要什么样的控制信号,下面将说明如何产生控制信号。产生控制信号一般有微程序控制和硬布线控制两种方法。

6.2　微程序控制计算机的基本工作原理

6.2.1　微程序控制的基本概念

在计算机中,一条指令的功能是通过按一定次序执行一系列基本操作完成的,这些基本操作称为微操作。例如,前面讲到的加法指令分成 4 步(取指令、计算地址、取数、加法运算)完成,每一步实现若干个微操作。下面先介绍几个名词。

微指令:在微程序控制的计算机中,将由同时发出的控制信号所执行的一组微操作称为微指令,所以微指令就是把同时发出的控制信号的有关信息汇集起来而形成的。将一条指令分成若干条微指令,按次序执行这些微指令,就可以实现指令的功能。组成微指令的微操作又称微命令。

微程序:计算机的程序由指令序列构成,而计算机每条指令的功能均由微指令序列解释完成,这些微指令序列的集合就叫做微程序。

控制存储器:微程序一般是存放在专用的存储器中的,由于该存储器主要存放控制命令(信号)与下一条执行的微指令地址(简称为下址),所以被叫做控制存储器。一般计算机指令系统是固定的,所以实现指令系统的微程序也是固定的,于是控制存储器可以用只读存储器实现。又由于机器内控制信号数量比较多,再加上决定下址的地址码有一定宽度,所以控制存储器的字长比机器字长要长得多。

执行一条指令实际上就是执行一段存放在控制存储器中的微程序。

6.2.2　实现微程序控制的基本原理

1. 控制信号

将上一节讲到的运算器和控制器组合在一起,即为图 6.6 所示。本图假设 ALU 可以进行加(+)、减(−)、逻辑加(∨)和逻辑乘(∧)4 种运算,图中的控制信号用符号1、2、3、…

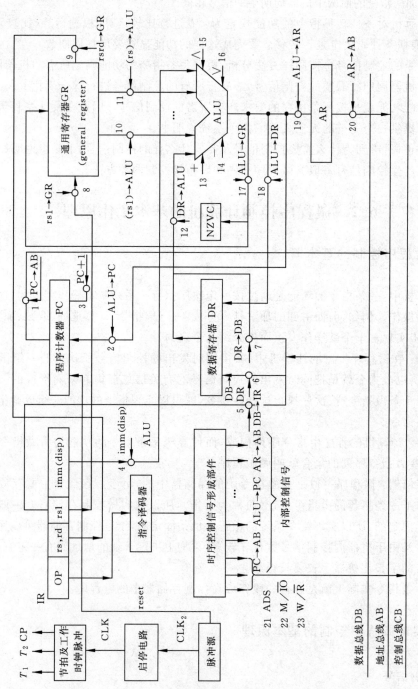

图 6.6 CPU(运算控制器)逻辑框图

表示,其意义如表 6.1 所示。

表 6.1　控制信号一览表

序号	控制信号	功　能	序号	控制信号	功　能
1	PC→AB	指令地址送地址总线	13	+	ALU 进行加法运算
2	ALU→PC	转移地址送 PC	14	−	ALU 进行减法运算
3	PC+1	程序计数器加 1	15	∧	ALU 进行逻辑乘运算
4	Imm(Disp)→ALU	立即数或位移量送 ALU	16	∨	ALU 进行逻辑加运算
5	DB→IR	取指到指令寄存器	17	ALU→GR	ALU 运算结果送通用寄存器
6	DB→DR	数据总线上的数据送数据寄存器	18	ALU→DR	ALU 运算结果送数据寄存器
7	DR→DB	数据寄存器中的数据送数据总线	19	ALU→AR	ALU 计算得到的有效地址送地址寄存器
8	rs1→GR	寄存器地址送通用寄存器	20	AR→AB	地址寄存器内容送地址总线
9	rs,rd→GR	寄存器地址送通用寄存器	21	ADS	地址总线上地址有效
10	(rs1)→ALU	寄存器内容送 ALU	22	M/$\overline{\text{IO}}$	访问存储器或 I/O
11	(rs)→ALU	寄存器内容送 ALU	23	W/$\overline{\text{R}}$	写或读
12	DR→ALU	数据寄存器内容送 ALU			

仍以执行一条加法指令为例,它由 4 条微指令解释执行,一条微指令中的所有控制信号是同时发出的。每条微指令所需的控制信号如下。

1) 取指微指令

(1) 指令地址送地址总线:PC→AB(1)。

(2) 发访存控制命令:ADS(21),M/$\overline{\text{IO}}$=1(22),W/$\overline{\text{R}}$=0(23)。从存储器取指令送数据总线。

(3) 指令送指令寄存器:DB→IR(5)。

(4) 程序计数器+1:PC+1(3)。

2) 计算地址微指令

(1) 取两个源操作数(计算地址用):rs1→GR(8),(rs1)→ALU(10),disp→ALU(4)。

(2) 加法运算:"+"(13)。

(3) 有效地址送地址寄存器:ALU→AR(19)。

3) 取数微指令

(1) 数据地址送地址总线:AR→AB(20)。

(2) 发访存控制命令:ADS(21),M/$\overline{\text{IO}}$(22),W/$\overline{\text{R}}$(23)。由存储器将数据送数据总线 DB。

(3) 数据送数据寄存器:DB→DR(6)。

4) 加法运算和送结果微指令

(1) 两个源操作数送 ALU:rs→GR(9),(rs)→ALU(11);DR→ALU(12)。

（2）加法运算："＋"(13)。

（3）送结果：ALU→GR(17)。

下面将讨论如何组织微指令产生上述信号。

微指令最简单的组成形式是将每个控制信号用一个控制位来表示，当该位为 1 时，定义为有控制信号，当该位为 0 时，没有控制信号。M/$\overline{\text{IO}}$、W/$\overline{\text{R}}$ 则根据是访问存储器还是 I/O 设备，是写还是读而设置成 1 或 0。图 6.6 中总共有 23 个控制信号，总共有 23 个控制位，如果控制存储器容量为 4K 字，则每条微指令还需要 12 位来表示下址。微指令由控制字段和下址字段组成，微指令格式可表示如下：

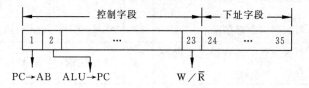

控制字段每一位的功能与表 6.1 中所表示的相符。例如，第 1 位表示 PC→AB。实际的计算机的控制信号数量要比上例大得多，而且控制存储器容量一般大于 4K 字，因此微指令字的长度通常在 100 位以上。

控制存储器的容量取决于实现指令系统所需的微程序长度。

图 6.7 为加法指令的 4 条微指令编码，每一小格表示一位（二进制），空格表示 0，第 24 位到第 35 位为下址。

图 6.7 加法指令的微指令编码

当前正在执行的微指令从控制存储器取出后放在微指令寄存器中，该寄存器的各个控制位的输出直接连到各个控制门上。例如，上述第 4 条微指令，由于第 9、11、12、13、17 位为 1，因而产生将两个数送 ALU 进行加法运算和将结果送通用寄存器的控制信号并根据运算结果置状态位 N、Z、V、C。

微程序也可以用流程图来表示（如图 6.8 所示）。图中每一方框表示一条微指令，方框上方表示的是该条微指令的地址（8 进制），方框内为执行的操作，在其右下角为下一条要执行的微指令的地址，表示在微指令的下址字段中（如图 6.7 所示）。取指微指令的操作对所有的指令都是相同的，所以是一条公用的微指令，其下址由操作码译码产生。

2. 微程序控制器

微程序控制器如图 6.9 所示。图中的控制存储器与微指令寄存器替代了图 6.1 和图 6.6 中的时序控制信号形成部件。

微程序控制器的基本工作原理如下。

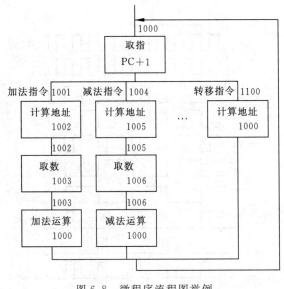

图 6.8 微程序流程图举例

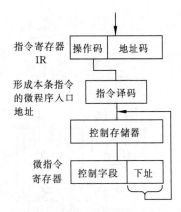

图 6.9 微程序控制器简化框图

当指令取入 IR 中以后，根据操作码进行译码，得到相应指令的第一条微指令的地址。在图 6.8 中，当执行加法指令时，译码得到的地址为 1001，当执行减法指令时，译码得到的地址为 1004，……，当执行条件转移指令时，译码得到的地址为 1100。之后，都由微指令的下址字段指出下一条微指令的地址。

指令译码部件可用只读存储器组成，将操作码作为只读存储器的输入地址，该单元的内容即为相应的微指令在控制存储器中的地址，根据此地址从控制存储器取出微指令，并将它存放在微指令寄存器中。控制字段各位的输出通过连接线直接与受控制的门相连，于是就提供了在本节所提出的控制信号。

3. 时序信号及工作脉冲的形成

在图 6.6 中，没有画出使一些寄存器(例如指令寄存器、程序计数器等)接收数据或计数的工作脉冲(打入脉冲)，这些脉冲是如何形成的呢？另外在波形图中的 CLK、T_1、T_2 等信号又是如何产生的？诸如此类的问题，将在下面进行简单的解答。

首先讨论图 6.5 中的 CLK 及 T_1、T_2 是怎样产生的。分析它们之间的关系，可以知道 CLK_2 经过二分频得到 CLK，再将 CLK 分频得到 T_1。而 T_2 可从 T_1 反相得到。一般利用触发器电路进行分频，因此从触发器的另一端输出即为 T_2。图 6.10 画出了产生 CLK 和 T_1、T_2 信号的二分频电路及其波形图。前面曾假设一个机器周期由 T_1 和 T_2 组成，在 T_2 的末尾需要产生一个工作脉冲 CP 来保存计算结果或接收传送的数据及指令等。例如，在第一个机器周期的末尾要将从存储器取来的指令送入指令寄存器，并完成程序计数器加 1 的操作。在图 6.10(b)中画出的工作脉冲 CP 可用逻辑式表示如下：

$$CP = T_2 \cdot CLK \cdot \overline{CLK_2}$$

同样，将上述一些信号组合可以得到我们想得到的任意时序脉冲。例如，利用一个"与"门实现 $CP_1 = T_1 \cdot CLK \cdot \overline{CLK_2}$，可在 T_1 末尾得到另一个工作脉冲；而实现 $CLK \cdot \overline{CLK_2}$ 的"与"门则可得到上述两个工作脉冲的叠加信号，即 $CP + CP_1 = CLK \cdot \overline{CLK_2}$。

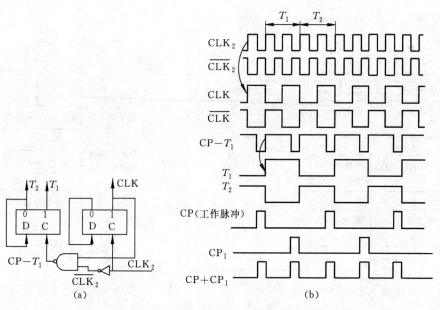

图 6.10 时序信号及工作脉冲

在一个机器周期内设置一个或多个工作脉冲? 机器周期时间多长? 这是由设计者根据逻辑设计和电路性能而决定的,将随机器而异。

有些寄存器在每个机器周期都要接受新内容。例如,对于微指令寄存器,由于每个机器周期要完成一条微指令,所以每个机器周期都要从控制存储器中取出一条微指令,并将它送入微指令寄存器中,此时可直接利用 CP 作为微指令寄存器的打入脉冲。

4. 电路配合中的常见问题

1) 电路延迟引起的波形畸变

信号通过逻辑电路时,由于电路内部的原因以及寄生参数(如寄生电容)的影响,可能产生不期望的信号畸变或"毛刺"。例如,在图 6.11 所示的"符合"电路(当 $A = B$ 时输出 C 为

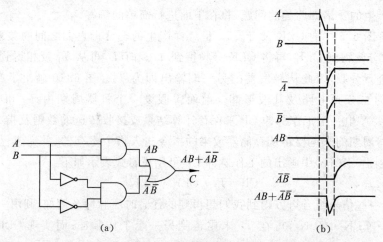

图 6.11 符合电路及波形

高电位)中,输出端 $C = AB + \overline{AB}$。假如 A、B 起始状态均为 1,在时间 t 由 1 变 0,由于 $\overline{AB}$ 比 AB 多经过一个门,而信号通过"门"时会产生延迟时间,因此当 AB 变成 0 时,$\overline{AB}$ 仍为 0,于是在输出 C 产生一个脉冲;假如 A、B 输入信号是理想的方波(上升边、下降边时间为 0)且没有延迟,那么该脉冲是不会发生的。这一脉冲有人把它称为"毛刺"。即使信号经过的门的数量(级数)相等,但经过途径不同,也可以产生毛刺。又如 ALU 进行加法运算时,当低位产生的进位信号还没有传到高位时,高位将按无进位的信号先得出"和",然后当进位信号到时才产生正确的"和",观察 ALU 高位的输出波形有时会产生多次反复的波形,过一定时间后(与相加两个数的数值有关)才达到稳定值。了解"毛刺"产生的原因后,要设法避免由它引起的误操作。

图 6.12 是一个分频电路,由触发器和"与"门组成。如触发器无延迟,则在与门的输出端可得到宽度与 CLK 相同、频率降低一半的 CLKA 脉冲;但若触发器有延迟,其输出波形为 Q',则在"与"门的输出端的波形将如 CLKA' 所示,使信号宽度变窄,又产生了"毛刺"。这样的电路会引起计算机操作错误。

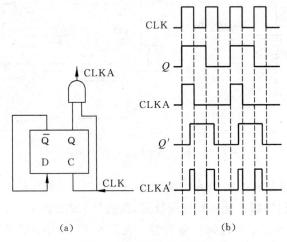

图 6.12 延迟引起的毛刺

2) 机器周期的确定

一条微指令要完成若干个微操作,不同的微指令要完成的微操作是不同的,所有的微操作都应在一个机器周期内完成,也就是说机器周期时间应大于或等于执行时间最长的微操作时间。一般来说人们首先注意的是访问存储器时间,因为存储器的速度比逻辑电路慢,然后考虑一次算术运算所需的时间。例如,当进行加法操作时,要考虑形成"和"可能需要的最长时间以及置状态位并判断运算结果是否溢出等所需的时间。当运算结果溢出时,有的计算机不希望将运算结果送入寄存器中,以避免扩散错误造成的影响;同时假如寄存器中的原始数据不被破坏,那么当查出溢出原因后,就有可能继续运行下去。一些更为复杂的运算,例如乘法或除法运算,利用若干条微指令实现,每条微指令仅完成加(减)法和移位等操作。机器周期对机器速度影响很大,是计算机的主要指标之一。

在图 6.5 所示的波形图中,有一个 $\overline{\text{ready}}$ 信号,它是 CPU 访问存储器时由存储器送回 CPU 的回答信号,这是考虑到存储器的速度可能与 CPU 不一致,假如存储器的速度较低,则 $\overline{\text{ready}}$ 信号出现较晚,CPU 将延长一个或一个以上 T_2 节拍信号。

3) 时钟脉冲 CLK 和工作脉冲 CP 的标准性

CLK 和 CP 是控制全机工作的脉冲,因此对它的幅度及宽度要求是很严格的。CP 主要作为寄存器和触发电路的打入脉冲。例如,有 A、B、C 三个触发器,当满足条件 cond 时,将 A 触发器内容送 B,同时将原 B 触发器内容送 C。对 CP 的控制有两种方式:一种方式是控制 CP-B 与 CP-C 信号如图 6.13(a)所示,当满足 cond 条件时,才产生 CP-B 和 CP-C 信号。另一种方式是 CP 脉冲不受控制,总是作用在触发器上,但当条件不成立时,使触发器处于保持状态(即维持原状态不变),而当条件成立时,接受新状态如图 6.13(b)所示。

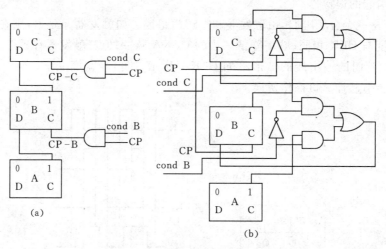

图 6.13　触发器之间传送信息的电路

触发器 A、B、C 是具有维持阻塞功能的 D 型触发器。在图 6.13(a)中假设 CP-B 与 CP-C 是同时作用的脉冲,因此能可靠传送数据,但假如 CP-B 比 CP-C 来得早,那么有可能将 B 触发器刚接收的新数据传送到 C 触发器。在图 6.13(a)中,CP-B 和 CP-C 不是来自同一处,假如设计时不注意这一问题,就可能产生 CP-B 早于 CP-C 的情况。在控制打入脉冲的机器中,总是尽量将 CP 信号送到控制门的最后一级。例如,图 6.14(a)与(b)都能实现 $F = A \cdot B \cdot C \cdot D \cdot E \cdot CP$ 的功能,但在图 6.14(a)中,CP 所经过的门比图 6.14(b)少一级,所以图 6.14(a)的电路比图 6.14(b)要好。尽管在器件手册上已标出各器件的延迟时间,实际上同种类(或同型号)器件的延迟时间可在一定范围内变化,经过的门越多,越容易产生参差不齐的现象。尤其是当负载不均衡时,更容易造成这种情况。图 6.13(b)利用时钟脉冲 CP 直接作为触发器的打入脉冲,提高了可靠性,但是增加了电路的复杂性,因为在某些情况下,要保持原触发器状态不变。另外也要看到,在这种计算机中 CP 的负载一定很重,实际上要用若干个驱动电路并行工作,如图 6.15 所示。各 $CLK_i (i = 1, 2, 3, \cdots)$ 之间的波形不会完全相同,但由于它们经过的门的级数相同,而且在同一芯片内部,所以相差不大,又由于寄存器或触发器的状态变化有一定的延迟时间,因此允许 CLK_i 在一定范围内变化。如果图 6.15 的电路由多个芯片组成,则要选择性能相同的芯片。

经过多级门的时钟脉冲,还可能改变脉冲宽度。有些电路的输出波形,上升边较缓,下降边较陡,假如各级门负载不同,会导致脉冲宽度增加或减少。

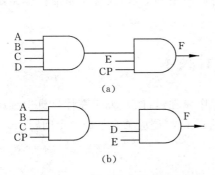

图 6.14 CP脉冲在电路中的安排

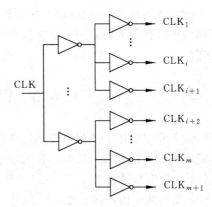

图 6.15 负载很重情况下的电路

在传送 CLK 的线上或产生打入脉冲的信号线上不允许出现"毛刺",否则将引起误动作。

5. 微程序控制计算机的工作过程简单的总结(参阅图6.6)

机器加电后,首先由 reset 信号在程序计数器 PC 内置入开机后执行的操作系统第一条指令的地址,同时在微指令寄存器内置入一条"取指"微指令,并将其他一些有关的状态位或寄存器置于初始状态。当电压达到稳定值后,自动启动机器工作,产生节拍电位 T_1、T_2 和 CP。为保证机器正常工作,必须由电路保证开机工作后第一个机器周期信号的完整性,在该周期的末尾,产生开机后第一个工作脉冲 CP。然后机器开始执行程序,不断地取出指令、分析指令、执行指令。程序可以存放在固定存储器中,也可以利用一小段引导程序(在固存中)将要执行的程序和数据从外部设备调入主存。实现各条指令的微程序是存放在微程序控制器中的。当前正在执行的微指令从微程序控制器中取出后放在微指令寄存器中,由微指令的控制字段中的各位直接控制信息和数据的传送,并进行相应的处理。当遇到停机指令或外来停机命令时,应该待当前这条指令执行完再停机或至少在本机器周期结束时再停机。

停机与停电是两个不同的概念,一般停机时电压仍维持正常,因此寄存器与存储器仍保持信息不变,重新启动后从程序停顿处(称为断点)继续执行下去。而停电后情况大不相同,此时寄存器与存储器的内容已消失,加电后产生的 reset 信号使机器从固定入口重新开始运行。某些机器不设停机指令,而是不断循环执行一条或几条无实质内容的指令实现动态停机。此时一般依靠外来中断请求信号启动机器继续工作。

某些机器具有停电后自动再启动功能。当停电时,依靠接在直流电上的大电容或后备电源使直流电压维持一段时间,此时将主存储器的内容、程序计数器的内容(即程序断点)、寄存器的内容以及状态字(包括 N、Z、V、C 等)调入磁盘或磁带等外存储器;因为主存储器一般由半导体组成,停电后信息会丢失,而磁存储器停电后仍能保持原信息,所以接收到停电信号时,先把主存信息保存在磁存储器中,然后停机。当交流电源恢复正常时,具有自动再启动功能的计算机自动将磁存储器的内容调入主存,并从断点继续工作。这种工作方式适用于电源有故障或短时间内交流电压不稳定的情况,在无人操作的情况下还能保证机器继续工作。而更为一般的工作方式是在人工操作下让机器重新开始工作。

上面谈到的是计算机从启动、执行程序、停机直到停电的过程。实现这一过程的方法及硬件结构可以有很大的差别。上例仅说明了一种可以实现的方法,实际上依靠操作系统进行管理。

6.3　微程序设计技术

在 6.2 节中讲述了微程序控制计算机的基本工作原理,目的是说明在计算机中程序是如何实现的以及控制器的功能。在实际进行微程序设计时,还应关心下面 3 个问题。

(1) 如何缩短微指令字长;

(2) 如何减少微程序长度;

(3) 如何提高微程序的执行速度。

这就是在本节所要讨论的微程序设计技术。

6.3.1　微指令控制字段的编译法

1. 直接控制法

在微指令的控制字段中,每一位代表一个微命令,在设计微指令时,是否发出某个微命令,只要将控制字段中相应位置成 1 或 0,这样就可打开或关闭某个控制门,这就是直接控制法,在 6.2 节中所讲的就是这种方法。但在某些复杂的计算机中,微命令甚至可多达三四百个,这使微指令字长达到难以接受的地步,并要求机器有大容量控制存储器,为了改进设计,出现了以下各种编译法。

2. 字段直接编译法

在计算机中的各个控制门,在任一微周期内,不可能同时被打开,而且大部分是关闭的(即相应的控制位为 0)。所谓微周期,指的是一条微指令所需的执行时间。如果有若干个(一组)微命令,在每次选择使用它们的微周期内,只有一个微命令起作用,那么这若干个微命令是互斥的。例如,向主存储器发出的读命令和写命令是互斥的;又如在 ALU 部件中,送往 ALU 两个输入端的数据来源往往不是唯一的,而每个输入端在任一微周期中只能输入一个数据,因此控制该输入门的微命令是互斥的。选出互斥的微命令,并将这些微命令编成一组,成为微指令字的一个字段,用二进制编码来表示。例如,将 7 个互斥的微命令编成一组,用三位二进制码分别表示每个微命令,那么在微指令中,该字段就从 7 位减成 3 位,缩短了微指令长度。而在微指令寄存器的输出端为该字段增加一个译码器,该译码器的输出即为原来的微命令(如图 6.16 所示)。

字段长度与所能表示的微命令数的关系如下。

字段长度	微命令数
2 位	2~3
3 位	4~7
4 位	8~15

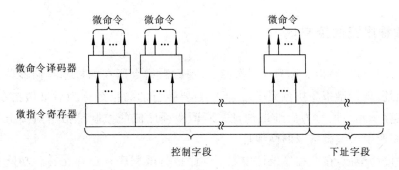

图 6.16　字段直接编译法

一般每个字段要留出一个代码,表示本段不发出任何微命令,因此当字段长度为 3 位时,最多只能表示 7 个互斥的微命令,通常代码 000 表示不发微命令。

3. 字段间接编译法

字段间接编译法是在字段直接编译法的基础上,进一步缩短微指令字长的一种编译法。如果在字段直接编译法中,还规定一个字段的某些微命令要兼由另一字段中的某些微命令来解释,称为字段间接编译法。

图 6.17 表示字段 A(3 位)的微命令还受字段 B 控制,当字段 B 发出 b_1 微命令时,字段 A 发出 $a_{1,1}$、$a_{2,1}$、$\cdots$、$a_{7,1}$ 中的一个微命令;而当字段 B 发出 b_2 微命令时,字段 A 发出 $a_{1,2}$、$a_{2,2}$、$\cdots$、$a_{7,2}$ 中的一个微命令,仅当 A 为 000 时例外,此时什么控制命令都不产生。

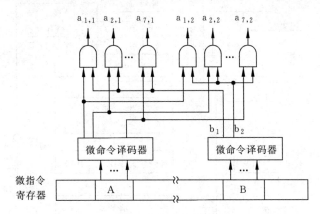

图 6.17　字段间接编译法

本方法进一步减少了指令长度,但很可能会削弱微指令的并行控制能力,因此通常只作为直接编译法的一种辅助手段。

4. 常数源字段 E

在微指令中,一般设有一个常数源字段 E,就如指令中的直接操作数一样。E 字段一般仅有几位,用来给某些部件发送常数,故有时称为发射字段。该常数有时作为操作数送入 ALU 运算;有时作为计数器初值,用来控制微程序的循环次数等。

6.3.2 微程序流的控制

当前正在执行的微指令称为现行微指令,现行微指令所在的控制存储器单元的地址称为现行微地址,现行微指令执行完毕后,下一条要执行的微指令称为后继微指令,后继微指令所在的控存单元地址称为后继微地址。所谓微程序流的控制是指当前微指令执行完毕后,怎样控制产生后继微指令的微地址。

与程序设计相似,在微程序设计中除了顺序执行微程序外还存在转移功能和微循环程序与微子程序等。微程序计数器 μPC 的作用也与 PC 相似。

1. 增量与下址字段结合产生后继微指令地址的方法

机器加电后执行的第一条微指令地址(微程序入口)来自专门的硬件电路,控制实现取指令操作,然后由指令操作码产生后继微地址。接下去,若顺序执行微指令,则将现行微地址(在微程序计数器 μPC 中)+1 产生后继微地址;若遇到转移类微指令,则由 μPC 与形成转移微地址的逻辑电路组合成后继微地址。

在图 6.18 中将微指令的下址字段分成两部分:转移控制字段 BCF 和转移地址字段

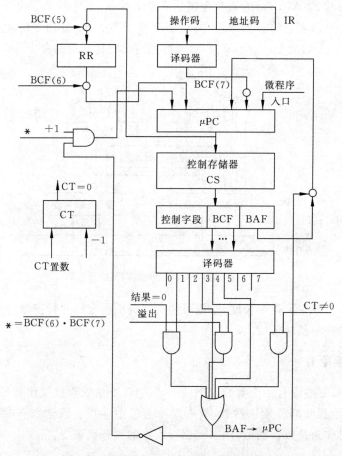

图 6.18 "增量与下址字段"方式的原理图

BAF,当微程序实现转移时,将 BAF 送 μPC,否则顺序执行下一条微指令(μPC+1)。

执行微程序条件转移时,决定转移与否的硬件条件有好几种。例如"运算结果为 0"、"溢出"及"已完成指定的循环次数"等。在图 6.18 中,假设有 8 种转移情况,定义了 8 个微命令(BCF 取 3 位),在图中设置计数器 CT,用来控制微程序循环次数。例如在执行乘(或除)法指令时,经常采用循环执行"加、移位"(或减、移位)的方法,指令开始执行时,在 CT 中置循环次数,每执行一次循环,计数器减 1,当计数器为 0 时结束循环。又考虑到执行微子程序时要保留返回微地址,因此图中设置了一个返回寄存器 RR。

由 BCF 定义的 8 个微命令如表 6.2 所示。

表 6.2　产生后继微地址的微命令

BCF 字段		硬件条件	计数器 CT		返回寄存器 RR 输入	后继微地址
编码	微命令名称		操作前	操作		
0	顺序执行	×	×	×	×	μPC+1
1	结果为 0 转移	结果为 0	×	×	×	BAF
		结果不为 0				μPC+1
2	结果溢出转移	溢出	×	×	×	BAF
		不溢出				μPC+1
3	无条件转移	×	×	×	×	BAF
4	测试循环	×	为 0	CT-1	×	μPC+1
			不为 0			BAF
5	转微子程序	×	×	×	μPC+1	BAF
6	返回	×	×	×	×	RR
7	操作码形成微地址	×	×	×	×	由操作码形成

注：×表示"任意"或"无影响"。

BCF=0,顺序执行微命令。μPC+1 为后继微地址。

BCF=1,条件转移微命令。当运算结果为 0 时,将 BAF 送 μPC,否则 μPC+1→μPC。

BCF=2,条件转移微命令。当运算结果溢出时,将 BAF 送 μPC,否则 μPC+1→μPC。

BCF=3,无条件转移微命令。将 BAF 送 μPC。

BCF=4,测试循环微命令。假如 CT≠0,表示需要继续执行循环微命令,将循环入口微地址从 BAF 送 μPC;假如 CT=0,表示循环结束,后继微地址为 μPC+1。本条微命令同时完成 CT-1 操作。

BCF=5,转微子程序微命令。把微子程序入口地址从 BAF 送 μPC,从而实现转移。在转移之前要把该条微指令的下一地址(μPC+1)送入返回寄存器 RR 之中。

BCF=6,返回微命令。把 RR 中的返回微地址送入 μPC,从而实现从微子程序返回到原来的微程序。

BCF=7,操作码的译码器产生后继微地址的微命令。这是取指后,按现行指令执行的第一条微指令。

BAF 的长度有两种情况。

（1）与 μPC 的位数相等。可以从控制存储器的任一单元取微指令。

（2）比 μPC 短。考虑到转移点在 μPC 附近，或者在控制存储器的某区域内，所以由原来的 μPC 的若干位与 BAF 组合成转移微地址。BAF 的值称为增量。

第一种情况，转移灵活，但增加了微指令的长度；第二种情况，转移地址受到限制，但可缩短微指令长度。

2. 多路转移方式

一条微指令存在多个转移分支的情况称为多路转移。

在执行某条微指令时，可能会遇到在若干个微地址中选择一个作为后继微地址的情况，最明显的例子是根据操作码产生不同的后继微地址。实现此功能的电路通常是由 PROM（可编程序只读存储器）组成的，也有把它称为 MAPROM（映像只读存储器）的。该存储器的特点是以指令的操作码作为地址输入，而相应的存储单元内容即为该指令的第一条微指令的入口地址。该存储器的容量等于或略大于机器的指令数，所以容量小，速度快。

另外，在计算机中，有时要根据某些硬件状态来决定后继微地址，属于这些状态的可以是根据运算结果所置的标志位（N、Z、V、C）、计数器状态、数据通路状态等。根据一种状态（非 0 即 1）来决定微地址可以有两种情况，即两路转移；而根据两种状态来决定微地址可以有 4 种情况，即四路转移。微程序设计实践表明，实现两路转移的情况居多，其次是四路转移，向更多路方向转移的情况就比较少见。两路转移只涉及微地址的一位；四路转移涉及微地址的两位，一般就定在微地址的最后两位，也就是说当执行转移微指令时，根据条件可转移到四个微地址中的一个，这 4 个微地址的高位部分相等，仅是最低两位不同。实现多路转移可减少微程序的长度，对于一般条件转移微指令（相当于两路转移）来说，需要两条微指令来完成上述四路转移的功能。

3. 微中断

微中断与程序中断的概念相似，在微程序执行过程中，一旦出现微中断请求信号，通常在完成现行指令的微程序后响应该微中断请求，这时中止当前正在执行的程序，而转去执行微中断处理程序，微中断请求信号是由程序中断请求信号引起的。

设计人员在进行微程序设计时，已安排好微中断处理程序在控制存储器的位置，因此该微程序段的入口地址是已知的。当 CPU 响应微中断请求时，由硬件产生微中断程序的入口地址。当中断处理完毕后，再返回到原来被中断的程序。这也是产生后继微地址的一种情况。

6.3.3 微指令格式

微指令的格式大体上可分成两类，一是水平型微指令；二是垂直型微指令。

微指令的编译法是决定微指令格式的主要因素，在设计计算机时考虑到速度和价格等因素采用不同的编译法，即使在一台计算机中，也有几种编译法并存的局面存在。

1. 水平型微指令

在 6.2 节中所介绍的例子即是采用直接控制法进行编码的，属于水平型微指令的典型例子，其基本特点是在一条微指令中定义并执行多个并行操作微命令。在实际应用中，直接控制法、字段编译法(直接、间接编译法)经常应用在同一条水平型微指令中。

2. 垂直型微指令

在微指令中设置有微操作码字段,由微操作码规定微指令的功能,称为垂直型微指令。其特点是不强调实现微指令的并行控制功能,通常一条微指令只要求能控制实现一二种操作。这种微指令格式与指令相似,每条指令有一个操作码;每条微指令有一个微操作码。

3. 水平型微指令与垂直型微指令的比较

(1) 水平型微指令并行操作能力强,效率高,灵活性强,垂直型微指令则差。

(2) 水平型微指令执行一条指令的时间短,垂直型微指令执行时间长。

因为水平型微指令的并行操作能力强,因此与垂直型微指令相比,可以用较少的微指令数来实现一条指令的功能,从而缩短了指令的执行时间。

(3) 由水平型微指令解释指令的微程序,具有微指令字比较长,但微程序短的特点。垂直型微指令则相反,微指令字比较短而微程序长。

(4) 水平型微指令用户难以掌握,而垂直型微指令与指令比较相似,相对来说,比较容易掌握。

水平型微指令与机器指令差别很大,需要对机器的结构、数据通路、时序系统以及微命令很精通才能进行设计。对机器已有的指令系统进行微程序设计是设计人员而不是用户的事情,因此这一特点对用户来讲并不重要。然而某些计算机允许用户扩充指令系统,此时就要注意是否容易编写微程序,有关问题将在 6.3.4 节的"动态微程序设计"中讨论。

6.3.4 微程序控制存储器和动态微程序设计

1. 微程序控制存储器

微程序控制存储器一般由只读存储器构成,因为微程序是以解释的方式执行指令,而指令系统一般是固定的,因此可以使用只读存储器。假如用可读可写的随机存储器作为控制存储器未必不行,但停电后 RAM 中的内容消失,所以开机后首先要将外存(磁盘或磁带)上存放的微程序调到控制存储器(RAM),然后机器才能执行程序。由于 ROM 中的内容不会丢失,因此用 ROM 作为控制存储器比较可靠。

用 RAM 作为控制存储器的优点是可以修改微程序,也就是说可以修改指令系统。所以如果有需要的话可考虑部分控制存储器用 ROM 构成,实现固定的指令系统;部分控制存储器由 RAM 构成,用于扩充或修改一些指令。

2. 动态微程序设计

在一台微程序控制的计算机中,假如能根据用户的要求改变或扩充微程序,那么这台机器就具有动态微程序设计功能。

动态微程序设计的出发点是为了使计算机能更灵活、更有效地适应各种不同的应用目标。例如,用两套微程序分别实现两个不同系列计算机的指令系统,使得这两种计算机的软件得以兼容;或者允许用户在原来指令系统的基础上增加一些指令来提高程序的执行效率。动态微程序设计需要可写控制存储器(WCS)或用户控制存储器(UCS)。

由于动态微程序设计要求设计者对计算机的结构与组成非常熟悉,因此真正由用户自行编写微程序是很困难的,还得依靠机器设计人员实现。

3. 控制存储器的操作

执行一条微指令的过程基本上分为两步,第一步将微指令从控制存储器中取出,称为取微指令,对于垂直型微指令还应包括微操作码译码的时间。第二步执行微指令所规定的各个操作。根据这两步是串行还是并行进行而具有下述两种方式。

1) 串行方式

执行一条微指令所需要的时间称为微周期。在串行方式下微周期的安排如下。

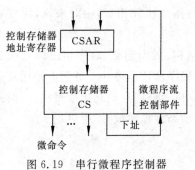

图 6.19 串行微程序控制器

微周期即是控制存储器的工作周期,包括取微指令和执行微指令两部分时间。一般控制存储器要比主存储器快得多。

图 6.19 是串行微程序控制器原理图。由控制存储器 CS 直接输出控制信号与下址,而控制存储器地址又是由控制存储器地址寄存器 CSAR 直接送来的,因此在一条微指令执行过程中,不允许 CSAR 改变,否则 CS 的输出会改变。

2) 并行方式

为了提高微程序的执行速度,将执行本条微指令的功能与取下一条微指令的操作在时间上重叠起来,图 6.20 是并行微程序控制器的原理图与时序图。

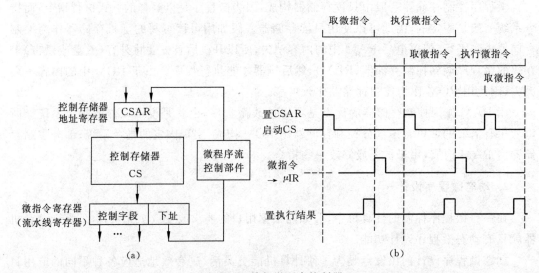

图 6.20 并行微程序控制器

与图 6.19 相比,图 6.20(a)增加了微指令寄存器(μIR),控制微命令由微指令寄存器发出,因此在微指令执行过程中,即使控制存储器输出改变,只要微指令寄存器打入脉冲不来,其内容不会跟着发生变化,因而允许取微指令与执行上一条微指令并行进行,在某些书上将微指令寄存器称为流水线寄存器。

假如取微指令所需的时间与执行微指令所需的时间不相等,则取其中较长的时间作为微周期。在设计时要注意到,完成一条微指令所控制的各个微命令功能,其所需的时间可能是各不相同的,微周期要取其最大值,因此务必要避免个别微命令所需时间长的情况,否则对机器运行速度不利。在图 6.20(b)中,从将微指令取入微指令寄存器到置 CSAR 之间的那段时间是为了确定后继微地址所需的延迟时间。

由于执行本条微指令与取下一条微指令是同时进行的,如果对于某些要根据处理结果进行条件转移的微指令不能及时取出下一条微指令,解决此问题的最简单的方法是延迟一个微周期再取微指令。

实际机器多采用并行方式,因为增加逻辑电路很少,但能提高运行速度。

4. 毫微程序设计的基本概念

毫微程序可以看做是用以解释微程序的一种微程序,因此组成毫微程序的毫微指令就可看做是解释微指令的微指令。

采用毫微程序设计的主要目的是减少控制存储器的容量(字数×位数/字),采用的是两级微程序设计方法。通常第一级采用垂直微程序,第二级采用水平微程序。当执行一条指令时,首先进入第一级微程序,由于它是垂直型微指令,所以并行操作功能不强,当需要时可由它来调用第二级微程序(即毫微程序),执行完毕后再返回第一级微程序。所以在这里有两个控制存储器,如图 6.21 所示。

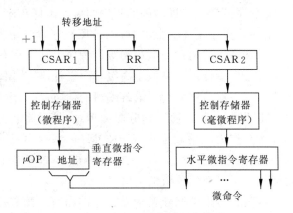

图 6.21　毫微程序控制存储器

第一级垂直微程序是根据实现指令系统和其他处理过程的需要而编制的,它有严格的顺序结构,由它确定后继微指令的地址。垂直微指令很像机器指令,编程过程就像用机器指令编程一样,容易实现微程序设计自动化。其控制存储器的主要特点是字短。

第二级水平型微指令是由第一级调用的,具有并行操作控制的能力,但不包含后继微指令地址的信息。若干条垂直微指令可以调用同一条毫微指令,所以在控制存储器中每条毫微指令都是不相同的(在一级微程序设计的控制存储器中,会多次出现相同的微指令)。毫微程序控制存储器的主要特点是字数较少,但每个字的长度较长。

上述两级微程序设计方法将微程序的顺序控制和执行微操作的命令分离开来,分别由第一级垂直型微指令和第二级水平型微指令实现。

在实际应用时则有所变化,例如:

(1) 若从第一级控制存储器读出的垂直型微指令功能比较简单,这时不必将它变换成毫微指令,而可直接译码,用作微操作控制信号,因此不再调用第二级微指令。

(2) 第一级垂直型微指令与第二级水平型微指令之间不是一条一条地对应,而是由水平型微指令(毫微指令)组成若干步的微程序(即毫微程序)去执行垂直型微指令指定的操作,在这种情况下,毫微指令与微指令的关系就相当于微指令与指令的关系。

采用两级微程序控制能减少控制存储器的总容量,但有时一条微指令要访问两次控制存储器,影响速度。

6.3.5　微程序设计语言

在微程序控制的计算机中,用机器语言表示的指令是由微指令解释执行而实现的。机器能执行的微指令是由二进制码表示的微命令组成的。这些微命令与机器硬件直接有关,尤其在水平型微指令中,为了使尽量多的微操作同时进行,一般微指令的字长达到100位左右,甚至更多些。假如要求设计者直接用二进制编码来进行微程序设计是很困难的,错误难以避免。因而引入了微程序设计语言。

设计者或用户用来编制微程序的语言叫做微程序设计语言,用微程序设计语言编制的程序叫做源微程序。源微程序不能直接装入控制存储器,要将它转换成二进制代码后才能装入控制存储器。将源微程序翻译成二进制码的程序叫做微编译程序。

微程序设计基本上沿用了程序设计的方法,可以仿照程序设计语言来建立微程序设计语言,可以把它分成初级的和高级的两种类型。初级微程序设计语言有微指令语言、微汇编语言、框图语言等。高级微程序设计语言类似于高级程序设计语言,比较接近于数学描述。

早期,微程序是依靠人工直接使用微指令语言编写的,其过程大致是:先编制微程序流程图,参考图6.8,再根据流程图手编微程序并分配微地址,最后将它翻译成仅由0和1两种代码组成的微程序,并将它作为原始数据写入PROM(可编程序只读存储器)中,组成控制存储器。由于人工编写微程序既费时、费力,又容易出错,不能适应日益发展的微程序设计的需要,因而在20世纪60年代产生了微汇编语言。

微汇编语言与汇编语言相似,是用符号表示微指令的语言。微程序设计者先用微汇编语言编制源微程序,然后输入计算机中利用微指令的编译程序将它翻译成由0和1两种代码组成的微指令,逐条翻译构成机器能执行的源微程序。

垂直微指令一般由一个微操作码字段,一个或少数几个操作数控制字段组成,通常只指定一种运算(或控制)操作,它的微汇编语言语句很像机器的汇编语言语句。

水平型微指令通常由多个字段或较多位代码组成,其中各个"字段"或各"位"所定义的微命令可以并行执行,因此描述水平型微指令的微语句就比垂直型微指令长且复杂,通常在一条微语句中要用一串符号来一一表示本条微指令中的各个微命令以及后继微地址。微汇编语言的语句格式与机器结构密切有关,因此编写和阅读微汇编源程序都相当困难,但是它比直接用二进制 0 和 1 来编写微程序要方便与可靠得多。

高级微语言类似于程序设计中的高级语言,但还是设计人员为之奋斗的目标。当前能付诸实用的能描述微指令的语言还是微汇编语言。

6.4 硬布线控制的计算机

在图 6.6 所示的运算控制器逻辑图中,由"时序控制信号形成部件"产生控制计算机各部分操作所需的控制信号。这个部件的组成一般有两种方式,其中之一为微程序控制方式,另一种即是下面要讨论的硬布线控制方式,由于这些信号是通过逻辑电路直接连线而产生的,所以又称为组合逻辑控制方式。至于控制器的其他组成部分,诸如时钟、启停电路、程序计数器、指令寄存器以及电路配合问题等,则不因控制方式而异。但要注意,不同计算机(即使是同一系列的计算机)之间控制器的具体组成及控制信号的时序等差别是很大的,这主要取决于设计技巧以及所选用器件等因素,然而它们的基本原理是相同的。

由于人们追求计算机运算速度,产生了流水线控制、并行处理等方法,使得控制器变得更为复杂。在这里还是从控制器的基本功能出发来讨论控制器的组成,重点放在硬布线控制与微程序控制的差别上,相同部分不再重复。流水线技术原来为大中型计算机采用,现已广泛应用于各种规模的计算机中,故亦放在本章内讨论。并行处理问题留在第 12 章中讨论。

6.4.1 时序与节拍

正如在微程序控制器中所讲到的,一条指令的实现可分成取指、计算地址、取数及执行等几个步骤。在微程序控制方式中,每一步由一条微指令实现,而在这里则由指令的操作码直接控制并产生实现上述各步骤所需的控制信号。在大部分情况下,每一步由一个机器周期实现,如何区分一条指令的 4 个机器周期呢?可以考虑用两位计数器的译码输出来表示当前所处的机器周期,如图 6.22 所示;或用 4 位触发器来分别表示 4 个周期,当机器处于某一周期时,相应的触发器处于 1 状态,而其余 3 个触发器则处于"0"状态,4 位移位寄存器即可实现此功能。假设以 cy1、cy2、cy3、cy4 分别表示 4 个机器周期,在初始化(reset)时,令 cy1 处于 1 状态,其余的均处于 0 状态,即机器处于取指周期。然后实现循环移位,可保证 4 个触发器中有一位且仅有一位处于 1 状态。

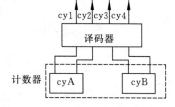

图 6.22 用计数器译码器形成机器周期信号

然而由于每条指令的功能不同,所以所需的机器周期数可能就不相同,因此某些指令可能缺少某个周期(例如转移指令),而有些复杂指令的某个周期则需要延长(例如乘法指令的执行周期),从而使得上述计数器或移位寄存器的工作时序发生变化,而且其变化规律与指令有关。例如,执行 A 指令时需要 4 个机器周期,因此计数器的变化规律是 00→01→10→11;而执行 B 指令时仅需要 3 个机器周期(例如不用计算地址),则计数器的变化规律为

00→10→11,据此可列出真值表(如表 6.3 所示)。

表 6.3　计数器状态变化

A 指令				B 指令			
cyA	cyB	cyA$'$	cyB$'$	cyA	cyB	cyA$'$	cyB$'$
0	0	0	1	0	0	1	0
0	1	1	0	1	0	1	1
1	0	1	1	1	1	0	0
1	1	0	0				

表 6.3 中 cyA、cyB 表示当前周期的计数器状态,cyA$'$、cyB$'$表示下一周期计数器状态。

根据真值表列出表达式,对于 A 指令,其表达式为

$$cyA' = \overline{cyA}\,cyB + cyA\,\overline{cyB}$$
$$cyB' = \overline{cyA}\,\overline{cyB} + cyA\,\overline{cyB} = \overline{cyB}$$

对于 B 指令,其表达式为

$$cyA' = \overline{cyA}\,\overline{cyB} + cyA\,\overline{cyB} = \overline{cyB}$$
$$cyB' = cyA\,\overline{cyB}$$

根据表达式得出逻辑图,如图 6.23 所示。

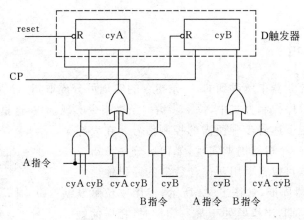

图 6.23　时序计数器逻辑图

图 6.23 为仅有两条指令的逻辑图,实际机器有几十条至几百条指令,根据指令功能列出每条指令的机器周期变化规律,最后归纳出几种情况,将情况相同的指令归为一类,然后列出表达式,画出逻辑图。

假如要延长某个机器周期时间,封锁 CP 是最简单的方法,也可以用控制计数器输入的方法,逻辑图要复杂一些。

由图 6.22 和图 6.23 组成的计数器译码器电路,在实际使用时,在译码器的输出可能会产生毛刺,那是因为 cyA 和 cyB 从 01→10 状态或从 11→00 状态时,要求两个触发器同时变化,如触发器的延迟时间不同,则在译码器的输出会产生毛刺,是电路配合中经常会遇到的。由于该译码器的输出是计算机的基本信号,在多处会应用到,可能不允许存在毛刺。避

免产生此问题的方法有多种,假如固定为 4 个周期,则改变触发器状态的顺序为 $00 \rightarrow 01 \rightarrow 11 \rightarrow 10$(每次仅有一个触发器发生变化),即可避免毛刺的产生。此时将改变真值表和表达式,因此逻辑图也要作出相应的修改。

6.4.2 操作控制信号的产生

1. 操作码译码器

指令由操作码与地址码两部分组成,其中操作码表示当前正在执行的是什么指令,例如是加法指令还是减法指令等。各条指令所需实现的操作,有些是相同的,有些是不同的,随指令而异。假如操作码有 7 位,则最多可表示 128 条指令,一般在机器内设置一个指令译码器,其输入为操作码(7 位),输出有 128 根线,在任何时候,有且仅有一根线为高电位,其余均为低电位(或一根线为低电位,其余为高电位),每根输出线表示一条指令,因此译码器的输出可以反映出当前正在执行的指令。

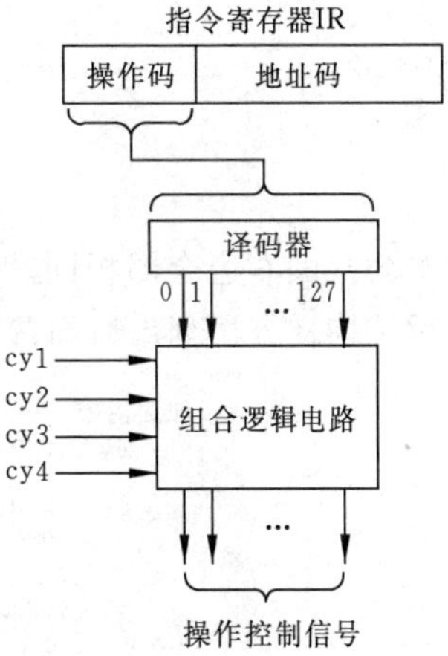

图 6.24 形成操作控制信号的逻辑框图

由译码器的输出和机器周期状态 cy1~cy4 作为输入,使用逻辑电路产生操作控制信号,其框图如图 6.24 所示。实际上为了简化逻辑,译码器与组合逻辑电路是结合在一起设计的。

2. 操作控制信号的产生

这里主要讨论图 6.24 中的"组合逻辑电路"究竟是由什么组成的。

仍以加法指令为例,如前所述,假设一条加法指令的功能是由 4 个机器周期 cy1~cy4 完成的,分别为取指、计算有效地址、取操作数、进行加法运算并送结果。

机器逻辑图仍如图 6.6 所示,所以完成一条指令的操作所需的操作信号仍如前所示。参考图 6.5 的波形图,在取指周期要完成从存储器取出指令送指令寄存器以及将指令计数器加 1,为取下一条指令作好准备。

为访问存储器,需要将地址送往地址总线($PC \rightarrow AB$),并发出启动存储器所需的信号 ADS、$M/\overline{IO}$ 及 $W/\overline{R}$,然后将取得的指令送往指令寄存器($DB \rightarrow IR$)。

用逻辑式表示为

$$PC \rightarrow AB = 加法指令 \cdot cy1$$
$$ADS = 加法指令 \cdot cy1 \cdot T1$$
$$M/\overline{IO} = 加法指令 \cdot cy1$$
$$W/\overline{R} = \overline{加法指令 \cdot cy1}$$
$$DB \rightarrow IR = 加法指令 \cdot cy1$$
$$PC + 1 = 加法指令 \cdot cy1$$

上述公式存在一个问题,即在取指周期,当前这条指令尚未取出,在 IR 中保留的还是上一条指令内容,因此不可能用它来产生控制本条指令所需的信号,所以在取指周期只允许安排与指令类型无关的操作,而上述信号恰好满足这一要求,因此可将这些公式中的"加法指令"取消,于是将公式 PC→AB 改写为:

$$PC \rightarrow AB = cy1$$

其他公式同样修改,不再一一列出。

同样,在计算地址周期 cy2 完成有效地址的计算((rs1)+Disp),为此要将 rs1 的内容取出与 IR 中的位移量一起送 ALU,发出 rs1→GR(送通用寄存器地址),(rs1)→ALU,Disp→ALU 以及"+"命令,最后将运算结果送地址总线,发出 ALU→AR 信号。

列出逻辑表达式

$$rs1 \rightarrow GR = 加法指令 \cdot cy2$$
$$(rs1) \rightarrow ALU = 加法指令 \cdot cy2$$
$$\vdots$$
$$ALU \rightarrow AR = 加法指令 \cdot cy2$$

这些公式的右边全部相同。图 6.25 考虑了加法指令和其他指令计算有效地址时的情况。然后按同样方法列出后面两个机器周期所需产生的控制信号的逻辑表达式。

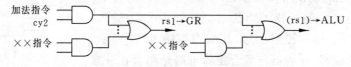

图 6.25　实现 rs1→GR,(rs1)→ALU 的逻辑图

对每一条指令都进行同样的分析,得出逻辑表达式。

对所有指令的全部表达式进行综合分析后可得出下述结论。

(1) 取指周期 cy1 所产生的信号对所有指令都是相同的,即与当前执行的指令无关,逻辑式得到最简单的形式。

(2) 通常,同一个控制信号在若干条指令的某些周期(或再加上一些条件)中都需要,为此需要把它们组合起来。

例如,"+"命令在加法指令的 cy2(计算有效地址)与 cy4(操作数相加)时需要,在减法指令的 cy2(计算有效地址)时需要,在转移指令的 cy2(计算转移地址)时需要,……。

用逻辑式表示如下。

"+"=加法指令(cy2+cy4)+减法指令·cy2+转移指令·cy2+…
　　=加法指令·cy2+加法指令·cy4+减法指令·cy2+转移指令·cy2+…

上式中的加法指令、减法指令等信号通常由操作码译码器输出,译码器实际上是由各操作码的二进制代码作为输入的一组"与门"。设某机有 7 位操作码(OP0～OP6),假如加法指令的操作码为 0001100,则形成加法指令信号的逻辑表达式为:

$$加法指令 = \overline{OP0} \cdot \overline{OP1} \cdot \overline{OP2} \cdot OP3 \cdot OP4 \cdot \overline{OP5} \cdot \overline{OP6}$$

从式("+")可以看出,利用两级门电路(第一级为与门,第二级为或门)可产生"+"命令,但有时受逻辑门输入端数的限制(如果第一级的乘积项超过第二级或门所允许的最大输入端数)将修改逻辑式,此时就可能要增加逻辑电路。假如,信号所经过的级数也增加的话,还将增加延迟时间。

另外在实现时还有负载问题。例如,操作码译码器的输出要控制很多信号,需注意是否会超载,必要时可增强译码器输出驱动能力或增加器件或修改逻辑。

(3) 同种类型的指令所需的控制信号大部分是相同的,仅有少量区别,例如算术运算指令中的加法指令(ADD)与减法指令(SUB),除了一个信号("+"命令或"-"命令)以外,其余的控制信号全部相同。整个算术逻辑运算指令仅 ALU 的操作命令以及是否置状态位(N、Z、V、C)上有差别。

不同类型的指令,其控制信号的差别就比较大。

(4) 在确定指令的操作码时(即对具体指令赋予二进制操作码),为了便于逻辑表达式的化简以减少逻辑电路数量,往往给予特别关注。例如,某机有 128 条指令,7 位操作码(OP0～OP6),其中有 16 条算术逻辑运算指令,那么可以令这些指令的 3 位操作码完全相等(例如 OP0～OP2 为 001),而 OP3～OP6 分别表示 16 条指令,设命令 A 是所有算术逻辑指令在 cy2 周期中都需产生的,则:

$$A = 加法指令 \cdot cy2 + 减法指令 \cdot cy2 + 逻辑加指令 \cdot cy2 + \cdots$$
$$= (加法指令 + 减法指令 + 逻辑加指令 + \cdots)cy2$$
$$= \overline{OP0} \cdot \overline{OP1} \cdot OP2 \cdot cy2$$

从 16 项简化成 1 项,用一个与门即可实现。

表 6.4 列出的是 SPARC 处理器算术逻辑运算指令的操作码。该机器的操作码有 8 位,表中仅列出 7 位操作码,对于表内所列指令,另一位操作码均为 1,因此没有标出。表中的空格处不安排指令。请读者自行分析这种操作码的分配方式对简化逻辑式带来的方便。

表 6.4 SPARC 部分指令操作码

操作码 $I_6 \sim I_3$	操作码 $I_2 \sim I_0$							
	000	001	010	011	100	101	110	111
0000	ADD	AND	OR	XOR	SUB	ANDN	ORN	XNOR
0001	ADDX				SUBX			
0010	ADDcc	ANDcc	ORcc	XORcc	SUBcc	ANDNcc	ORNcc	XNORcc
0011	ADDXcc				SUBXcc			

加法指令有 4 条,ADD、ADDX、ADDcc 和 ADDXcc。尾部标以 cc 表示根据运算结果置状态位,否则不置位;X 表示加进位。

6.4.3 硬布线控制器的组成

图 6.26 是硬布线控制的控制器框图。由硬布线逻辑(组合逻辑)部件产生全机所需的操作命令(包括控制电位与打入脉冲),并将 reset 和 CLK 送往计算机各个需要的部件。图中一些部件在前面已有介绍。

在图 6.26 中程序计数器的输入有 4 种来源,开机后的 reset 信号,将 PC 置以初始地址;然后当顺序执行指令时,由 PC+1 形成下一条指令地址;当程序转移时,由 ALU 送来转移地址(通过 ALU 部件计算有效地址);当有外来中断请求信号时,若 CPU 响应中断,则由

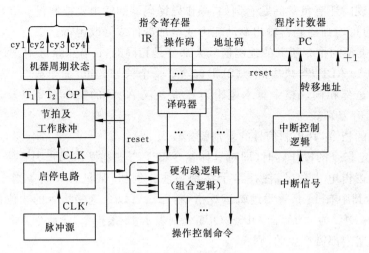

图 6.26　控制器总框图

中断控制逻辑部件产生中断入口地址。有的计算机,中断入口地址仅有一个,而有的计算机,根据不同的中断来源,进入不同的中断处理程序入口,进行相应的处理,称为向量中断。在仅有一个中断入口地址的情况下,CPU 响应中断后,首先要查到中断源,以确定是哪个 I/O设备要进行处理,是输入、输出还是故障等,然后才能进入相应中断处理程序进行处理,而当具有向量中断功能时,直接进入中断处理程序,加快了响应时间。

CPU 响应中断后,在执行中断程序以前,要由硬件执行一些操作,由于这些操作是隐含的,又不以指令的形式出现,所以通常称为中断隐指令,至于这些操作的具体内容将在第 10 章 I/O 系统中讲述。

执行软中断即 Trap(陷阱)指令时,要完成的操作和中断隐指令相似,但中断程序入口由指令的地址码部分给出。

当设计和实验图中的硬布线逻辑部件时,可考虑第 2 章中介绍的 PLA、PAL 和 GAL 电路,这些电路基本上是两级门电路(第一级为与门,第二级为或门),与所写出的逻辑表达式基本一致;当实际逻辑更为复杂时,可将若干个电路进行串、并联组合使用以实现复杂的逻辑关系。这些电路可在市场上买到,买来后利用专用的设备写入内容(相当于连线)即可,这种操作通常称为编程。另外也可采用半定制电路门阵列实现。在 VLSI 的 CPU 中,硬布线逻辑电路直接集成在 CPU 芯片中,这种全定制电路集成度高、速度高,并可缩小机器体积。唯一的缺点是芯片投产后,不允许对逻辑进行任何修改,因此要求设计绝对正确,否则返工的工作量很大。对于复杂的机器,有可能因设计错误而延长设计周期。

6.4.4　硬布线控制逻辑设计中的若干问题

大致按设计过程的先后次序讨论如下。

1. 指令操作码的代码分配

指令系统确定后,指令操作码的分配对组合逻辑电路的组成影响很大,合理地分配操作码能节省控制部分的电路,减少延迟时间。

2. 确定机器周期、节拍与主频

机器周期、节拍与主频基本上取决于指令的功能及器件的速度。一般先考虑几条典型指令诸如加法指令、转移指令的执行步骤及每一步骤时间,被选择的典型指令要能反映出计算机的各主要部件的速度。例如,指令中的取指或取操作数反映了存储器的速度以及 CPU 与存储器的配合工作情况,加法运算涉及运算器(或 ALU)的运算速度,如果为了照顾个别指令而延长机器周期不一定可取。有时对于这些个别指令采取增加一个周期的办法更好些。究竟采取哪一种方法还与这条指令的执行几率有关,难得执行的指令以增加周期为宜。

3. 根据指令功能,确定每一条指令所需的机器周期数以及每一周期所完成的操作

大部分指令的执行过程与典型指令的情况相类似,甚至更简单些,但有些指令的操作比较复杂,例如,乘法指令,执行时间较长,要作特殊处理。具体做法是在一个基本机器周期内完成一次"加法与移位"操作,在采用一位一乘的乘法规则,字长为 n 位的乘法运算中,循环执行 n 次"加法与移位"操作。也就是说将该条指令的执行周期延长到 n 个基本机器周期(某些简单指令的执行周期仍为一个基本机器周期)。属于这种特殊处理的指令一般还有除法、移位、浮点运算、程序调用等指令(假设机器内设置有这些指令)。因此对于机器周期 cy1～cy4 的处理,实际情况要比我们前面讨论的复杂得多,除了某些指令不出现某些周期外,有些指令又要将某些机器周期延长。

在确定每条指令在每一机器周期所完成的操作时,也就得出了相应的操作控制命令。该命令的一般表达式(允许有缺项)为

$$操作控制命令名=指令名×机器周期×节拍×条件$$

4. 综合所有指令的每一个操作命令(写出逻辑表达式,并化简之)

例如存储器的读命令表达式:

$$“读”=cy1+加法指令\ cy3+减法指令\ cy3+\cdots$$

其中第一项为取指时的读命令,不受操作码控制,后面将所有指令的读命令相加起来。由此说明操作命令表达式中包含的内容很多,即项数很多,因此需要化简。需对每个操作命令进行认真检查,以确保正确。假如某条指令的一个操作在一个基本机器周期内无法完成,为了安排这个操作要使基本机器周期增加 10% 时间,那么应考虑是否要设置这条指令。假如设置这条指令后至少能使程序运行时执行的指令数减少 10%,这样不致损失整机的速度,可以考虑设置。否则或者不要这条指令,其功能由子程序实现,或者用个别延长周期的方法实现,这样不会影响其他指令的执行速度,也是可取的。

关于化简问题,除了对逻辑式进行化简以外,还可结合机器本身的特点进行,前面谈到的指令操作码的编码分配即为一例。

另外还可考虑以下两种方法。

(1) 假设操作命令 A 对大多数指令(设这些指令的集合为 I_1)是需要的,而仅对少数指令(设这些指令的集合为 I_2)不允许产生,那么可用下式表示:

$$A=I_1 \cdot B=\overline{I_2} \cdot B$$

其中 B 为逻辑表达式,I_1+I_2 包含机器的所有指令,由于 I_2 的指令数比 I_1 少,因此逻辑电

路得以简化。

（2）在实现某些指令时,有一些操作命令其存在与否不影响指令的功能,此时可根据怎样对简化有利而进行舍取。

总之控制信号的设计与实现,技巧性较强,需要有一定经验才能取得较好的效果。

下面将硬布线控制与微程序控制之间的最显著差异归结为两点。

（1）实现

微程序控制器的控制功能是在控制存储器和微指令寄存器直接控制下实现的,而硬布线控制则由逻辑门组合实现。前者电路比较规整,各条指令控制信号的差别反映在控制存储器(一般由 ROM 组成)的内容上,因此无论是增加或修改(包括纠正设计中的错误)指令,只要增加或修改控制存储器内容即可,若控制存储器是 ROM,则要更换芯片,在设计阶段可以先用 RAM 或 EPROM 实现,验证正确后或成批生产时,再用 ROM 替代。硬布线控制器的控制信号先用逻辑式列出,经化简后用电路实现,显得零乱且复杂,当需修改指令或增加指令时是很麻烦的,有时甚至没有可能,因此微程序控制得到广泛应用,尤其是指令系统复杂的计算机,一般都采用微程序来实现控制功能。

（2）性能

在同样的半导体工艺条件下,微程序控制的速度比硬布线控制的速度低,那是因为执行每条微指令都要从控存中读取一次,影响了速度,而硬布线逻辑主要取决于电路延迟,因而在超高速机器中,对影响速度的关键部分例如 CPU,往往采用硬布线逻辑。近年来在一些新型计算机结构中,例如在 RISC(精简指令系统计算机)中,一般选用硬布线逻辑。

6.4.5 控制器的控制方式

控制器控制一条指令运行的过程是依次执行一个确定的操作序列的过程,无论在微程序控制或硬布线控制计算机中都是这样。常用的控制器的控制方式有同步控制方式、异步控制方式和联合控制方式。

1. 同步控制方式

一条已定的指令在执行时所需的机器周期数和节拍数都是固定不变的,则称为同步控制方式。例如执行一条加法指令,假如存储器存取时间固定,那么这条指令的 4 个工作步骤(取指、计算地址、取数、执行)所需的时间都是确定的,因此可以采用同步工作方式。然而,假如存储器的存取时间不固定,那么访存操作就不能采用同步控制方式。

2. 异步控制方式

每条指令、每个操作需要多少时间就占用多少时间,其特点是：当控制器发出进行某一操作控制信号后,等待执行部件完成该操作后发回的"回答"信号或"结束"信号(双方"握手"信号),再开始新的操作,称为异步控制方式。用这种方式所形成的操作序列没有固定的周期节拍和严格的时钟同步。

3. 联合控制方式

同步控制和异步控制相结合的方式。对不同指令的各个操作实行大部分统一、小部分区别对待的方式。即大部分操作安排在一个固定机器周期中,并在同步时序信号控制下进行;而对那些时间难以确定的操作则以执行部件送回的"回答"信号作为本次操作的结束。例如本章开始时谈及的,在 CPU 访问存储器时,依靠存储器送来的 ready 信号作为读/写周期的结束,即为这种情况。

4. 人工控制

为了调机和软件开发的需要,在计算机面板或内部往往设置一些开关或按键以进行人工控制。最常见的有 reset 按键、连续执行或单条指令执行的转换开关等。

6.5 流水线工作原理

分析程序中各条指令的执行过程可以发现,机器的各部分在某些周期内在进行操作,而在某些周期内是空闲的。如果控制器调度恰当,让各个部件紧张工作,就可提高各个部件的工作效率和计算机运行速度。

1. 流水线基本工作原理

计算机执行程序是按顺序的方式进行的,即程序中各条机器指令是按顺序串行执行的。若按 4 个周期完成一条指令来考虑,其执行过程如下。

取指$_1$	计算地址$_1$	取操作数$_1$	计算存结果$_1$	取指$_2$	计算地址$_2$	...

其中下标 1 表示第 1 条指令,下标 2 表示第 2 条指令。在某些计算机中,CPU 分成指令部件 I 和执行部件 E,指令部件完成取指和指令译码等操作,执行部件完成运算和保存结果等操作。在现代计算机中,指令译码很快,尤其是 RISC 机更是这样,因此在前面讨论指令执行过程时,将指令译码的时间忽略了。如按指令部件和执行部件顺序操作来考虑可将程序的执行过程表示成:

下标 1,2 的意义同上。

可以看出,程序是按指令的顺序执行完一条再执行下一条的。顺序执行的优点是控制简单,但是机器各部分的利用率不高。例如,指令部件(I)工作时,执行部件(E)基本空闲;而执行部件工作时,指令部件基本空闲。假如把两条指令或若干条指令在时间上重叠起来,将大幅度提高程序的执行速度。

从图 6.27(a)可以看到,当指令部件完成对第一条指令的操作后,交给执行部件去继续处理,同时进行第二条指令的取指操作。假如每个部件完成操作所需的时间为 T,那么尽管每条指令的执行时间为 $2T$,但当第一条指令处理完后,每隔 T 时间就能得到一条指令的处理结果,相当于把处理速度提高一倍。在图 6.27(b)中将一条指令分成 4 段,若每段所需时间为 t,那么一条指令的执行时间为 $4t$,但当第一条指令处理完后每隔 t 时间就能得到一条指令的处理结果,平均速度提高到 4 倍,其过程相当于现代工业生产装配线上的流水作业,因此把这种处理机称为流水线处理机。在程序开始执行时,由于流水线未装满,有的功能部件没有工作,速度较低。例如,图 6.27(b),在开始 $3t$ 时间内得不到指令的处理结果,因此只有在流水线装满的稳定状态下,才能保证最高处理速率。当将一条指令的执行过程分成 4 段,每段有各自的功能部件执行时,每个功能部件的执行时间是不可能完全相等的。例如,从存储器取指或取数的时间与运算时间可能就不一样,而在流水线装满的情况下,各个功能部件同时都在工作,为了保证完成指定的操作,t 值应取 4 段中最长的时间,此时有些功能段便会长时间处于等待状态,而达不到所有功能段全面忙碌的要求,影响流水线作用的发挥。为了解决这一问题,可采用将几个时间较短的功能段合并成一个功能段或将时间较长的功能段分成几段等方法,其目的是最终使各段所需的时间相差不大。图 6.27(a)为两级流水线,图 6.27(b)为 4 级流水线。

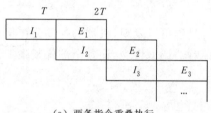

（a）两条指令重叠执行

注:运算=计算并保存结果

（b）4 条指令重叠执行

图 6.27　指令重叠执行情况

以上讨论的是指令执行流水线,经常采用的还有运算操作流水线。例如,执行浮点加法运算,可以分成"对阶","尾数加"及"结果规格化"3 段,每一段设置有专门的逻辑电路完成指定操作,并将其输出保存在锁存器中,作为下一段的输入,如图 6.28 所示。当浮点加法对阶运算完成后,将结果送入锁存器,然后进行下一条浮点指令的阶码运算,实现流水线操作。

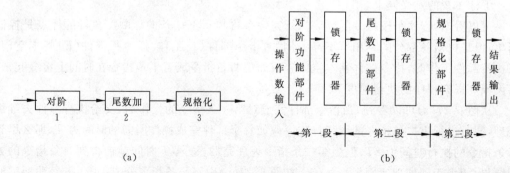

图 6.28　运算操作流水线

由于流水线相邻两段在执行不同的指令(或操作),因此无论是指令流水线或运算操作流水线,在相邻两段之间必须设置锁存器或寄存器,以保证在一个周期内流水线段的输入信号不变。当流水线各段工作饱满时,能发挥最大作用。

2. 流水线中的相关问题

流水线不能连续工作的原因,除了执行的程序不能发挥流水线的作用或存储器供应不上为连续流动所需的指令和数据以外,还因为出现了"相关"情况或遇到了程序转移指令。例如,在图6.27(b)的4级流水线中,假如第2条指令的操作数地址即为第一条指令保存结果的地址,那么第2条指令取操作数的动作需要等待t时间才能进行,否则取得的数据是错误的,这种情况称为数据相关,该数据可以是存放在存储器中或通用寄存器中,分别称为存储器数据相关或寄存器数据相关。此时流水线中指令流动情况将如图6.29(a)所示。为了改善流水线工作情况,一般设置相关专用通路,即当发生数据相关时,第2条指令的操作数直接从数据处理部件得到,而不是存入后再读取,这样指令能按图6.29(b)流动。由于数据不相关时,仍需到存储器或寄存器中取数,因此增加了控制的复杂性。另外由于计算机内有较多指令存在,其繁简程度不一,执行时间及流水线级数不同,相关的情况各异,有时避免不了产生不能连续工作的情况,这种现象称为流水线阻塞或产生了"气泡"。

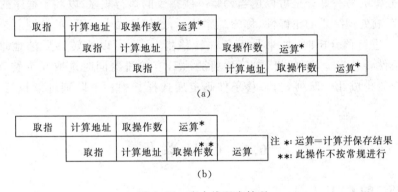

图6.29　流水线阻塞情况

一般来说,流水线级数越多,情况越复杂,而两级流水线则不存在数据相关现象。

3. 程序转移对流水线的影响

在大多数流水线机器中,当遇到条件转移指令时,确定转移与否的条件码往往由条件转移指令本身或由它前一条指令形成,只有当它流出流水线时,才能建立转移条件并决定下条指令地址。因此当条件转移指令进入流水线后直到确定下一地址之前,流水线不能继续处理后面的指令而处于等待状态,因而影响流水线效率。在某些计算机中采用了"猜测法"技术,机器先选定转移分支中的一个,按它继续取指并处理,假如条件码生成后,说明猜测是正确的,那么流水线可继续进行下去,时间得到充分利用,假如猜错了,那么要返回分支点,并要保证在分支点后已进行的工作不能破坏原有现场,否则将产生错误。对程序进行编译和优化时可根据硬件上采取的措施,使猜测正确的概率尽量高些。

在计算机运行时,当I/O设备有中断请求或机器有故障时,要求中止当前程序的执行而转入中断处理。在流水线机器中,在流水线中存在几条指令,因此就有一个如何"断流"的问题。当I/O系统提出中断时,可以考虑把流水线中的指令全部完成,而新指令则按中断程序要求取出;但当出现诸如地址错、存储器错、运算错而中断时,假如这些错误是由第i条指令发生的,那么在其后的虽已进入流水线的第 $i+1$ 条指令、第 $i+2$ 条指令、…,也是不应该再执行的。流水线机器处理中断的方法有两种:不精确断点法和精确断点法。有些机器为简化中断处理,采用了"不精确断点法",对那时还未进入流水线的后续指令不允许其再进入,但已在流水线中的所有指令则仍执行完毕,然后转入中断处理程序。由于集成电路的发展,允许增加硬件的复杂性,因此当前大部分流水线计算机采用"精确断点法",即不待已进入流水线的指令执行完毕,尽早转入中断处理。

4. 指令预取和乱序执行

由于存储器接收到地址后取出指令(或数据)需要的时间与 CPU 操作相比要长得多,这对流水线的安排是很不利的,因此可以考虑提前从存储器取出指令,暂存在 CPU 的硬件(称为指令预取部件)中,由于程序的指令一般是顺序存放在存储器(转移指令例外)中的,指令预取是有效的。指令取出后可预先进行分析,如果该指令执行时所需的操作数在存储器中,则也可以提前取出放在 CPU 的数据寄存器中,这样当指令进入流水线后的取指和取数操作都可以在 CPU 内部进行,提高了速度。

指令预分析的另一好处是可以适当调整一些指令的执行顺序,以利于程序的优化执行,其前提是不影响处理结果的正确性,称为乱序执行,这样增加了 CPU 的控制复杂程度。

在对指令进行预分析时,如果是无条件转移指令,则可以按转移后的地址取后续指令,如果是条件转移指令,有的机器采用"猜测法",有的机器同时选取几个转移分支的指令,按分支个数排成几个队列,当转移条件确定后选择其中一个队列继续执行程序,并舍弃其余队列。

6.6 CPU 举 例

6.6.1 RISC 的 CPU

本节主要以 Sun 微系统公司的 SPARC 结构为例来说明 CPU(RISC)的构成,并进一步讲述一些基本原理。

SPARC(Scalarable Processor ARChitecture)的指令系统已在第 5 章中作了介绍。

在 RISC 机的指令系统已确定的前提下,为了达到高速运算的目的,在硬件实施方面采取流水线组织尽量使大多数指令在一个机器周期内完成,并尽量缩短机器周期时间。

1. SPARC 的逻辑图

图 6.30 是 Fujitsu(富士通)公司于 1989 年生产的基于 SPARC 的 MB86901 芯片的逻辑框图,主频为 25MHz。

图 6.30 的右半部分基本上是运算器,左半部分为控制器。

ALU 是 32 位算术逻辑运算部件。Shifter 是移位器,在一个机器周期内可完成 0～31 位之间的任意位移位操作。寄存器组 Reg. File 的容量为 120×32 位。算术逻辑指令的源操作数来自寄存器组,运算结果也送往寄存器组。Result 为结果寄存器,ALU 及 Shifter 的处理结果先保存于此,然后送往寄存器组。另外来自存储器的数据 D 以及送往存储器的

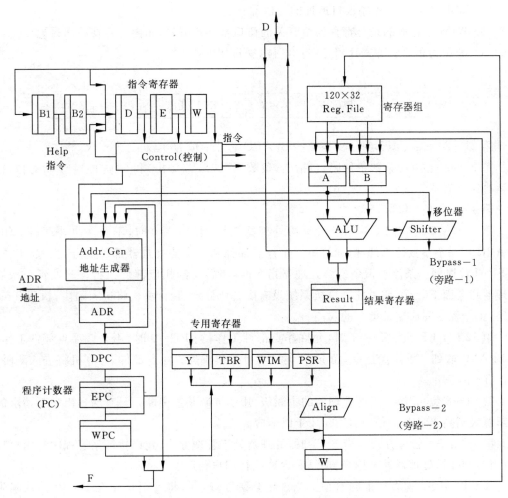

图 6.30 MB86901 芯片的逻辑框图

数据 D 也是经过 Result 寄存器再传送的。Align 为对齐电路，SPARC 支持存取字节和存取半字操作，但是字节与半字的数据存放格式在存储器中与在寄存器中有不同的规定。例如，字节在寄存器组中只允许存放在一个字的最低字节位置(其他三字节为"空")，而在存储器中则可存放在一个字的 4 个字节中的任一字节位置，为此加入 Align 电路来调整位置。

图 6.30 的左上角为一组指令寄存器，而前面所讲的 CPU 中只有一个指令寄存器，这是因为采用流水线工作方式，几条指令同时执行的缘故。在流水线的每一级都应该有一相应的指令寄存器(图中的 D、E、W)以保持每一级工作的独立性。B_1、B_2 是两个指令缓冲寄存器。Addr. Gen 为地址生成器，具有加法功能，在此形成指令地址或数据地址送往存储器，并将此地址保存在 ADR 寄存器中，如果为指令地址，则在下一节拍送往 DPC，如为数据地址，则不送 DPC。DPC、EPC 和 WPC 是一组程序计数器，存放的是分别与 D、E、W 指令寄存器内容相对应的指令地址。Control(控制)部件根据指令内容产生控制信号，采用硬布线控制技术实现。

图 6.30 中有 4 个专用寄存器。

(1) Y 寄存器用来配合进行乘法运算。

（2）TBR 提供中断程序入口地址的高位部分。

（3）WIM 中存放的是与寄存器组有关的窗口寄存器编号,此内容将在后面讨论。

（4）PSR 为程序状态寄存器,共有 32 位,安排如下:

31	28	27	24	23	20	19	14	13	12	11	8	7	6	5	4	0
IMPL		ver		N	Z V C	保 留		EC	EF	PIL		S	PS	ET	CWP	

第 31～24 位：IMPL 和 ver 在某些 SPARC 芯片中恒为 0。

第 23～20 位：为整数条件码,包括 N(负数)、Z(0)、V(溢出)和 C(进位)4 个状态位,根据运算结果置成 1 或 0。

第 19～14 位：保留。

第 13 位：EC。当 EC＝1 时,允许协处理器工作;当 EC＝0 时,不允许协处理器工作。SPARC 是一个整数运算部件,允许有一个浮点部件和一个协处理器部件配合它一起工作。当 SPARC 取到一条浮点指令或协处理器指令时,将转交给相应部件执行。若取到一条协处理器指令而 EC＝0,或者此计算机系统没有配备协处理器,计算机将进入陷阱,执行 Trap 程序,依靠程序完成这条指令的功能。

第 12 位：EF。当 EF＝1 时,允许浮点部件工作;当 EF＝0 时,不允许浮点部件工作。当 SPARC 取到一条浮点指令,而 EF＝0,或者计算机没配置浮点部件,计算机将进入陷阱,执行 Trap 程序。

第 11～8 位：PIL。当前处理器的中断级,用于屏蔽某些中断。只有当提出中断请求的中断源级别高于 PIL 的值时,CPU 才予以响应。

第 7 位：S。管理方式。当 S＝1 时,处理器处于管理方式,允许执行系统程序和用户程序;当 S＝0 时,处理器处于用户方式,只允许执行用户程序。

第 6 位：PS。保存以前的 S 值。当产生陷阱 Trap 时,将 S 值保留在 PS 中;当从陷阱返回时,将 PS 送回 S,恢复原来工作方式(管理方式或用户方式)。

第 5 位：ET。允许中断。当 ET＝1 时,允许响应中断;ET＝0 时,不允许响应中断。

第 4～0 位：CWP。当前窗口寄存器。在本节中还要作进一步讨论。

根据以上所述,可以看到 PSR 的内容将影响整机工作,一般不允许用户修改,因此 SPARC 的"写 PSR"指令为特权指令。

2. RISC 的通用寄存器

据统计,在 CISC 中,当程序运行时,访问存储器的指令占总数一半以上(有时达 70%),增加寄存器数可减少访存次数。

怎样使用寄存器,不同的 RISC 机采取不同的策略。例如 SPARC、Pyramid 等机器着重于硬件解决,采用较大容量的寄存器组,组成若干窗口,并利用重叠寄存器窗口技术来加快程序的运转;MIPS 和 HPPA 等机器则偏重于软件解决,利用一套分配寄存器的算法以及编译程序的优化处理来充分利用寄存器资源。寄存器数量及管理策略不同的会影响访问存储器指令在总指令数中所占的比例。本书主要讨论硬件解决方法。

Fujitsu 公司的 MB86901 的寄存器组内有 120 个寄存器,分成 7 个窗口。

SPARC 机指令的寄存器地址码字段长度为 5 位，允许访问 32 个寄存器，称为逻辑寄存器。在计算机运行时，有些数据是整个程序都要用到的，称为全局数据，有些数据限于当前程序段所用，称为局部数据；同样，所有程序段都能访问的寄存器称为全局寄存器，限于一个程序段所用的寄存器称为局部寄存器。

SPARC 机将 32 个逻辑寄存器分成两部分，其中 8 个称为全局寄存器（逻辑地址 0～7），和其余 24 个寄存器（逻辑地址 8～31）组成一个窗口（window）。

通常在 CISC 机中，当程序调用过程或子程序时需要传递一些数据，并将原程序中的某些寄存器中的数据保存于存储器或堆栈中，以便腾出寄存器给被调用的过程或子程序使用。当从被调用过程或子程序返回原程序时要恢复原寄存器的内容，为此设置调用（Call）和返回（Return）指令，分别完成上述调用与返回时所需进行的工作。据美国加州伯克利大学对用C语言编写的程序所作的统计，Call/Return 语句约占语句总数的 12%，而每条 Call/Return 语句要访问存储器多次，所以这类指令占总的存储器访问次数的 45% 左右，处理好 Call/Return 指令对提高机器速度的影响很大。SPARC 利用寄存器组而不是存储器来完成上述的传递参数和保留、恢复现场工作，并采用改变窗口指针的办法而省略了在寄存器之间传送的操作，因此使速度大为加快。

SPARC 允许设置若干个窗口（6～32 个之间），窗口数取决于硬件设计者所选定的物理（实际）寄存器数量。有一个指针指出当前程序所访问的窗口号，在指令地址所指出的 32 个逻辑寄存器中，r[0]～r[7]为全局寄存器，r[8]～r[31]为一个窗口中的 24 个寄存器，并将它分成输入 ins(r[24]～r[31])、局部 locals(r[16]～r[23]) 和输出 outs(r[8]～r[15])3 部分。

图 6.31 表示 3 个过程 A、B、C 所占用的寄存器以及逻辑寄存器和物理寄存器的对应关系（举例）。图中过程 A 调用过程 B，过程 B 调用过程 C，为 3 层嵌套程序，全局寄存器（物理寄存器）为 3 个过程公用，逻辑寄存器与物理寄存器的关系如表 6.5 所示。

表 6.5　重叠寄存器窗口的物理寄存器分配

过程	逻辑寄存器	物理寄存器
A	r[8]～r[31]	r[40]～r[63]
B	r[8]～r[31]	r[24]～r[47]
C	r[8]～r[31]	r[8]～r[31]

当过程 A 调用过程 B 时，将要传递的参数预先送入 outs 部分（逻辑寄存器 r[8]～r[15]），即物理寄存器 r[40]～r[47]，过程 A 所用的局部数据仍留在 locals 部分，即物理寄存器 r[48]～r[55]，然后调用过程 B。由于过程 A 的 outs 与过程 B 的 ins 的物理寄存器重叠，因此过程 B 可直接从 r[40]～r[47]取得参数，然后使用它自己的局部寄存器 locals（逻辑寄存器 r[16]～r[23]，物理寄存器 r[32]～r[39]），由于它所用的物理寄存器与过程 A 不同，所以不必保存现场；同样，当过程 B 调用过程 C 时，将输出参数送到过程 B 的 outs 部分，也就是过程 C 的 ins 部分。

下面讨论程序返回时的情况，当从过程 C 返回到过程 B 时，将返回参数送入过程 C 的 ins，由于寄存器窗口重叠，因此过程 B 可直接从它本身窗口的 outs 部分得到返回参数。由

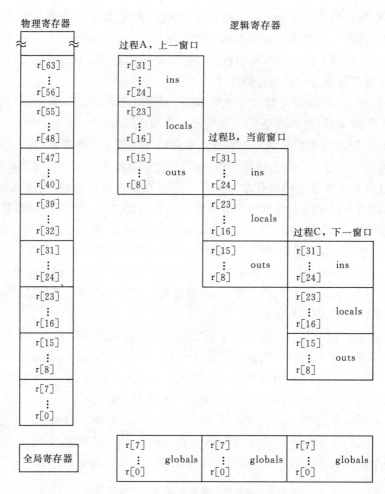

图 6.31　寄存器窗口过程调用

上述方法实现程序嵌套时,Call/Return 指令操作非常简单,不需要为传递参数以及保留恢复现场而访问存储器,因而可用一个机器周期完成指令所规定的操作。

每一窗口给一编号,且予以循环处理。MB86901 有 7 个窗口,编号从 0～6($W_0 \sim W_6$),那么第 5 窗口的上一窗口为 6,而第 6 窗口的上一窗口编号为 0。

上例假设每个窗口的 ins、locals、outs 三个部分各为 8 个寄存器,可根据需要调整。

逻辑寄存器地址要转换成物理寄存器地址后才能读/写寄存器,转换过程与窗口编号有关。设当前程序所用的窗口编号用当前窗口指针(current window pointer,CWP)表示,则当调用一个过程时执行 CWP−1 操作,返回(Return)时执行 CWP+1 操作。

120 个物理寄存器地址需用 7 位二进制码表示,因此要将当前窗口指针(CWP)和指令地址码部分给出的 5 位地址转换成 7 位物理地址。

当用户编程时,允许用户程序使用的窗口数比总窗口数少一个,这一个是留给中断程序使用的。因为当外部送来中断请求信号或内部有故障要进行中断处理时,中断程序要占用一个窗口,其情况与调用过程相类似。另外中断程序只能使用当前窗口的局部寄存器,否则在窗口用满时,可能会破坏原存在下一窗口 ins 寄存器中的内容或上一窗口 outs 寄存器中的内容。

嵌套层次受窗口数限制,当窗口将用满时,如果再来一条调用指令或中断请求,将产生窗口溢出情况,此时就按先进先出原则将在寄存器中保存时间最长的一个窗口内容调到存储器中保存起来,同样当以后用到该内容时,还需从存储器取出予以恢复。

SPARC 利用 WIM 寄存器来指示在寄存器组中保存数据时间最长的一个窗口。

在程序中,每个过程所需的 ins、locals 与 outs 寄存器数可能不同,因此会发生寄存器使用不充分或不够用的情况,前者没有充分发挥寄存器的作用,后者需要访问存储器。寄存器的有效使用问题在程序编译时由编译程序予以优化解决。

3. 流水线组织

所谓流水线实际上是将一条指令的实现过程分成时间上大体相等的几个阶段,然后使几条指令的不同阶段在时间上重叠起来进行。

1) 取指、译码、执行等操作所需时间的分析

(1) 对所有指令、取指操作的实现是相同的。现代计算机的主存储器容量比较大,它的读/写操作速度明显低于运算和逻辑电路。在微机中,经常插入等待周期,以匹配两者的时间差距。为减少或消除等待时间(完全消除不容易实现),无论是 CISC 或 RISC 可以采取指令预取或 cache 存储器两种方法。cache 存储器(参见第 7 章)是在 CPU 和存储器之间设置的一个高速缓冲存储器,存放了 CPU 最近用到的指令/数据,其存取时间比主存短得多。

例如,基于 CISC 技术的 Intel 80386 微处理器采取预取指令 16 字节(平均为 5 条指令)到寄存器组中的方法,当需要执行该指令时就可很快从寄存器组中取出。但是在计算机中频繁出现的转移指令和中断请求等会改变程序的执行顺序,这将使从存储器中预取的指令失效。这不仅增加了存储器的读写频率,以致影响总线效率,而且还要等待从存储器中取出当前要执行的指令,以致使流水线处于暂时阻塞或停顿状态。也有的计算机采用容量较大的指令栈,因而使某些小循环程序能容纳在栈中,减低存储器的访问频率。但是遇到非循环类型指令仍然无效,而其容量终究有限,又增加了控制的复杂性。cache 存储器不存在上述问题,但是它有不命中的情况存在,主存储器的速度慢,不命中时取指的时间就很长。总之,各个方案都有利弊。当前大多数计算机往往同时采用指令预取和 cache 两种方法。

(2) 指令译码时间。由于设计 RISC 指令系统时经过周密考虑,指令格式固定,所以译码时间较短。大部分控制信号经过一级与门和一级或门即可形成,所以译码不一定独占流水线的一段,可以与其他操作一起安排在流水线的某一段内。SPARC 将译码和"从寄存器取数"安排在同一段内。

(3) 执行时间。在 RISC 中,利用 ALU 进行运算的指令基本上分成两类:一类是算术逻辑指令,对寄存器中的操作数进行运算后,结果仍送回寄存器;另一类是访问存储器的 Load/Store 指令或转移指令,需要对地址进行计算,但不处理数据。

当 ALU 运算结束后,假如出现一些错误,例如数据溢出、地址越界等,则要求中断当前程序,进入陷阱(trap)进行处理。一般要求执行段在一个机器周期内完成 ALU 运算及对结果的判断(包括由此产生的一些控制信号)。在流水线机器中,这可能是时间最长的一个阶段,同时又是情况最复杂的阶段(每条指令都有它的特定操作需要执行)。这往往是确定机器周期的依据。对于一些更为复杂的操作,例如乘法运算、存取双字等,或者增加机器周期,或者增设硬件解决之。

在 SPARC 处理器中,设计了两个 ALU 部件,分别进行数据和地址计算(图 6.40 中的

ALU 和地址生成器）。

2）SPARC 指令流水线分析（参考图 6.30 所示的 SPARC 逻辑图）

SPARC 与存储器之间的数据传送宽度为 32 位，一次访存能取出一条指令或存取 32 位数据。在存储系统中只设置一个 cache，因此取指和存取数据不能同时进行。

大部分指令按四级流水线工作，每个周期完成一条指令，称为单周期流水线，如图 6.32 所示。从存储器取来的指令一般先送到 D 寄存器译码，然后在下一机器周期送到 E 寄存器，在再下一个机器周期送 W 寄存器。D、E 和 W 是处于流水线不同级上的指令寄存器。通过 Control 逻辑电路分别产生"取指"、"译码"、"执行"和"写"操作所需的控制信号。

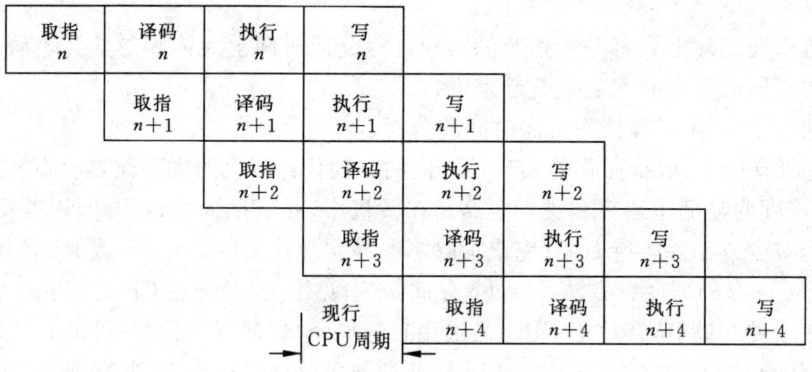

取指 n	译码 n	执行 n	写 n				
	取指 $n+1$	译码 $n+1$	执行 $n+1$	写 $n+1$			
		取指 $n+2$	译码 $n+2$	执行 $n+2$	写 $n+2$		
			取指 $n+3$	译码 $n+3$	执行 $n+3$	写 $n+3$	
		现行 CPU周期	取指 $n+4$	译码 $n+4$	执行 $n+4$	写 $n+4$	

图 6.32　单周期流水线

例如，执行算术逻辑运算指令时，在"译码"段完成从寄存器取源操作数工作，在"执行"段进行指令所指定的算术逻辑运算（在 ALU 中），在写阶段将结果写回寄存器，并根据运算结果置条件码（N、Z、V、C）。在第 5 章中将 N、Z、V、C 称为状态位。

观察图 6.32 的"现行 CPU 周期"，有 4 条指令在同时工作，当 CPU 从存储器取第 $n+$3 条指令时，第 $n+2$ 条指令在 D 寄存器，第 $n+1$ 条指令在 E 寄存器，第 n 条指令在 W 寄存器。机器周期的选择应保证每一段流水线都能完成指定的工作，一般存储器速度比较低，因此增设 cache 予以缓冲。在 CPU 内部，执行段（ALU 运算）所需时间较长。

Load/Store 指令需要存/取数据，因此这类指令通过流水线的时间超过 4 个周期。图 6.33 为 Load 指令的双周期流水线。增加的一个周期用于总线传送数据，而将取指操作推迟一个周期。Load 指令在流水线的 D 段完成从寄存器组中取出内容，供 E 段计算存储单元的地址用，然后还需要两个周期分别完成从存储器取出数据和将数据写入寄存器的工

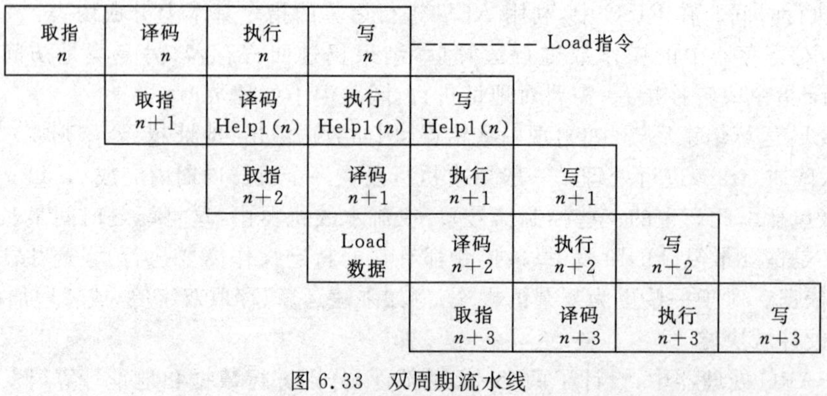

取指 n	译码 n	执行 n	写 n	———————— Load指令		
	取指 $n+1$	译码 Help1(n)	执行 Help1(n)	写 Help1(n)		
		取指 $n+2$	译码 $n+1$	执行 $n+1$	写 $n+1$	
			Load 数据	译码 $n+2$	执行 $n+2$	写 $n+2$
			取指 $n+3$	译码 $n+3$	执行 $n+3$	写 $n+3$

图 6.33　双周期流水线

作。为便于控制,MB86901 在"译码"段译出 Load 指令后,立即自动生成一条内部操作指令(称为"Help"指令)送入 D 寄存器,并将此时在总线上的下一条指令送入指令缓冲寄存器 B₁。这样在 Load 指令的写周期完成访存操作,在 Help 指令的写周期将数据写入寄存器,Load 指令在流水线上占用了两条指令时间,因此称为双周期指令。在 Help 指令的译码周期和执行周期实际不进行任何操作。

在总线上出现的代码顺序如下:

1	2	3	4	5	6 周 期
第 n 条指令	第 $n+1$ 条指令	第 $n+2$ 条指令	数 据	第 $n+3$ 条指令	…

第 $n+2$ 条指令也是送到 B₁,同时将 B₁ 中存放的第 $n+1$ 条指令送到 D 寄存器。

下面讨论在程序执行时可能会遇到的几个问题。

(1) 数据相关问题

当执行单周期指令时(例如算术逻辑运算指令),如果第 $n+1$ 条指令要取的源操作数是第 n 条指令的运算结果,则通过图 6.30 逻辑图中的 Bypass-1 直接将 ALU 的输出送到 A 或 B 寄存器,第 n 条指令仍为单周期指令;如第 $n+2$ 条指令要取的源操作数是第 n 条指令的运算结果,则通过 Bypass-2 将第 n 条指令的运算结果直接送到 A 或 B 寄存器。

(2) cache 不命中

在访存时,如果 cache 不命中,则通过双方"握手"信号让 CPU 等待。

(3) 产生故障陷阱(trap)

图 6.34 为产生 trap 时的指令流水线。如第 n 条指令执行过程中产生错误,此时将取消"写"周期所进行的操作,并将 E 寄存器和 D 寄存器的操作码置成"不操作",同时不再取第 $n+3$ 条指令,而进入 trap 程序的入口。

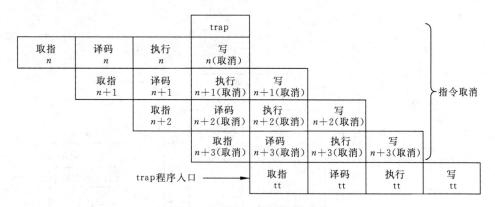

图 6.34　产生 trap 时的流水线

(4) 条件转移指令

在条件转移的情况下,要经过判断条件计算地址后才能得到转移地址,因此不能保证流水线畅通。在 RISC 中,依靠编译优化,在转移指令(n)的后面插入一条必执行的指令($n+1$),其流水线如图 6.35 所示。SPARC 的 Branch 指令采取相对转移寻址方式,在"译码"阶段计算转移地址(PC+Disp)。经过上述处理后,Branch 指令就成为单周期指令了。

SPARC 的 JMPL 指令在"执行"段计算地址,即使在其后面插入一条延迟转移指令,仍

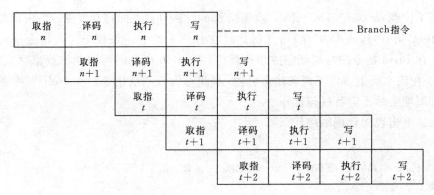

图 6.35　Branch 指令的流水线

为双周期指令。

　　总之,在流水线计算机中,条件转移和中断处理等均会影响机器运行速度。

6.6.2　Pentium 微处理器

　　图 6.36 为 Pentium 微处理器的逻辑框图。

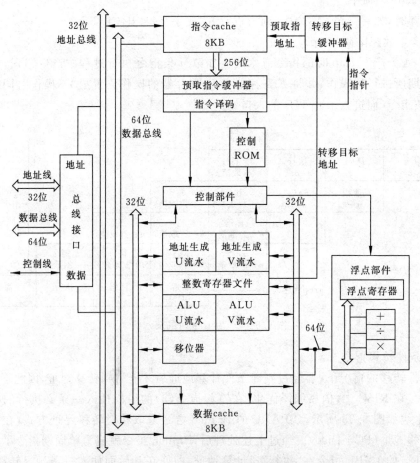

图 6.36　Pentium 微处理器逻辑框图

处理器中有两个整数流水线,U 流水线和 V 流水线。可同时执行两条 80x86 指令;一个浮点部件,执行 80x87 指令,其中包含有一组浮点寄存器,并能完成 80 位精度的浮点数流水线操作。某些浮点指令,诸如取 64 位操作数等还是由整数部件完成的,浮点部件完成浮点运算操作。

芯片内含有 8KB 指令 cache 和 8KB 数据 cache。

8KB 指令 cache 能快速提供指令,如果 CPU 操作所需的指令不在指令 cache 中,则通过外部数据总线从主存取得指令并复制到指令 cache 中。

Pentium 采用转移预测技术,在转移目标缓冲器中保存着转移指令的转移目标地址,可提前将指令从存储器取到指令 cache 中。转移目标缓冲器、预取指令缓冲器和指令 cache 工作可保证 CPU 能尽快取得所需的指令。指令 cache 与预取指令缓冲器之间传送数据的宽度为 256 位。

Pentium 通过 32 位地址总线和 64 位数据总线与外界进行联系。

6.7 计算机的供电

计算机的直流电源是由交流电源经过整流、稳压而得到的。一般逻辑电路需要 +5V 直流电压。为了满足动态存储器、磁盘驱动器和通信适配器等电路的需要,通常还要提供其他直流电压。为了减少机器功耗,电源朝着降低电压值方向发展,例如将 CPU 的电压从 +5V 降低到 3.5V、1.8V。

为了得到稳定可靠的直流电压,对交流电源的电压波动范围和稳定性提出一定要求,尤其是当附近有使用功率较大的设备时更需注意,有时不得不考虑单独供电,以隔离其他设备工作时(例如开启和停机)所引起的交流电源波动。

大部分计算机是依靠市电供电的,市电可能会因负载不同而有波动;也可能因其他大型用电设备开启或关断,以及遇到雷电等情况而引起瞬间电压脉冲,甚至断电。上述市电问题会引起计算机数据出现错误、死机甚至损坏设备。如何解决这些市电问题,给计算机提供连续的、稳定的交流正弧波电源正是不间断电源(uninterrupted power supply,UPS)的责任。

市场上供应的各种 UPS 基本上可分成后备式和在线式两类。后备式价格便宜,当输入 UPS 的市电电压和频率满足 UPS 的要求时,直接将市电作为 UPS 的输出;当输入不满足要求时,则在 UPS 内由一个逆变器将电池的直流电逆变成交流市电提供给计算机使用。平时则由输入的交流电通过充电器向电池充电。

图 6.37 为在线式 UPS 结构框图,主要用于大型计算机网络通信设备、控制系统等的供电。首先将输入交流电整流成直流电,再由逆变器将直流电逆变成交流电。在大部分情况下,负载由逆变器输出的正弦波供电,解决了存在的市电问题,只有在过载或逆变器损坏时才由市电直接供电。

根据稳压原理的不同,常用的直流稳压电流有两种:串联线性调整型稳压源和脉冲调宽型稳压源。至于稳压电源的工作原理在此不作介绍。

计算机的直流电源一般都有过压保护和过流保护,当产生过压或过流情况时,自动切断所有直流电源,以避免电源本身和设备电路的损坏。

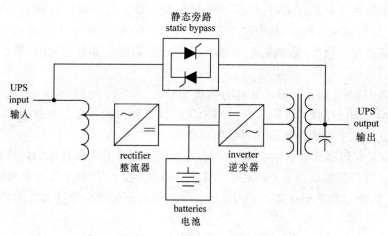

图 6.37　在线式 UPS 结构框图

　　计算机运行时,各直流电压的电流在一定范围内变化,当瞬时电流变化较大时,会影响输出直流电压的稳定性。为减少瞬时电流变化对电压的影响,在直流电压的输出端以及负载端往往接上大电容,并在插件板上分布安装数量较多的小电容。电容用于消除直流电源线上的噪音干扰。

　　当计算机的电源系统接通交流电时,各种直流电压达到稳定值的时间各不相同。查阅电子器件手册得知,为了保证器件中的电路可靠工作,对直流电压的数值有一定要求。例如,限制在标准值±5％范围内。为此计算机加电后要待所有电压都达到机器中所有电路都能可靠工作的最小值时,才允许计算机进行工作。假如达不到这一要求,那么在直流电压达到正常之前,计算机将进行不可预计的操作,造成不允许的错误。在计算机上通常是依靠总清信号(reset)封锁时序电路的工作,并禁止向机器各部分发出时钟脉冲 CLK。待所有电压都达到正常值时,才自动撤除总清信号,发出时钟信号 CLK,机器开始执行程序。

　　为计算机设计的稳压电源,除了按需要输出各种直流电源以外,有时还有一个"电源正常"信号,它表示本电源输出的各路直流电压的电平都已达到计算机能工作的"正常"数值。当计算机刚加电时,为可靠起见,往往在各路直流电压的电位达到上述"正常"数值后,再延迟一段时间(100～500ms)才产生"电源正常"信号,并用"电源正常"信号(即电源不正常)产生 reset 信号。在计算机运行时,如果交流电压有故障(停电或交流电压过高、过低),则依靠接在各直流电压上的大电容再维持一段时间(1 到几毫秒)正常电压,计算机的有关控制电路发出中断请求信号,CPU 响应中断后,中止当前程序的执行,转入中断程序进行必要的处理,以上所述的维持 1 到几毫秒正常电压时间正是为了处理中断程序的需要。处理完毕后停机。

　　控制器的基本原理的阐述到此告一段落,由于控制器是计算机中最复杂的部件,无论是设计或理解都比较困难。根据作者多年工作与教学经验,听课或看书是学习控制器的重要一步,但仅限于此是不够的,最好能从下面几种辅助手段中选择一种来加强学习效果:阅读一台比较简单的机器的逻辑图,或设计并实现若干条指令系统的计算机模型。

　　为了提高计算机的运行速度,实际的计算机更复杂,近年来,多台计算机或多个运算部件的并行处理系统得到很快的发展,更增加了复杂性,这些将留在本书第 12 章讨论。

最后需要强调的是,各台计算机的指令系统以及为实现指令系统功能而进行的逻辑设计、机器的逻辑图、机器的时序和流水线方案等千差万别、变化多端。所以学习时在弄懂基本原理的基础上要掌握其灵活性。

习　题

6.1　CPU 结构如下图所示,其中有一个累加寄存器 AC、一个状态条件寄存器和其他 4 个寄存器,各部分之间的连线表示数据通路,箭头表示信息传送方向。要求:

(1) 标明图中 a、b、c、d 这 4 个寄存器的名称。

(2) 简述指令从主存取出到产生控制信号的数据通路。

(3) 简述数据在运算器和主存之间进行存/取访问的数据通路。

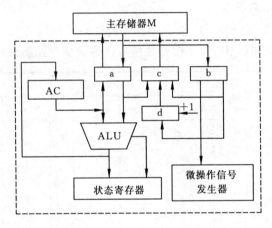

6.2　设某计算机运算控制器逻辑图如图 6.6 所示,控制信号意义如表 6.1 所示,指令格式和微指令格式如下:

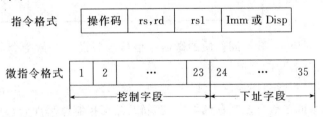

其中 1~23 位代表的 1~23 号控制信号如表 6.1 所示。

试写出下述 3 条指令的微程序编码:

(1) JMP(无条件转移到(rs1)＋Disp)

(2) Load(从(rs1)＋Disp 指示的内存单元取数,送 rs 保存)

(3) Store(把 rs 内容送到(rs1)＋Disp 指示的内存单元)

提示:先列出各指令的执行步骤和每步所需的控制信号,最后再写出编码。

6.3　按图 6.10 给出的电路,设 $CP＝T_2·CLK·\overline{CLK_2}$,一级门的延迟 a 略少于触发器的翻转时间 b,画出 CLK_2、$\overline{CLK_2}$、CLK、$CP－T_1$、T_1、CP 的时间关系图。如果用一级与门实现 $CP'＝T_2·CLK·CLK_2$,是否能产生导前于 CP 的工作脉冲?

6.4 从供选择的答案中,选出正确答案填入 ☐ 中。

微指令分成水平型微指令和 ☐A☐ 两类。 ☐B☐ 可同时执行若干个微操作,所以执行指令的速度比 ☐C☐ 快。

在实现微程序时,取下一条微指令和执行本条微指令一般是 ☐D☐ 进行的,而微指令之间是 ☐E☐ 执行的。

实现机器指令的微程序一般是存放在 ☐F☐ 中的,而用户可写的控制存储器则由 ☐G☐ 组成。

供选择的答案如下。

A~C:① 微指令;② 微操作;③ 水平型微指令;④ 垂直型微指令。

D,E:① 顺序;② 重叠。

F,G:① 随机存储器(RAM);② 只读存储器(ROM)。

6.5 某机有 8 条微指令 I1~I8,每条微指令所包含的微命令控制信号如下表所示。

微指令	微命令信号									
	a	b	c	d	e	f	g	h	i	j
I1	√	√	√	√	√					
I2	√			√		√	√			
I3		√						√		
I4			√							
I5			√		√		√		√	
I6	√							√		√
I7			√	√				√		
I8	√	√						√		

a~j 分别对应 10 种不同性质的微命令信号。假设一条微指令的控制字段为 8 位,请安排微指令的控制字段格式。

6.6 已知某机采用微程序控制方式,其控制存储器容量为 512×48(位)。微指令字长为 48 位,微程序可在整个控制存储器中实现转移,可控制微程序转移的条件共 4 个(直接控制),微指令采用水平型格式,如下图所示。请问微指令中的 3 个字段分别应为多少位?

微指令字段	判别测试字段	下地址字段
操作控制	顺序控制	

6.7 参照图 6.6、图 6.8 和表 6.1 画出下述 3 条指令的微程序流程图:

(1) JMP Disp (相对寻址)

(2) Load rs @ rs1 (间接寻址)

(3) ADD rs rs1 (寄存器寻址)

6.8 假设某计算机采用 4 级流水线(取指、译码、执行、送结果),其中译码可同时完成从寄存器取数的操作,并假设存储器的读/写操作(允许同时取指和取数)可在一个机器周期内完成,问顺序执行题 6.7 的 3 条指令,总共需要多少周期?

6.9 接上题,如果分别用硬布线和微程序两种方法实现,是否会影响所需的周期数?

6.10 今有三位计数器,其 8 个译码输出不允许有毛刺,应该如何设计编码?并写出最低位的 D 型触发器的输入逻辑表达式。

6.11 在计算机中实现乘法运算一般可用软件、硬件(组合逻辑)和微码控制 3 种方法。请简述:

(1) 实现上述 3 种方法的基本原理。

(2) 各种方法实现时所需配备的硬件设备。

(3) 各种方法速度比较。

6.12 设有主频为 16MHz 的微处理器,平均每条指令的执行时间为两个机器周期,每个机器周期由两个时钟脉冲组成。问:

(1) 存储器为"0 等待",求出机器速度。

(2) 假如每两个机器周期中有一个是访存周期,需插入 1 个机器周期的等待时间,求机器速度。

("0 等待"表示存储器可在一个机器周期完成读/写操作,因此不需要插入等待时间)

6.13 从供选择的答案中选出正确答案,填入 ☐ 中。

微机 A 和 B 是采用不同主频的 CPU 芯片,片内逻辑电路完全相同。若 A 机的 CPU 主频为 8MHz,B 机为 12MHz。则 A 机的 CPU 主振周期为 ☐A μs。如 A 机的平均指令执行速度为 0.4MIPS,那么 A 机的平均指令周期为 ☐B μs,B 机的平均指令执行为 ☐C MIPS。

供选择的答案如下。

A~C: ①0.125;②0.25;③0.5;④0.6;⑤1.25;⑥1.6;⑦2.5。

6.14 从供选择的答案中选出正确答案,填入 ☐ 中。

某机采用两级流水线组织,第一级为取指、译码,需要 200ns 完成操作;第二级为执行周期,大部分指令能在 180ns 内完成,但有两条指令要 360ns 才能完成,在程序运行时,这类指令所占比例为 5%~10%。

根据上述情况,机器周期(即一级流水线时间)应选为 ☐A 。两条执行周期长的指令采用 ☐B 的方法解决。

供选择的答案如下。

A: ①180ns;②190ns;③200ns;④360ns。

B: ①机器周期选为 360ns;②用两个机器周期完成。

6.15 造成流水线阻塞的因素有多个。试列举 3 个造成流水线阻塞的因素,并给出其中两个的化解措施。

6.16 请设计满足 SPARC 的 JMPL 指令功能的指令流水线。

6.17 机器加电后第一条执行的指令地址是怎样形成的?

6.18 某机的微指令格式中有 10 个独立的控制字段 $C_0 \sim C_9$，每个控制字段有 Ni 个互斥控制信号，Ni 的值如下：

字段	0	1	2	3	4	5	6	7	8	9
Ni	4	6	3	11	9	5	7	1	8	15

请回答：

(1) 这 10 个控制字段，采用编码表示法，需要多少控制位？

(2) 如果采用完全水平型编码方式，需要多少控制位？

6.19 请分析表 6.4 SPARC 算术逻辑指令操作码的设计有何特点？

第 7 章 存 储 系 统

在计算机中，一般用半导体存储器 DRAM 作为主存储器（简称主存或内存），存放当前正在执行的程序和数据；而用磁盘、磁带和光盘作为外存储器或辅助存储器（简称外存或辅存），存放当前不在运行的大量程序和数据。

半导体存储器可随机访问任一单元，而辅助存储器一般为串行访问存储器。读写辅助存储器内容时，需要顺序地一位一位地进行，访问指定信息所需时间与信息所在位置有关。

串行存储器又可分成顺序存取存储器和直接存取存储器。例如，磁带上的信息以顺序的方式存储，读写时要待磁带移动到合适位置后才能顺序读写，耗费较多时间，称为顺序存取存储器。磁盘存储器对信息的存取包括两个操作：（1）磁头直接移动到信息所在区域（磁道）；（2）从该磁道的合适位置开始顺序读写。比磁带要快得多，称为直接存取存储器。

7.1 存储系统的层次结构

操作系统和硬件结合，把主存和辅存统一成了一个整体，形成了一个存储层次。从整体看，其速度接近于主存的速度，其容量则接近于辅存的容量。这种系统不断发展和完善，就形成了现在广泛使用的虚拟存储系统。在系统中，应用程序员可用机器指令地址码对整个程序统一编址，如同程序员具有对应这个地址码宽度的全部虚存空间一样。该空间可以比主存的实际空间大得多，其地址码称为虚地址（虚存地址、虚拟地址）或逻辑地址，其对应的存储容量称为虚存容量或虚存空间；而把实际主存的地址称为物理地址或实（存）地址，其对应的存储容量称为主存容量或实存容量。

当 CPU 用虚地址访问主存时，机器自动地把它经辅助软件、硬件变换成主存实地址。查看这个地址所对应的单元内容是否已经装入主存，如果在主存就进行访问，如果不在主存内就经辅助软件、硬件把它所在的那块程序和数据从辅存调入主存，而后进行访问。这些操作都不必由程序员来安排，也就是说，对应用程序员是透明的。在计算机中，随着各种资源的丰盛，在软硬件配合下，完成类似的操作。而且不需要应用程序员参与，称之为虚拟化。

主存-辅存层次满足了存储器的大容量和低成本需求。

在速度方面，计算机的主存和 CPU 一直保持了大约一个数量级的差距。于是在 CPU 和主存中间设置高速缓冲存储器，构成高速缓存（cache）-主存层次，要求 cache 在速度上能跟得上 CPU 的要求。该层次完全由硬件来实现。

从 CPU 的角度看，cache-主存层次的速度接近于 cache，容量与每位价格则接近于主存。因此，解决了速度与成本之间的矛盾。

现代大多数计算机同时采用这两种存储层次，构成 cache-主存-辅存三级存储层次，如图 7.1 所示。其中 cache 容量最小，辅存容量最大。

图 7.1 三层次存储系统

7.2 高速缓冲存储器(cache)

7.2.1 cache 工作原理

对大量典型程序的运行情况的分析结果表明,在一个较短的时间间隔内,程序访问的地址往往集中在存储器逻辑地址空间的很小范围内。程序地址的分布本来就是连续的,再加上循环程序段和子程序段要重复执行多次,因此,对程序地址的访问就自然地具有相对集中的倾向。数据分布的这种集中倾向不如指令明显,但在短时间内对数组的存储和访问以及工作单元的选择都可以使存储器地址相对集中。这种对局部范围的存储器地址频繁访问的现象就称为程序访问的局部性。

根据局部性原理,在主存和 CPU 之间设置了 cache。如果当前正在执行的程序和数据存放在 cache 中,当程序运行时,不必从主存储器取指令和取数据,访问 cache 即可。cache一般由 SRAM 组成。

图 7.2 表示 cache 的基本结构。

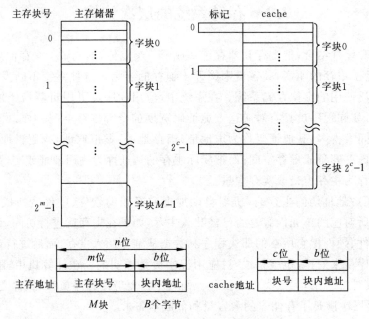

图 7.2 cache 的基本结构

设主存有 2^n 个单元,地址码为 n 位,将主存分块(block),每块有 B 个字节,则共分成 $M=2^n/B$ 块。cache 也由同样大小的块组成,由于其容量小,所以块的数目小得多,主存中只有一小部分块的内容可存放在 cache 中。

在 cache 中,每一块外加有一个标记,指明它是主存的哪一块的副本,所以该标记的内容相当于主存中块的编号,设主存地址为 n 位,且 $n=m+b$,则:主存的块数 $M=2^m$,块内字节数 $B=2^b$。cache 地址码为 $(c+b)$ 位。cache 的块数为 2^c。块内字节数与主存相同。m、c、b 的意义在图 7.2 中标明。

当 CPU 发出读请求时,将主存地址 m 位(或 m 位中的一部分)与 cache 某块的标记相比较。当比较结果相等时,说明需要的数据已在 cache 的这一块中,那么直接访问 cache 就行了,在 CPU 与 cache 之间,通常一次传送一个字块;当比较结果不相等时,说明需要的数据尚未调入 cache,那么就要把该数据所在的整个字块从主存一次调进来。前一种情况称为访问 cache 命中,后一种情况称为访问 cache 不命中。块的大小称为"块长"。块长一般取一个主存周期所能调出的信息长度。例如,模 16 交叉存储的主存,当每个分体为单字宽时,其 cache 的块长一般为 16 个字。

cache 的容量和块的大小是影响 cache 的效率的重要因素。通常用"命中率"来测量 cache 的效率。命中率指 CPU 所要访问的信息是否在 cache 中的比率,而将所要访问的信息不在 cache 中的比率称为失效率。一般来说,cache 的存储容量比主存的容量小得多,但不能太小,太小会使命中率太低;也没有必要过大,过大不仅会增加成本,而且当容量超过一定值后,命中率随容量的增加将不会有明显的增长。但随着芯片价格的下降,cache 的容量还是不断增大,已发展到若干 MB。

在从主存读出新的字块调入 cache 时,如果遇到 cache 中相应的位置已被其他字块占有,那么就必须去掉一个旧的字块,让位于一个新的字块。这种替换应该遵循一定的规则,最好能使被替换的字块是下一段时间内估计最少使用的。这些规则称为替换策略或替换算法,由替换部件加以实现。

cache 中保存的字块是主存中相应字块的一个副本。如果程序执行过程中要对该字块的某个单元进行写操作,就会遇到如何保持 cache 与主存的存储内容一致性问题。通常有两种写入方式:一种方式是暂时只向 cache 写入,并用标志加以注明,直到经过修改的字块被从 cache 中替换出来时才一次写入主存;第二种方式是每次写入 cache 时也同时写入主存,使 cache 和主存保持一致。前一种方式称为标志交换(flag-swap)方式或"写回法",主存中的字块未经随时修改而可能失效。后一种方式称为通过式写(write-through)或"写通法",能随时保持主存数据的正确性。但是,有可能要增加多次不必要的向主存的写入(当向 cache 某一单元写入多次时)。当被修改的单元根本就不在 cache 时,可以另有一种写操作方法:写操作直接对主存进行,而不写入 cache。

为了说明标记是否有效,每个标记至少还应设置一个有效位,当机器刚加电启动时,总机的 $\overline{\text{reset}}$ 信号或执行程序将所有标记的有效位"置 0",使标记无效。在程序执行过程中,当 cache 不命中时逐步将指令块或数据块从主存调入 cache 中的某一块,并将这一块标记中的有效位"置 1",当再次用到这一块中的指令或数据时,肯定命中,可直接从 cache 中取指或取数。从这里也可看到,刚加电后所有标记位都为 0,因此开始执行程序时,命中率较低。另外 cache 的命中率还与程序本身有关,即不同的程序,其命中率可能不同。

具有 cache 的存储器,其平均存取时间计算如下。

设 cache 的存取时间为 t_c,命中率为 h,主存的存取时间为 t_M,则平均存取时间 $= h \cdot t_c + (1-h)(t_c + t_M)$。

7.2.2 cache 组织

1. 地址映像

为了把信息存放到 cache 中,必须应用某种函数把主存地址映像到 cache,称作地址映像。在信息按照这种映像关系装入 cache 后,执行程序时,应将主存地址变换成 cache 地址,这个变换过程叫做地址变换。地址的映像和变换是密切相关的。

下面介绍几种基本的地址映像方式,它们是直接映像、全相联映像和组相联映像。为了说明这几种映像方式,假设主存储器空间被分为 $M_m(0), M_m(1), \cdots, M_m(i), \cdots, M_m(2^m-1)$ 共 2^m 个块,字块大小为 2^b 个字;cache 存储空间被分为 $M_c(0), M_c(1), \cdots, M_c(j), \cdots, M_c(2^c-1)$,共 2^c 个同样大小的块。

1) 直接映像

在直接映像方式中,主存和 cache 中字块的对应关系如图 7.3 所示。直接映像函数可定义为:

$$j = i \bmod 2^c$$

其中 j 是 cache 的字块号,i 是主存的字块号。在这种映像方式中,主存的第 0 块、第 2^c 块、第 2^{c+1} 块、$\cdots$ 只能映像到 cache 的第 0 块,而主存的第 1 块、第 2^c+1 块、第 $2^{c+1}+1$ 块、$\cdots$ 只能映像到 cache 的第 1 块。

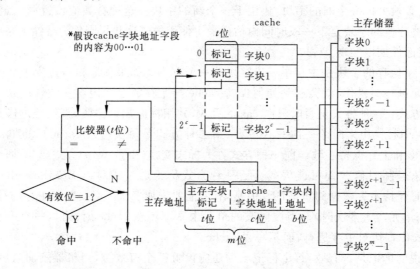

图 7.3 直接映像 cache 组织

直接映像的优点是实现简单,只需利用主存地址按某些字段直接判断,即可确定所需字块是否已在 cache 中。在图 7.3 中,主存地址末 b 位是字块内地址(假定为字地址);中间 c 位是 cache 字块地址,又称组地址;高 $(m-c)=t$ 位就是主存字块标记,又称区地址,是记录在相应 cache 块标记中的内容,当有效位为 1 时,它表明该数据块是主存哪一块数据的副本。cache 在接收到 CPU 送来的主存地址和读/写命令后,只需将中间 c 位字段作为 cache 地址,找到 cache 字块,然后看其标记是否与主存地址高 t 位符合,如果符合且有效位为 1,则可根据 b 位块内地址,从 cache 中取得所需指令或数据;如果不符合或有效位为 0,就从主存读入新的字块来替换 cache 中的旧字块,并将块中 CPU 所需数据送往 CPU,同时修改 cache 标记。假如原来有效位为 0,还要将有效位改置成 1。

直接映像方式的缺点是不够灵活,即主存的 2^t 个字块只能对应唯一的 cache 字块,因此,即使 cache 别的许多地址空着也不能占用。这使得 cache 存储空间得不到充分利用,并降低了命中率。

2）全相联映像

全相联映像方式是最灵活但成本最高的一种方式，如图 7.4 所示。它允许主存中的每一个字块映像到 cache 的任何一个字块位置上，也允许从确实已被占满的 cache 中替换出任何一个旧字块。这是一个理想的方案。实际上由于它的成本太高而不能采用。不只是它的标记位数从 t 位增加到 $t+c$ 位（与直接映像相比），使 cache 标记容量加大，主要问题是在访问 cache 时，需要和 cache 的全部标记进行"比较"才能判断出所访主存地址的内容是否已在 cache 中。由于 cache 速度要求高，所以全部"比较"操作都要用硬件（门电路和触发器）实现，通常由"按内容寻址"的存储器（称为相联存储器）完成。所需逻辑电路甚多，以致无法用于

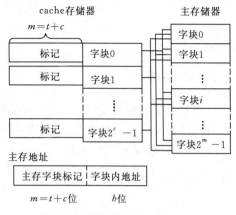

图 7.4　全相联映像 cache 组织

cache 中。实际的 cache 组织则是采取各种措施来减少所需比较的地址数目。

3）组相联映像

组相联映像方式是直接映像和全相联映像方式的一种折衷方案。组相联映像 cache 组织如图 7.5 所示，它把 cache 字块分为 2^c 组，每组包含 2^r 个字块，在该图中，$r=1$，所以组内含 2 个字块。这种映像方式的特点是：①组间为直接映像，即主存的第 0 块、第 2^c 块、第 2^{c+1} 块、…只能映像到 cache 的第 0 组。其他组的映像关系类似。②组内的字块为全相联映像，即主存可以映像到组内任意一个字块位置。

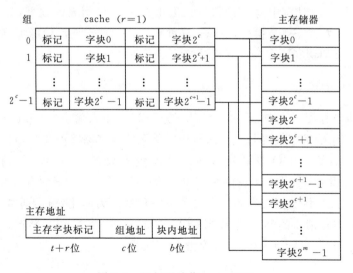

图 7.5　组相联映像 cache 组织

组相联映像把地址划分成 3 段，末 b 位为块内地址，中间 c 位为 cache 组地址，高 t 位（区地址）和 r 位（组内块地址）形成标记字段。

访存时，根据主存地址的"cache 组地址 c"字段访问 cache，并将主存字块标记（t 位＋r 位）

与 cache 同一组的 2^r 个字块标记进行比较，并检查有效位，以确定是否命中。当 r 不大时，需要同时进行比较的标记数不大，这个方案还是比较现实的。

组相联映像方式的性能与复杂性介于直接映像与全相联映像两种方式之间。当 $r=0$ 时，它就成为直接映像方式；当 $c=0$ 时，就是全相联映像方式；当 $r=2$ 时，为 4 路组相联 cache($2^r=2^2=4$)。

2. 替换算法

当新的主存字块需要调入 cache 而它的可用位置又已被占满时，就产生替换算法问题。先介绍两种替换算法：先进先出(FIFO)算法和近期最少使用(LRU)算法。

FIFO 算法总是把一组中最先调入 cache 的字块替换出去，它不需要随时记录各个字块的使用情况，所以实现容易，开销小。

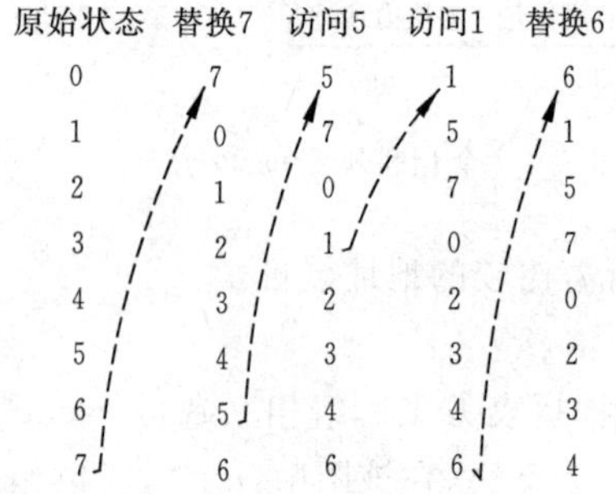

LRU 算法是把一组中近期最少使用的字块替换出去。这种替换算法需随时记录 cache 中各个字块的使用情况，以便确定哪个字块是近期最少使用的字块。LRU 替换算法的平均命中率比 FIFO 要高。

LRU 是最常使用的一种算法。其设计思想是把组中各块的使用情况记录在一张表上(如图 7.6 所示)。并把最近使用过的块放在表的最上面，设组内有 8 个信息块，其地址编号为 0、1、…、7。从图中可以看到，7 号信息块在最下面，所以当要求替换时，首先更新 7 号信息块内容；如要访问 7 号信息块，则将 7 写到表的顶部，其他号向下顺移。接着访问 5 号信息块，如果此时命中，不需要替换，但也要将 5 移到表的顶部，其他号向下顺移。6 号数据块是以后要首先被替换的，……。这种算法用硬件实现比较麻烦，通常采用修改型 LRU 算法，如有兴趣请参阅有关计算机系统结构书籍。

图 7.6　LRU 算法替换登记表

3. cache 地址的监听

现代计算机以存储器为中心，除了 CPU 访存以外，输入输出(I/O)设备也可直接访问存储器，而 cache 中的数据又要与主存储器相应单元的内容保持一致(相同)，因此需要对地址进行监听。假如某一 I/O 设备直接向存储器传送数据(一般仅写入存储器，不写入 cache)，而且其提供的地址与 cache 中相应单元的标记相符，且标记的有效位为 1，此时如不进行处理，会造成 cache 数据与存储器数据的不一致性。为简化操作，通常采取将 cache 相应单元的标记有效位清 0 的办法，这样当 CPU 再访问(读)该单元时，将产生不命中信号，而到存储器去取数，这样可保证 CPU 所取数据的正确性。

7.2.3　多层次 cache

1. 指令 cache 和数据 cache

计算机开始实现 cache 时，是将指令和数据存放在同一 cache 中的。但存取数据的操作经常会与取指令的操作发生冲突,从而延迟了指令的读取。于是将指令 cache 和数据 cache 分开,组成为两个独立的 cache,称为哈佛结构。

2. 多层次 cache 结构

当芯片集成度提高后,可以将更多的电路集成在一个处理器芯片中,于是近年来新设计的快速处理器芯片都将 cache 集成在片内,片内 cache 的读取速度要比片外 cache 快得多。

片内 cache 的容量受芯片集成度的限制,一般为几十 KB,因此命中率比大容量 cache 低。于是推出了二级 cache 方案。目前已将第一级 cache(L1)和容量更大的第二级 cache (L2)设置在处理器芯片内部。CPU 访存时,如果 L1 不命中,则访问 L2。

随着芯片集成度进一步提高,目前高性能处理器已采用三级 cache(L3)方案。在第 12.3.2 节中将举例讨论。

7.3 虚拟存储器

虚拟存储器指的是"主存-辅存"层次,程序员可以按虚存空间编址。

7.3.1 主存-辅存层次信息传送单位和存储管理

主存-辅存层次的信息传送单位可采用几种方案:段、页或段页。

段是利用程序的模块化性质,按照程序的逻辑结构划分成的多个相对独立部分。例如过程、子程序、数据表和阵列等。段作为独立的逻辑单位可以被其他程序段调用,这样就形成段间连接,产生规模较大的程序。一般用段表来指明各段在主存中的位置,如图 7.7 所示。每段都有它的名称(用户名称或数据结构名或段号)、段起点地址、段长等。段表本身也是主存储器的一个可再定位段。

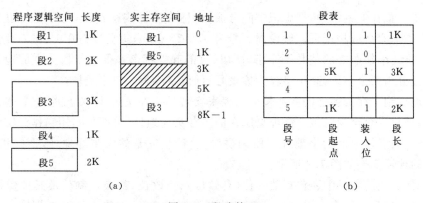

图 7.7 段式管理

把主存按段分配的存储管理方式称为段式管理。段式管理系统的优点是段的分界与程序的自然分界相对应;段的逻辑独立性使它易于编译、管理、修改和保护,也便于多道程序共享。其缺点是容易在段间留下许多空余的零碎存储空间不好利用,造成浪费。

页式管理系统的信息传送单位是定长的页,主存的物理空间也被划分为等长的固定区域,称为页面。新页调入主存也很容易掌握,只要有空白页面就可。可能造成浪费的是程序最后一页的零头,是不能利用的页内空间,它比段式管理系统的空间浪费要小得多。页式管理系统的缺点正好和段式管理系统相反,由于页不是逻辑上独立的实体,所以处理、保护和共享都不及段式来得方便。

图 7.8 表示某个程序有 5 页(逻辑页号 0~4),各页分别装入主存不连续的页面位置,用页表记录逻辑页号及其所对应的实主存页号,页表是由操作系统建立的。图 7.8 中逻辑页号 0,1,3 已分配实主存空间,所以装入位为 1。

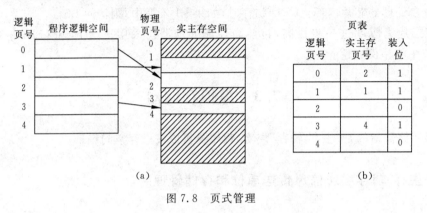

图 7.8 页式管理

段式和页式存储管理各有其优缺点,可以采用段和页结合的段页式存储管理系统。程序按模块分段,段内再分页,出入主存仍以页为信息传送单位,用段表和页表(每段一个页表)进行两级管理。

7.3.2 页式虚拟存储器

在页式虚拟存储系统中,把虚拟空间分成页,称为虚页或逻辑页,主存空间也分成同样大小的页,称为实页或物理页。假设虚页号为 $0、1、2、\cdots、m$,实页号为 $0、1、\cdots、l$,显然有 $m>l$。由于页的大小都取 2 的整数幂个字,所以,页的起点都落在低位字段为零的地址上。可把虚拟地址分为两个字段,高位字段为虚页号,低位字段为页内字地址。

虚拟地址到主存实地址的变换是由页表来实现的。在页表中,对应每一个虚存页号有一个条目,条目内容至少要包含该虚页所在的主存页面地址(页面号),用它作为实(主)存地址的高字段;与虚拟地址的字地址字段相拼接,就产生完整的实主存地址,据此访问主存。页式管理的地址变换如图 7.9 所示。

通常,在页表的条目中还包括装入位(有效位)、修改位、替换控制位及其他保护位等组成的控制字。如装入位为 1,表示该虚页已从辅存调入主存;如装入位为 0,则表示对应的虚页尚未调入主存,如访问该页就要产生页面失效中断,启动输入输出子系统,根据外页表项目中查得的辅存地址,由磁盘等辅存中读出新的页到主存中来(见 7.3.4 节中的说明)。修改位指出主存页面中的内容是否被修改过,替换时是否要写回辅存。替换控制位指出需替换的页等。

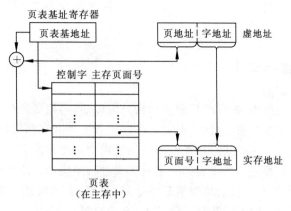

图 7.9　页式虚拟存储器虚实地址变换

　　假设页表是保存在(或已调入)主存储器中,那么,在 CPU 访问存储器时,首先要查页表,求得实地址后,再访问主存才能完成读写操作,这就相当于主存速度降低了一半。如果页面失效,要进行页面替换,页面修改,访问主存次数就更多了。因此,把页表的最活动部分存放在快速存储器中组成快表,这是减少时间开销的一种方法。此外,在一些影响工作速度的关键部分引入了硬件支持。例如,采用按内容查找的相联存储器并行查找,也是可供选择的技术途径。一种经快表与慢表实现内部地址变换的方式如图 7.10 所示。快表由硬件(门电路和触发器)组成,通常称为转换旁路缓冲器(translation lookaside buffer,TLB)。它比页表小得多,一般在 16 个条目~128 个条目之间,快表只是慢表(指主存中的页表)的小小的副本。查表时,由虚页号同时去查快表和慢表,当在快表中有此虚页号时,就能很快地找到对应的实页号送入实主存地址寄存器。并使慢表的查找作废,从而就能做到虽采用虚拟存储器但访主存速度几乎没有下降。如果在快表中查不到时,那就要花费一个访主存时间查慢表,从中查到实页号送入实主存地址寄存器,并将此虚页号和对应的实页号送入快表,替换快表中某一行内容,这也要用到替换算法。

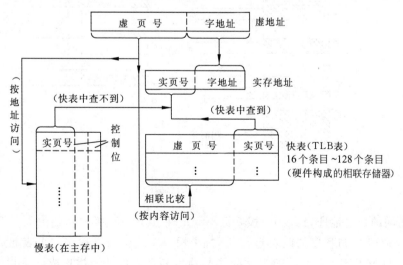

图 7.10　使用快表和慢表实现虚实地址变换

相联存储器不按地址访问存储器,而按所有数据的全部内容或部分内容进行查找(或检索)。

7.3.3 段页式虚拟存储器

在段页式虚拟存储器中,把程序按逻辑结构分段以后,再把每段分成固定大小的页。程序对主存的调入调出是按页面进行的,但它又可以按段实现共享和保护。因此,它可以兼取页式和段式系统的优点。它的缺点是在地址映像过程中需要多次查表,在这种系统中,虚拟地址转换成物理地址是通过一个段表和一组页表来进行定位的。段表中的每个表目对应一个段,每个表目有一个指向该段的页表的起始地址(页号)及该段的控制保护信息。由页表指明该段各页在主存中的位置以及是否已装入、已修改等标志。

如果有多个用户在机器上运行,称为多道程序,多道程序的每一道(每个用户)需要一个基号(用户标志号),可由它指明该道程序的段表起点(存放在基址寄存器中)。这样,虚拟地址应包括基号 D、段号 S、页号 P、页内地址 d。格式如下。

基号 D	段号 S	页号 P	页内地址 d

现举例说明段页式地址变换过程。

假设实主存分成 32 个页面,有 A、B、C 三道程序已经占用主存,如图 7.11(a)中阴影(斜线)部分所示。现在又有 D 道程序要进入,它有三段(图 7.11(b)),段内页号分别为 0,1;0,1;0,1,2。如采用纯段式管理,虽然主存空间总计空余相当于 8 个页面,比 D 道程序所需空间(相当于 7 个页面)要大,但因第二段所需空间相当于 3 个页面,比任何空隙都大而无法进入。采用段页式管理后则可调入,各段、页在主存位置如图 7.11(a)所示。

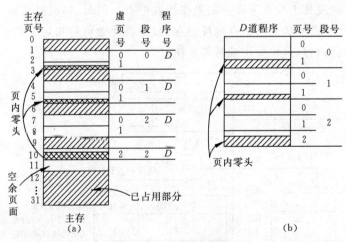

图 7.11 段页式存储举例

当要访问的程序地址为 D 道 1 段 0 页 4 单元时,其地址变换过程如图 7.12 所示。首先根据基号 D 取出 D 道程序的段表起点 S_D,加上段号 1 找到该道程序的页表起点 b,再加上页号 0 找到 D 道程序 1 段 0 页的主存页号 4,最后和页内地址 4 拼接成该虚拟地址对应的实主存地址(图中未画出段表的控制保护信息)。

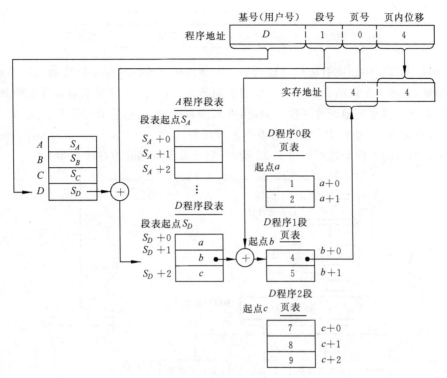

图 7.12 段页式虚拟存储器地址变换过程

可以看出,段页式虚拟存储系统由虚拟地址向实主存地址的变换至少需查两次表(段表与页表)。段、页表构成表层次。当然,表层次不只段页式有,页表也会有,这是因为整个页表是连续存储的,当一个页表的大小超过一个页面的大小时,页表就可能分成几页,可分存于几个不连续的主存页面中,然后,将这些页表的起始地址又放入一个新页表中。这样,就形成了二级页表层次。其中新页表为第一级页表,原来的几个页表为第二级页表。一个大的程序可能需要多级页表层次。对于多级表层次,在程序运行时,除了第一级页表需驻留在主存之外,整个页表中只需有一部分在主存中,大部分可存于辅存,需要时再由第一级页表调入,从而可减少每道程序占用的主存空间。

在段页式虚拟存储器中,一般设置 TLB 表,以加快地址转换过程。

7.3.4 虚拟存储器工作的全过程

对虚拟存储器来说,程序员按虚存储空间编制程序,在直接寻址方式下由机器指令的地址码给出地址。这个地址码就是虚地址,可由虚页号及页内地址组成,如下所示:

虚地址	虚页号 N_v	页内地址 N_r

这个虚地址实际上不是辅存的实地址,而是辅存的逻辑地址。以磁盘为例,按字编址的实地址 N_d 如下:

$$N_{\mathrm{d}}: \quad \boxed{\text{磁盘机号} \mid \text{磁头号} \mid \text{柱面号} \mid \text{块号} \mid \text{块内地址}}$$

（图顶部标注：N_{vd}）

因此,在虚拟存储器中还应有虚拟地址到辅存实地址的变换。辅存一般按信息块编址,而不是按字编址,若使一个块的大小等于一个虚页面的大小,这样就只需把虚页号变换到 N_{vd} 即可完成虚地址到辅存实地址的变换。为此,可采用页表的方式,把由 N_{v} 变换成 N_{vd} 的表称为外页表,而把 N_{v} 变换到主存页号的表称为内页表。

虚拟存储器的工作全过程如图 7.13 所示(假设页表全部驻留在主存中)。

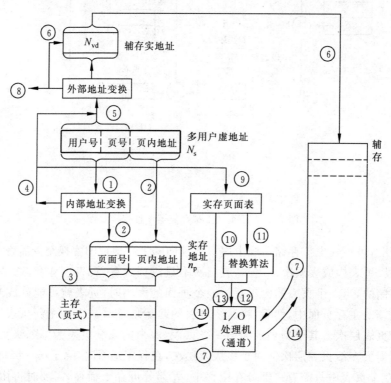

图 7.13　多用户虚拟存储器工作过程

在虚拟存储器每次访主存时,都需要将多用户虚地址变换成主存实地址①②,因此,需要有虚页号变换成主存实页号的内部地址变换,可由查内页表来实现。当对应的有效位为 1 时,就按主存实地址 n_{p} 访主存③;如果对应该虚页的装入位为 0,表示该页不在主存中,就产生页面失效中断④,由中断处理程序到辅存中调页。先通过外部地址变换⑤,例如查外页表,将多用户虚地址变换成辅存中的实地址 N_{vd};到辅存中去选页⑥,将该页内容经过 I/O 处理机或通道送入主存⑦。此时还需要确定调入页应该进入主存中哪一个页面位置,这就需要查实存页表⑨。当主存(允许装入的位置)未装满时,只需找到空页面⑩;而当主存已装满时,就需要通过替换算法寻找替换页⑪⑫。把确定了的实页号送入通道⑬。在进行页面替换时,如果被替换的页调入主存后一直未经修改,则不需送回辅存;如果已修改,则需先将它送回辅存原来的位置⑭,而后再把调入页装入主存⑦。被替换页是否修改过是可以由主存页表指明的,新页调入主存时,需修改有关的页表。如果所需的页还未装入辅存,还需再进入中断,进行出错处理或其他处理⑧。

7.3.5 存储管理部件(MMU)

现代计算机一般都有辅助存储器,但具有辅存的存储系统不一定是虚拟存储系统。虚拟存储系统有两大特点。

(1) 允许用户程序用比主存空间大得多的空间来访问主存。

(2) 每次访存都要进行虚实地址的转换。

为了实现逻辑地址到物理地址的转换,并在页面失效时(即被访问的页面不在主存)进入操作系统环境,设置了由硬件实现的存储管理部件 MMU,而整个虚拟存储器的管理是由 MMU 部件与操作系统共同完成的。

7.4　相联存储器

在 cache 和虚拟存储器中,已经用到按内容寻址的相联存储器。下面讨论相联存储器的基本概念。

相联存储器不按地址访问存储器,而按所存数据字的全部内容或部分内容进行查找(或检索)。例如,在虚拟存储器中,将虚地址的虚页号与相联存储器中所有行的虚页号进行比较,若有内容相等的行,则将其相应的实页号取出,这是按数据字的部分内容进行检索的例子。

相联存储器的基本组成如图 7.14 所示。设存储器有 W 个字,字长 n 位。CR 为比较数寄存器,字长也为 n 位,存放要比较的数(或要检索的内容)。MR 为屏蔽寄存器,与 CR 配合使用,字长也为 n 位。当按比较数的部分内容进行检索时,相应地把 MR 中要比较的位置成 1,不要比较的位置成 0。图 7.14 中表示需要按 $2\sim6$ 位的内容进行比较,所以 MR 的第 $2\sim6$ 位为 1,其余各位均置 0。置成 1 的字段称为关键字段。SRR 为

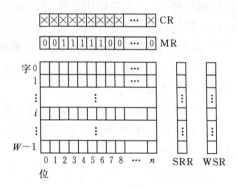

图 7.14　相联存储器框图

查找结果寄存器,字长为 W 位,假如比较结果第 i 个字满足要求,则 SRR 中的第 i 位为 1,其余各位均为 0,若同时有 m 个字满足要求,则相应地就有 m 位为 1。有的相联存储器还设置有字选择寄存器(WSR),用来确定哪些字参与检索,若字选择寄存器某位为 1,则表示其对应的存储字参与检索;若某位为 0,则表示其对应的存储字不参与检索。下面举例说明。

假如某高校学生入学考试总成绩已存入相联存储器,如图 7.15 所示。今要求列出"总分"在 $560\sim600$ 分范围内的考生名单。这可以用二次查找完成,第一次找出"总分"大于 559 分的考生名单,第二次从名单中再找出总分小于 601 分的考生,因此分别将 559 分和 601 分作为关键字段内容置于比较寄存器中。屏蔽寄存器只在"总分"字段上设置成 $11\cdots1$,而在其他字段设置成 $00\cdots0$,表示不必比较。第一次查找结果送入 SRR 中,为了进行第二次查找,先将 SRR 内容送 WSR,并将屏蔽寄存器中的 559 更换成 601,然后将第二次查到结

果送入 SRR 中,SRR 中为 1 的位所对应的考生,其成绩必在 560～600 之间。可通过打印机把这份名单打印出来。

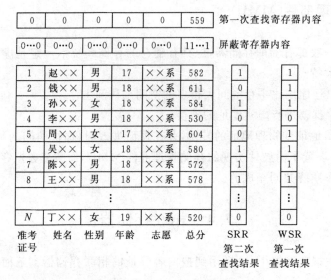

图 7.15　相联存储器检索举例

为了进行检索,还要求相联存储器能进行各种比较操作(相等、不等、小于、大于、求最大值和最小值等)。比较操作是并行进行的,即 CR 中的关键字段与存储器的所有 W 个字的相应字段同时进行比较。

一般用门电路与触发器来进行比较与保存信号,所用电路较多,因此尽管在 20 世纪 50 年代中期已提出相联存储器概念,后来也有一些基于相联存储器原理的相联处理机出现,但没有得到很快发展。

在相联处理机中,来自控制器的一条命令能对许多数据同时执行算术或逻辑运算,因此各个存储单元除了有存储信息的功能外,还应有处理信息的能力,也就是说每个存储单元必须有一个处理单元。

20 世纪 80 年代后,由于集成电路的迅速发展,才使得半导体相联存储器有条件作为商品上市。

相联存储器除了应用于虚拟存储器与 cache 中以外,还经常用于数据库与知识库中按关键字进行检索。从按地址访问的存储器中检索出某一单元,平均约进行 $W/2$ 次操作(W 为存储单元数),而在相联存储器中仅需要进行一次检索操作,因此大大提高了处理速度。近年来相联存储器用于一些新型的并行处理和人工智能系统结构中。例如,在语音识别、图像处理、数据流计算机、Prolog 机中都有采用相联存储器的例子。

7.5　存　储　保　护

由于多个用户对主存的共享,就有多个用户程序和系统软件存于主存中。为使系统能正常工作,要防止由于一个用户程序出错而破坏其他用户的程序和系统软件,还要防止一个用户程序不合法地访问不是分配给它的主存区域。为此,系统应提供存储保护。

1. 存储区域保护

由系统软件经特权指令设置上、下界寄存器为每个程序划定存储区域,禁止越界访问。

界限寄存器方式只适用于每个用户占用一个或几个连续的主存区域。在采用页式管理的存储系统中,由于一个用户程序的各页能离散地分布于主存中,不能使用这种保护方式,通常采用页表保护、键保护和环保护等方式。

1) 页表保护

每个程序都有自己的页表和段表,段表和页表本身都有自己的保护功能。无论地址如何出错,也只能影响到分配给该程序的几个主存页面。

段表、页表保护是在形成主存地址前的保护。但若在地址变换过程中出现错误,形成了错误主存地址,那么这种保护是无效的。因此,还需要其他保护方式。键保护方式是其中一种成功的方式。

2) 键保护方式

键保护方式的基本思想是为主存的每一页配一个键,称为存储键,它相当于一把"锁"。它是由操作系统赋予的。为了打开这个锁,必须有钥匙,称为访问键。访问键赋予每道程序,保存在该道程序的状态寄存器中。当访问主存的某一页时,访问键要与存储键相比较。若两键相符,则允许访问该页,否则拒绝访问。

3) 环保护方式

环保护方式是按系统程序和用户程序的重要性及对整个系统的正常运行的影响程度进行分层,每一层叫做一个环,赋以环号。环号大小表示保护的级别,环号越大,等级越低。操作系统的环号小于用户程序的环号。

在程序运行前,先由操作系统规定好程序和数据各页的环号,并置入页表中,当运行的程序要转换到另一页时,如果现行环号小于或等于要转去的页的环号,则可以转;如果现行环号大于要转去的页的环号,则产生中断,由操作系统处理。

2. 访问方式保护

对主存信息的使用可以有 3 种方式,读(R)、写(W)和执行(E),"执行"指作为指令来用。所以,相应的访问方式保护就有 R、W、E 这 3 种方式及其逻辑组合。

3. 管理状态和用户状态

大多数计算机在执行程序时把工作状态分成两种,一种是执行操作系统或管理程序时所处的状态,称为管理状态;另一种是执行用户程序时所处的状态,称为用户状态。为了防止用户编程出错而影响整个系统的工作,在机器中设置了一些特权指令(规定特权指令只有操作系统等系统程序才能使用),假如在用户程序中出现特权指令,则在执行到该指令时立即中止程序的执行并发出中断。

习　题

7.1 计算机存储系统分哪几个层次? 每一层次主要采用什么存储介质? 其存储容量和存取速度的相对值如何变化?

7.2 在计算机中,主存与辅存的工作方式有什么主要差别?

7.3 设某流水线计算机有一个指令和数据合一的 cache,已知 cache 的读/写时间为 10ns,主存的读/写时间为 100ns,取指的命中率为 98%,数据的命中率为 95%,在执行程序时,约有 1/5 指令需要存/取一个操作数,为简化起见,假设指令流水线在任何时候都不阻塞。问设置 cache 后,与无 cache 比较,计算机的运算速度可提高多少倍?

7.4 接上题,如果采用哈佛结构(分开的指令 cache 和数据 cache),运算速度可提高多少倍?

7.5 设某计算机的 cache 采用 4 路组相联映像,已知 cache 容量为 16KB,主存容量为 2MB,每个字块有 8 个字,每个字有 32 位。请回答:

(1) 主存地址多少位(按字节编址)? 各字段如何划分(各需多少位)?

(2) 设 cache 起始为空,CPU 从主存单元 0、1、…、100 依次读出 101 个字(主存一次读出一个字),并重复按此次序数读 11 次,问命中率为多少? 若 cache 速度是主存的 5 倍,问采用 cache 与无 cache 比较速度提高多少倍?

7.6 设某计算机采用直接映像 cache,已知容量为 4096B。

(1) 若 CPU 依次从主存单元 0、1、…、99 和 4096、4097、…、4195 交替取指令,循环执行 10 次,问命中率为多少?

(2) 如 cache 存取时间为 10ns,主存存取时间为 100ns,cache 命中率为 95%,求平均存取时间。

7.7 一个组相联 cache 由 64 个存储块组成,每组包含 4 个存储块,主存由 8192 个存储块组成,每块由32 字组成,访存地址为字地址。问:

(1) 主存和 cache 地址各多少位? 地址映像是几路组相联?

(2) 在主存地址格式中,区号、组号、块号和块内地址各多少位?

7.8 在以下有关虚拟存储器的叙述中,不正确的是 □ 和 □ 。

(1) 页表一定存放在主存中。

(2) 页表大时,可将页表放在辅存中,而将当前用到的页表调到主存中。

(3) 页表的快表(TLB)采用全相联查找。

(4) 页表的快表存放在主存中。

(5) 采用快表的依据是程序访问的局部性。

7.9 设可供用户使用的主存容量为 100KB,而某用户的程序和数据所占的主存容量超过 100KB,但小于逻辑地址所表示的范围。问具有虚存与不具有虚存对用户有何影响?

7.10 主存储器容量为 4MB,虚存容量为 1GB,虚拟地址和物理地址各为多少位? 根据寻址方式计算出来的有效地址是虚拟地址还是物理地址? 如果页面大小为 4KB,页表长度是多少?

7.11 设某虚存有如下快表放在相联存储器中,其容量为 8 个存储单元。问:
按如下 3 个虚拟地址访问主存,主存的实际地址码各是多少? (设地址均为十六进制)

页号	本页在主存起始地址
33	42000
25	38000
7	96000
6	60000
4	40000
15	80000
5	50000
30	70000

	页号	页内地址
1	15	0324
2	7	0128
3	48	0516

7.12 某程序对页面要求的序列为 $P_3P_4P_2P_6P_4P_3P_7P_4P_3P_6P_3P_4P_8P_4P_6$。(1)设主存容量为 3 个页面,求分别采用 FIFO 和 LRU 替换算法时各自的命中率(假设开始时主存为空)。(2)当主存容量增加到 4 个页面时,两替换算法各自的命中率又是多少?(3)程序运行时,CPU 访问主存的命中率会增加还是减少?

7.13 在同样面积的芯片中,相联存储器的存储容量要比 RAM 小,其原因何在?

7.14 请从本题最后列出的供选择答案中选择应填入 ☐ 处的正确答案:

为了保护系统软件不被破坏以及防止一个用户破坏另一用户的程序而采取下列措施:

(1) 不准在用户程序中使用"设置系统状态"等指令。此类指令是 A 指令。

(2) 在段式管理存储器中设置 B 寄存器,防止用户访问不是分配给这个用户的存储区域。

(3) 为了保护程序不被破坏,在页式管理存储器中,可在页表内设置 R(读)、W(写)及 C 位。

供选择的答案:

A,B:①特权;②特殊;③上、下界;④系统。

C:①M(标志);②P(保护);③E(执行)。

第8章 辅助存储器

辅助存储器的特点是存储容量大、成本低,通常在断电后仍能保存信息,是非易失性存储器,其中大部分存储介质还能脱机保存信息。

当前市场上流行的辅助存储器主要有磁表面存储器和光存储器两大类。

8.1 磁表面存储器的种类与技术指标

磁表面存储器是将磁性材料沉积在盘片(或带)的基体上形成记录介质,并以绕有线圈的磁头与记录介质的相对运动来写入或读出信息。

用于计算机系统的光存储器介质主要是光盘(optical disk)。光盘的记录原理不同于磁盘,它是利用激光束在具有感光特性的表面上存储信息的。

辅助存储器的主要技术指标是存储密度、存储容量和寻址时间等。

1. 存储密度

存储密度是指单位长度或单位面积磁层表面所存储的二进制信息量。对于磁盘存储器,用道密度和位密度表示,也可以用两者的乘积——面密度表示。对于磁带存储器,则主要用位密度表示。

磁道指的是存储在介质表面上的信息的磁化轨迹,磁盘与磁带的磁化轨迹是不同的。

对于磁盘存储器,因为磁盘旋转,而磁头可处在不同的半径上,所以磁道是磁盘表面上的许多同心圆。在由多个盘片构成的盘组中,由处于同一半径的磁道组成的一个圆柱面称为柱面。沿磁盘半径方向单位长度的磁道数称为道密度。道密度的单位是道/英寸 tpi(track per inch)或道/毫米 tpmm。

磁道具有一定的宽度,叫道宽。它取决于磁头的工作间隙长度及磁头定位精度等因素。为避免干扰,磁道与磁道之间需保持一定距离,相邻两条磁道中心线之间的距离叫道距。单位长度磁道所能记录二进制信息的位数叫位密度或线密度。单位是位/英寸 bpi(bits per inch)或位/毫米 bpmm。

对于磁带,其磁道是沿着磁带长度方向的直线,存储密度主要用位密度来衡量。

2. 存储容量

存储容量指磁表面存储器所能存储的二进制信息总量。一般以字节为单位。

磁盘存储器有格式化容量和非格式化容量两个指标。格式化容量指按照某种特定的记录格式所能存储信息的总量,也就是用户真正可以使用的容量。非格式化容量是磁记录表面可以利用的磁化单元总数。将磁盘存储器用于计算机系统中,必须首先进行格式化操作,然后才能供用户记录信息,格式化容量一般约为非格式化容量的 60%~70%。

3. 寻址时间

磁盘存储器采取直接存取方式,寻址时间包括两部分,一是磁头寻找目标磁道所需的找道时间 t_s;二是找到磁道以后,磁头等待要读写的区段旋转到它的下方所需要的等待时间 t_w。由于寻找相邻磁道和从最外面磁道找到最里面磁道所需的时间不同,磁头等待不同区段所花的时间也不同,因此,取它们的平均值,称作平均寻址时间 T_a,它由平均找道时间 T_{s_a} 和平均等待时间 T_{w_a} 组成:

$$T_a = T_{s_a} + T_{w_a} = \frac{t_{smax} + t_{smin}}{2} + \frac{t_{wmax} + t_{wmin}}{2}$$

平均寻址时间是磁盘存储器的一个重要指标。硬磁盘存储器的平均寻址时间在 10ms 左右,平均等待时间为盘片转半圈的时间。

磁带存储器采取顺序存取方式,不需要寻找磁道,但需要考虑磁头寻找记录区的等待时间,实际上磁头不动,磁带移动,所以寻址时间指的是磁带空移到磁头应访问记录区所在位置的时间,它比硬盘的寻址时间长得多。

4. 数据传输率

磁表面存储器在单位时间内与主机之间传送数据的位数或字节数,叫数据传输率 D_r。为确保主机与磁表面存储器之间传输信息不丢失,传输率与存储设备和主机接口逻辑两者有关。从设备方面考虑,传输率等于记录密度 D 和记录介质的运动速度 V 的乘积。从主机接口逻辑考虑,应有足够快的传送速度接收/发送信息,以便主机与辅存之间的传输正确无误。

5. 误码率

误码率是衡量磁表面存储器出错概率的参数。它等于从辅存读出时,出错信息位数和读出的总信息位数之比。

6. 价格

通常用位价格来比较各种存储器。位价格是设备价格除以容量,在所有存储设备中,磁表面存储器和光盘存储器的位价格是很低的。

8.2 磁记录原理与记录方式

本节将讨论磁表面存储技术的基础——信息的存取原理、磁记录介质、磁头以及磁记录的编码方式。详细地研究磁记录理论,涉及经典的电磁学、数学、电路、编码理论和纠错码理论等多方面知识,超出了本书范围,因此本节只作一般原理性的介绍。

8.2.1 磁记录原理

磁表面存储器通过磁头和记录介质的相对运动完成写入和读出。

写入过程如图 8.1(a)所示。记录介质在磁头下匀速通过,若在磁头线圈中通入一定方向和一定大小的电流,则磁头导磁体被磁化,建立一定方向和强度的磁场。由于磁头上存在工作间隙,在间隙处的磁阻较大,因而形成漏磁场。在漏磁场的作用下,将工作间隙下面介质表面上微小区域的磁性粒子向某一水平方向磁化,形成一个磁化单元。当漏磁场消失以后,由于磁层是硬磁材料,因此磁层呈现剩磁状态。而磁头是良好的软磁材料,线圈内电流消失以后,又回到未磁化状态。如果在磁头的写入线圈中连续通入不同方向的电流,被磁化单元的方向不同,剩磁状态也不同,用以代表二进制信息的 1 和 0。随着写入电流的变化和记录介质的运动,就可将二进制数字序列转化为介质表面的磁化单元序列。

读出过程是将介质上记录的磁化单元序列还原为电脉冲序列的过程。如图 8.1(b)所示,当记录介质在磁头下匀速通过时,不论磁化单元是哪一种剩磁状态,磁头和介质的相对运动将切割磁力线,因而在读出线圈的两端产生感应电压 e。e 的幅度与读出线圈的匝数 n、运动的相对速度 v 以及剩余磁通 φ 随移动距离 l 的变化率成正比:

$$e = -n \frac{\mathrm{d}\varphi}{\mathrm{d}t} = -n \frac{\mathrm{d}\varphi}{\mathrm{d}l} \frac{\mathrm{d}l}{\mathrm{d}t} = -nv \frac{\mathrm{d}\varphi}{\mathrm{d}l}$$

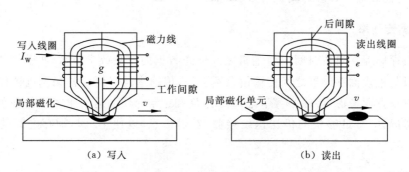

(a) 写入 (b) 读出

图 8.1 读写原理

磁表面存储器中信息的写入和读出过程就是电和磁之间的转换过程。在实际应用中,有许多因素会限制磁表面存储器的存储密度,影响比较大的因素是磁道偏斜、系统噪音和脉冲拥挤效应等,在设计系统时,一定要考虑这些因素。

偏斜多发生在磁带存储器中。由于磁带存储器是利用多道多头并行写入的方式记录信息,为了使各道数据同时写入磁带或同时读出,将多道磁头组装在一起,称为组合磁头。但组合磁头的各道磁头的电磁特性并不完全一致,磁带在走带时又可能有抖动与扭动,因此写入与读出的磁道轨迹可能会产生偏移,各道读出信号的波形和读出时间也就不可能完全相同,从而影响到读出信息的检测。走带速度越高,数据传输率越大,偏斜造成的影响越厉害,即容易产生误码。

系统噪音的产生原因也有很多,比如磁带存储器在边写边读时两磁路的串扰,磁盘存储器中相邻磁道间的相互干扰等。这些噪音都随机地叠加在读出信号上,降低了读出信号的信噪比。

脉冲拥挤效应指的是当位密度提高时,由于磁层记录的连续性,两个相邻磁通翻转的变化区之间重叠部分加大,读出的脉冲波形与前后两位甚至更远的信息部分互相重叠,从而使读出信号畸变,出现幅度衰减、峰值偏移和基线偏移等现象。

为了提高记录密度,应当减小磁头的缝隙 g,减薄磁层厚度 δ,缩短磁头与介质的距

离 d。

前面介绍的以环形磁头边缘磁场的水平分量在介质上写入信息的方式称为水平磁记录。另外还有一种能提高存储密度的垂直磁记录方式。

垂直磁记录是利用磁头磁场的垂直分量,在具有各向异性的记录介质上写入信息,从而在介质上形成垂直于磁层表面的小磁化区(主磁体);而在读出信息时,则利用介质记录区穿过磁层表面的磁场的垂直分量去感应磁头线圈。图 8.2 给出了在水平磁记录和垂直磁记录的磁道中主磁体的排列方式的对照。

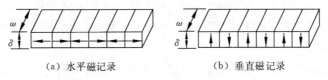

(a) 水平磁记录　　　　　　(b) 垂直磁记录

图 8.2　水平磁记录和垂直磁记录

无论是水平磁记录用磁头,还是垂直磁记录用磁头,共同的要求是以最小的磁动力(单位是安匝)产生尽可能大的磁场强度,即要求磁头有高灵敏度。此外还要求有大的磁场梯度。垂直磁记录用的磁头更希望有大的垂直磁场。

垂直磁记录与水平磁记录相比,可获得更高的存储密度,目前的磁盘一般采用水平磁记录技术。转变为垂直磁记录要付出高昂的代价,需要新的磁头、介质、材料和制造工艺。2005 年,东芝公司率先推出了采用垂直磁记录技术的硬盘,1.8in 规格硬盘的存储量高达每平方英寸 133GB。

8.2.2　磁记录介质与磁头

1. 磁记录介质

磁记录介质指的是涂有薄层磁性材料的信息载体。可以脱机保存信息,并且可以作为不同系统之间信息交换的手段,因此又称为磁记录媒体。

根据记录介质的基底不同,主要有软性介质(磁带)和硬性介质(硬磁盘片)两种。

2. 感应式磁头

磁头是实现电—磁转换的装置。用电脉冲表示的二进制代码通过磁头转换成磁记录介质上的磁化格式;而介质上的磁化信息又要通过磁头转换成电脉冲。介质上已记录信息的清除,则是通过磁头将介质上磁层向某一方向饱和磁化或去磁而得到。因此磁头的性能对读写、清除、记录密度和读出速度等均有影响。

在一个具有缝隙的环形导磁体上绕上线圈,就构成了磁头。图 8.1 中可见磁头的导磁体用两半环对接而成,存在着前后两个间隙。后间隙的存在增大了导磁体的磁阻,因此后间隙做得非常小。前间隙在磁头极尖处,信息的读写均要通过它,因此又称为工作间隙。工作间隙一般装有非磁性材料,如云母、玻璃或二氧化硅等以增大磁阻,使导磁体的磁力线绕过工作间隙形成漏磁场,从而可以磁化记录介质而存储信息。间隙大些,漏磁通就多些,记录的信息更可靠些。但间隙过大,磁场强度会减弱,而且介质上的磁化单元面积增大,又将影响记录密度。

磁头的环形导磁体材料要求导磁率高,饱和磁感应强度大,矫顽力小,剩余磁感应强度小,这样容易磁化,也容易去磁,记录的信息误码率低,可靠性高。同时还要求电阻率大,硬度高,居里点高,加工特性好,这样涡流损耗小,高频特性好,不易磨损,其性能随温度变化小,并且容易加工。

为了满足以上特性,磁头通常用软磁材料做成。常用的软磁材料有两种。一种是金属软磁材料,如坡莫合金、铁铝合金等,这类材料导磁率高,饱和磁感应强度大,矫顽力小,但高频特性差,加工困难,多用于工作频率较低的磁表面存储器。另一种是铁氧体材料,如锰锌铁氧体等,这种材料电阻率十分高,损耗小,高频磁性能好,虽然导磁率和饱和磁感应强度低,但仍然广泛应用。

磁头的形式很多。从工作方式来看,可以分为接触式磁头和浮动式磁头两种。接触式磁头在读写时,磁头与记录介质直接相接触,它常常用于磁带机和软磁盘机中,其结构简单,但磁头极尖区和介质易受到磨损。浮动式磁头是由介质高速运动时产生的气流,在磁头与介质表面之间形成一层极薄的空气薄膜(气垫),故使磁头与介质表面脱离接触而浮动。浮动间隙是浮动式磁头的重要参数,它的减小可以提高记录密度。硬磁盘采用浮动式磁头,由于盘片旋转速度快,磁头不与盘片表面接触,因而硬磁盘存取速度快,可靠性高。但在盘片停止旋转之前,磁头必须从读写位置退到原始位置;启动磁盘工作时,须待盘片达到一定转速后磁头才能进到盘片上面执行寻道操作,否则可能损坏磁头或划伤盘面。

3. MR 磁头

利用磁致电阻效应(magneto resistive,MR)的磁头能在高密度记录的情况下读出信号。MR 磁头是专用于读出的磁头,即它不能完成写入工作,但它具有高的输出灵敏度和与磁盘转速无关的输出特性,所以需要与专用的写入磁头配合使用。

MR 磁头的制造涉及材料科学和微加工等尖端工艺,难度大,成本高。虽在 1970 年已设计出第一个 MR 磁头,但直到 1985 年 IBM 公司才首次将其用在 IBM 3480 磁带机中。

什么是磁致电阻效应?

将某些磁性材料放在磁场中,如果通以一恒定电流,当外加磁场改变时,该材料的电阻率也随之变化,这就是磁致电阻效应。

MR 磁头就是利用磁致电阻效应读出信号的(图 8.3)。MR 元件中通以恒定电流 I,由磁介质中记录的 1 或 0 信号来提供 MR 元件的外加磁场,MR 元件的电阻率随记录的信息(1 或 0)而变化,这样通过测量电压降便可读出磁介质中记录的信息。另外,只有当 MR 元件中的磁化方向和电流方向成一定角度时,才能获得最大的输出信号,因此必须给 MR 元件加上适当的偏置磁场。

MR 磁头已被广泛应用于硬盘机和磁带机中,尤其是在大容量的硬盘驱动器中。

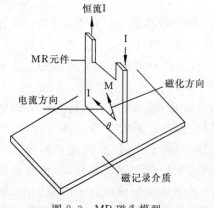

图 8.3 MR 磁头模型

8.2.3 磁记录方式

磁记录方式是一种编码方法,指的是按照某种规律将一连串二进制数字信息变换成存储介质磁层的相应磁化翻转形式,并经读写控制电路实现这种转换规律。采用高效可靠的记录方式是提高记录密度的有效途径之一。

图8.4给出几种常见的磁记录方式的写入电流波形,也是磁层上相应位置所记录的理想磁化状态或磁化强度。

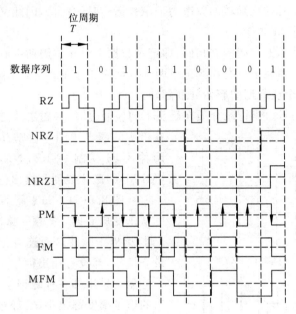

图8.4 磁记录方式波形图(写入电流和磁化强度)

(1) 归零制(RZ)

给磁头写入线圈送入的一串脉冲电流中,正脉冲表示1,负脉冲表示0,从而使磁层在记录1时从未磁化状态转变到某一方向的饱和磁化状态,而在记录0时从未磁化状态转变到另一方向的饱和磁化状态。在两位信息之间,线圈里的电流为0,这是归零制的特点。因磁层为硬磁材料,采用这种方法去磁比较麻烦,也就是说改写磁层上的记录比较困难,改写时,一般先去磁,后写入。

(2) 不归零制(NRZ)

在记录信息时,磁头线圈里如果没有正向电流就必有反向电流,而没有无电流的状态,为不归零制。磁层不是正向被饱和磁化就是反向被饱和磁化,当连续写入1或0时,写电流的方向是不改变的。因此,这种记录方式比归零制减少了磁化翻转的次数。

(3) 见1就翻的不归零制(NRZ1)

和不归零制一样,记录信息时,磁头线圈中始终有电流通过。不同之处在于,流过磁头的电流只在记录1时变化方向,使磁层磁化方向翻转;记录0时,电流方向不变,磁层保持原来的磁化方向。因此称为"见1就翻的不归零制"。

（4）调相制（PM）

调相制又称相位编码（PE），它是利用两个相位相差 180° 的磁化翻转方向代表数据 0 和 1。也就是说，假定记录数据 0 时，规定磁化翻转的方向由负变为正，则记录数据 1 时从正变为负。当连续出现两个或两个以上 1 或 0 时，为了维持上述原则，在位周期起始处也要翻转一次。

（5）调频制（FM）

调频制的记录规则是，记录 1 时，不仅在位周期的中心产生磁化翻转，而且在位与位之间也必须翻转。记录 0 时，位周期中心不产生磁化翻转，但位与位之间的边界处要翻转一次。由于记录数据 1 时磁化翻转的频率为记录数据 0 时的两倍，因此又称"倍频制"。

（6）改进调频制（MFM）

这种记录方式基本上与调频制相同，即记录数据 1 时在位周期中心磁化翻转一次，记录数据 0 时不翻转。区别在于只有连续记录两个或两个以上 0 时，才在位周期的起始位置翻转一次，而不是在每个位周期的起始处都翻转。

下面讨论读出信号。当记录介质在磁头下匀速通过时，如磁层的磁化强度发生变化，将在磁头的读出线圈中感应出电压。图 8.5 给出两种不归零制（NRZ，NRZ1）和改进调频制（MFM）的磁化强度和读出信号波形。

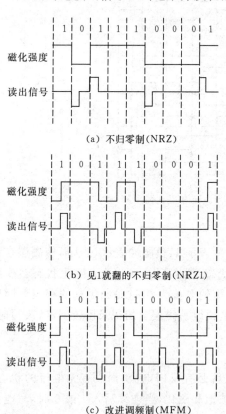

（a）不归零制（NRZ）

（b）见1就翻的不归零制（NRZ1）

（c）改进调频制（MFM）

图 8.5　三种记录方式的磁化强度和读出信号波形

从图 8.5（a）不归零制的情况可见，当磁化强度从 1 变成 0 时，读出负脉冲（电压）；从 0 变成 1 时，读出正脉冲。而连续记录 1 信号或连续记录 0 信号，都没有输出信号。

无论采用哪一种磁记录方式，从读出线圈读出的信号幅度都很小，要经过放大电路才能产生所需的电平，放大电路的安置要尽可能接近读出线圈，以减少外界干扰的影响。一般将放大后的读出信号保存在数据寄存器中，为此需要一个与记录信号周期相等的同步信号，用来同步从磁层上串行读出的每一位信息。

从图 8.5（b）NRZ1 的情况可见，当存储的数据为 1 时，读出正/负脉冲；数据为 0 时，读出无脉冲。通常将读出信号送到差分放大器，无论差分放大器的输入信号是正脉冲或负脉冲，其输出都为正脉冲（或都为负脉冲）。为了区分数据为 0 或根本就没有数据，也需要用到同步信号，即在同步信号作用时，如输出有脉冲，表示数据为 1，无脉冲为数据 0，其他时间无数据输出。

从图 8.5（c）改进调频制的情况可见，数据 1 的读出信号为正脉冲或负脉冲，且在一个周期的后半部分才产生；数据 0 有两种情况，单个 0 无读出脉冲，连续 0 则可产生正脉冲或负脉冲，且在一个周期的前半部分产生脉冲。其读出放大器也为差分放大器,同步信号兼有选通作用,在每一周期的后半部分产生,可将数据 0 的脉冲滤掉。

实际上,磁层表面的磁化强度波形不像图 8.5 所示的那样整齐,其波形的边沿很差,而且读出信号中会有很多很强的噪音(干扰),因此将选通信号加到读出放大器中是很必要的,它可屏蔽掉在选通信号作用时间以外所有出现在读放输入端的干扰。

不同的磁记录方式特点不同,性能各异。评定一种记录方式的优劣标准主要是编码效率、自同步能力等。

自同步能力是指从单个磁道读出的脉冲序列中提取同步时钟脉冲的难易程度。前面已经讲到,从磁表面存储器读出信号时,为了分离出数据信息,必须要有时间基准信号,称为同步信号。同步信号可以从专门设置用来记录同步信号的磁道中取得,这种方法称为外同步。但对于高密度的记录系统来说,还希望能直接从磁盘读出的信号中提取同步信号,这种方法称为自同步。如果说某种编码方法具有自同步能力,就是指能从读出数据(脉冲序列)中提取同步信号。

自同步能力的大小可以用最小磁化翻转间隔与最大磁化翻转间隔的比值 R 来衡量。比值 R 越大,自同步能力越强。例如,NRZ 和 NRZ1 制记录方式是没有自同步能力的,因为当连续记录 1 时,NRZ 制记录方式磁层不发生磁化翻转,而当连续记录 0 时,NRZ 和 NRZ1 制记录方式的磁层都不发生磁化翻转。PM、FM、MFM 记录方式是有自同步能力的。FM 记录方式的最大磁化翻转间隔是位周期 T,而它的最小磁化翻转间隔是 $T/2$,因此 $R_{FM}=0.5$。

编码效率 η 是指位密度与最大磁化翻转密度之比。

$$\eta = \frac{位密度}{最大磁化翻转密度}$$

编码效率高低是指每次磁层状态翻转所存储的最小数据信息位的多少。例如,FM 和 PM 记录方式中记录一位数字信息的最大磁化翻转次数为 2,因此编码效率为 50%。而 MFM、NRZ、NRZ1 三种记录方式的编码效率为 100%,因为它们记录一位数字信息磁化翻转最多一次。

除编码效率和自同步能力之外,还要考虑读分辨率,即磁记录系统对读出信号的分辨能力;信息的相关性,即漏读或错读一位是否能传播误码;以及信道带宽、抗干扰能力、编码译码电路的复杂性等。这些都对记录方式的取舍评价产生影响。

另外,对于不同种类的设备,还要根据设备读写机构的特点来选择记录方式,例如磁带机是多道并行存取结构,一般采用调相制记录方式(PE)和成组编码(GCR)。磁盘机中则主要选择 FM 和 MFM。

还有一种游程长度受限码(run length limited code,RLLC 或 RLL),是编码理论中研究码制变换、增强抗干扰能力而得出的一种编码。先把输入信息序列变换为 0 游程长度受限码,即任何两位相邻的 1 之间的 0 的最大位数 k 和最小位数 d 均受到限制的新编码,然后再用逢 1 变化不归零制方式进行调制和写入,具有自同步能力。正确地设计 k、d 值,可以获得优良的编码性能,与 MFM(改进调频制)相比,记录密度可以提高 30%~40%,已经广泛用于磁盘中。

成组编码记录(GCR)(5,4)也是一种 RLL 码。把输入信息序列按 4 位长度分组,然后把 4 位信息变换为 5 位码字,在这里 $k=2$,$d=0$,最后再把编码序列用逢 1 变化不归零制规

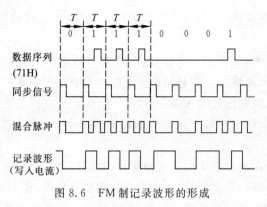

图 8.6　FM 制记录波形的形成

则调制。这种编码具有自同步能力。

最后,以调频制(FM)为例,介绍记录方式的实现。

在图 8.6 中,将同步信号及数据(71H)混合在一起后形成混合脉冲,利用混合脉冲作为一位触发器的计数脉冲,该触发器的输出波形即为 FM 制的记录波形(写入电流)。在此图中数据与同步脉冲的关系如下。

(1) 数据在位周期 T 的中心,如果数据是 1,有脉冲;如果是 0,则无脉冲。

(2) 同步脉冲在位周期的前边界。

通常送到磁表面存储器的数据来自移位寄存器,其数据序列如图 8.7(b)中所示的串行数据,以电位的高低来表示 1 和 0。利用图 8.7(a)的电路图可产生类似于图 8.6 中的混合脉冲,图 8.7(b)为各点波形图。其工作原理如下:时钟 φ_1、φ_2 和串行数据的时间关系如图 8.7(b)所示,串行数据在时钟脉冲 φ_1 下降沿的作用下,送到 D 触发器寄存起来。D 触发器的 Q 端输出和时钟脉冲 φ_2 相"与",得到数据脉冲 A,最后经与非门对输入负脉冲完成"或非"操作得到混合的数据时钟脉冲 B,送到磁盘驱动器的 1 个触发器(作为计数脉冲),触发器的输出控制写入电路,产生写入电流。读出时要经过读放电路首先得到混合脉冲,再经同步分离电路才能分离出数据脉冲和时钟脉冲。

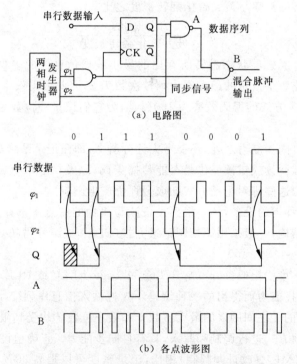

图 8.7　FM 制混合脉冲生成电路及波形图

目前大容量高密度的硬盘和磁带机采用 MR 磁头和部分响应最大似然(partial response maximum likelihood,PRML)技术来实现超高记录密度。

任何数字磁记录都可看作由一串等距或不等距的磁化翻转所构成,如果两次相邻的极性相反的磁化翻转相隔很近,那么读出信号脉冲将产生部分重叠,而影响彼此读出的信号幅度,并使峰点产生偏移,这种现象称为脉冲拥挤效应或符号间干扰(码间串扰),这会影响记录密度。可以通过 RLLC(游程长度有限码)来减少脉冲拥挤效应,以提高记录密度。采用 PRML 技术可进一步提高记录密度,其基本思想是一个符号的读出信号并不局限在一个符号的持续期间内,而延伸到前后若干个符号的持续期间内,但符号间的干扰不是随机的,而是有规律的,可通过计算机观察进行控制和消除,因此可以提高记录密度。实现时当然要解决很多技术问题。1990 年 1 月,IBM 推出了 IBM 0681 磁盘驱动器,它标志着工业上第一次将 PRML 技术应用到硬盘驱动器中。

8.3 磁盘存储器

8.3.1 磁盘存储器的种类及基本结构

磁盘存储器是计算机系统中最主要的外存设备。磁盘存储器有硬盘存储器和软盘存储器两种,后者在性能、容量和可靠性等方面都不理想,已被逐步淘汰。

硬盘存储器存取数据时磁头在磁盘盘面上径向移动,磁头与盘面不接触,且随气流浮动,称为浮动磁头。这种存储器可以由一个盘片或多个盘片组成,装在主轴上。盘片的每面都有一个磁头。这种结构的硬磁盘存储器应用很广,其典型结构为温彻斯特磁盘。

温彻斯特磁盘简称温盘,是由 IBM 公司位于美国加州坎贝尔市温彻斯特大街的研究所研制的,它于 1973 年首先应用于 IBM 3340 硬磁盘存储器中。温盘是一种密封组合式的硬磁盘,将磁头、盘片、电机等驱动部件甚至读写电路等制成一个不可随意拆卸的整体。它的防尘性能好,可靠性高,对使用环境要求不高。而其他硬磁盘要求具有超净环境。

磁盘存储器由驱动器(hard disk drive,HDD)和控制器(hard disk controller,HDC)组成。

磁盘驱动器又称磁盘机或磁盘子系统,它是独立于主机之外的一个完整装置。

磁盘控制器的作用是接受主机发送的命令和双向传送数据,将主机命令转换成驱动器的控制命令,将数据转换成对方可以接受的格式,以实现驱动器的读写操作。一个控制器可以控制一台或几台驱动器。

8.3.2 硬磁盘驱动器(HDD)及硬磁盘控制器(HDC)

磁盘驱动器是一种精密的电子和机械装置,对于温盘驱动器,还要求在超净工作环境下组装。图 8.8 是磁盘驱动器结构示意图。

驱动器的主要组成部分是定位驱动系统、数据控制系统、主轴系统和盘组(或盘片)。

1. 磁头定位驱动系统

在可移动磁头的磁盘驱动器中,驱动磁头沿盘面径向位置运动以寻找目标磁道位置的机构叫磁头定位驱动机构。精密、快速的磁头驱动定位系统是实现高密度存储、高速存取的最基本的技术保障。

定位驱动系统由驱动部件和运载部件(也称为磁头小车)组成。在磁盘存取数据时,磁

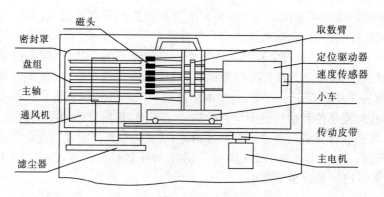

图 8.8　磁盘驱动器结构示意图

头小车的运动驱动磁头进入指定磁道的中心位置,并精确地跟踪该磁道。

定位驱动系统的驱动方式主要有步进电机驱动和音圈电机驱动两种。步进电机驱动机构的结构紧凑,控制简单,但是整个驱动定位系统是开环控制,步进电机靠脉冲信号驱动,因此定位精度比较低。另一个问题是找道时间比较长。因此,存取时间较长。

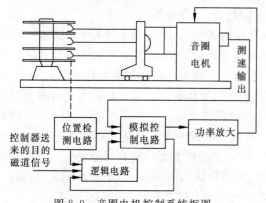

图 8.9　音圈电机控制系统框图

磁盘驱动器普遍采用音圈电机驱动磁头小车。音圈电机是线性电机,可以直接驱动磁头小车作直线运动。整个驱动定位系统是一个带有速度和位置反馈的闭环调节自动控制系统,驱动速度快,而且定位精度高。图8.9是磁盘机音圈电机控制系统框图。

工作时各部分作用如下。

(1) 位置检测电路检出磁头当前所在位置。

(2) 由控制器送来要求磁头寻找的目的磁道的位置。

(3) 逻辑电路求出目标位置与磁头当前所在位置的差值。

(4) 模拟控制电路根据差值及磁头现在运行速度求出磁头运动方向和速度。

(5) 功率放大器把信号放大为驱动磁头运动的电流。

(6) 音圈电机推动小车到预定位置。

为使磁头快速精确地定位,采用闭环控制方式。由位置检测机构和速度控制机构反馈磁头当前所在位置及运动速度,根据磁头当前位置和目标位置的差值控制磁头运动的速度和方向,精确定位到目标磁道。

位置检测的方法很多,有光栅位置检测、感应同步器检测、伺服盘定位检测以及嵌入式伺服检测等。在伺服盘定位检测机构中,伺服盘(servodisk)就是在盘组中设置一个用作位置传感的专用盘面。目前硬盘机寻道定位一般采用嵌入式伺服,这就要求磁头既能读取记录数据,又能读取磁道伺服信息。

2. 主轴系统与数据控制系统

主轴系统的作用是安装盘片,并驱动它们以额定转速稳定旋转。它的主要部件是主轴电机和有关控制电路。转速已从 3600rpm(转/分)逐步发展到 15 000rpm。目前笔记本电脑一般选用 4200rpm、5400rpm，台式机选用 5400rpm、7200rpm，服务器为 10 000rpm、15 000rpm。当转速提高后一般引起噪音和发热量的增加，要采取相应措施。

数据控制系统的作用是控制数据的写入和读出。它包括磁头、磁头选择电路(寻址)、读写电路和索引区标电路等。读写电路的框图如图 8.10 所示。

读放大器的输出信号送译码电路，如果采用自同步记录方式(例如 FM)，在此将读出信号分离成两路，一路为数据脉冲，另一路为同步脉冲。

3. 盘组(或盘片)

盘片的上下两面都能记录信息，通常将盘片表面称为记录面，记录面上一系列同心圆称为磁道，每个盘片表面通常有几十到几百个磁道，磁道的编址是从外向内依次编号，最外面的一个同心圆叫 0 磁道，最里面的一个同心圆假设称为 n 磁道，如图 8.11 所示。n 磁道里面的圆面积不记录信息。以磁道作为磁盘的信息存取单位仍然太大，还要把磁道再划分成多个"扇区"(sector)或称"区段"，每个磁道上扇区数目一般是相同的。由于靠里面磁道的圆周长比外面磁道的圆周长要短，但它们又要记录同样多的信息，因此，里面磁道的线密度要比外磁道高得多。究竟每个磁道分成多少个扇区，取决于记录格式(图 8.11 中仅画了一个扇区)。有的磁盘存储器采用恒记录密度，即里面磁道与外面磁道的线密度相等。

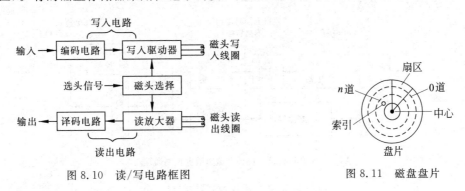

图 8.10　读/写电路框图　　　　图 8.11　磁盘盘片

在磁道上，信息是按扇区存放的，每个扇区存放的字或字节数是相同的。为进行读写操作，要求定出磁道的起始位置，这个起始位置称为"索引"，索引标志在传感器检索下可产生信号，再通过磁盘控制器处理，便可定出磁道起始位置。

磁盘地址由记录面号(或称磁头号)、磁道号和扇区号组成，一次读写操作至少读写一个磁道上的一个扇区的数据。

一个磁盘存储器所能存储的字节总数称为存储容量，存储容量有格式化容量和非格式化容量之分。格式化容量一般是非格式化容量的 60%～70%。

响应笔记本电脑和移动设备的需求，HDD 向小型化发展。盘片尺寸已从 14in 逐步缩小，曾经使用的 1in 盘片已被闪存取代。

4. 硬磁盘控制器

磁盘控制器是主机与磁盘驱动器之间的接口，由于辅助存储器是快速的外部设备，它们与主机之间是成批交换数据的。采用直接存储器存取(DMA)控制方式。作为主机与驱动器之间交接部件的控制器，需要有两个接口，一个是与主机的接口，控制辅存与主机总线之间交换数据；另一个是与设备驱动器的接口，根据主机的命令控制设备的操作。前者称为系统级接口，将在第 10 章专门论述；后者称为设备级接口，在本节作简单介绍。这些知识对于正确使用系统和配置系统是必须具备的。

磁盘控制器与主机之间（系统级接口）的交换面是比较清楚的，控制器只和主机总线打交道，数据的发送与接收均是通过主机总线进行的。但控制器与驱动器之间的任务分工比较模糊，也就是说，磁盘控制器与驱动器之间没有明确的界限。

主机与磁盘驱动器交换数据的控制逻辑如图 8.12 所示。磁盘上的信息经读磁头读出以后，首先经读出放大器，然后进行数据与时钟的分离，再做串行/并行数据转换、格式转换，最后送入数据缓冲器，经 DMA 控制将数据传送到主机总线。控制器和驱动器之间的交界面可以设在图 8.12 的 A 处，驱动器只完成读写和放大，数据分离和以后的控制逻辑构成磁盘控制器。ST506/412 接口就是这种方式。如果将交界面设在 B 处，则在驱动器上要完成数据分离和编码译码操作，然后再将数据传到控制器，磁盘控制器由串/并转换、格式控制和 DMA 控制等逻辑构成，属于这种方式的接口有增强型小型设备接口 ESDI 等。第三种方式是将接口的交界面设在 C 处，磁盘控制器的功能转移到设备中，主机与设备之间采用标准的通用接口，小型计算机系统接口 SCSI 接口就是这种形式。现在的趋势是增强设备（磁盘驱动器）的功能，以使设备相对独立。

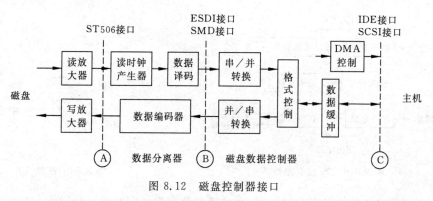

图 8.12　磁盘控制器接口

8.3.3　磁盘 cache

磁盘驱动器的存取时间为毫秒（ms）级，主存的存取时间为纳秒（ns）级，两者速度差别十分大，因此 I/O 系统成为整个系统的瓶颈。为了减少存取时间，磁盘驱动器厂家采取了增加磁盘主轴转速、提高 I/O 总线速度、改进读/写算法和采用磁盘 cache 等措施。

在磁盘 cache 中，由一些数据块组成的一个基本单位称为 cache 行。当一个 I/O 请求送到磁盘驱动器时，首先搜索驱动器上的高速缓存行（cache 行）是否已被写上数据，如果是读操作，且要读的数据已在 cache 中，则为命中，可从 cache 中读出数据，否则需从磁盘介质上读出。写入操作和 CPU 中的 cache 类似，有"写通"和"写回"两种方法。

现在大多数磁盘驱动器中都使用了预读策略，即根据局部性规则预取一些不久可能被读取的数据并把它读入到高速缓存中。预读策略对顺序读操作特别有效，因此在光盘驱动器和

CD-ROM 中通常也使用大容量预读 cache，以保证大量连续的视频或图像文件的显示。

磁盘 cache 一次存取的数据量大，数据集中，管理工作较复杂，因此磁盘 cache 的管理和实现一般由硬件和软件共同完成。

目前的磁盘驱动器一般都带有高速缓存，容量为十几 MB 以上，可由 SRAM 或 DRAM 组成。然而 SRAM 和 DRAM 为易失性存储器，断电后，存储的数据会丢失，存在隐患。例如，应用写缓存技术从主机向硬盘写数据，当写入缓存后，对于主机一方表明写入已完成，从而可以进行后面的工作了，但如果此时突然断电，缓存中的数据将丢失，且还没有真正写入磁盘中。因此在网络存储领域，不少大型磁盘阵列自身带有不间断电源设备，以保证缓存（一般都是 1GB 以上容量的 DRAM）中数据的安全。

8.3.4　磁盘阵列存储器

独立冗余磁盘阵列 RAID 是用多台磁盘存储器组成的大容量外存储子系统。其基础是数据分块技术，即在多个磁盘上交错存放数据，使之可以并行存取。在阵列控制器的组织管理下，能实现数据的并行、交叉存储或单独存储操作。由于阵列中的一部分磁盘存有冗余信息，一旦系统中某一磁盘失效，可以利用冗余信息重建用户数据。

自从 1988 年美国加州大学伯克利分校的 D. A. Patterson 教授提出 RAID 以来，展开了对磁盘阵列的研究和开发，并有相应的产品问世。在此之前，某些计算机系统中已用到了后来在磁盘阵列中使用的某些技术，其中包括对主机请求读写的数据进行分块，使之分布于多台磁盘上的分块技术（striping）；对存放在多台磁盘上数据的读写采取交叉进行的交叉技术（interleaving）；对多台磁盘上的存储空间进行重新编址，使数据按重新编址后的空间进行存放的重聚技术（declustering）等。

促进磁盘阵列技术快速发展的因素主要有以下 3 点。

（1）CPU 速度的增长大大超过了磁盘驱动器数据传输率的增长。

（2）小盘径阵列磁盘驱动器与大型驱动器相比具有成本低、功耗小和性能好等优点。

（3）能保证极高的可靠性和数据的可用性。

下面对 RAID 0 级 ~ RAID 7 级及 RAID 10 级作一简介。

在下面的讨论中，"位交叉存取"就是将一个数据字中的各位分别存储在不同的磁盘上，以同步方式进行读写，最小访问数据单位是每个磁盘的最小读写单位（例如扇区）乘以磁盘数，适合于传送大批量数据。"块交叉"是以数据块为单位，将连续的数据块分别存储在不同的磁盘上，最小访问数据单位是一个磁盘的最小访问单位（例如扇区），所以也适合于传送少量数据。

① RAID 0 级（无冗余和无校验的数据分块）

将连续的数据块分别存储在不同的磁盘上。与其他级相比，具有最高的 I/O 性能和磁盘空间利用率，但无容错能力，其安全性甚至低于常规的硬盘系统。

② RAID 1 级（镜像磁盘阵列）

由磁盘对组成，每一个工作盘都有对应的镜像盘，上面保存着与工作盘完全相同的数据，安全性高，但磁盘空间的利用率只有 50%。

③ RAID 2 级（采用纠错海明码和位交叉存取的磁盘阵列）

用户需增加足够的校验盘来提供单纠错和双验错功能。当阵列内有 G 个数据盘时，则

所需的校验盘数 C 要满足公式 $2^c \geqslant G + C + 1$，如果有 10 个数据盘，则需要 4 个校验盘。对数据的访问涉及磁盘阵列中的每一个盘，对大数据量传送有较高性能，但不利于小数据量的传送。RAID 2 很少使用。

④ RAID 3 级（采用奇偶校验码和位交叉存取的磁盘阵列）

将奇偶校验码放在一个磁盘上，目前多数磁盘控制器已能用 CRC 检测出本身磁盘是否出错。因此只需一个奇偶校验盘就能纠正出错的数据，如果一个盘失效，可通过对剩下的盘上的信息进行“异或”运算得到正确数据。但由于采用位交叉，每次读写要涉及整个盘组，对小数据量不利。另外，计算也比较费时。

⑤ RAID 4 级（采用奇偶校验码和块交叉存取的磁盘阵列）

与 RAID 3 级一样采用一个奇偶校验盘，但采用块交叉存取技术，读/写少量数据只与两个盘有关（一个数据盘、一个校验盘），因此只需读写两个盘，简化了产生校验码的方法，对于数据块的重写（读-修改-写），其公式为：

$$新奇偶校验位 =（新数据\ \text{XOR}\ 旧数据）\text{XOR}\ 旧奇偶校验位$$

⑥ RAID 5 级（采用奇偶校验码和块交叉存取的磁盘阵列）

与 RAID 4 级类似，但无专用的校验盘，将校验信息分布到组内所有盘上，对大、小数据量的读写都有很好的性能，因而是一种较好的方案。

⑦ RAID 6 级（采用块交叉技术和两种奇偶校验码的磁盘阵列）

采用两种不同数据块组合的方法，形成两种奇偶校验码。与无校验码相比，要增加两个盘，但不设专用校验盘，而将校验信息分布到磁盘阵列的所有盘上。设计和校验都比较复杂。可靠性高。

⑧ RAID 7 级（独立接口的磁盘阵列）

每一个磁盘驱动器与每一主机接口有独立的控制和数据通道的磁盘阵列，因此主机可完全独立地对每个磁盘驱动器进行访问。

⑨ RAID 10 级（RAID 0 级＋RAID 1 级）

由分块和镜像组成，是所有 RAID 中性能最好的磁盘阵列，但每次写入时要写两个互为镜像的盘，价格高。

8.4 磁带存储器

磁带存储器是顺序存取设备，即磁带上的文件是依次存放的。如果某个文件在磁带尾部，而磁头当前位置在磁带首部，则必须空移磁带，当磁带尾部与磁头接触时才能读取文件。因此，磁带的存取时间比磁盘长。但由于磁带的容量大，记录单位信息的价格比磁盘片低，而且磁带的格式统一、互换性强，所以经常用作辅助存储器或后备存储器。后备存储器用于资料保存、数据备份和数据迁移等。

8.4.1 磁带机的结构

磁带机工作时，磁头固定，磁带移动。

磁带机为了寻找记录区，必须驱动磁带正走或反走，有的磁带机读写完毕后又要使磁头停在两个记录区之间。为了保证磁带以一定的速度平稳地运动以及快速启停,在磁带机结构和电路上都应当采取相应的技术措施。

不同种类的磁带机结构差别很大。下面简单介绍开盘式启停磁带机和数据流磁带机。

1. 开盘式启停磁带机

开盘式磁带指的是缠绕在圆形的带盘上而且可以取出的磁带。

开盘式磁盘机有手动装带和自动装带两种结构。磁带机上有供带盘和收带盘两个磁带盘。磁带上的信息是按数据块记录的,在数据块与数据块之间,磁带需要快速启动和停止。同时为了保证传输率,读写时磁带保持一定的移动速度。启停机构是这类磁带机的特点。

开盘式启停磁带机的结构比较复杂,主要由走带机构、磁带缓冲机构、带盘驱动机构、积带箱及磁头等组成。

磁带总是从一个带盘退出而缠绕到另一个带盘上。因此,两个磁带盘必须都能旋转,但不是匀速旋转。因为通过磁头处的磁带的线速度是不变的,所以,当收带盘的旋转速度随着缠绕直径的增大而减小时,供带盘的转速则随缠绕直径的减小而增大,它们都是由带盘电机伺服电路控制的。

磁带机磁头在原理上与其他磁表面存储器磁头完全一样。但为了将各道数据同时写入磁带或同时读出,一定要将多道(如9道)磁头组装在一起,构成组合磁头。同时为了边写边读,以便及时发现错误,将读头和写头也做在一起,称作双缝磁头。还有抹头和双缝头组装在一起,抹头的作用是在写入以前清洗带面,以减少噪音。

2. 数据流磁带机的主要特点

数据流磁带机又称为盒带驱动器,一般采用盒式磁带,磁带永久性装在带盒中。使用时,当带盒插入驱动器的窗口时,盒被自动拖进驱动器,读/写结束时自动卸载:磁带退回到盒内,盒从驱动器退出。

磁带上的信息按数据块记录,数据块之间留有数据块间隙。在读/写时,磁带机在数据块之间不启停,从而简化了磁带机的结构。

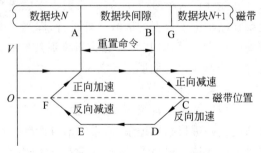

图 8.13　磁带再定位

磁带运动的特点如图 8.13 所示,当读/写数据块 N 结束时,磁头位于磁带的数据块间隙 A 点,磁带继续维持读/写时的速度移动。如果到达 B 点之前,接收到读/写第 $N+1$ 块的命令,磁带继续读/写,但若未接收到此命令或接收到其他命令,则要进行再定位,磁带从 B 点开始减速到零(C 点)然后反向加速到 D 点并稳速到 E,再减速到零(F 点),磁带停止移动。此后若要读/写下一个数据块,则从 F 点启动(加速)磁带移动,到达 G 点读/写数据块 $N+1$。

图 8.13 中的 A、B、…、G 点均是指磁带移动时与磁头的接触点,箭头表示磁头与磁带之间相对移动的方向,实际情况是磁头固定,磁带移动,磁带正向移动的方向是向左移动。

3. 数据流磁带机的种类

数据流磁带机按记录方式可分为线性记录和螺旋扫描记录。

（1）线性记录设备

IBM 公司于 1984 年推出了 3480 型磁带驱动器，取消了数据块间的快启停工作方式，其记录密度、传输率和存储容量都增加了，而功耗却下降很多，提高了可靠性，并具有自动换盘机构和数据压缩功能。

一般磁带机都具有数据压缩功能，其压缩方法是：观察要存储的大量数据，对其中的重复部分进行处理，减少存储量，从而减少了数据的总容量。平均压缩比（输入的原始数据：压缩后的存储数据）为 2：1，实际上与待写入的原始数据内容有关，若重复部分多，压缩比甚至可提高到 3：1，否则也可能取得极低的压缩效果。

随着技术的改进，IBM 公司不断推出 3490 型、3590 型和 3592 型磁带机。IBM 3592 型磁带机的容量为 300GB/900GB，其中 300GB 为存入机器的真实容量，如果数据压缩比较理想，则可将 900GB 的数据压缩成 300GB 存入磁带机。该机的数据传输率为 40MB/s 到 120MB/s，磁带上的磁道数有 512 条。

1997 年，HP、IBM 和 Seagate 三家联合制订了线性磁带开放协议（LTO），当前已推出了第 5 代产品 LTO-5，磁带的存储容量为 1.5TB/3.0TB，传输速度为 140MB/s～280MB/s，并具有 WORN（一次写入，多次读出）功能，因而增加了备份数据的可靠性。

Oracle（甲骨文）公司可提供模块化磁带库系统，可选择的磁带机之一为 LTO-5，该系统可包含 64～640 个驱动器。64 个驱动器内含有 1448 个磁带，总存储量为 $1448 \times 1.5TB = 2.17PB$（1T=1024G，1P=1024T）。系统中的驱动器、电源、控制卡和机械手都可扩展、可热插拔。

微型机上安装的 1/4inQIC 型盒带驱动器是一种小型盒带设备，采用了与硬盘驱动器外形相同的尺寸（5.25in 和 3.5in），在市场上已逐渐被淘汰。

在线性记录磁带机中，若磁头数小于磁道数，磁头要在多个磁道上进行读写，磁头的移动要在磁带记录数据的区域之外进行，即当磁头处于磁带记录始端（BOT）的前面或在记录末端（EOT）的后面时，允许磁头横跨到其他磁道上。若磁带在正、反向移动时都允许读写，这种记录形式称为蛇形记录。

（2）螺旋扫描记录

该扫描技术来自视频和音频盒带。由装在高速旋转鼓面上的磁头在慢速移动的磁带上按斜线轨迹进行扫描记录，磁带需部分围绕在鼓面上，两者保持弧面接触，鼓的轴线和磁带前进方向保持一定角度，以便在磁带上扫描出斜线磁道来。曾经广泛应用的有 4mm 磁带和 8mm 磁带。IBM 4mm DAT 磁带的容量有 36GB/72GB 和 160GB/320GB，IBM DDS 磁带的容量有 2GB/4GB 和 20GB/40GB。

8.4.2 循环冗余校验码（CRC）

外部设备中的数据在存储与传送过程中可能产生错误，通常用奇偶校验码来发现一个或奇数个错误。对于磁表面存储器，由于磁介质表面缺陷、尘埃等的影响，可能会出现多个错误码，通常采用循环冗余校验码（CRC）来发现并纠正错误。

下面以磁带机为例来说明利用 CRC 对一个记录块进行纠错的方法，至于纠错理论不在此讨论。

假设采用宽度为 1/2in 的标准磁带，有 9 条磁道，其中 8 条磁道记录信息（一个字节）；一条磁道记录横向奇偶校验码，对每一行信息进行奇偶校验。通常采用奇校验。

磁带上每个记录块的长度在 18～2048 行范围内，记录块的末行数据之后留有 3 行空白，接着是一行循环冗余校验码（CRC），在 CRC 之后又有 3 行空白，然后是一行纵向奇偶校验码，对每一磁道上的信息（包括 CRC 在内）进行校验，本例采用偶校验。

磁带涂层上的缺陷尺寸约为 1mm² 左右，对于 800bpi 磁带来说，磁道之间的距离为 1.4mm，因此在多个磁道上同时发生错误的可能性很小，也就是说，错误一般发生在同一磁道上，CRC 能发现仅在一个磁道出错的多个错误码，并能将它们纠正。

写入磁带是按行进行的，每行中的 9 位数是并行传送的，行与行之间是串行传送的。图 8.14 表示循环冗余码的形成和纠错过程。纠错的原理是：用循环码的规律和专门线路指出产生错误的磁道 X，然后用横向奇校验码检测每一行是否有错，如有错，就错在该行的 X 磁道，取该位的反码，错误即得到纠正。如图 8.14(a)所示，写入磁带的数据（8 位）先形成奇校验位，连同原数据（共 9 位）一起写入磁带，并且同时送入循环冗余校验寄存器（CRCR），如此重复，直到所有数据已全部写入磁带，然后将 CRCR 中的内容（即校验码）也写入磁带。写带过程结束。CRCR 由 1 个移位寄存器（9 位）和 13 个异或门组成，图 8.15(a)为其示意图，此图表示循环码所用的生成多项式为：

$$G(X) = X^9 + X^6 + X^5 + X^4 + X^3 + 1 = 1001111001$$

图中 R 表示触发器，每送入一次数据同时完成循环移位和异或操作，其中有 4 位还经过两个异或门。当一组数据写入完毕后，CRCR 再进行一次操作，但此时输入数据为全 0，因此在图上部的 4 个异或门参与下，完成了一次循环移位操作。这时在 CRCR 中的数据即为循环冗余码，把它写入磁带。

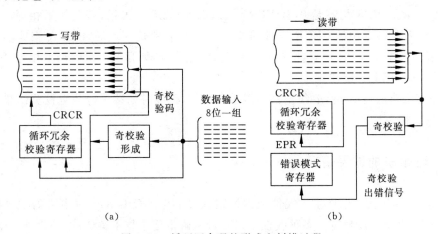

（a）　　　　　　　　　　　（b）

图 8.14　循环冗余码的形成和纠错过程

读带时先把 CRCR 清 0，然后逐次把读出的 9 位数据写入 CRCR，和写时一样，每送入一次数据同时完成循环移位和异或操作。如图 8.14(b)所示。如果读出时没有发现错误，那么一组数据读完后在 CRCR 中得到的校验码与当初一组数据写入完毕后在 CRCR 中的校验码相同。最后把磁带上的冗余校验码读出也送入 CRCR，操作的结果使 CRCR 中的内容为 0。如果它不为 0 而是某一数值,则说明有错误,至于错在哪一磁道,还需用一个错误模式寄存器(EPR)配合,EPR 由 1 个移位寄存器(9 位)和 4 个异或门组成,见图 8.15(b)。它只有一个输入,当读出每行信息时,同时进行奇校验,如奇校验出错,图 8.15(b)中的 VRC=1,则送入 EPR 一个 1,无错则送 0。每读出一行信息,EPR 移位一次,如果全部数据正确,EPR 没有输入而只移位,其内容为 0;如有错,EPR 不为 0。

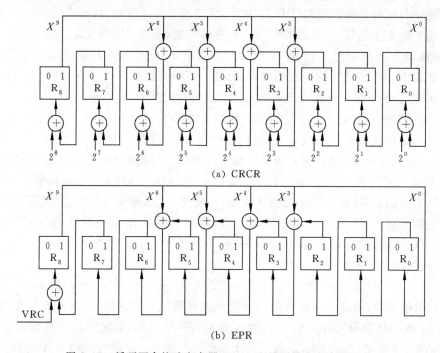

(a) CRCR

(b) EPR

图 8.15　循环冗余校验寄存器 CRCR 和错误模式寄存器 EPR

如 CRCR 和 EPR 均不是 0,且 EPR=CRCR,则第 8 道出错;若两者不相等,CRCR 进行移位(仍用图 8.15 中的 CRCR 逻辑,但输入为 0),若移位一次后和 EPR 相等,则第 7 道出错;移位两次后和 EPR 相等,则第 6 道出错,依此类推,如移位 8 次后仍不相等,则出错的磁道不止一个,因此不能纠正。

当知道出错磁道 X 后,要纠正错误需重读磁带,重读时如某一行的奇校验出错,就把该行的 X 位反相。

8.4.3　磁带机的进展情况

20 世纪 80 年代初期产生了线性数据流格式,DLT 和 QIC 是当时主流的记录格式,磁带体积较大,带基宽度较宽。各种线性记录磁带机磁带记录技术类似,不同之处在于记录密度、编码方式、记录磁道数量上的差异。

20 世纪 80 年代后期,螺旋记录格式被引入到磁带机领域,其特点是磁带尺寸小、记录密度高,DAT(digital audio tape,4mm)磁带机、8mm 磁带机、AIT 磁带机为其主流产品。AIT 智能型磁带技术以高可靠性、快速数据传输率、磁头和磁带的长寿命而领先。

随着数据存储量的骤增,大容量磁带库应运而生。读写时机器自动选择磁带库中的带盒,并安装到驱动器中,处理完毕后自动把带盒从驱动器取出,并送回原处,大大缩短了磁带的平均搬运时间。

随着磁带机市场的不断扩大,新产品不断涌现,促进磁带机的机械结构设计、制造工艺、磁带控制技术和故障检测技术等向着多样化、综合化和智能化方向发展。例如,采用伺服控制技术、微处理器控制技术、薄膜磁阻磁头、金属蒸镀涂层磁带、螺旋扫描技术、数据压缩技术、写后读技术和数据流技术等。目前市场上大多数磁带机都采用了数据流技术。

用微处理器对数据流磁带的张力与速度进行监控,并计算带盘上的带量,控制带盘电机转速,保持磁带张力的恒定,具有很高的可靠性和可维护性,使用寿命长。

20 世纪 80 年代兴起的螺旋扫描技术,到 90 年代迅速发展。线性记录磁带机采用磁道与磁带边沿并行方式记录数据,而螺旋扫描磁带机的全部磁道相对于记录头呈螺旋状,因而提高了道密度。

近年来,由于磁盘驱动器容量的提高和价格的下降,再加上闪存的发展,使得小容量磁带机面临淘汰,然而大容量磁带机具有极大的优势。

8.5　光盘存储器

光盘(optical disk)指的是利用光学方式进行读写信息的圆盘。应用激光在某种介质上写入信息,然后再利用激光读出信息的技术称为光存储技术。如果光存储使用的介质是磁性材料,亦即利用激光在磁记录介质上存储信息,就称为磁光存储。20 世纪 70 年代研究出半导体激光器,解决了光源问题;又解决了读出微小信息位的光学伺服系统等关键技术问题,使光存储技术达到了实用化水平。激光的一个主要特点就是可以聚焦成能量高度集中的小光点,直径远小于 $1\mu m$,已成为很有竞争力的辅助存储器。

光盘小巧,被命为 compact disc(CD)。

8.5.1　光盘存储器种类

人们把采用非磁性介质进行光存储的技术称为第一代光存储技术,其缺点是不能像磁记录介质那样把内容抹掉后重新写入新的内容。磁光存储技术是在光存储技术基础上发展起来的,称为第二代光存储技术,其主要特点是可擦写。根据性能和用途的不同,光盘存储器可分成 3 种类型。

(1) 只读型光盘(CD-ROM)

这种光盘的盘片由生产厂家写入数据或程序后只能读取,而不能再写入或修改。将这种盘用作计算机的存储设备,称为 CD-ROM,有两个问题要解决:①计算机如何寻找盘上的数据,因此需要在 CD 上写入有关地址的信息。②计算机要求的误码率(10^{-12})远小于声音数据的误码率(10^{-9}),因此还要采用错误纠正技术。一张 CD-ROM 盘可存储 650MB 数据。

(2) 只写一次型光盘(WORM)

这种光盘可由用户写入信息,写入后可以多次读出,但只能写一次,信息写入后不能修改。因此它被称为"写一次型"(write once, read many, WORM)。

(3) 可擦写型光盘

类似于磁盘,可以重复读写,是采用磁光(M-O)可重写技术,很有发展前途。

能够用 CD-ROM 刻录机直接写入信息的盘片称为 CD-R。CD-ROM 和 CD-R 盘片结构基本相同,两者均为 3 层结构,底层为聚碳酸酯,中间为反射层,上层是保护胶膜。但反射层所用材料不同,CD-ROM 用铝膜而 CD-R 用金膜作反射层。

CD-R 刻录机是一次性写入盘片的刻录机,有 SCSI 接口和 IDE 接口两种。所制作的盘片容量为 650MB,且能在所有的标准 CD-ROM 光驱上读取盘片内容,读取时间为 74 分钟。用于数据备份或娱乐。

CD-RW 刻录机是一种可擦写的刻录机,可刻录 CD-RW 光盘和 CD-R 光盘。一张 CD-RW 盘片可擦写上千次。如果要经常擦写,还得用 M-O 光盘机。

CD-R 的写入速度和读出速度可以不同。1998 年市场上出售的 CD-ROM 光驱可达到 24 倍速(1 倍速＝150KB/s)。

下面对 VCD 和 DVD 作一简单介绍。

为了实现把数字电视放到光盘上的想法,1993 年制定了 Video CD(VCD)规格 1.1,VCD 是用来播放影视节目的,盘上存储的影视图像和声音是采用 MPEG-1 算法压缩的数字信息。VCD 是 3 种技术结合的产物:Video(数字影视)技术、激光记录技术和计算机软硬件技术。

DVD 是 digital video disc 的缩写,意思是"数字电视光盘"。DVD 盘上存储的影视图像和声音是采用 MPEG-2 算法压缩的数字信息,尽管 VCD 的容量已接近 700MB,但仍满足不了存放 MPEG-2 Video 节目的要求。1995 年 DVD 规格确定的存储容量为:单面单层 DVD 盘片应能存储 4.7GB 的数据,单面双层为 8.5GB,最高可达 17GB(双面双层)。

目前使用的 DVD 光盘采用的是红色激光(波长 650nm),而下一代将采用蓝色激光(波长 405nm)。信息坑最小长度 $0.15\mu m$,轨距 $0.32\mu m$。根据未来高清晰视频节目对画面质量的要求,现有的 DVD 已无法满足要求。为了争夺蓝光光盘标准的制订权,分别支持 Blu-ray Disc 标准(SONY、飞利浦和松下电器)与 HD DVD 标准(东芝等)的厂商形成了两大阵营。蓝光光盘的最大优势就在于存储容量的大幅提升,Blu-ray 标准可使单层盘片容量达到 25GB(双层 50GB,4 层 100GB)。2008 年 HD DVD 标准的领导东芝公司宣布退出竞争,SONY 蓝色光盘胜出。

光盘自动换盘机(又称光盘库)应用在某些场所(例如大中型图书馆)。这种系统能够把光盘库中的一张盘片自动装入带有多个光盘驱动器的某一指定驱动器中。联机容量可达到 $10^{12}\sim10^{14}$ 位。

8.5.2　光盘存储器的组成和读写原理

光盘存储器由驱动器、盘片和控制器组成,是利用激光束在记录表面上存储信息的。根据激光束及反射光的强弱不同,可以完成信息的读写。它的读写装置与光盘片的距离可比磁存储器磁头与盘片的距离大些,是非接触型读写性质的存储器。其记录原理有形变、相变和 M-O 存储等。

1. 形变

对于只读型和只写一次型光盘写入时,将激光束聚焦成直径为小于 $1\mu m$ 的微小光点,以其热作用融化盘表面上的光存储介质薄膜,在薄膜上形成小洞(凹坑)。有洞的位置表示记录了 1,没有洞的位置表示 0。

读出时,在读出光束的照射下,在有凹坑处和无凹坑处反射的光强是不同的,利用这种差别可以读出二进制信息。由于读出光束的功率只有写入光束功率的 1/10,因此不会融化出新的凹坑。

2. 相变

有些光存储介质在激光照射下,晶体结构会发生变化。利用介质处于晶态和非晶态区域的反射特性不同而记录和读取信息的技术称为相变(phase change)可重写技术。

3. 磁光(M-O)存储

利用激光在磁性薄膜上产生热磁效应来记录信息,称为磁光存储。该技术应用于可擦写光盘上,其记录原理如下。

根据磁记录原理可以知道,在一定温度下,如果在磁记录介质的表面上加一个强度低于该介质矫顽力的磁场,则不会发生磁通翻转,也就不能记录信息。但介质的矫顽力可随温度而变,假如能设法控制温度,降低介质的矫顽力,使其低于外加弱磁场强度,则将发生磁通翻转。磁光存储就是根据这一原理存储信息的。它利用激光照射磁性薄膜,被照射处温度上升,矫顽力下降,在外加磁场 HR 的作用下发生磁通翻转,使该处的磁化方向与外加磁场 HR 一致。通常把磁记录材料受热而磁性发生变化的现象称为热磁效应。

图 8.16(a)表示激光照射处温度上升发生了磁通翻转;图 8.16(b)表示将照射后发生的磁通翻转保持下来,记录了信息。

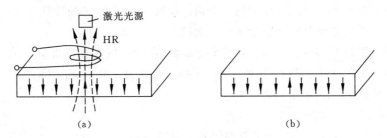

图 8.16 磁光记录原理

抹除信息和记录信息的原理一样,外加一个和记录方向相反的磁场,对已记录信息的介质用激光束照射,使照射区反方向磁化,从而恢复到记录前的磁化状态。

M-O 驱动器读取信息是根据检测到的光的偏振方向,而不是亮度差别。

8.6　固　态　盘

采用半导体存储介质和传统磁盘接口的存储器因为无机械旋转活动,所以称为固态盘(solid state disk,SSD)。SSD 的存储介质可以是 DRAM 或 NVRAM(非易失性随机存储器)。

当以 DRAM 为存储介质时,由于 DRAM 的随机寻址速度比硬盘快 3 个数量级,传输速度恒定,还具有防震的特点,所以很受工业应用领域的关注,然而在断电时要保证 DRAM

中的数据不丢失,电池的设计很重要,目前电池寿命为 16 小时。在日常应用中,因主存质量问题导致死机或不稳定的现象时有发生,那么同样采用 DRAM 的 SSD 也会受到同样的影响,传统硬盘虽然也有损坏的可能,但硬盘上的数据通过专业的恢复公司大多能挽救回来,而 DRAM 就不行了。再加上价格贵,很难推广。

2005 年,三星公司推出了容量为 16GB 的 SSD,采用 NAND 闪存为核心。从产品设计上看,16GB 应该由 8 个 NAND 芯片组成,每个芯片的容量为 16Gb,这正好是当时 NAND 闪存所发展到的最高水平(市场上流行芯片的容量为 4Gb)。闪存的价格比 DRAM 低得多。经常用到的 U 盘、闪盘和存储卡都是 SSD,它们的存储介质都是闪存。闪存无需电力即可保存数据,大大提高了 SSD 的可靠性和可用性。

NAND 闪存的读写速度要比 DRAM 慢得多,但还是比硬盘快得多(DRAM 以 ns 计算,NAND 闪存以 μs 计算,硬盘以 ms 计算)。而且 SSD 模拟现有的硬盘,数据传输率受到硬盘接口的限制,因此在 SSD 中,闪存与 DRAM 相比,在性能上的劣势并不明显。

随着 NVRAM 技术的进步,高性能、小容量的 SSD 将与微型硬盘展开有力的竞争。

习　题

8.1　假设写入代码为 110101001,试画出 RZ、NRZ、NRZ1、PM、FM 和 MFM 的写电流波形,指出哪些有自同步能力。

8.2　假设写入磁盘存储器的数据代码为 001101,试用 NRZ1 制记录方式画出写入电流、记录介质磁化状态、读出信号及选通输出信号波形图。

8.3　假设某磁盘存储器的平均找道时间为 t_s,转速为每分钟 r 转,每磁道容量为 N 个字,每信息块为 n 个字。试推导读写一个信息块所需总时间 t_B 的计算公式。

8.4　列举 3 个提高磁盘存储器记录密度的途径。

8.5　假设磁盘组有 11 个盘片,每片有两个记录面;存储区域内直径 2.36in,外直径 5.00in;道密度为 1 250tpi,内层位密度为 52 400bpi,转速为 2 400rpm。问:

　　(1) 共有多少个存储面可用?

　　(2) 共有多少柱面?

　　(3) 每道存储多少字节? 盘组总存储容量是多少?

　　(4) 数据传输率是多少?

　　(5) 每扇区存储 2KB 数据,在寻址命令中如何表示磁盘地址?

　　(6) 如果某文件长度超过了一个磁道的容量,应将它记录在同一个存储面上,还是记录在同一个柱面上?

8.6　RAID 中提到的“位交叉存取”和“块交叉存取”的主要特点有何不同?

8.7　一磁带机有 9 个磁道,带长 700m,带速 2m/s,每个数据块 1KB,块间间隔 14mm。若数据传输率为 128KB/s,试求:

　　(1) 记录位密度。

　　(2) 若磁带首尾各空 2m,求此带最大有效存储容量。

8.8　CPU 执行算术逻辑指令时是否可从硬盘、软盘、磁带或光盘存储器直接随机存取数据? 列出以上这些存储器的突出的优缺点、适用场合及共同的发展趋势。

8.9 填空((1)～(4)中的 A、B、C 和 D 是各不相关的)：

(1) 一个完整的磁盘存储器由__A__3 部分组成。其中__B__又称磁盘机,是独立于主机的一个完整设备,__C__通常是插在主机总线插槽中的一块电路板,__D__是存储信息的介质。

(2) 驱动器的定位驱动系统实现__A__;主轴系统的作用是__B__;数据控制系统的作用是控制数据的写入和读出,包括__C__等。

(3) 磁盘控制器有两个方向的接口,一是与__A__的接口,与主机总线打交道,控制辅存与主机之间交换数据;另一个方向是与__B__的接口,根据主机命令控制磁盘驱动器操作。

(4) 光盘的读写头即光学头比硬盘的磁头__A__。光盘的定位速度__B__,即找道时间__C__。光盘写入时盘片需旋转 3 圈,以分别实现__D__,故光盘的速度__E__硬盘。

8.10 磁盘机和磁带机一般采用什么校验码?

8.11 现有以下 5 种常用的存储器:寄存器组、主存、高速缓存 cache、磁带存储器和硬磁盘,请回答下列问题:

(1) 按存储容量排出顺序(从小到大);

(2) 按读写时间排出顺序(从快到慢);

(3) 信息传送方式。

8.12 什么是固态盘?

第9章 输入输出(I/O)设备

9.1 外部设备概述

中央处理器(CPU)和主存储器(MM)构成计算机的主体,称为主机。主机以外的大部分硬件设备称为外部设备或外围设备,简称外设,它包括输入输出设备和外存储器等。

早期的计算机结构相对简单,速度慢,应用面窄,所配外设种类少。在我国,直到 20 世纪 70 年代中期,计算机仍以纸带、卡片等作为数据输入输出的介质,利用当时已在邮电部门广泛使用的电传打字机以及穿孔机和纸带输入机等作为输入输出设备。

在第 4 代计算机出现以后,特别是进入 20 世纪 80 年代以来,以个人计算机和工作站为代表的微型机迅速普及,计算机的应用领域有了突破性的进展,外部设备开始向多样化、智能化的方向发展。

首先,键盘输入和显示器输出相结合的终端设备以及软磁盘存储器逐步取代了纸带、卡片和电传输入输出。由于电视技术的发展和 VLSI 存储器价格的下降,曾使光栅扫描的 CRT 显示器得到普遍应用。近年来,CRT 显示器逐步被液晶显示器和等离子显示器取代。另外,各种方便实用的文字处理设备、绘图机和打印机等,在办公室自动化等系统中起了重要的作用。

本章介绍的输入输出设备一般为独立运行的计算机所配置。为实现计算机网络需要增添的设备在第 11 章中讨论。

由于外设种类繁多,涉及的机、电、磁等方面的知识较多,本书不可能介绍得很详细。下面重点从使用的角度和构成系统的角度来介绍基本原理和性能指标。

9.2 输 入 设 备

输入设备主要完成输入程序、数据和操作命令等功能,也是进行人机对话的部件。当实现人工输入时,往往与显示器(输出设备)联用,以便及时检验并修正输入错误。

9.2.1 键盘

键盘是由一组排列成阵列形式的按键开关组成的,每按下一个键,产生一个相应的字符代码(每个按键的位置码),然后将它转换成 ASCII 码或其他码,传送给主机。目前常用的标准键盘有 101 个键,它除了提供通常的 ASCII 字符以外,还有多个功能键(由软件系统定义功能)、光标控制键(上、下、左、右移动等)与编辑键(插入或消去字符)等。

用于信息交换的美国标准代码(American Standard Code for Information Interchange, ASCII)如表 9.1 所示。

表 9.1 ASCII 字符编码表

b_3	b_2	b_1	b_0 / $b_6 b_5 b_4$	000	001	010	011	100	101	110	111
0	0	0	0	NUL	DLE	SP	0	@	P	'	p
0	0	0	1	SOH	DC1	!	1	A	Q	a	q
0	0	1	0	STX	DC2	"	2	B	R	b	r
0	0	1	1	ETX	DC3	#	3	C	S	c	s
0	1	0	0	EOT	DC4	$	4	D	T	d	t
0	1	0	1	ENQ	NAK	%	5	E	U	e	u
0	1	1	0	ACK	SYN	&	6	F	V	f	v
0	1	1	1	BEL	ETB	'	7	G	W	g	w
1	0	0	0	BS	CAN	(	8	H	X	h	x
1	0	0	1	HT	EM	)	9	I	Y	i	y
1	0	1	0	LF	SUB	*	:	J	Z	j	z
1	0	1	1	VT	ESC	+	;	K	[	k	{
1	1	0	0	FF	FS	,	<	L	\	l		
1	1	0	1	CR	GS	—	=	M	]	m	}
1	1	1	0	SO	RS	•	>	N	∧	n	~
1	1	1	1	SI	US	/	?	O	-	o	DEL

从表中可以看到：

(1) 每个字符是用 7 位二进制代码表示的，其排列次序为 $b_6 b_5 b_4 b_3 b_2 b_1 b_0$，表中的 $b_6 b_5 b_4$ 为高位部分，$b_3 \sim b_0$ 为低位部分。而一个字符在计算机内实际是用 8 位表示。正常情况下，最高一位 b_7 为 0。在需要奇偶校验时，这一位可用于存放奇偶校验的值，此时称这一位为校验位(有关奇偶校验的内容见第 3 章 3.7 节)。

(2) ASCII 是 128 个字符组成的字符集。其中编码值 0～31 不对应任何可印刷(或称有字形)字符，通常称它们为控制字符，用于通信中的通信控制或对计算机设备的功能控制。编码值为 20H 的是空格(或间隔)字符 SP。编码值为 7FH 的是删除控制 DEL 码。其余的 94 个字符称为可印刷字符；如果把空格也计入可印刷字符时，则称有 95 个可印刷字符。请注意，这种字符编码中有如下两个规律。

① 字符 0～9 这 10 个数字符的高 3 位编码为 011，低 4 位为 0000～1001。当去掉高 3 位的值时，低 4 位正好是二进制形式的 0～9。这既满足正常的排序关系，又有利于完成 ASCII 码与二进制码之间的转换。

② 英文字母的编码值满足正常的字母排序关系，且大、小写英文字母编码的对应关系相当简便，差别仅表现在 b_5 一位的值为 0 或 1，有利于大、小写字母之间的编码变换。

另有一种字符编码，是主要用在 IBM 计算机中的扩充的二-十进制信息码(Extended Binary Coded Decimal Interchange Code，EBCDIC)。它采用 8 位码，有 256 个编码状态，但只选用其中一部分。0～9 这 10 个数字符的高 4 位编码为 1111，低 4 位仍为 0000～1001。大、小写英文字母的编码均同样满足正常的排序要求，而且有简单的对应关系，即同一个字母其大小写的编码值仅最高的第二位值不同，易于变换与识别。

9.2.2 光笔、图形板和画笔(或游动标)输入

光笔(light pen)的外形与钢笔相似,头部装有一个透镜系统,能把进入的光会聚为一个光点。在光笔头部附有开关,当按下开关时,进行光的检测,光笔就可拾取显示器屏幕上的坐标。光笔与屏幕上的光标配合,可使光标跟踪光笔移动,在屏幕上画出图形或修改图形,这个过程与人用钢笔画图的过程类似。经操作员确认后,即可存入计算机。

画笔(stylus)为笔状,但不是光笔。它不是用于显示器屏幕,而是用于图形板(tablet)。当画笔接触到图形板上的某一位置时,画笔在图形板上的位置坐标就会自动传送到计算机中去,随着笔在板上的运动可以画出图形。图形板和画笔结合构成二维坐标的输入系统,主要用于输入工程图等。将图纸贴在图形板上,画笔沿着图纸上的图形移动,读取图形坐标,即可输入工程图。

为了提高读图精度,常用游动标(cursor)代替画笔与图形板配合使用。游动标是一个手持的方形坐标读出器,游动标上有一块透明玻璃,玻璃上刻有十字标记。十字标记的中心就是游动标的中心。使用时将十字中心对准图形的坐标点上,它比画笔读取的坐标更精确。

图形板是一种二维的 A/D 变换器,因此图形板也称作数字化板。坐标量测的方法有电阻式、电容式、电磁感应式和超声波式等。以电磁式为例,图形板是一块电磁感应板,手持的游动标中有一个感应线圈,当线圈的中心(十字标的中心)置于板上某点时,便在该点产生感应电压,得到坐标值。

图形板与画笔(或游动标)配合的输入方式,比光笔与屏幕相结合的输入方式有许多优点。光笔不能输入纸上的图形信息,而图形板方式很容易做到;光笔和持笔的手能挡住图形,而且由于屏幕玻璃的厚度、光的折射作用和人眼与光笔的视角等影响,常使画出的图形偏离预想的位置;而图形板无此问题。而且长时间使用光笔,悬空的手臂会感到疲劳。由于上述种种优点,目前图形板输入方式得到广泛应用,尤其是在集成电路图、机械和建筑图等用图纸输入的系统中,更是如此。

光笔和图形板两种输入方式都可以输入绝对坐标,即只要把光笔点到屏幕上某点或者把游动标放到图形板的某一点,就可以读取这一点的坐标值。

9.2.3 鼠标、跟踪球和操作杆输入

鼠标、跟踪球和操作杆输入相对坐标。它们和显示器的光标配合,计算机先要给定光标的初始位置,然后读取鼠标等活动产生的相对位移信号移动光标。这几种设备操作容易、制作简单而且造价低,但定位精度比较差。

鼠标(mouse)是一种手持式的坐标定位部件,由于它拖着一根长线与接口相连,样子像老鼠,由此得名。目前市面上流行的鼠标有两种,机械式和光电式。它们与主机的通信和控制原理完全相同,只是在移动检测方面有些差异,两者相互可以直接替换。

跟踪球(track boll)的工作原理与机械式鼠标完全一样,只是将滚球做得大一些,并放置在固定的球座里,使用时用手指转动球,就可实现同鼠标一样的功能。由于它的球座是固定不动的,可安装在键盘上。

操作杆(joystick)一般被便携机采用。其结构是在一种薄片状底盘的上面设置一个操作杆(直径约 5mm 的小圆杆),其露在便携机键盘面板上的部分只有这个操作杆,底盘通常被设置在空格键下面的空余地方。使用时用手指轻压小圆杆,显示器上的光标将按照圆杆受力的方向在屏幕上移动。一般在底盘上设置应变规片(distortion gauge)或压敏电阻来感受圆杆所受的压力。

9.2.4 触摸屏

触摸屏是为改善人机对话而兴起的一种输入方式,现已被广泛应用在各个应用领域的控制和查询等方面。

触摸屏是透明的,可安装在任何一种显示器屏幕的外面(表面)。使用时,显示器屏幕上根据实际应用的需要显示出用户所需控制的项目或查询的内容(标题)。用户只要用手指(或其他东西)按一下所选择的项目(或标题),即可由触摸屏将此信息送到计算机中,向计算机输入的是接触点的坐标位置,以后的工作就由程序去执行了。

触摸屏系统一般包括两部分:触摸屏控制器(卡)和触摸检测装置。

触摸屏控制卡上有微处理器和固化的监控程序,其主要作用是将触摸检测装置送来的触摸信息转换成触点坐标,再送给计算机;同时它能接收计算机送来的命令,并予以执行。目前平板电脑和智能手机等设备的显示屏幕具有触摸功能,可对屏幕上的图标(或菜单)进行选择或进行游戏等。

触摸屏根据其所采用的技术可分成 5 类:电阻式、电容式、红外线式、表面声波技术和底座式矢量压力测力技术。

9.2.5 图像输入设备(摄像机、摄像头和数码相机)

1. 摄像机与摄像头

摄像机和摄像头摄取的景物经数字化后变成数字图像存入闪存、磁盘或磁带。如果被摄对象在微观世界,可以将摄像机装在显微镜上,组成显微图像输入系统。如果摄像头安置在适当位置,则通过网络可传播会议现场情况,或在聊天时传送双方人员的图像。

2. 数码相机

近年来推出的数码相机在色彩质量和图像清晰度等方面不断改进。

数码相机内置有存储器,并带用 LCD 预映屏幕。在拍照时观察屏幕可将最佳快照录入相机的存储器中,并即时删除不理想的照片。其最大的特点是可以联机,如果照片拍得不理想,则可把它们载入计算机中,对其进行修改,直到满意为止。人们可以在瞬间获取图像,也可在照片拍摄后把其传到互联网上。

大多数相机使用快闪存储器模块,容易更换。扩展存储容量可增加相机中保存的相片数量。

图像质量与相片的像素有关,参见 9.3 节中有关像素的解释。

数码相机一般采用 JPEG 压缩方案,对显示图像的数据进行压缩这可能会降低图像质量。某些相机允许用户以非压缩格式存储图像。

9.2.6 条形码

条形码又叫条码。传统的条码为一维条码，一维条码的定义是：由一组宽度和反射率不同的平行相邻的"条"和"空"，按照预先规定的编码规则组合起来，用以表示一组数据的符号。这组数据可以是数字、字母或某些符号。

条：在条码符号中，反射率较低的元素称为条，即图9.1(a)中的黑条。

(a) 一维条码　　　　　　　　　(b) 二维条码

图9.1　条码符号示意图

空：又称间隔。在条码符号中，反射率较高的元素称为空，即图9.1(a)中的白条。

条与空可规定几种不同的宽度，由若干条和空组成一个字符。

条码的作用：条码是表示数据的符号，在市场上即表示某种商品的代号，这个符号可由机器自动识别，并送入计算机中。在超市中的商品都用条码识别。条码也可应用于仓库管理、图书管理等领域。

条码技术是研究如何把物品的代号用条码来表示，并将它转变为计算机可自动采集的数据。因此条码技术主要包括条码编码规则及标准、条码译码技术、印刷技术、光电扫描技术、通信技术和计算机技术等。目前使用的条码有多种编码规则。

要阅读条码符号所包含的信息需要一个扫描装置，扫描器将扫描得到的脉冲数字信号送到译码器，译码器按照一定的编码规则解释成计算机可识别的信号，并通过数据通信接口（常用串行口）送入计算机。

一维条码包含的信息量不大，于是又出现了二维条码，见图9.2(b)，它将信息空间由线性的一维扩展到平面的二维。可从水平和垂直两个方向来获取信息。二维条码也有多种编码规则。

9.2.7　光学字符识别(OCR)技术和语音文字输入系统

1. 光学字符识别技术

在西方国家，由于普遍使用打字机，因此计算机识别的对象多是印刷体英文、数字和某些符号。在计算机中大部分扫描仪都配备了英文 OCR 软件，用户可方便地将英文文本送入计算机。汉字识别技术的困难和复杂程度是西文所无法比拟的。

计算机采用的 OCR 系统是多项技术结合的产物，识别技术是其核心内容，还包括图形文本的扫描输入、光电信号变换、电信号的数字化处理、版面分析与理解、字的切分处理以及输入信息载体(页)的自动传送技术等。

字的切分直接影响字的正确识别率。字的切分是从文本图像中将每一个字符正确切分下来,汉字切分的依据是每个汉字是大小均匀的方块字,但在汉字文本中经常混有大小写英文字母和标点符号,这些字符的高低位置与字宽都与汉字不一样;同时汉字中包括了许多左右可分的汉字,有可能将其切分成两个字,例如将"引"切分成"弓"和"丨"。另外由于印刷质量和噪音干扰,产生笔画的模糊和断裂,也可能造成切分的错误。

我国文字识别技术的研究始于 20 世纪 70 年代末,已相继推出了自动阅卷机等英文、数字实用 OCR 系统和几个实用的印刷体汉字识别系统和手写体汉字识别系统。

2. 语音与文字输入系统

目前计算机输入字符与数据主要用键盘录入,人们正在研究如何让机器听懂话、识别字。为了达此目的,一系列相应学科正在形成与发展,其中包括模式识别、人工智能、信号处理和图像处理,并在此基础上产生了语音识别、文字识别、自然语言理解与机器视觉等学科。下面讨论计算机语音与文字输入中一些最基本的概念。

1) 语音与文字输入

语音与文字输入的实质是要让计算机从人发出语音的声波和输入文字的形状中领会到含义,并将它转换成计算机可以处理的代码。其核心环节是对声波和文字图形的"识别"。从学科上说这属于模式识别(pattern recognition)范畴。例如,每个英文字母在人们书写时,其形状大小都有变化。同一个字,不同地区的人发音很不一样,但它们属于同一类。这里把待辨认的一段声波或一个文字图形称为"样本",把它们的类别叫做模式(pattern)。实现将样本划定其模式的系统叫做模式识别系统,具体来讲就称为语音识别系统或文字识别系统。根据识别过程的顺序,该系统由信息获取、预处理、特征提取和给出识别结果等环节组成。

(1) 信息获取

利用传感器(sensor)将待识别的语音或文字转换成电信号(模拟量),并进一步将模拟量转换成数字量。

对于语音,话筒就是传感器。至于文字,常用扫描器(scanner)作传感器。

(2) 预处理

从传感器采集到的信号往往有畸变或噪音,预处理阶段的一个主要任务是消除或削弱噪音。例如,可以对同一页纸扫描若干次,再取平均值等方法来减轻噪音的影响。另外,还可以对输入信息进行划分。例如按字符、单词或词组进行分段,以便进一步识别。

(3) 特征提取

待识别的语音或文字输入到计算机后,通过与机内已存入的标准语音库或文字库(统称模型库)中的模型相比较,找出其最相似者而实现识别。存在机器内的模型是根据该文字的特点并按某一规律转换成的某种代码或向量。待识别的输入信号也按同一规律转换成相应的代码或向量,比较是在这种代码或向量的基础上进行的。在模式识别中,把这种代码或向量称为"特征表示"。

上述模型库建立的方法是:人们一方面用键盘输入某个字符代码,另一方面同时用传感器送入使用人的语音或文字,计算机将键盘输入的字符代码及从使用人的语音或文字中抽取得到的特征表示,一起存到模型库内,以备样本比较用。

文字输入系统的模型库中要送入不同字体或手写体模型。语音输入系统若按使用者来分,有特定人专用与非特定人使用两类。特定人专用,则要让指定的使用人按所用词汇逐个对机器进行训练,建立模型;非特定人使用的系统需要选择若干口音不同的人对机器进行训练建立模型。

(4) 给出识别结果

对输入信号进行识别并赋予识别结果。

2) 汉字识别

汉字识别主要分为脱机手写汉字识别、联机手写汉字识别和印刷体汉字识别 3 类,其难易程度也按上述次序从难到易排列。

汉字识别实际上是一个模式识别问题。其困难首先在于常用汉字的数量极大,相似字较多;其次是汉字字形的多变性,不仅手写体如此,即使是印刷体汉字,不同字体(宋、仿宋、黑、楷等)、不同字号(从特大号到小七号)、不同印刷方法(铅印、激光打印、胶印和计算机打印等)和不同印刷厂所印刷的汉字也是不同的。

印刷汉字识别系统又有单一字体印刷汉字识别系统和多种字体印刷汉字识别系统之分。后者可以用同一字库实现对宋、仿宋、黑、楷 4 大字体的识别,对字形变化有一定的适应能力,适应范围较宽,是研究方向。

一个实用的印刷汉字识别系统,除了要有良好的核心,即识别算法以外,还有更大量的工作要在识别以前的"预处理模块"和识别之后的"后处理模块"中完成。

预处理模块主要包括字的正确切分。人的认字过程是将字的切分识别和对字的理解在瞬间同时完成的,从而保证了字符切分的正确性。而计算机是串行工作的,使字符的正确切分变得很困难,在目前的识别系统中,大约有 30% 误识来自切分错误。对计算机来说,识别一篇文章是逐段、逐行、逐字地从上至下和从左到右进行的。对于报纸和杂志等版面较复杂的文章(即除了文字外,还有图或表格),则需要将一个版面分成很多块,将图和表格区分出来,并把文字一行一行、一字一字划分开来。

后处理模块的作用是利用上下文关系对若干个尚未完全确定的字(或词组)识别出正确结果;同时还要进行类似于人工校稿的工作,诸如编排文字、调整结构和修改错误等。

3) 语言识别

语言信息处理技术包括自动语言识别、语言合成、语言理解、自动电话查询和翻译等,是当今研究的一个重要方面。

语言识别系统有孤立单词识别系统和连续语言识别系统两种。在语言理解系统中要求适应自然语言,自然语言的语法不很规范,并带有习惯性的无意义的发音。语言识别系统根据使用范围的不同又可分成供特定人使用的和供任意人使用的两种。

9.3 输出设备——显示器

9.3.1 显示技术中的有关术语

1. 图形和图像

图形和图像是现代显示技术中常用的术语,图形(graphics)最初是指没有亮暗层次变化的线条图,如建筑、机械所用的工程设计图和电路图等。早期的图形显示和处理只是局限在二值化的范围,只能用线条的有无来表示简单的图形。图像(image)则最初就是指具有亮暗层次的图,如自然景物、新闻照片等。经计算机处理后显示的图像称作数字图像,就是将图片上连续的亮暗变化变换为离散的数字量,并以点阵列的形式显示输出。

在显示屏幕上,图形和图像都是由称作像素的光点组成的。光点的多少称作分辨率,光点的深浅变化称作灰度级(在黑白显示器上表现为灰度级,在彩色显示器上表现为颜色)。分辨率和灰度级决定了所显示图的质量。高分辨率、多灰度级的光栅扫描的显示器不仅可以显示图像,也可以显示图形。现在的图形也可以有颜色、深浅层次的变化。

但是,图形学和数字图像处理是两个不同的学科,它们所研究的问题不同,应用领域不同,使用的技术方法不同,图形和图像的输入手段也不同。

图形学的主要任务是研究如何用计算机表示现实世界的各种事物,并且形象逼真地加以显示。如动画设计、花布图案设计、地图的显示等平面图,以及飞机、汽车、建筑物的造型设计等立体图。这些图要求形象逼真地显示,需要有深浅和颜色。图形学所用的技术包括点、线、面、体等平面和立体图的表示和生成。同时,由于要在平面上显示立体图,还要研究阴影的产生,隐藏线、隐藏面的消除技术以及光照方向与颜色的模拟等技术。

数字图像处理所处理的对象多半来自客观世界,例如由摄像机摄取下来存入计算机的数字图像(遥感图像、医用图像等)。图像与图形相比,由于后者可以按人的意志描绘,所以无噪音干扰,而且规则整齐,富有创造性。前者则可能充满噪音,图像很不清晰。由于摄取的位置随机,图像可能发生畸变。图像处理的任务是去除噪音,恢复原形,使图像清晰,并从中抽取有用的信息,以供观察。

图像主要用摄像机输入,经数字化以后逐点存储,因此图像需要占用非常庞大的主存空间。而在计算机中表示图形,则只需存储绘图命令和坐标点,没有必要存储每个像素点。例如,用两点式表示一条直线为 $L(x_0, y_0; x_1, y_1)$,计算机中只存储了这个表达式,坐标点到图形像素点的转换由计算机或显示设备自动完成。

2. 分辨率和灰度级

分辨率(resolution)指的是显示设备的显示屏所能表示的像素个数。像素越密,分辨率越高,图像越清晰。例如,12in 彩色 CRT 的分辨率为 640×480 个像素,对角线为 12in = 30.48cm,长和宽分别为 24.384cm 和 18.288cm,有效显示区域要小于这个数据。每个像素的间距为 0.35mm,水平方向的 640 个像素占显示长度为 640×0.31mm = 19.84cm。垂直方向为 480 个像素,是按照 4:3 的长宽比例分配的 $\left(640 \times \dfrac{3}{4} = 480\right)$。目前液晶电视和等离子电视的显示屏大多采用 16:9 的比例。

灰度级(gray level)指的是所显示像素点的亮暗差别,在彩色显示器中则表现为颜色的不同。灰度级越多,图像层次越清楚逼真。如果用 4 位表示一个像素,则只有 16 级灰度或颜色;如果用 8 位表示一个像素,则有 256 级灰度或颜色。

分辨率和灰度级是显示器的两个重要技术指标。

根据不同的分辨率,有不同的显示器接口(或称为适配器)与之配合,IBM 公司制定了显示器分辨率的标准,并被业界所接受(如表9.2所示)。长、宽方向像素比例不全部为4∶3。

表9.2　各种显示模式的分辨率

显示模式	CGA	EGA	VGA	SVGA	XGA	SXGA
分辨率	640×200	640×350	640×480	800×600	1024×768	1280×1024

3. 刷新和帧存储器

CRT器件的发光是由电子束射在荧光屏上引起的。电子束扫过之后,其发光亮度只能维持短暂一瞬(大约几十毫秒)便会消失。为了使人眼能看到稳定的图像,就必须在图像消失之前使电子束不断地重复扫描整个屏幕。这个过程叫做刷新(refresh)。每秒刷新的次数称刷新频率或扫描频率。结合人的视觉生理,刷新频率应大于30次/秒,人眼才不会感到闪烁。计算机显示设备中通常选用电视中的标准,每秒刷新50帧(frame)图像。

为了不断提供刷新图像的信号,必须把整屏图像存储起来,存储整屏图像的存储器叫帧存储器(电视不用帧存储器也可以看到图像,是因为电视接收机不断接收从天线来的信号)。帧存储器的容量由图像分辨率和灰度级决定。分辨率越高,灰度级越多,帧存储器的容量越大。如分辨率为1280×1024,256级灰度的图像,存储容量为1280×1024×8b=1.3MB。帧存储器的存取周期必须满足刷新频率的要求。容量和存取周期是帧存储器的两个重要技术指标。

视频存储器VRAM(video RAM)安置于适配器或显卡内,其设计考虑了图像数据存取和处理的特点,功能比一般DRAM强,但价格贵。

4. 亮度

亮度的单位是坎德拉每平方米(cd/m^2)。显示器所需的亮度与环境的亮度有关。

5. 对比度

对比度是指显示器画面上最大亮度和最小亮度的比值。同一显示器在暗室中其对比度要大得多。要提高对比度,就必须提高显示屏幕的亮度,同时还要降低显示"黑色"时的亮度。

6. 光栅扫描

CRT的电子束在荧光屏上按某种轨迹运动称为扫描(scan)。

光栅扫描是电视中采用的扫描方法。在电视中,要求图像充满整个画面,因此要求电子束扫过整个屏幕。光栅扫描是从上至下顺序扫描,采用逐行扫描和隔行扫描两种方式。逐行扫描就是从屏幕顶部开始一行接一行地扫描,一直到底,反复进行。电视系统采用隔行扫描,它把一帧图像分为奇数场和偶数场,1、3、5、7等奇数行构成奇数场,0、2、4、6等偶数行构成偶数场。我国电视标准是625行。扫描顺序是先偶数场,再奇数场,交替传送,每秒显示50场。计算机中的CRT显示器也采用光栅扫描方式。

9.3.2　显示设备种类

显示设备种类繁多。按显示设备所用的显示器件分类,有阴极射线管(cathode ray

tube, CRT)显示器,液晶显示器(liquid crystal display, LCD)和等离子显示器(plasma display panel, PDP)等。CRT 已逐步被淘汰。

1. 阴极射线管(CRT)

CRT 是一个电真空器件,由电子枪、偏转线圈和荧光屏构成。

电子枪包括灯丝、阴极、栅极、加速阳极和聚焦装置。CRT 在加电以后,灯丝发热,热量辐射到阴极,阴极受热便发射电子,栅极控制电子束强度,电子束通过聚焦装置聚集得很细,以保证图像清晰。然后电子束在偏转线圈产生的磁场的作用下,根据磁场强度运动到荧光屏的任意指定位置。荧光屏的内壁涂有荧光粉,它将电子束的动能转换成光能,从而显示出光点。

2. 平板显示器

平板显示器(FPD)一般是指显示器的深度小于显示屏幕对角线 1/4 长度的显示器件,有液晶显示(LCD)器、等离子体显示(PDP)器、场发射显示器(FED)和电致发光显示器(ELD)等。其中 LCD 本身不发光,靠调制外光源实现显示,其余各类显示均自身发光。平板显示器有不少优点,目前价格在下降。

1) 液晶显示器(LCD)

液晶是液态晶体的简称,它是一种有机化合物,在一定范围内,既具有液体的流动性,又具有分子排列有序的晶体特性。液晶分子是棒状结构,具有明显的光学各向异性,它本身不发光,但能够调制(折射)外照光实现信息显示,因此使用时需要有背光源。

液晶显示器具有低工作电压、微功耗、体轻薄、适于 LSI 驱动、易于实现大画面显示、显示色彩优良等特点。目前广泛应用的是薄膜晶体管(ThinFilm Transistor, TFT)液晶显示器(TFT-LCD)和平面转换(In-plase Switch, IPS)液晶显示器(IPS-LCD)。

(1) LCD 的背光源:液晶显示器件本身具有纯平面、显示精细等特性,它需要一个亮度高且均匀的背光源。目前可供使用的背光源很多,冷阴极荧光灯(Cold Cathode Fluorescent Lamps, CCFL)和发光二极管 LED 为目前彩色液晶显示器上使用最广泛的背光源。

冷阴极荧光灯(CCFL)是一种线光源,在由导光板等组成的背光模组的作用下,把线光源发出的光通过漫射和反射而使之成为亮度均匀并垂直射出的面光源;背光模组的设计涵盖了光学、精密模具以及蚀刻、印刷等精密科技,成本高。紧贴在背光模组上的液晶面板负责对光线进行调制和显示。

LED 背光源分成直射式和侧射式,直射式是指 LED 均匀分布在整块液晶屏幕的背面,侧射式则将 LED 分布在屏幕两侧的外侧线处。经过多年发展,LED 背光源的应用范围不断拓宽。

LED 背光源与 CCFL 背光源相比较,具有下述领先优势。

① LED 的寿命为 10 万小时,CCFL 的寿命为 2.5 万~6 万小时。液晶显示面板一般不会损坏,当显示器出问题时一般需要更换背光源,CCFL 背光源比 LED 背光源设置复杂,且贵很多。

② LED 工作电压比 CCFL 低,安全性强。

③ LED 不含有害物质,CCFL 类似日光灯,含有对人有害物质(汞)。LED 发光不含射线。LED 环保性好。

④ LED 视觉效果好:色彩鲜艳,亮度调节范围大,画面不跳动。

(2) TFT 和 IPS 液晶显示面板

TFT-LCD 显示屏幕上的每个像素点都由集成在其背后的一个薄膜晶体管驱动,该晶体管还具有电容效应,能够保持电位状态,并可随下一次驱动电压的改变而改变。利用液晶透光率随电压改变的特性,使光线得以被显示信号调制成不同强度的输出信号,液晶上的 RGB(红、绿、蓝)滤色片把可见光滤成三原色,进而组成各种颜色来还原画面。

IPS-LCD 显示面板上的液晶分子采用平面转换技术,即在光线照射下液晶分子只在 X 和 Y 方向上转动(其他显示面板的液晶分子在 3 个方向上转动)。提高了显示屏幕的视角(可以达到 178°),有人称它为"super TFT",这是日立公司于 2001 年提出的技术,后来由飞利浦公司研发成功,韩国 LG 公司购买该技术进行生产,很多消费品,如手机、显示器、电视等采用这种显示屏幕。IPS 有硬屏和软屏之分,硬屏就是在表面上附着了一层树脂膜,增加了强度,从而减少了一层玻璃基板。

液晶面板比较脆弱,所以需要加入几层玻璃基板来增加强度并起到保护作用。

(3) LCD 主要应用领域。

① 便携式电子产品

主要包括笔记本电脑、平板电脑和手机等。苹果公司的平板电脑 ipad 2 和手机 iphone 4 采用 IPS 硬屏。

超薄型、高亮度和宽视角是其发展的主攻方向。视角现已能达到 178°。

② 监视器

液晶监视器主要面向中高档台式 PC 和中高档工作站,显示屏幕为 17in～19in 的 LCD,分辨率为 1280×1024 像素。

③ 消费类电子产品

高清晰数字电视(HDTV)的分辨率将达到 1920×1080 像素,从电视产品的实际效果来看,LCD 的优势在 40in 以上大画面显示。而在平板显示器内各器件之间也仍存在竞争。

摄像机和数码相机使摄影走向无胶卷时代,它们均采用 LCD。

2) 彩色等离子体显示器(plasma display panel,PDP)

等离子体显示是利用惰性气体在一定电压作用下产生气体放电现象而实现的一种发光型平板显示技术。其结构好比把数百万个等离子管按一定方式排列在两块平板玻璃之间,构成显示屏幕。制作时,把两块玻璃板之间的空间通过障壁分成许多小室(即等离子管),每个等离子管对应的小室都设有一组电极,室内充有惰性气体(Ne、He、Xe 等)。在等离子管电极之间加上高压后,封在两层玻璃之间的等离子管小室中的气体放电产生紫外线,并激发平板显示屏上的红、绿、蓝三基色荧光粉发光,然后将这种光转换成人眼可见的光,实现彩色显示。

PDP 将每个等离子管作为一个像素,由这些像素的明暗和颜色变化组合产生各种灰度和色彩的图像,同时也决定了其像素比较大,不能制备小尺寸高清晰度的显示设备,而主要应用在 40in 以上的大屏幕领域。

等离子面板制造工艺复杂,其玻璃基板的技术门槛很高,再加上可观的驱动电路费用,决定了 PDP 的高价位。

PDP 显示器的驱动 IC(集成电路)分为数据 IC 和地址 IC。数据 IC 把数据转换为电压信号加在面板上,地址 IC 则控制各区域(即等离子小室)电流的通断,这种寻址方式与 CRT 的电子束偏转方式不同。

PDP 显示器具有体积小、重量轻、亮度高、视角大、无 X 射线辐射等特点。

目前高建筑外墙上的显示屏幕一般用几块 LCD 或 PDP 面板拼接而成。

9.3.3 图形和图像显示

光栅扫描显示器的特点是把对应于屏幕上每个像素的信息都用存储器存起来,然后按地址顺序逐个地显示在屏幕上。其硬件结构如图 9.2 所示。

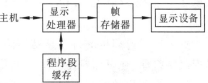

图 9.2 光栅扫描显示器的硬件结构

这里有两个存储器,一个称作程序段缓冲存储器,另一个是帧存储器。程序段缓存中存储由计算机通过显示处理器送来的显示文件和交互式图形图像操作命令,有图形的局部放大、平移、旋转、比例变换、图形的检索以及图像处理等,这些操作又在显示处理器中完成,比在主机中用软件实现效率要高得多。

在计算机系统中,主机和显示设备之间的电路都放在被称为显示适配器的接口中。

帧存储器中存放了一帧图形(或图像)信息,和屏幕上的像素一一对应,如果屏幕的分辨率为 1280×1024 个像素,灰度为 256 级,要有 1280×1024×8b=1.3MB 的帧存容量。

早期的 VGA 显示适配器只起到 CPU 与显示器之间的接口作用,如今还起到处理图形/图像数据、加速显示等作用。其核心部分是专门为之设计的图形/图像加速芯片,这是一个固化了一定数量的常用基本图形程序模块和三维图形/图像处理部件的芯片。三维处理大体上可分为"几何变换"和"色彩渲染"两种处理,这两种处理如果都由 CPU 来完成,则 CPU 的负担过重,而且大量位图数据的传输量很大,对传输率要求太高;如果都由适配器来完成,则要采用三维图形芯片和大容量显存来完成色彩渲染处理,而显存成本较高。要降低适配器成本,需要减少卡上显存容量,而将结构数据存储在主存储器中。原有的总线难以胜任图形(或图像)数据传送,Intel 公司提出了视频标准 AGP,并推出了三维图形/图像加速芯片。符合 AGP 标准的适配器也随之出现在市场上。在计算机中是否具有 AGP 接口卡,对图形/图像的处理效果影响很大。然而近年来 AGP 接口又逐步被 PCI-Express 接口取代(参见第 10 章 10.5.3 节)。

9.4 输出设备——打印机

打印输出是计算机系统最基本的输出形式,可将打印在纸上的信息长期保存。人们将一切可以产生永久性记录的设备统称为硬复制设备,如打印机、绘图机、静电印刷机以及早期使用的纸带穿孔机、卡片穿孔机等都是硬复制设备。

按印字原理分类,打印机可分为击打式和非击打式两大类。击打式打印机是利用机械作用使印字机构与色带和纸相撞击而打印字符,目前使用的是点阵针式打印机。非击打式是采用电、磁、光、喷墨等物理、化学方法印刷字符,如激光印字机、静电印字机和喷墨印字机等。击打式设备成本低,缺点是噪音大、速度慢。非击打式设备速度快,噪音低,印字质量比击打式好,但价格较贵。

按工作方式划分,可分为串行打印机和行式打印机两种。所谓串行打印机,是逐字打印的。行式打印机的速度比串行打印机快,它一次就可以输出一行。

另外,按打印纸的宽度不同,可分为宽行打印机和窄行打印机;还有能输出图的图形/图像打印机,具有彩色效果的彩色打印机等。

9.4.1　点阵针式打印机

点阵针式打印机的特点是结构简单、体积小、重量轻、价格低,字符种类不受限制,较易实现汉字打印,还可以打印图形和图像。

针式打印机的印字方法是由打印针印出的 n(横)$\times m$(纵)个点阵组成字符图形。显然,点越多,印字质量越高,西文字符的点阵通常有 5×7、7×7、7×9 等几种;若要打印汉字,至少要增加到 16×16 点阵或 24×24 点阵。

值得注意的是,字符由 $n\times m$ 个点阵组成,并不意味着打印头就装有 $n\times m$ 根打印针。为减少打印头制造的难度,串行点阵打印机的打印头中一般只装有一列 m 根打印针,每根针可以单独驱动,印完一列后打印头沿水平方向移动一步微小距离,n 步以后,形成一个 $n\times m$ 点阵,照此逐个字符打印。

针式打印机有单向打印和双向打印两种。当打印完一行字符以后,打印纸在输纸机构控制下前进一行,同时打印头(字车)回到一行的起始位置,重新由左至右打印,这个过程为单向打印。双向打印指的是自左至右一行字符打印完毕后,字车无须回车,在输纸的同时,字车走到反向打印的起始位置,再从右至左打印一行。反向打印结束,字车又回到正向打印起始位置。由于省去了空回车时间,所以打印速度大大提高。

针式打印机由打印头与字车、输纸机构、色带机构及控制器 4 部分组成。

打印头是针打的关键部件,它由打印针、磁铁和衔铁、接口电路等组成。主机将要打印的字符通过接口电路送到打印机的缓冲存储器,在打印时序逻辑控制下,从缓存中顺序取出字符代码,对字符代码进行译码,得到字符发生器 ROM 的地址,逐列取出字符点驱动打印头,形成字符点阵。

输纸机构由步进电机驱动,每打印完一行字符,要按给定的要求走纸。

色带的作用是供给色源,如同复写纸的作用一样。打印过程中,色带必须不断移动,以改变其受击打的位置,否则,色带极易破损。驱动色带不断移动的装置称色带机构。针式打印机中使用的多为环形色带,它装在一个塑料的带盒内,色带可以随打印头的动作自动循环移动。

彩色针式打印机的工作原理与单色的基本相同,仅是使用的色带和色带机构不同,色带为四色带,在一条色带上平行地分为黑、蓝、红和黄 4 种颜色,打印时,色带机构既要带动色带做单向循环移动,又要带动色带盒做上下位移,变换打印头所接触的色带部位,从而打印出不同颜色。虽然色带上只有 4 种颜色,但可打印两次,从而可获得 7 种颜色(黑、蓝、红、黄、紫、橙、绿)。

9.4.2　激光打印机

1. 激光打印机内部结构

激光打印机的内部结构如图 9.3 所示。其主要部件有墨粉、感光鼓(硒鼓)、显影轧辊、显影磁铁、初级电晕放电极和清扫器等,都装置在墨盒内。当墨盒内的墨粉用完后,可以将整个墨盒卸下更换。其中感光鼓一般是用铝合金制成的一个圆筒,鼓面上涂敷一层感光材料(如硒-碲-砷合金)。激光发生器是激光打印机的光源,具有很好的单色性和方向性,可以聚焦成极细的光束。激光束通过扫描反射镜反射到感光鼓上。

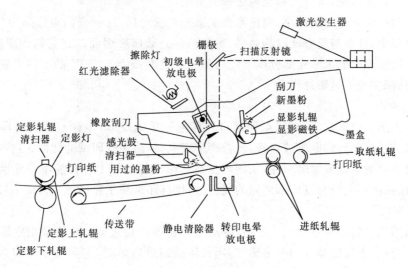

图 9.3　激光打印机内部结构示意图

打印的图像形成于墨盒中央的感光鼓上,墨粉由显影轧辊传送到鼓上,再传送到打印纸上,最后墨粉由定影轧辊熔融到打印纸上。打印纸从图的右边进入,从左边输出。

感光鼓的直径较小,要打印一页纸,感光鼓必须转动好几圈。

2. 印字原理

激光印字过程可分成 6 个步骤(参照图 9.3)。

(1)带电

感光鼓的外表面上所涂的感光层是良好的绝缘体,内部铝筒接地,如果鼓的外表面带上负电荷,这些电荷会停留不动。当鼓上某一部分受到光照射,这一部分就变成导体,它表面上的电荷就会通过导体入地,而未受光照部分的电荷依然不动。

打印开始时,首先在鼓的外表面上均匀地充上负电荷,其原理是:当感光鼓开始运动时,用高压电源对安装在窄长槽中的初级电晕放电极加高压。这个高压又使其周围的空气电离,变为能够移动的带电离子。初级电晕放电极下方是栅极,栅极上通常带有$-600V$电压,因而它能吸引电晕放电极周围的离子,使带负电的离子移向感光鼓表面,使鼓表面上均匀地带上$-600V$电荷。

(2) 曝光

激光发生器根据文字或图像的像点产生激光束,通过扫描反射镜反射到感光鼓上,使受光照射(即曝光)部分的感光层变为导体,将其表面所带的$-600V$电荷向地泄放,在感光鼓面上写下了带有$-100V$电压的不可视潜像点,未曝光的鼓表面仍保留有$-600V$电荷。

(3) 显影(显像)

显影过程是让感光鼓上已感光部分沾上墨粉,得到可见像点。

激光打印机使用的墨粉内含有微小的铁粉,因此墨粉能被磁铁吸引。

在显影轧辊的中心装有一个磁铁,当显影轧辊转动时,磁铁吸引由轧辊上方供给的墨粉。在供给墨粉的一方有一个刮刀用于刮匀墨粉,使得显影轧辊附着一层均匀的墨粉。因显影轧辊带有负高压电,所以墨粉也随之带上负电荷。

感光鼓和显影轧辊间距甚小,当感光鼓上某一点感光后,这一点的电位降为$-100V$,感光鼓转动过程中,该点与显影轧辊相遇后,墨粉被感光鼓所吸引而跳过它们的间隙,附着到感光鼓上。而感光鼓上未感光部分则不吸引墨粉。这时鼓上$-100V$的潜像点就变成了可视的像点,从而完成了显影过程。

(4) 转印

被显像的感光鼓继续转动,当鼓面通过转印电晕放电极时,显像点即可转印到打印纸上。因为纸的下面是转印电晕放电极,此极产生正电荷,附在打印纸的背面。这些正电荷将鼓上所带负电荷的墨粉紧紧吸引住,从而将像点转印到打印纸上。在静电消除器上产生有负电荷,用以减小感光鼓与打印纸之间的吸引力,使打印纸易于脱离感光鼓而不被吸住。

(5) 定影(固定)

图像从感光鼓转印到打印纸上之后,要通过定影器进行定影。定影器由定影上轧辊和定影下轧辊组成,上轧辊装有一个定影灯,当打印纸通过这里时,定影灯发出的热量将墨粉融化,在纸上形成可永久保存的图像。

定影轧辊不工作时温度为74℃,当处理纸时温度上升至82℃。采用热敏电阻检测定影轧辊的温度,自动控制定影灯的电压,使其温度保持恒定。此外,还设有热敏保护开关,以防止定影轧辊过热。若温度达到99℃,开关将自动开启,切断灯泡电源。

定影轧辊上涂有一层特佛龙涂料,用以防止加热后的墨粉沾在上面。还有一块涂有硅油的抹布,用以将沾在轧辊上多余的墨粉和灰尘抹掉。

(6) 清除残像

在转印过程中墨粉从感光鼓面转印到纸面时,鼓面上总会残留一些墨粉,用一个橡胶制的刮刀来刮去残余墨粉。

感光鼓再经过若干个擦除灯,这些灯使鼓面重新带上均匀的$-100V$电荷,然后感光鼓又转到初级电晕放电极下,开始新的一轮循环。

3. 激光打印机性能

激光打印机输出速度快,印字质量高,而且可以使用普通纸张。它的印字质量明显优于点阵式打印机。普通激光印字机的印字分辨率都能达到 600dpi(点每英寸),是汉字或图形/图像的理想输出设备。

激光打印机是逐页输出的,常用的输出幅面为 A4 或 A3,因此也将这一类设备称为"页式输出设备"。输出速度用每分钟输出的页数(pages per minute,PPM)来表示。高速激光打印机的速度在 100PPM 以上。根据不同的需求可选用中速或低速的激光打印机。

9.4.3 喷墨打印机

喷墨打印机是类似于用墨水写字一样的打印机,可直接将墨水喷射到普通纸上实现印刷,如喷射多种颜色墨水则可实现彩色硬复制输出。喷墨打印机的喷墨技术有连续式和随机式两种。

1. 连续式喷墨打印机工作原理

图 9.4 所示是一种电荷控制式打印机的印刷原理和字符形成过程。这种打印机主要由喷头、充电电极、偏转电极、墨水供应及过滤回收系统和相应控制电路组成。其工作原理如下。

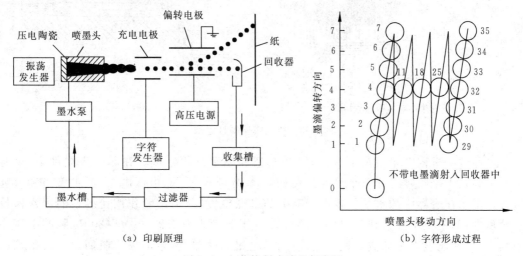

(a) 印刷原理   (b) 字符形成过程

图 9.4 电荷控制式喷墨打印机

喷墨头后部的压电陶瓷受振荡电脉冲激励产生电致伸缩,使墨水断裂形成墨滴而喷射出来,只要电脉冲存在,墨滴就能连续喷射出来。墨滴是不带电的,在其前面设置充电电极,施加静电场给墨滴充电,所充电荷的多少由字符发生器控制,根据所印字符各点位置的不同而充以不同的电荷,充电电极所加电压越高,充电电荷越多,墨滴经偏转电极后偏移的距离也越大,最后墨滴落在印字纸上。图 9.4(a)上只有一对偏转电极,因此墨滴只能在垂直方向偏移。若垂直线段上某处不需喷点,则相应墨滴不充电,在偏转电场中不发生偏转而射入回收器中,横向偏转则靠喷头相对于记录纸作横向移动实现。图 9.4(b)为墨滴落在纸上的顺序(H 字符),字符由 7×5 点阵组成。

有的喷墨打印机采用两对互相垂直的偏转板,对墨滴的印字位置进行二维控制。

上面介绍的打印机只有一个喷头,因此速度较慢。

2. 随机式喷墨打印机工作原理

这种系统供给的墨滴只在需要印字时才喷出,因此不需要墨水循环系统,省去了墨水泵和收集槽等。与连续式喷墨打印机相比,随机式喷墨机构简单、价格低廉,可靠性高。为提高印字速度,这种印字头采用单列、双列或多列小孔,一次扫描喷墨即可打印出所需的字符或图像。

产生墨滴的机构可采用不同的技术,流行的有压电式和热电式。

1) 压电式喷墨技术

有压电管型、压电隔膜型和压电薄片型等多种。其机械结构虽不同,但有共同的特点,即加高电压脉冲于墨水压电换能器上,使墨水受力,生成墨滴并喷出,完成印字过程。喷出的墨滴是不连续的,墨滴的发生频率最大可超过 10kHz。图 9.5(a)和图 9.5(b)分别为压电管型喷墨机构和喷嘴结构示意图,以它为例来说明喷墨技术的工作原理。

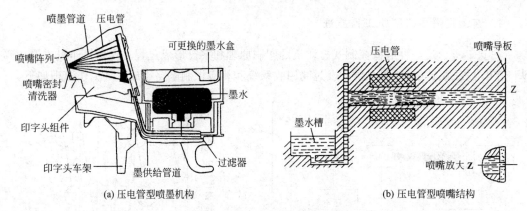

(a) 压电管型喷墨机构　　　　　　　　(b) 压电管型喷嘴结构

图 9.5　压电式喷墨打印机

这种喷墨机构由印字头组件、印字头车架和墨水盒等组成。在印字头组件中,可容纳几个到几十个喷嘴。其单个喷嘴的结构如图 9.5(b)所示,由压电管、墨水管道和喷嘴组成。墨水在容器中的水平位置低于喷嘴的最低位置,因毛细管作用使剩余的墨水保持在喷嘴内,而不至于溢出到开口的喷嘴外面。压电管为换能器,60V～200V 脉冲电压作用其上,可使压电管内部截面积收缩或扩张,将墨滴喷出,多余的墨水收回。生成墨滴的周期约 200ns。

2) 热电式喷墨技术

热电式也称气泡式,其换能元件为加热器件,可采用电阻。喷墨管道内有墨水和气泡,加热后两者都膨胀,冷却时气泡收缩,墨水从喷嘴喷出。

3. 喷墨打印速度

喷墨打印头上喷嘴数量的多少和单个喷嘴的喷射频率是喷墨打印速度的决定因素,佳能 S900 彩色照片打印机采用了间距为 1/1200in 的高密度打印头,共 3072 个喷嘴,每种颜色多达 512 个喷嘴(6 色),打印头每秒钟可以喷射出 7400 万个墨滴(喷射频率为 24kHz)。墨滴是喷墨打印的核心,为了提高打印质量,打印机的墨滴在迅速减小,以往一个大墨滴就可以描绘的区域,现在需要许多小墨滴进行填充,打印速度和质量成了一对矛盾。爱普生

(Epson)、佳能等公司都在自己的产品中应用了能够调整墨滴大小的技术,在一次打印行程中根据图像分辨率的高低和色彩区域的不同,自动变换多种尺寸不同的墨滴,特别是在浓度高的部分采用了大墨点打印,从而兼顾画面质量和打印速度。

9.4.4　热转印打字机

热转印打印机按其印字方式分为串式印字和行式印字,其印字质量优于点阵针式打印机,与喷墨打印机相当。

热转印打印机的印字原理如下。

热转印打印机中的印字头是用半导体集成电路技术制成的薄膜头,头中有发热电阻,它由一种能实现高密度和耐高温的薄膜材料组成。将若干个发热电阻(如 60 个)纵向排成一行,构成串式印字;将若干个发热电阻(如 1728 个)横向排成一行,则构成行式印字。

将具有热敏性能的油墨涂在涤纶基膜上便构成热转印色带,色带位于热印字头与记录纸之间。印字时,脉冲信号将印字头中的发热电阻加热到几百度(如 300℃),而印字头又压在涤纶膜上,使膜基上的油墨融化而转移到记录纸上留下色点,由色点组成字符、图形或图像。若色带为彩色三基色色带,由程序控制色带转动换色,色带上的颜色在记录纸上经过一次或多次重合叠加即可形成彩色图像。

热转印打印机包括热印字头及压头机构、字车机构(仅串式打印机有)、输纸机构和色带机构。压头机构的作用是,当热印字头不工作时,处于抬头位置,在头与印字辊之间存在空隙;印字时,将热印字头压下,与色带、纸、印字辊之间形成一定压力,保证印字可靠性和字迹油墨的浓度。

热转印色带属一次性使用的消耗品,即在转印过程中,当热印字头对色带上某一点加热时,色带油墨层上对应点就转移到纸上,这一点就不存在第 2 次转印的可能性。为了实现连续印字的要求,通常将长色带绕成一卷(例如 100m 以上)使用。

9.4.5　打印机的发展趋势

在世界范围内,打印机由击打式向非击打式发展已成为定局。击打式打印机的最大优势是整机价格较低,尤其是消耗品(如色带)费用低。但由于非击打式打印机大幅度降价,使击打式打印机面临严峻的挑战。非击打式打印机的打印质量(尤其是彩色打印机)好,噪音低,但消耗品(如激光打印机和喷墨打印机的墨盒)费用高。

针式打印机随着市场需求的变化也在调整其产品方向。目前除大型宽行报表打印仍维持其优势外,逐渐转向微型打印机和专用打印机。例如超市的购物单、银行的存款单、储蓄存折、酒店账单、航空公司的机票、铁路的车票和货运单以及海关的报关单等。因为中低档激光打印机和喷墨打印机仅可打印 A4 幅面的纸张,且对纸张的厚度有一定要求,不能多联打印,而针打式打印机在这些方面都具有不可被取代的优势。新型针式打印机的分辨率可达到 360dpi。

微型打印机打印的介质通常较窄,因此微型打印机的整机和机芯的体积很小,所需的电压也低。为实现微型打印机的一些特殊功能,通常配置有撕纸器、自动切纸刀、钱箱驱动接口、条码字库、中文字库、卷纸器和出纸装置等。常用的微型打印机有针式、热敏式和喷墨式等类型。

票据专用打印机与普通文档打印机的最大差别在于票据的多样性：打印幅面的多样化和打印介质多样化。有的还要求有复印功能,同时打印出多联票据。票据打印机往往处理的是薄纸和多层纸并采用格式套打的形式,此时要求打印平稳、机械定位准确以及字迹清晰,在稳中才能求快。

微型打印机和专用打印机具有巨大商机。

9.5 汉字处理技术

9.5.1 汉字编码标准

1981 年,我国的国家技术监督局公布了国家标准 GB 2312—1980《信息交换用汉字编码字符集——基本集》,收集了常用汉字 6763 个,其中一级汉字 3755 个,二级汉字 3008 个。在大多数情况下,这些汉字已够用,但遇到户籍管理或古籍整理等,这一字符集就不够用了。

经过世界各国标准化组织的积极参与,1993 年由国际标准化组织(ISO)和国际电工委员会(IEC)公布了国际标准 ISO/IEC 10646.1,即《信息技术——通用多八位编码字符集(UCS)》。该标准对世界各国正在使用的诸多文字进行了统一编码,整个字符集内每一个字符用 4 个 8 位(b)或 8 个十六进制数表示。例如,数字 0 用 00000030H 表示。前 4 个数字为 0000H 的字符集可被用作双八位编码的字符集,即少用了前两个 8 位(0000H),在信息交换及信息处理过程中显得高效、简洁。因此,世界各国都力图将本国文字放入这一区域内。中国、日本、韩国(CJK)的统一的汉字被分配在该区的 4E00 到 9FFF,共 20 902 个位置,即 20 902 个汉字。其中我国约有 17 000 个汉字已被收入。ISO/IEC 10646 大字符集从根本上解决了多文种编码之间的冲突,为多文种(包括中文)应用软件的开发提供了一个统一的平台。目前越来越多的公司开始以 UCS 的体系设计它们的系统和应用软件,也为我国的中文信息产业的发展创造了机遇。

9.5.2 汉字的输入方法

20 世纪 80 年代初,对汉字是否能进入计算机深表忧虑,于是掀起了研究汉字编码和汉字输入方法的热潮。键盘输入方式可归纳成音码、形码和音形码 3 大类。除此以外还有语音输入方式、手写输入方式和印刷体扫描识别输入方式。

评价汉字编码方案的优劣,应该符合易学易用、操作方便、重码少、规则简明、记忆量少等原则。

1. 键盘输入方式

1) 音码输入

音码是以国家文字改革委员会公布的汉语拼音方案为基础进行编码的。

根据编码规则的不同,一般有全拼、简拼和双拼 3 种音码。全拼即把汉字的全部拼音字母作为汉字的编码,输入汉字时只用打汉字的全拼音即可。但因汉字同音字多而造成重码很多,因此还要进行选字,影响输入效率,后来用输入词组或短语的方法来提高速度。简拼和双拼以压缩拼音字母的方法来减少录入一个汉字的按键次数,但需记忆一些规则,也未能解决重码问题。

2) 形码输入

汉字是一种音形义俱全的图形文字,一个字一个样,由 38 种笔画组成 500 多个部件,再由 500 多个部件组成 6 万多个汉字。对每个部件给一个代码。它的最大特点是便于说不准普通话的人使用,或对某些不认识的字也能根据形状输入。但是由于汉字结构复杂,构成汉字的部件大多数还没有规范化,有的汉字很难正确拆成部件,还要牢记拆字的规则,也不是一种理想的输入方式。

3) 音形码(或形音码)输入

音形码:对每个输入的汉字,先取该字读音的第一声母,然后按一定规则拆分该字的部件,其目的在于减少重码。

形音码:先把一个汉字分解成多个部件,并按一定规则提取部件,再把所取部件读音的第一个字母连成字母串,即为该汉字的输入编码。

2. 语音输入方式

随着社会日益信息化,人们越来越希望用自然语言与计算机交流。如果人的讲话通过话筒能直接输入计算机,经过计算机处理后直接输出打印稿,这无疑会受到欢迎。又如果计算机实现了人机会话,具有机器翻译或自动文摘等语言信息处理功能,那么这些实用系统除了能够分析输入到计算机中的文章或话语外,还需要具备生成语言的能力。人们为此对语言的词法分析、句法分析和语义分析等进行了研究,并付诸实施。由此积累了诸如电子词典、语料库等语言数据资源,这些技术和资源,有的已经形成产品,有的正在开发和充实。即使有了上述这些成果,但是由于每个人的口音、音量、音频各有不同,所以语音识别的难度还是很大。随着计算机技术的发展,语音输入的准确率和识别率肯定会有新的突破。

3. 手写输入

先建好计算机汉字库,借助于与计算机连接的笔输入设备(图形板和画笔)和软件,可将手写汉字输入计算机,有关产品已经上市,但仍需改进。这种输入方式,代表了汉字输入智能化的大方向。

4. 印刷体扫描识别输入

通过与计算机连接的光学字符识别(OCR)仪,把书面图文资料成批快速录入计算机。如果能自动识别各种字体,又能识别手写体(连笔字、简繁体),那就更理想了。

上述 4 种输入方式,除了键盘输入外都可认为是智能化输入,而智能化输入的各项突破基本上也都能为键盘输入带来好处。例如,键盘拼音输入的拼错和重码问题,可通过电子辞典语料库等语言数据资源或上下文相关语法语义分析予以自动纠错或选择。对于一时决定不了的词或词组,系统可先给出一个"最佳"结果,并允许用户参与修改。某些实用的键盘拼音输入软件已带有智能输入功能,请看下例:

shi jiu shi ji shi ji shang hai mei you ji suan ji

十 九 世 纪 实 际 上 　还 没 有 计 算 机

本例中输入的拼音为 shi ji,机器根据语义,自动分别选择汉字"世纪"和"实际"。

从以上讨论可以看出,各种输入方式相互之间有着密切关系,而且都向更智能化的方向发展。

9.5.3 汉字的存储

汉字的存储有两个方面的含义,一种是汉字内码的存储,另一种是字形码的存储。

字形码也称字模码,目前计算机显示器和打印机都用点阵表示汉字字形代码,它是汉字的输出形式。根据输出汉字的要求不同,点阵的多少也不同。简易型汉字为 16×16 点阵,提高型汉字为 24×24 点阵或 32×32 点阵,甚至更高。

在 PC 兴起的时代,主存容量很小(1MB),因此感到字模点阵的信息量大,以 24×24 点阵为例,每个汉字占用 72 个字节,两级汉字大约占用 512KB。因此字模点阵只能用来构成"字库",而不能存于计算机的主存储器中。字库中存储了每个汉字的点阵代码,当显示输出时才检索字库,输出字模点阵,得到字形。图 9.6 是"次"字点阵及编码。

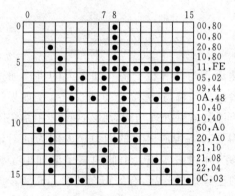

图 9.6　汉字字形点阵及编码

汉字字形最初就是采用上述的点阵字形。为了提高字形质量,以后开始采用矢量表示,继而采用轮廓曲线,或同时采用矢量和曲线来表示数字和拼音字母。

汉字内码是用于汉字信息的存储、交换和检索等的机内代码,内码比字形点阵码占用空间少,一般用两个字节就可以表示一个汉字。确定汉字内码要考虑的因素有以下几点:

(1) 码位尽量短;

(2) 表示的汉字要足够多;

(3) 码值要连续有序,以便于操作运算。

因此,为了能够表示两级 6763 个汉字,每个汉字用两个字节。

9.5.4 汉字的输出

汉字输出有打印输出和显示输出两种形式。

汉字输出多采用与图像显示兼容的光栅扫描显示器,一般采用 16×16 点阵,目前采用 LCD。

在计算机系统中,一般利用通用显示器和打印机输出汉字,在主机内部由图像显示接口形成点阵码以后,将点阵码送到设备,设备只要具有输出点阵的能力就可以输出汉字。

图 9.7 是 IBM PC 汉字显示原理图。通过键盘输入的汉字编码,首先要经代码转换程

序转换成汉字机内代码,转换时要用输入码到码表中检索机内码,得到两个字节的机内码,字形检索程序由机内码检索字模库,查出表示一个字形的 32 个字节的字形点阵送显示输出。

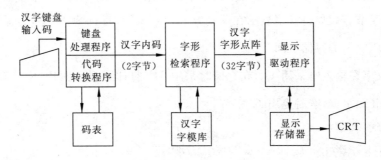

图 9.7　IBM PC 汉字显示原理图

习　题

9.1　本章中讲到的输入输出设备有哪些? 与计算机密切相关的设备还应有哪些?

9.2　解释下述与显示器有关的概念:图形,图像,分辨率,灰度级,刷新,刷新频率,帧存储器,视频存储器,显示存储器,光栅扫描。

9.3　在阴极射线管(CRT)中,阴极发射的电子束射到荧光屏上形成光点,由光点组成图像。为获得高质量的图像,对电子束有哪些要求? CRT 中的阳极、栅极、聚焦装置、偏转系统各起什么作用?

9.4　请叙述平板显示器的主要特点和使用场合。

9.5　假设某光栅扫描显示器的分辨率为 1024×768,帧频为 50(逐行扫描),回扫和水平回扫时间忽略不计,则此显示器的行频是多少? 每一像素允许读出时间是多少?

9.6　EGA、VGA、XGA 和 SXGA 的分辨率有何不同?

9.7　CRT 显示器与平板显示器有何不同?

9.8　从供选择的答案中,选出正确答案填入▢中。

　　　几种打印机(串行点阵针式打印机、行式点阵打印机、激光打印机、喷墨打印机)的特点可归纳如下:串行点阵针式打印机是按 A 打印的,打印速度 B ;喷墨打印机是按 C 打印的,打印速度 D ;激光打印机是按 E 打印的,打印速度 F ;行式点阵针式打印机是按 G 打印的,打印速度 H 。

　　　所有打印机的打印都受到打印字符的点阵的控制。打印字符的点阵信息在点阵针式打印中控制打印针 I ,在激光打印机中控制激光束的 J 。

供选择的答案:

　　　A,C,E,G:①字符;②行;③页。

　　　B,D,F,H:①最快;②最慢;③较快;④中等。

　　　I,J:①运动方向;②有无;③是否动作。

9.9 简述串行点阵针式打印机打印一行字符的过程(设打印机有一列 9 根打印针)。

9.10 从供选择的答案中,选出正确答案填入□中。

一级汉字有 3755 个,如每个汉字字模采用 16×16 点阵,并存放在主存中,约占用 $\boxed{A}$ 字节。假如将汉字显示在荧光屏上,共 24 行,每行 80 个字,为保存一帧信息,约需 $\boxed{B}$ 字节的存储空间。

汉字在输入时采用 $\boxed{C}$,在存储时采用 $\boxed{D}$,打印或显示时用 $\boxed{E}$。存储一个汉字一般用 $\boxed{F}$ 字节,有时也用 $\boxed{G}$ 字节。

供选择的答案:

A,B:①30K;②60K;③90K;④120K。

C,D,E:①ASCII 码;②字形码;③机内码;④点阵;⑤拼音码;⑥音形码。

F,G:①1;②2;③4;④32;⑤16。

第10章 输入输出(I/O)系统

10.1 输入输出(I/O)系统概述

输入输出系统包括外部设备(输入输出设备和辅助存储器)及其与主机(CPU 和存储器)之间的控制部件。后者称为设备控制器,诸如磁盘控制器、打印机控制器等,有时也称为设备适配器或接口,其作用是控制并实现主机与外部设备之间的数据传送。本章主要介绍设备控制器的工作原理及其与主机之间传送数据的协议。当前计算机已与互联网密切联系,这将在第 11 章讲述。

10.1.1 输入输出设备的编址及设备控制器的基本功能

为了 CPU 对 I/O 设备进行寻址和选择,必须给每一台设备规定一些地址码,称为设备代码。

随着 CPU 对 I/O 设备下达命令方式的不同,有以下两种寻址方法供选择。

(1) 专设 I/O 指令。指令的地址码字段指出输入输出设备的设备代码。

(2) 利用访存(取数/存数)指令完成 I/O 功能。从主存的地址空间中分出一部分地址码作为 I/O 的设备代码,指定设备数据缓冲寄存器或设备状态寄存器等。

IBM PC 等系列计算机设置有专门的 I/O 指令,设备的编址可达 512 个,部分设备的地址码如表 10.1 所示。每一台设备占用了若干个地址码,分别表示相应的设备控制器中的各个寄存器地址。各寄存器的地址码不得相同,具有唯一性。

表 10.1 输入输出地址分配表

输入输出设备	占用地址数	地址码(十六进制)
硬盘控制器	16	320～32FH
单色显示器/并行打印机	16	3B0～3BFH
彩色图形显示器	16	3D0～3DFH
异步通信控制器	8	3F8～3FFH

设备控制器(I/O 接口)的基本功能如下。

(1) 实现主机和外部设备之间的数据传送。其中包括同步控制、设备选择、数据传达和中断控制等。有些设备还应具有直接访问存储器功能。

(2) 实现数据缓冲,以达到主机同外部设备之间的速度匹配。在接口电路中,一般设置一个或几个数据缓冲寄存器。在传送过程中,先将数据送入数据缓冲寄存器,然后再送到目的设备(输出)或主机(输入)。

(3) 接受主机的命令,提供设备接口的状态,并按照主机的命令控制设备。

输入输出接口类型如下。

（1）按照数据传送的宽度可分为并行接口和串行接口。在并行接口中,设备和接口是将一个字节(或字)的所有位同时传送。在串行接口中,设备和接口间的数据是一位一位串行传送的,而接口和主机之间是按字节或字并行传送。接口要完成数据格式的串-并变换。

（2）按照数据传送的控制方式可分成程序控制输入输出接口、程序中断输入输出接口和直接存储器存取(DMA)接口等。

10.1.2　I/O 设备数据传送控制方式

一般把 I/O 设备数据传送控制方式分为 5 种。

1. 程序直接控制方式

在用户的程序中安排一段由输入输出指令和其他指令所组成的程序段直接控制外部设备的工作。传送时,首先 CPU 启动设备,发出启动命令,接着 CPU 等待外部设备完成接收或发送数据的准备工作。在等待时间内,CPU 不断地用一条测试指令检测外部设备工作状态标志触发器。一旦测试到标志触发器已置成“完成”状态,即可进行数据传送。这种控制方式虽然简单,但 CPU 和外部设备只能串行工作,而 CPU 的速度比 I/O 设备的速度快得多,所以 CPU 的大量时间都处于等待或空闲状态,使系统效率大大降低。

2. 程序中断传送方式

在程序中断传送(program interrupt transfer)方式中,通常在程序中安排一条指令,发出信号启动外部设备,然后机器继续执行原程序。当外部设备完成数据传送的准备后,便向CPU 发“中断请求”(INT)信号。CPU 停止正在运行的程序,转去执行“中断服务程序”,完成传送数据工作,通常传送一个字或一个字节。传送完毕仍返回原来的程序。

由于系统在启动外部设备后到数据的准备完成这段时间内一直在执行原程序,不是处于踏步等待状态。因此,在一定程度上实现了 CPU 和外部设备的并行工作。此外,有多台外部设备依次启动后,可同时进行数据交换的准备工作。若在某一时刻有几台外部设备发出中断请求信号,CPU 可根据预先规定好的优先顺序,按轻重缓急去处理几台外部设备的数据传送,从而实现了外部设备的并行工作,提高了计算机系统的工作效率。

但对于一些工作频率较高的外部设备,例如磁盘、磁带等,数据交换是成批的,且单位数据之间的时间间隔较短,如果也采用程序中断方式,将造成信息丢失。因此,对于面向信息块的设备的数据传送采取了下述的直接存储器存取方式传送。

3. 直接存储器存取方式

直接存储器存取(direct memory access,DMA)方式的基本思想是在外部设备和主存之间开辟直接的数据传送通路。在一般情况下,所有工作周期均用于执行 CPU 的程序。当外部设备完成输入或输出数据的准备工作后,占用总线一个工作周期,和主存直接交换数据。这个周期过后,CPU 又继续控制总线,执行原程序。如此重复,直到整个数据块的数据传送完毕。这项工作是由 I/O 系统中增设的 DMA 控制器完成的。

DMA 方式也有不足之处。首先,对外部设备的管理和某些操作的控制仍需由 CPU 承担。在大中型计算机系统中,系统所配备的外部设备种类多、数量大,这样,对外部设备的管理和控制也就愈来愈多,愈来愈复杂。大容量外存的使用,使主存和外存之间的数据流量大幅度增加,有时还有多个 DMA 设备同时使用,引起访问主存的冲突增加。因此,在大型计算机系统中通常设置专门的硬件装置——通道。

4. I/O 通道控制(I/O channel control)方式

I/O 通道是一个专用的设备,能独立地执行用通道命令编写的输入输出控制程序,产生相应的控制信号送给由它管辖的设备控制器,继而完成复杂的输入输出过程。它代表了计算机组织向功能分布方向发展的初始发展阶段,减轻了 CPU 的负担。

I/O 通道具有简单的指令系统,实现指令所控制的 I/O 操作。但它仅仅是面向外部设备的控制和数据的传送,其指令系统也仅仅是几条简单的与 I/O 操作有关的命令。它要在 CPU 的 I/O 指令指挥下启动、停止或改变工作状态。在 I/O 处理过程中,有一些操作,如码制转换、数据块的错误检测与校正,一般仍由 CPU 来完成。因此,I/O 通道不是一个完全独立的处理机,它只是从属于 CPU 的一个专用 I/O 处理器。它的进一步发展是引入专用的输入输出处理机。

5. 外围处理机方式

输入输出处理机通常称作外围处理机(peripheral processor unit,PPU)。其结构更接近计算机。它可完成 I/O 通道所要完成的 I/O 控制,还可完成码制变换、格式处理、数据块的检错和纠错等操作。有了外围处理机,不但可简化设备控制器,而且可用它作为维护、诊断、通信控制、系统工作情况显示和人机联系的工具。

外围处理机基本上独立于主机工作,在某些大型计算机系统中,设置多台外围处理机,使计算机系统结构有了质的飞跃,由功能集中式发展为功能分散的分布式系统。

10.2　程序中断输入输出方式

10.2.1　中断的作用、产生和响应

1. 中断的作用

"中断"是由 I/O 设备或其他非预期的急需处理的事件引起的,它使 CPU 暂时中断现在正在执行的程序,而转至另一服务程序去处理这些事件。处理完后再返回原程序。

中断有下列一些作用。

(1) CPU 与 I/O 设备并行工作

图 10.1 表示 CPU 和 I/O 设备(针式打印机)并行工作的时间安排。可以看出,大部分时间 CPU 与打印机是并行工作的。当打印机完成一行打印后,向 CPU 发中断信号,若 CPU 响应中断,则停止正在执行的程序转入打印中断服务程序,将要打印的下一行字传送到打印机控制器并启动打印机工作。然后 CPU 又继续执行原来的程序,此时打印机开始了新一行字的打印过程。打印机打印一行字需要几毫秒到几十毫秒的时间,而中断处理时间是很短的,一般是微秒级。从宏观上看,CPU 和 I/O 设备是并行工作的。

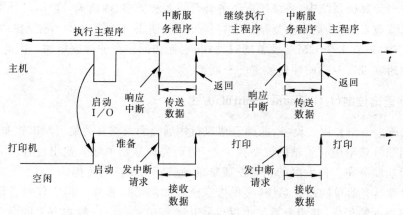

图 10.1 CPU 与打印机并行工作时间图

（2）硬件故障处理

计算机运行时，如硬件出现某些故障，机器中断系统自动发出中断请求，CPU 响应中断后自动进行处理。

（3）实现人机联系

在计算机工作过程中，如果用户要干预机器，可利用中断系统实现人机通信。

（4）实现多道程序和分时操作

多道程序的切换运行需借助于中断系统。也可以通过分配每道程序一个固定时间片，利用时钟定时发中断进行程序切换。

（5）实现实时处理

在计算机控制系统中，当被控制设备的某些操作完成时，或出现压力过大、温度过高等情况时，必须及时处理。这些事件出现的时刻是随机的，而不是程序本身所能预见的，此时，要求计算机去执行中断服务程序。

（6）实现应用程序和操作系统的联系

可以在用户程序中安排一条 Trap 指令进入操作系统，称之为"软中断"。其中断处理过程与其他中断类似。

（7）多处理机系统各处理机间的联系

在多处理机系统中，处理机和处理机之间的信息交流和任务切换可以通过中断来实现。

2. 有关中断的产生和响应的概念

（1）中断源

引起中断的事件，即发出中断请求的来源，称为中断源。

① 中断源的种类

• I/O 设备、定时钟等来自处理机外部设备的中断，又叫外中断。

• 处理器硬件故障或程序"出错"引起的中断，又叫内中断。

• 由 Trap 指令产生的软中断，这是在程序中预先安排好的。而前面两种中断则是随机发生的。

② 中断触发器

当中断源发生引起中断的事件时，先将它记录在设备控制器的中断触发器中，即将中断触发器置 1。当中断触发器为 1 时,向 CPU 发出"中断请求"信号。每个中断源有一个中断触发器。全机的多个中断触发器构成中断寄存器。其内容称为中断字或中断码。CPU 进行中断处理时,根据中断字确定中断源,转入相应的服务程序。

(2) 中断的分级与中断优先权

在设计中断系统时,要把全部中断源按中断性质和处理的轻重缓急进行排队并给予优先权。所谓优先权是指有多个中断同时发生时,对各个中断响应的优先次序。

当中断源数量很多时,中断字就会很长;同时也由于软件处理的方便,一般把所有中断按不同的类别分为若干级,称为中断级,在同一级中还可以有多个中断源。首先按中断级确定优先次序,然后在同一级内再确定各个中断源的优先权。

当对设备分配优先权时,必须考虑数据的传输率和服务程序的要求。如果来自某些设备的数据只是在一个短的时间内有效,为了保证数据的有效性,通常把最高的优先权分配给它们。较低的优先权分配给数据有效期较长的设备,或具有数据自动恢复能力的设备。

(3) 禁止中断和中断屏蔽

① 禁止中断

产生中断源后,由于某种条件的存在,CPU 不能中止现行程序的执行,称为禁止中断。一般在 CPU 内部设有一个"中断允许"触发器。只有该触发器为 1 状态时,才允许处理机响应中断;如果该触发器被清除,则不响应所有中断源申请的中断。前者叫做允许中断,后者叫做禁止中断。

"中断允许"触发器通过"开中断"或"关中断"指令来置位、复位。进入中断服务程序后自动"关中断"。

② 中断屏蔽

当产生中断请求后,用程序方式有选择地封锁部分中断,而允许其余部分中断仍得到响应,称为中断屏蔽。

实现方法是为每个中断源设置一个中断屏蔽触发器来屏蔽该设备的中断请求。具体说,用程序方法将该触发器置 1,则对应的设备中断被封锁,若将其置 0,才允许该设备的中断请求得到响应。由各设备的中断屏蔽触发器组成中断屏蔽寄存器。

有些中断请求是不可屏蔽的,也就是说,不管中断系统是否打开中断,这些中断源的中断请求一旦提出,CPU 必须立即响应。例如电源掉电就是不可屏蔽中断。所以,中断又分为可屏蔽中断和非屏蔽中断。非屏蔽中断具有最高优先权。

一旦 CPU 响应中断的条件得到满足,CPU 转入中断服务程序,进行中断处理。

10.2.2　中断处理

1. 中断处理过程

不同计算机对中断的处理各具特色,就其多数而论,中断处理过程如图 10.2 所示。

(1) 关中断。进入不可再次响应中断的状态,由硬件自动实现。因为接下去要保存断点,保存现场。在保存现场过程中,即使有更高级的中断源申请中断,CPU 也不应该响应;否则,如果现场保存不完整,在中断服务程序结束之后,也就不能正确地恢复现场并继续执

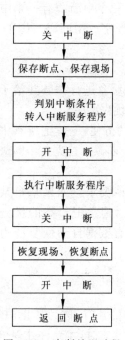

行现行程序。

（2）保存断点和现场。为了在中断处理结束后能正确地返回到中断点，在响应中断时，必须把当前的程序计数器 PC 中的内容（即断点）保存起来。

现场信息一般指的是程序状态字、中断屏蔽寄存器和 CPU 中某些寄存器的内容。

对现场信息的处理有两种方式，一种是由硬件对现场信息进行保存和恢复；另一种是由软件即中断服务程序对现场信息保存和恢复。

对于由硬件保存现场信息的方式，各种不同的机器有不同的方案。有的机器把断点等保存在主存的固定单元；有的机器则不然，它在每次响应中断后把处理机状态字和程序计数器内容相继压入堆栈，再从指定的两个主存单元分别取出新的程序计数器内容和处理机状态字来代替，称为交换新、旧状态字方式。

图 10.2　中断处理过程

（3）判别中断源，转向中断服务程序。在多个中断源同时请求中断的情况下，本次实际响应的只能是优先权最高的那个中断源。所以，需进一步判别中断源，并转入相应的中断服务程序入口。

（4）开中断。因为接下去就要执行中断服务程序，开中断将允许更高级中断请求得到响应，实现中断嵌套。

（5）执行中断服务程序。不同中断源的中断服务程序是不同的，实际有效的中断处理工作是在此程序段中实现的。

（6）退出中断。在退出时，又应进入不可中断状态，即关中断，恢复现场、恢复断点，然后开中断，返回原程序执行。

进入中断时执行的关中断、保存断点等操作一般是由硬件实现的，它类似于一条指令，但它与一般的指令不同，不能被编写在程序中。因此，常常称为"中断隐指令"。

2. 判别中断源

可以有软件和硬件两种方法来确定中断源。

（1）查询法

由测试程序按一定优先排队次序检查各个设备的中断触发器（或称为中断标志），当遇到第一个 1 标志时，即找到了优先进行处理的中断源，通常取出其设备码，根据设备码转入相应的中断服务程序。

（2）串行排队链法

由硬件确定中断源。图 10.3(a) 为中断请求逻辑图，当任一设备的中断触发器为 1 时，通过"或"门向 CPU 发出中断请求信号 INTR。图 10.3(b) 为串行排队判优线路，图中画出了 3 个中断源，其设备码分别为 110101、110100、110111。

图 10.3(b) 中的下半部分由门 1～门 6 组成一个串行的优先链，称作排队链。

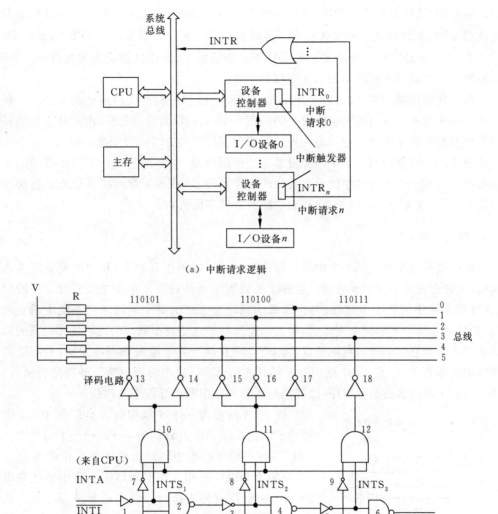

（a）中断请求逻辑

（b）串行排队逻辑

图 10.3　中断请求串行排队逻辑

$\overline{INTR_i}(i=1,2,3)$是从各设备来的中断请求信号,优先顺序从高到低,依次是$\overline{INTR_1}$、$\overline{INTR_2}$、$\overline{INTR_3}$。图的上半部分是一个编码电路,它将产生请求中断的设备中优先权最高的设备码经总线送往 CPU,设备码是依靠连接到总线的集极开路反相器 13~18 生成的。

　　图中 $INTS_1$、$INTS_2$、$INTS_3$ 为 $INTR_1$、$INTR_2$、$INTR_3$ 对应的中断排队选中信号。INTA 是由 CPU 送来的取中断设备码信号。$\overline{INTI}$为中断排队输入信号,$\overline{INTO}$为中断排队输出信号。若要扩充中断源,可根据其优先权的高低串接于排队链的左端或右端。总线标号由上至下为第 0 位至第 5 位。若没有更高优先权的请求时,$\overline{INTI}=0$,门 1 的输出为高电平,即 $INTS_1=1$,若此时中断请求信号$\overline{INTR_1}$为低(即有中断请求),且 INTA 为高电平,则左边的设备码被选中,并使得 $INTS_2$ 和 $INTS_3$ 全为低电平,则$\overline{INTR_2}$和$\overline{INTR_3}$中断请求被封锁。这时向 CPU 发出中断请求,并由译码电路将设备码(110101)$_2$ 送总线。CPU 从总线取走该设备码,并执行其中断服务程序。若此时 $\overline{\text{INTR}_1}$ 无中断请求,则 $\overline{\text{INTR}_1}$ 为高电平,经过门 2 和门 3,使 INTS$_2$ 为高电平。如果 $\overline{\text{INTR}_2}$ 为低电平,则中间的设备码被选中。否则,将继续顺序选择请求中断的中断源优先权最高者。

使用上述中断判优方式,可以采用不同的转向中断服务程序入口地址的方法。一种是在中断程序中设一条专门接收中断设备码的指令 INTA,取到设备号后,再通过主存的跳转表产生中断服务程序入口地址。另一种目前应用更广泛的方法叫做向量中断。

向量中断方式是为每一个中断源设置一个中断向量,中断向量包括了该中断源的中断服务程序入口地址。由被选中的设备直接产生中断向量,或者采取间接寻址方式通过主存的中断跳转表(或称为中断向量表)转到中断服务程序的入口。

3. 多重中断处理

多重中断是指在处理某一个中断过程中又发生了新的中断请求,从而中断该服务程序的执行,又转去进行新的中断处理。这种重叠处理中断的现象又称为中断嵌套。一般情况下,在处理某级中的某个中断时,与它同级的或比它低级的新中断请求应不能中断它的处理,而在处理完该中断返回主程序后,再去响应和处理这些新中断。而比它优先级高的新中断请求却能中断它的处理。也就是说,当 CPU 正在执行某中断服务程序期间,若有更高优先级的中断请求发生,且 CPU 处于开中断状态时,CPU 暂停对原中断服务程序的执行,转去执行新的中断请求的服务程序,处理完后再返回原中断服务程序的执行。

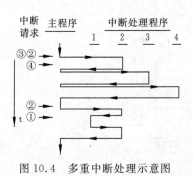

图 10.4 多重中断处理示意图

图 10.4 所示为一个 4 级中断嵌套的例子。4 级中断请求的优先级别由高到低为 1→2→3→4 的顺序。在 CPU 执行主程序过程中同时出现了两个中断请求②和③(分别为 2 级中断和 3 级中断),因 2 级中断优先级高于 3 级中断,应首先去执行 2 级中断服务程序。若此时又出现了 4 级中断请求④,则 CPU 将不予理睬。2 级中断服务程序执行完返回主程序后,再转去执行 3 级中断服务程序,然后执行 4 级中断服务程序。若在 CPU 再次执行 2 级中断服务程序过程中,出现了 1 级中断请求①,因其优先级高于 2 级,则 CPU 暂停对 2 级中断服务程序的执行,转去执行 1 级中断服务程序。等 1 级中断服务程序执行完后,再去执行 2 级中断服务程序。在本例中,中断请求次序为②→③→④→②→①,而中断完成次序为②→③→④→①→②,两者不相同。

中断级的响应次序是由硬件(排队判优线路)来决定的。但是,在有优先级中断屏蔽控制的条件下,系统软件根据需要可以改变屏蔽位的状态,从而改变多重中断处理次序,这反映了中断系统软硬结合带来的灵活性。

10.2.3 程序中断设备接口的组成和工作原理

程序中断控制逻辑可由专用集成电路芯片实现。Intel 8259A 中断控制器件的内部结构如图 10.5 所示。它由 8 个部分组成,包括中断请求寄存器、中断状态寄存器、优先级判断器、中断屏蔽寄存器、中断控制逻辑、数据缓冲器、级联缓冲器/比较器和读/写逻辑。

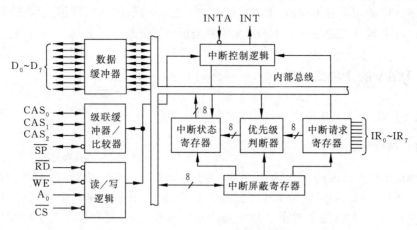

图 10.5　8259A 中断控制器

8 位中断请求寄存器接受外设来的中断请求($IR_0 \sim IR_7$)，每一位表示一个外部设备的中断请求。

中断请求寄存器的各位送入优先级判断器，根据中断屏蔽寄存器和中断状态寄存器的状态决定最高优先级的中断请求，并将判优结果送入中断状态寄存器。如果中断请求被接受，则由中断控制逻辑向 CPU 发中断请求 INT，中断控制逻辑内有一组控制芯片内部操作的寄存器以及相关的逻辑电路。

$D_0 \sim D_7$ 为双向数据线。数据缓冲器暂时保存在内部总线和系统数据总线间进行传送的数据和控制信息。

读/写逻辑将决定数据的传送方向。$\overline{RD}$ 为读命令，$\overline{WR}$ 为写命令。

$\overline{CS}$ 为 8259A 芯片的选择信号。

在 8259A 中，为每一个外部设备的中断请求($IR_0 \sim IR_7$)设置一个中断类型码(8 位)，当其中一个外部设备的中断请求被 CPU 响应后，8259A 送出与该中断所对应的中断类型码，作为寻找中断服务程序入口的依据。中断类型码(8 位)由两部分组成，其高 5 位是由计算机初始化程序设置的，保存在 8259A 中以后不再改变；低 3 位由被响应的中断请求序号提供。例如 IR_3 的中断请求被响应，中断类型码的低 3 位即为 011。在同一个 8259A 中，高 5 位为 8 个中断请求共用。假设与 IR_0 对应的中断类型码为 40H，那么与 $IR_1 \sim IR_7$ 对应的中断类型码为 41H～47H。

每个 8259A 最多能控制 8 个外部中断信号，但可将多个 8259A 级联以处理多达 64 个中断请求。有关级联 $CAS_0 \sim CAS_2$ 和其他引出端的作用请查阅器件说明书。

现代的计算机无一不设置中断系统。为了提高工作的可靠性，并方便用户，一般设备的处理程序包括在操作系统中，成为 I/O 驱动程序的一部分。在操作系统中，管理 I/O 设备并实现输入输出功能的程序称为 I/O 驱动程序或基本输入输出系统(BIOS)。

10.3　DMA 输入输出方式

DMA 是 I/O 设备与主存储器之间由硬件组成的直接数据通路，用于成组数据(即数据块)传送。数据块传送是在 DMA 控制器控制下进行的，由 DMA 控制器给出当前正在传送的数据字的主存地址,并统计传送数据的个数以确定一组数据的传送是否已结束。在主存中要开辟连续地址的专用缓冲器,用来提供或接收传送的数据。在数据块传送前和结束后要通过程序或中断方式对缓冲器和 DMA 控制器进行预处理和后处理。

10.3.1　DMA 的 3 种工作方式

DMA 有以下 3 种工作方式。

1. CPU 暂停方式

主机响应 DMA 请求后,让出存储总线,直到一组数据传送完毕后,DMA 控制器才把总线控制权交还给 CPU,采用这种工作方式的 I/O 设备,在其接口中一般设置有存取速度较快的小容量存储器,I/O 设备与小容量存储器交换数据,小容量存储器与主机交换数据,这样可减少 DMA 传送占用存储总线的时间,即减少 CPU 暂停工作时间。

2. CPU 周期窃取方式

DMA 控制器与主存储器之间传送一个数据,占用(窃取)一个 CPU 周期,即 CPU 暂停工作一个周期,然后继续执行程序。

3. 直接访问存储器工作方式

这是标准的 DMA 工作方式,如果传送数据时 CPU 正好不占用存储总线,则对 CPU 不产生任何影响。如果 DMA 和 CPU 同时需要访问存储总线,则 DMA 的优先级高于 CPU。

在 DMA 传送数据的过程中,不能占用或破坏 CPU 硬件资源或工作状态,否则将影响CPU 的程序执行。

10.3.2　DMA 控制器组成

DMA 控制器基本组成如图 10.6 所示。它包括多个设备寄存器、中断控制逻辑和DMA 控制逻辑等。

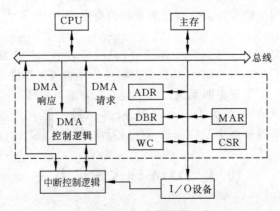

图 10.6　DMA 控制器组成

1. 设备寄存器

DMA 控制器中包含多个寄存器,主要的寄存器有如下几种。

(1) 主存地址寄存器(MAR)。该寄存器初始值为主存缓冲区(存放数据的主存区域)的首地址,在传送前由程序送入。主存缓冲区地址是连续的。在 DMA 传送期间,每交换一个字,由硬件逻辑将其自动加 1,而成为下一次数据传送的主存地址。

(2) 外部设备地址寄存器(ADR)。该寄存器存放 I/O 设备的设备码,或者表示设备信息存储区的寻址信息,如磁盘数据所在的区号、盘面号和柱面号等。具体内容取决于 I/O 设备的数据格式和地址字编址方式。

(3) 字数计数器(WC)。该计数器对传送数据的总字数进行统计,在传送开始前,由程序将要传送的一组数据的字数送入 WC,以后每传送一个字(或字节)计数器自动减 1,当 WC 内容为零时表示数据已全部传送完毕。

(4) 控制与状态寄存器(CSR)。该寄存器用来存放控制字和状态字。有的接口中使用两个寄存器分别存放控制字和状态字。

(5) 数据缓冲寄存器(DBR)。该寄存器用来暂存 I/O 设备与主存传送的数据。通常,DMA 与主存之间是按字传送的,而 DMA 与设备之间可能是按字节或位传送的,因此,DMA 还可能要包括装配和拆卸字信息的硬件,例如数据移位缓冲寄存器、字节计数器等。

各寄存器均有自己的地址,它们是主存的指定单元或 I/O 设备代码,CPU 可对这些寄存器进行读写。

2. 中断控制逻辑

DMA 中断控制逻辑负责申请 CPU 对 DMA 进行预处理和后处理。

3. DMA 控制逻辑

DMA 控制逻辑一般包括设备码选择电路、DMA 优先排队电路以及产生 DMA 请求的线路等,在 DMA 取得总线控制权后控制主存和设备之间的数据传送。

4. DMA 接口连接线

DMA 接口连接线是 DMA 接口与主机和 I/O 设备两个方向的数据线、地址线和控制信号线以及有关的收发与驱动线路。

8237A 是由 Intel 公司研制的可编程 DMA 控制器,具有独立的 4 个 DMA 通道,每个通道可以请求或屏蔽 DMA 传送。4 个 DMA 通道可具有不同的优先级,通过用户设定(即称为编程)可以工作在指定优先级。

每个 DMA 通道的传送模式等都可通过编程确定。

10.3.3 DMA 的数据传送过程

DMA 的数据传送过程可分为 3 个阶段,DMA 传送前预处理、数据传送及传送后处理,如图 10.7(a)所示。图 10.7(b)所示的是第二阶段数据传送过程。预处理和后处理是由 CPU 执行程序完成的。

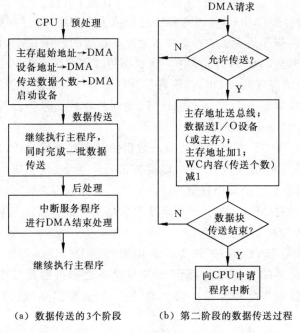

(a) 数据传送的3个阶段　　　(b) 第二阶段的数据传送过程

图 10.7　DMA 数据传送过程

10.4　I/O 通道控制方式

I/O 通道是计算机系统中代替 CPU 管理控制外部设备的独立部件,是一种能执行有限条 I/O 指令集合(通道命令)的 I/O 处理机。

在通道控制方式下,一个主机可以连接几个通道。每个通道又可连接多台 I/O 设备,这些设备可以具有不同速度,可以是不同种类。这种输入输出系统增强了主机与通道操作的并行能力以及各通道之间、同一通道的各设备之间的并行操作能力。

采用通道方式组织输入输出系统,使用主机—通道—设备控制器—I/O 设备 4 级连接方式(图 10.8)。通道通过执行通道程序实施对 I/O 系统的统一管理和控制,因此,它是完成输入输出操作的主要部件。在 CPU 启动通道后,通道自动地去主存取出通道指令并执行指令。直到数据交换过程结束向 CPU 发出中断请求,进行通道结束处理工作。

通道除了承担 DMA 的全部功能外,还承担了设备控制器的初始化工作,并包括了低速外部设备单个字符传送的程序中断功能,因此它分担了计算机系统中全部或大部分 I/O 操作功能,提高了计算机系统功能的分散化程度。

根据多台设备共享通道的不同情况,可将通道分为 3 类:字节多路通道、选择通道和数组多路通道,如图 10.8 所示。

1. 字节多路通道

以字节为单位轮流为多个中低速设备进行数据传输,多个设备可以同时处于工作状态,

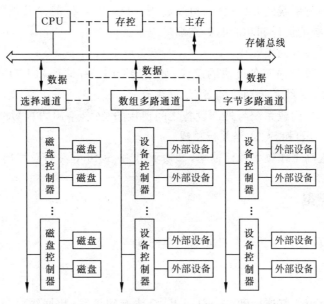

图 10.8　IBM 4300 系统的 I/O 结构

而且能交叉地进行数据传输。字节多路通道数据传输率是各个外部设备传输速率之和。

2. 数组多路通道

将要传输的数据分成多个固定大小的数据块,以固定大小的数据块为单位,选择传输的外部设备。多个设备可以同时处于工作状态,当一个设备传输一个数据块后就换一台外部设备。数组多路通道的最大传输率应为所接外部设备传输率中最大的一个。

3. 选择通道

适合于对高速块设备进行数据传输,它可以对多个不同的外部设备进行控制,但一次只有一台外部设备处于工作状态。在连接多个块设备时,它采用轮流选择设备的方法,一次选择一个外部设备,在完成所要求的数据传输之后,再选择另一个外部设备进行数据传输。通道的最大传输率应为所接外部设备传输率中最大的一个。

10.5　总 线 结 构

计算机系统大多采用模块结构,一个模块可以是具有专门功能的插件板,或叫做部件、插件、插卡。例如主机板、存储器卡、I/O 接口板等。随着集成电路集成度的提高,一块板上可安装多个模块,各模块之间传送信息的通路称为总线。为便于不同厂家生产的模块能灵活构成系统,形成了总线标准。一般情况下有两类标准,即正式公布的标准和实际存在的工业标准。正式公布的标准由 IEEE(电气电子工程师学会)、CCITT(国际电报电话咨询委员会)或 ISO(国际标准化组织)等国际组织正式确定和承认,并有严格的定义。实际的工业标准首先由某一厂家(或多个厂家联合)提出,而又得到其他厂家广泛使用,这种标准可能还没有经过正式、严格的定义,也有可能经过一段时间后提交给有关组织讨论而被确定为正式标准。在标准中对插件引线的几何尺寸、引线数、各引线的定义、时序及电气参数等都作出明确规定，这对子系统的设计和功能的扩充都带来了方便。

本节讨论的总线有两类。

一类是连接计算机内部各模块的总线，如连接 CPU、存储器和 I/O 接口的总线。常用的有 ISA 总线、PCI 总线和控制机的 STD 总线等。

另一类为系统之间或系统与外部设备之间连接的总线，常用的有 USB 和 IEEE 1394 等串行总线和 ISA(IDE) 和 SCSI 等并行总线。

为了进一步提高工作频率和传输率，又使 PCI 和 SCSI 等并行总线向串行方向发展。

10.5.1　总线类型

总线的组织方法很多，基本上可分成单总线和多总线。

1. 单总线

单总线即所有模块都连接到单一总线上，总线有地址线、数据线、控制线和电源/地线。单总线具有结构简单、便于扩充等优点。但由于所有数据的传送都通过这一共享的总线，因此在此处可能成为计算机的瓶颈。另外也不允许两个以上模块在同一时刻输出数据，这对提高系统效率和充分利用子系统都是不利的。为了提高数据传输率，并解决 I/O 设备和 CPU、主存之间传送速率的差异，而采用多总线。

2. 多总线

将速度较低的 I/O 设备从总线上分出去，形成系统总线与 I/O 总线分开的双总线结构。

根据同一思想，可以组成三总线结构，将高速外部设备（例如图形、视频和网络等）与慢速 I/O 设备分别连到两条 I/O 总线上。

10.5.2　总线组成

总线是从两个或两个以上源部件传送信息到一个或多个部件的一组传输线，如果一根传输线仅用于连接一个源部件（输出）和一个或多个目的部件（输入），则不称为总线。

由于多个模块（或部件等）连接到一条共用总线上，必须对每个发送的信息规定其信息类型，协调信息的传送；必须经过选择判优，避免多个部件同时发送信息的矛盾。还需要对信息的传送定时，防止信息的丢失。这就需要设置总线控制线路。总线控制线路包括总线判优或仲裁逻辑、驱动器和中断逻辑等。

1. 总线判优控制

由于存在多个设备或部件同时申请对总线的使用权，为保证在同一时间内只能有一个申请者使用总线，需要设置总线判优控制机构。总线判优控制机构按照申请者的优先权选择可以控制总线的设备或部件。可以控制总线并启动数据传送的任何设备称为主控器或主设备；能够响应总线主控器发出的总线命令的任何设备称为受控器或从设备。通常 CPU

为主设备,存储器为从设备,I/O 设备可以为主设备或从设备。

总线判优控制按其仲裁控制机构的设置可分为集中式控制和分布式控制两种。总线控制逻辑基本上集中于一个设备(例如 CPU)时,称为集中式控制;而总线控制逻辑分散在连接总线的各个部件或设备中时,称为分布式控制。

常用的优先权仲裁方式为串行链接方式,如图 10.9 所示。其基本原理与中断判优相似。总线控制器使用 3 根控制线与所有部件相连,它们是"总线请求"、"总线使用"和"总线忙"线。与总线相连的所有部件经公共的"总

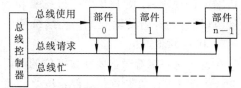

图 10.9　串行链接判优线路

线请求"线发出申请。只有在"总线使用"信号未建立时,"总线请求"才能被总线控制器响应,并送出"总线使用"回答信号,串行地通过每个部件。如果某个部件接收到"总线使用"信号,但本身没有"总线请求",则将该信号传给下一个部件,否则,信号停止向下传送。并且该部件建立"总线忙"信号,去除"总线请求"之后,即可进行数据的传送。"总线忙"信号维持"总线使用"信号。"总线忙"在数据传送完后撤销,"总线使用"信号也随之去除。

可以看出,部件的优先次序是由"总线使用"线所接部件的位置决定的,离总线控制器越近的部件其优先权越高。

2. 总线通信

1) 同步通信和异步通信

信息在总线上的传送方式可分为同步和异步两种方式。

(1) 同步通信。通信双方由统一的时钟控制数据的传送,时钟通常由 CPU 发出,并送到总线上的所有部件。经过一段固定时间,本次总线传送周期结束,开始下一个新的总线传送周期。

(2) 异步通信。利用数据发送部件和接收部件之间的相互"握手"信号实现总线数据传送,便于实现不同速度部件之间的数据传送。

2) 并行通信和串行通信

并行通信是指数据的各位同时进行传送,有 8 位、16 位、32 位和 64 位等多种情况,在相同频率的作用下,位数多则传输率高。并行传输的距离较短,一般限制在一个机柜内使用。

串行通信是指数据一位一位地顺序传送,其特点是通信线路简单,甚至只要一对传输线就可以实现双向通信,特别适合于远距离通信。计算机与外部设备的连接,使用了两类接口,串行接口和并行接口。

一般认为,并行通信的传输率高于串行通信,但当频率提高到一定范围后,并行通信受到了困扰,显露了以下缺点。

(1) 信号时滞。当信号通过一根电线或一个集成电路时会产生一些延迟。在并行方式中,从发送端同时发出的多位信息可能不会同时到达接收端,其中某些位会迟于其他位,这被称为时滞。电线数量越多,传输距离越大,时滞现象越严重,从而限制了实际使用的时钟频率以及并行线缆的长度和数目。

(2) 串扰。并行线缆在物理上是紧靠在一起的,相邻的电线会相互产生干扰,而且信号强度会随距离衰减(尤其在较高频率时),从而无法识别 1 和 0,造成误码率的增加。

（3）影响机箱内部的散热。并行方式使用的大连接器和很宽的带状传输电缆会堵塞机箱内部的气流,影响散热。

由于上述原因,影响了并行通信的时钟频率和传输率,不能满足高速网络和视频信号等对传输率的要求,促使 PCI 等并行总线和 SCSI 等并行接口向串行传输方向发展,产生了新的规范(原有的并行传输规范仍在继续使用),提高了时钟频率和传输率。

3) 串行异步通信

在发送每一字符时都要在数据位的前面加上 1 位起始位,在数据位后面要有 1 位、1.5 位或 2 位的停止位。在数据位和停止位之间可以有一位奇偶校验位,数据位可以是 5～8 位长。起始位为 0(又称空号),停止位为 1(又称传号)。字符之间允许有不定长的空闲位(传号)。图 10.10 所示是 7 位数据(80x86 微处理器采用 7 位 ASCII 码)、1 位奇偶校验位、1 位起始位和 1 位停止位,共 10 位组成的一个串行传送的字符格式,在后面的讨论中,称之为 8b/10b 编码。

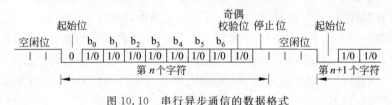

图 10.10　串行异步通信的数据格式

3. 出错处理

数据传送过程可能产生错误,有些接收部件有自动纠错能力,可以自动纠正错误;而有些部件无自动纠错能力,但能发现错误,可发出"数据出错"信号,通常向 CPU 发出中断请求信号,CPU 响应中断后,转入出错处理程序。

4. 总线驱动

总线上可连接多个部件,具有扩充灵活的优点,但总线的驱动能力总是有限制的,因此在扩充时要加以注意。通常一个模块或一个部件的输入限制在 1～2 个负载以内。

在总线的传输线上至少连接两个源部件,而对集成电路来讲,不是任意两个集成电路的输出端都可以短接在一起的,使用不当,会损坏器件。在计算机系统中通常采用三态输出电路或集极开路输出电路来驱动总线。后者速度较低,通常使用在 I/O 总线上。

10.5.3　微机总线

以下介绍几种常用的标准总线。

1. ISA 总线和 EISA 总线

ISA 为工业标准总线,是 IBM 公司为其早期生产的个人计算机(PC)制定的总线标准。可连接数据线 8 根,在 20 世纪 80 年代中期 ISA 数据总线扩充到 16 位。

后来由于 CPU 速度的提高,CPU 与存储器直接交换数据而不再通过 ISA 总线。ISA 总线用于连接外设,最大传输率为 16.6MB/s。

EISA 是 1989 年推出的 32 位总线标准——扩充工业标准(extended industrial

standard architecture,EISA),保持了与 ISA 的完全兼容。

总线时钟仍保持为 8MHz。32 位的 DMA 采用成组传送(burst)方式时,传输率可达 33MB/s。burst 方式指的是当数据传送开始后以一定周期连续重复传送一组数据的工作方式,其所能达到的最高传输速率称为传输率。在某些文章中 burst 翻译成猝发式或突发式。

随着人们对视频显示要求的不断提高,上述总线的传输率不能满足要求,于是出现了 PCI 总线。

2. PCI 总线

1) PCI(peripheral component interconnect,PCI)总线简介

PCI 总线标准宣布于 1992 年 6 月,是一种同步且独立于处理器的 32 位并行总线,目前在 PC 上普遍采用的是时钟频率为 33MHz、传输率为 132MB/s 的 32 位总线,在服务器和中、高端工作站上很早就开始采用 64 位总线,有 33MHz(266MB/s)和 66MHz(533MB/s)两种频率。PCI 总线具有即插即用功能。

图 10.11 是具有 PCI 总线的 PC 的典型逻辑结构。图中的系统总线(或称为前端系统总线 FSB)可连接一个或多个微处理器、cache 和主存储器。PCI 总线连接的高速 I/O 接口的设备通常称为 PCI 设备。图中使用了 3 种桥设备,主机桥也称为 PCI 总线控制器,它含有集中式总线仲裁器。PCI-PCI 桥用于 PCI 总线扩展,形成多层次 PCI 结构,以减轻单个 PCI 总线的负载。PCI-ISA 桥连接 PCI 总线和 ISA 总线,用来接入 ISA 设备。

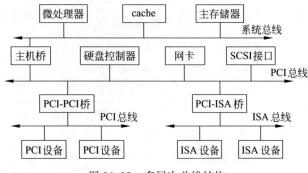

图 10.11　多层次总线结构

2) PCI 总线的信号

表 10.2 和表 10.3 分别给出了 PCI 总线的必备信号和可选信号。其数据/地址总线 AD(31～0)分时复用,并可扩充到 64 位,PCI 采用同步传送方式。

表 10.2　PCI 总线必备信号

信号名称	类　型	说　明
CLK	in	总线时钟信号
$\overline{\text{RST}}$	in	复位信号
AD(31～0)	t/s	32 根数据/地址复用总线
C/BE(3～0)	t/s	总线命令/字节有效分时复用信号,在总线周期中传送地址期间输出总线命令,在传送数据期间指示各字节是否有效
PAR	t/s	偶校验信号

信号名称	类　型	说　明
$\overline{\text{FRAME}}$	s/t/s	帧信号,主设备输出该信号指示一个总线周期开始,并一直持续到目标设备对一次数据传送完成后结束
$\overline{\text{IRDY}}$	s/t/s	主设备就绪信号,写操作时表示数据已在总线上,读操作时表示主设备已准备好接收数据
$\overline{\text{TRDY}}$	s/t/s	目标设备就绪信号,写操作时表示目标设备已准备好接收数据,读操作时表示数据已在总线上
$\overline{\text{STOP}}$	s/t/s	停止信号,表示目标设备要求主设备停止当前的总线周期
$\overline{\text{LOCK}}$	s/t/s	锁定信号,表示当前总线周期不能被分割
$\overline{\text{DEVSEL}}$	s/t/s	设备选中信号,当目标设备通过地址译码被选中时输出该信号
$\overline{\text{IDSEL}}$	in	初始化设备选择信号,在初始化设备时用于选择设备
$\overline{\text{REQ}}$	t/s	总线请求信号,主设备向中央仲裁器请求总线使用权
$\overline{\text{GNT}}$	t/s	总线授权信号,中央仲裁器通知主设备可以使用总线
$\overline{\text{PERR}}$	s/t/s	奇偶错指示信号
$\overline{\text{SERR}}$	o/d	系统错指示信号,包括奇偶错或其他严重的错误

表 10.3　PCI 可选信号

信号名称	类　型	说　明
AD(63～32)	t/s	扩充为 64 位的数据/地址复用信号
C/BE(7～4)	t/s	总线命令/高 4 字节使能分时复用信号
$\overline{\text{REQ64}}$	s/t/s	主设备发出的 64 位传送请求信号
$\overline{\text{ACK64}}$	s/t/s	目标设备对 64 位传送的应答信号
PAR64	t/s	对 AD(63～32)和 C/BE(7～4)进行的偶校验位
$\overline{\text{SBO}}$	in/out	表示对修改行的监听命中
$\overline{\text{SDONE}}$	in/out	表示监听结束,$\overline{\text{SBO}}$和SDONE用于支持 cache
$\overline{\text{INTA}}$	o/d	中断请求信号
$\overline{\text{INTB}}$	o/d	中断请求信号(仅用于多功能 PCI 设备)
$\overline{\text{INTC}}$	o/d	中断请求信号(仅用于多功能 PCI 设备)
$\overline{\text{INTD}}$	o/d	中断请求信号(仅用于多功能 PCI 设备)
TCK	in	测试时钟
TDI	in	测试输入
TDD	out	测试输出
TMS	in	测试模式选择
$\overline{\text{TRST}}$	in	测试复位

　　表中 in 和 out 分别表示输入和输出,t/s 表示双向三态信号,s/t/s 表示每次只能被一个设备输出的三态信号,o/d 表示集极开路。

　　PCI 的总线周期是由获得总线授权的主设备发起的,在主设备和被选中的从设备(称为目标设备)之间进行信息传送。在存储器读写周期,基本采用猝发式(burst)传送方式,一次猝发式传送的总线周期通常包括一个地址传送阶段和一个或多个数据传送阶段。

PCI 总线的电气特性要求它的长度不能超过 18in(0.46m),因此在服务器中总是将 PCI 适配器放置在 CPU 机柜中。

3. PCI-X

处理器和外部设备之间数据的传输速度与千兆以太网和光纤通道的要求相比差距很大,作为 PCI 体系结构的改进版本,PCI-X 规范应运而生。PCI-X 2.0 将频率提升到 266MHz(传输率 2.1GB/s)和 533MHz(传输率 4.3GB/s)。PCI-X 向下兼容以前所有的 PCI 规格(从硬件到软件)。

PCI-X DDR(双倍数据速率)可在一个时钟周期中传输两次数据。

4. PCI Express

PCI 总线属于共享并行结构,而 PCI Express 则采用了点到点的串行连接技术,也就是说每个设备都有自己专用的连接,独享带宽,而不必向共享总线请求带宽。一个标准的 PCI Express 连接可以包含多个信道(lane),当需要增加数据传输带宽时,可以通过增加信道的数目来达到目的。由于采用了串行传输技术,传输率比 PCI 提高很多。单个信道的 PCI Express×1 可以提供单向 250MB/s(2.5Gbps,8b/10b 编码)的带宽,具有 16 个信道的 PCI Express×16 带宽可达到 4GB/s。后来又制定了单个信道单向 500MB/s 和 1GB/s 的带宽。PCI Express 支持×1、×2、×4、×8、×16 和×32 个信道,常见的是×1、×4、×8 和×16 个信道。

当多媒体计算机以及图形处理等应用开始普及后,PCI 总线的传输速度不能满足要求,于是设计人员给出了图形加速接口 AGP(accelerated graphics port),其作用是让图形数据越过带宽严重不足的 PCI 总线直接连到主存,从而减轻了 PCI 的负荷,并提高了图形系统的工作效率。AGP 使用了 32 位数据总线以及 66MHz 双时钟技术(时钟的上升沿和下降沿都能传输数据),数据的传输率达到 532MB/s(133×4)。但是这并没有彻底解决 PCI 的传输瓶颈问题,PCI 要承担起与大量外设的通信,还会遇到千兆以太网等对传输率要求的挑战。

PCI Express 成为接替 PCI 的新标准,但 PCI(包括 PCI-X)与 PCI Express 将会并存若干年。目前在图形处理方面,使用 PCI Express×16 接口的显示卡已成为市场的主流。AGP 显示卡已逐渐淡出市场。PCI Express 在提供更高带宽的同时,还支持对 PCI 和 PCI-X 的软件兼容,而插槽则不兼容,要小得多,随着 PCI Express 信道数的不同,其本身插槽的长度也不同。

PCI Express 与外部设备的连接采取低电压差分方式,低电压可降低功耗(散热量),差分与单端连接相比可增加数据传输距离,目前采用铜线传输数据,如果以后铜线传输频宽达到极限(一般认为 10Gb/s 是铜线传输的物理极限),可以将铜线替换为光纤,频宽可提升到 30Gb/s。此外,也有可能将之改造为机外相连的长距离传输线或无线(电磁波)传输等。

图 10.12 为含有 PCI Express 总线的 PC 逻辑图,图中的 PCIe 即 PCI Express,PCI 为并行总线,PCIe 支持点到点连接的拓扑结构。

5. 即插即用简介

即插即用(plug and play,P&P)技术是当今总线上普遍采用的技术,主要用于解决总

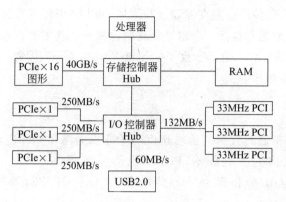

图 10.12　含有 PCI Express 总线的 PC 逻辑图

线上卡与卡之间以及卡与主板之间的资源冲突问题,达到不需人为干预的系统资源分配。系统资源包括存储器空间、I/O 空间、中断资源 IRQ 和 DMA 资源 DRQ。

在采用即插即用技术之前,当需要变更 I/O 设备,插上一张卡或更换一张卡时,首先要关闭电源,然后才能插卡,还需要相应地改变一些跳接线或采用其他相应的软硬件措施,为新插入的 I/O 设备分配专用的存储器空间,设置 I/O 空间(地址),设定中断请求级别和 DMA 请求级别等。这些工作对非专业人员是不易做到的。

具有 P&P 功能的总线和 I/O 设备控制器则由相应的硬件和操作系统在计算机正式工作之前自动完成上述操作,一般在插拔卡时也不需要关电源(即热插拔)。

10.6　外设接口

计算机的外部设备,如磁盘驱动器、CD-ROM、鼠标、键盘和显示器等,都是独立的物理设备。这些设备与主机相连时,必须按照规定的物理互连特性、电气特性等进行连接,这些特性的技术规范称为接口标准。

从物理结构来看,例如硬盘驱动器,通过电缆与适配器相连,适配器插在主机板上的插槽中,这个适配器就是磁盘机的接口卡。它一方面通过插槽背面的引线与 CPU 相连,符合主机的系统总线规范;另一方面与硬盘驱动器相连,要符合外设接口规范,即与相连的磁盘驱动器具有相同的技术规范。在第 8 章中提到过的 IDE 接口、SCSI 接口和其他接口将在下面介绍。

10.6.1　ATA(IDE)和 SATA 接口

1. ATA(IDE)的起源

ATA 起源于 IBM 公司在 20 世纪 80 年代所研制的 PC/AT 微型计算机,1986 年世界上第一台 AT 接口硬盘驱动器问世,该硬盘驱动器也被称为 IDE 设备。ATA 标准的第一个版本,即 ATA-1,于 1994 年正式发布,其特点如下。

(1) ATA 是一个单纯的硬盘驱动器接口,不支持其他的接口设备。

(2) 16 位并行传输,采用 40 针连接器和电缆,数据线长度不得超过 0.46m(18in),最多只能接两个硬盘驱动器。

（3）最高突发数据传输率为 8.33MB/s（PIO 模式），但受 PC/AT 的 ISA 总线性能限制，最大数据传输率为 4MB/s。

（4）受限于 PC/AT 操作系统的 BIOS，每台硬盘驱动器的最大容量为 528MB。

2. 并行 ATA 的发展

并行 ATA 的数据传输方式有 PIO 模式和 DMA 模式。PIO(programming I/O) 模式是指 CPU 发出 I/O 指令进行数据读写的模式。

1996 年通过 ATA-2 标准（EIDE 接口），与 ATA 标准相比进行了如下改进。

（1）支持 4 台存储装置，包括 CD-ROM 等存储设备，而不再局限于硬盘驱动器。

（2）定义了最高突发数据传输率达 16.7MB/s。

（3）定义驱动器容量支持高达 137.4GB。

1997 年通过 ATA-3 标准，其性能规格与 ATA2 完全相同，在软件上增加了自我监视分析及报告系统。

1998 年通过的 ATA-4 标准将 CD-ROM 和磁带机等 SCSI 设备移植到 ATA 接口上，并率先引入了时钟信号上升沿和下降沿都触发数据传送的双沿传输（DT，原理同 DDR）技术，得以在运行频率不变的情况下，将传输率提高一倍。由于 PIO 模式传输率的限制，快速的 DMA 模式开始占主导地位，并采用了 CRC 校验。

后来又加入了传输速率达 66MB/s 的 ATA-66，并将在 ATA-4 中定义为可选的 40 针-80 线电缆成为了必备（其中 40 线为地线，为抗线间串扰而设置）。

ATA-100 将传输速率提高到 100MB/s，还支持 48 位寻址，从而使 ATA 硬盘容量突破 137GB。

ATA 的寿命延长到 ATA-133（传输率 133MB/s，运行频率 33.3MHz）。

与后面要介绍的 SCSI 设备相比，IDE 设备简单、价廉，但运行时占用 CPU 的时间较多。

3. 串行 ATA(SATA) 和 eSATA

2001 年 8 月，Intel 发表了 SATA 1.0 规范，传输速率从 1.5Gb/s（采用 8b/10b 编码，数据的传输率折合为 150MB/s）起步，后续提高到 300MB/s 和 600MB/s，STAT 3.0 规范声称达到 750MB/s(2010 年)，大大超过了并行 ATA 的传输速率。除此以外，它还有以下特点。

（1）SATA 是一个串行点对点连接系统，主机和每个设备之间有单独的连接路径，每个设备可独享全部带宽。SATA 在计算机的机柜内部连接外部设备。

（2）SATA 使用两对低电平差分（LVD）信号线（一对发送，一对接收，但不能同时进行，所以仍为半双工，250mV LVD 信号）和 3 根地线，共 7 针，大大节省了板上的布线空间，又将连接距离提高了一倍（达到 1m），还为全双工提供了物理上的可能。

（3）SATA 具备热插拔能力。

eSATA 是外置式的 SATA 接口，用于连接计算机外部的设备，传输率为 1.5Gb/s～3Gb/s，比 USB 2.0 快 6 倍，可热插拔。

10.6.2 SCSI、SAS 和 iSCSI 接口

1. SCSI

小型计算机系统接口(small computer system interface,SCSI)是当前最流行的用于服务器和微型机的外部设备接口标准,1986 年美国国家标准局(ANSI)制定出 SCSI 标准,后来又被国际标准化组织(ISO)确认为国际标准。1986 年之后,SCSI 标准又经过多次修订、扩充,提高了数据传输率,扩充了功能和设备命令集。SCSI 设备与主机之间以 DMA 方式传送数据块。

SCSI 接口系统的结构如图 10.13 所示,从图中可以看出,SCSI 接口是以主机系统对智能外设的统一 I/O 接口总线的形式出现的,它处在主机与智能外设控制器之间的界面上,它不仅可以控制磁盘驱动器,而且可以控制磁带机、光盘、打印机和扫描仪等外设。由于设备中包括了控制器,设备的功能更复杂,因而称为智能外设。SCSI 适配器中整合了与主机通信的指令,降低了系统 I/O 处理对主机 CPU 的占用率。

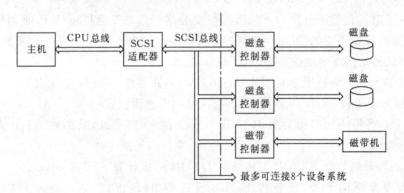

图 10.13 SCSI 接口系统的结构

SCSI 标准规定了两种输出方式:即单端输出方式和差分输出方式。8 位单端输出的 SCSI 把全部信号集中在一根 50 芯扁平电缆上,其中大部分是地线,保证信号屏蔽良好。信号线共 18 根,包括 9 条数据线(8 位数据加 1 位奇偶校验位)和 9 条控制线。总线的总长度限制为 6m。差分输出方式把单端输出方式中的一部分地线改成了数据线和控制信号线的对称差分信号线,提高了数据抗干扰能力,允许总线的总长度可延伸到 25m。

16 位数据宽度的接口连线扩充到 68 根。具有热插拔功能的 SCSI 使用 80 线电缆。

连接到 SCSI 总线上的设备(包括外部设备和主机)都有一个标识号 ID,从 0、1、…、7 共 8 个,允许多台外部设备并行工作,也允许多台主机共享外部设备。SCSI 总线上的设备分成发出命令的"主设备"和接收并执行命令的"从设备"两大类,通常主机充当"主设备",外部设备充当"从设备"。ID 号高的"主设备"在占有总线的仲裁中享有高的优先级。目前有的计算机的基本设置中已有 SCSI 接口,如果没有,需要一块 SCSI 适配器板才能跨接到 SCSI 总线上。这块适配器板完成主机总线到 SCSI 总线的接口,因此不同的主机总线有不同的适配器,例如有适合于 AT 总线、EISA 总线或 PCI 总线的适配器。用户根据不同的主机选择相应的适配器,就可以连接具有 SCSI 接口的设备。

表 10.4 列出 SCSI 接口的技术指标。

表 10.4　SCSI 接口的技术指标

标　　准	总线宽度	最高数据传输率/MB/s	总线最大长度/m		连接设备数量
			单端	差分	
SCSI	8	5	6	25	8
Fast SCSI(SCSI-2)	8	10	3	25	8
Wide SCSI	16	10	3	25	16
Fast Wide SCSI	16	20	3	25	16
Ultra SCSI(SCSI-3)	8	20	1.5	25	8
Wide Ultra SCSI	16	40	1.5	25	16
Ultra2 SCSI(Fast 40)	8	40	—	12	8
Wide Ultra2 SCSI	16	80	—	12	16
Ultra 3 SCSI (Ultra 160 SCSI)	16	160	—	12/25 *	16
Ultra 320 SCSI	16	320	—	12/25 *	16

* 注：当连接单个外部设备时为 25m，两个或两个以上外部设备时为 12m。

表 10.4 中提高传输率的总线称为 Fast，16 位总线宽度称为 Wide。为了提高传输率，减少了输出的总线长度。

从 Ultra 2 SCSI 开始采用 LVD(低电压差分)技术。160MB/s 和 320MB/s 的传输率是通过双沿(上升沿和下降沿)实现的。现在已经定义了传输率为 640MB/s 的 SCSI 协议。

2. 串行连接 SCSI(SAS)

串行连接 SCSI(serial attached SCSI，SAS)保持对并行 SCSI 逻辑兼容(运行相同的命令集)，在物理连接接口上提供了对 SATA 的支持，同时又吸收了 FC(光纤通道)的特点。这就为服务器和网络存储等应用提供了很大的选择空间。

SCSI 的问世时间早于 ATA，规格也更为完善，但是某些新技术的应用都是 ATA 走在前面，例如双沿传输(DT)、CRC 校验和串行点到点的连接。这是因为 SCSI 采用了 LVD(低电压差分)技术，这是一项不算复杂但却需要双倍数据线的技术。LVD 增强了信号的抗干扰、抗衰减能力，有助于延长连接距离和高频传送的可靠性，因此在 ATA 的传输率已不满足客观需要时，SCSI 尚能应付。这也说明了为什么 SATA 的问世早于 SAS。同样的物理连接使得 SAS 能支持 SATA 设备(反之则不行)。图 10.14 是 SAS 全双工物理连接图。

SAS 和并行 SCSI 的软件兼容，但连接器(插座)则是不同的。

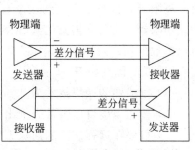

图 10.14　SAS 的全双工物理连接

表 10.5 列出 SAS 和其他 3 种接口（SATA、并行 SCSI 和 FC）的规格。表中的 Expander 可理解为路由器。双端口可增强容错能力，提高可用性。FC 为光纤通道（见 10.6.3 节），在这里将光纤通道（FC）交换机构建的光纤通信网络称为 fabric 或光纤通道网络架构。

表 10.5　SAS 和其他 3 种接口的规格对比

		SATA	并行 SCSI	SAS	FC
连接能力	寻址（设备数量）	1	16	128	128
	距离/m	1	25	10	10 000
	双端口支持	否	否	是	是
	拓扑结构	点对点	总线	带 Expander 的点对点	仲裁环、fabric
性能指标	传输率/MB/s*	150/300/600	320/640 共享	150/300/600	100/200/400/1K
	双工	半双工	半双工	全双工	全双工
	运行协议	ATA	SCSI	SCSI	SCSI

＊注：包括未来发展。

3. iSCSI

iSCSI（Internet SCSI）是运行于 TCP/IP 网络上的 SCSI，是于 2003 年 2 月正式发布的标准协议。

iSCSI 使标准的 SCSI 命令能够在 TCP/IP 网络上的主机系统（启动器）和存储设备（目标器）之间传送，也可以在系统之间传送，如图 10.15 所示。而 SCSI 协议只能访问本地的 SCSI 设备。

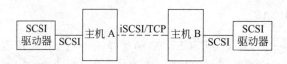

图 10.15　iSCSI 工作过程示意图

iSCSI 的工作原理是：当终端用户或应用程序发送一个请求后，操作系统将生成一个适当的 SCSI 命令和数据请求，SCSI 命令通过封装，在需要加密的时候要执行加密处理，这些命令加上 TCP/IP 协议的包头，就可以在以太网上传送，并进而在整个 Internet 上传输，没有距离限制。接收端在收到这个数据包后按照相反的步骤进行解包，解析出 SCSI 命令和数据请求，SCSI 命令再发送给 SCSI 存储设备驱动程序。因为 iSCSI 是双向的协议，所以它可以将数据返回给原来的请求方。

iSCSI 的优点如下。

（1）以成熟的网络技术为基础，以 IP 和以太网架构为骨干，大大减少总体成本。

（2）传送速度可以由首先推出的 1Gb/s，到 2Gb/s～10Gb/s，甚至更高。

（3）可以在远程连接的前提下随时扩充容量，以满足不断增加的存储需求。

（4）实现数据远程复制和灾难恢复。

iSCSI 的缺点在于存储和网络是同一个物理接口,同时协议本身的开销较大,造成了带宽的占用和主处理器的负担,随着网络带宽问题的解决(千兆以太网和万兆以太网的应用)、IP 网络安全性的提高、TCP/IP 协议的服务质量的改善以及专门处理 iSCSI 的 ASIC 芯片的开发(解决主处理器的负担问题),iSCSI 有着更好的发展前途。

10.6.3 光纤通道和 InfiniBand

1. 光纤通道

光纤通道 FC(Fibre Channel)是一条逻辑上的点到点串行数据通路,传输介质可采用光缆或铜线,当采用光缆时,传输距离可达 10km,铜线则低得多。在 FC 上运行的高层协议为SCSI。

FCP(光纤通道协议)规定了将 SCSI 数据、命令和状态信息从高层转换到 FC 物理层传输的过程。FC 物理层上的设备寻址和控制方法是与 SCSI 不相同的,SCSI 数据必须经过转换才能在 FC 上传输。FCP 需要构建专门的存储网络,并需要专门的光纤通道交换机,其安装、培训和维护成本都非常高,影响了 FC 的推广。与串行连接 SCSI(即 SAS)相比,其优点主要是传输距离较长,但也不超过 10km。为了解决更远距离的传输,产生了 FCIP,将 FC协议封装到 TCP/IP 包中,从而使 FC 通过网络进行传输。

2. InfiniBand

InfiniBand 是一种基于交换结构和点到点通信的 I/O 接口。以极高的传输速度将服务器、存储设备和网络设备连接在一起。InfiniBand 的体系结构如图 10.16 所示。

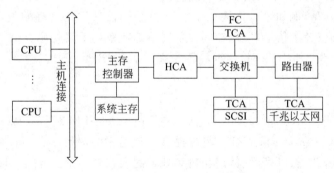

图 10.16　InfiniBand 结构

InfiniBand 结构由 4 种基本设备组成,包括主机通道适配器 HCA、目标通道适配器 TCA、交换机及路由器。HCA 功能较强,内部有微处理器,参与管理,TCA 功能比较简单,交换机和路由器是用于连接的设备。InfiniBand 支持 3 种连接速度:Link1 组(1x)、Link4 组(4x)和Link12 组(12x)传送速度分别为 2.5Gb/s、10Gb/s 和 30Gb/s,每组 Link 只需要 4 根线,Link12 组需要 48 根线。双向双工则可达到 5.0Gb/s(0.5GB/s 8b/10b 编码)、20Gb/s 和60Gb/s。每个 Link 可以使用铜线(传输距离为 17m)或者光缆(传输距离最长为 10km)。

InfiniBand 使用 IPv6 报头,传输的数据包中包括源地址(HCA)和目的地址(TCA),支持与 Internet 的有效连接。

10.6.4 PCMCIA

PCMCIA(personal computer memory card international association)又称 PC 卡,是广泛应用于笔记本电脑(或其他移动设备)中的一种标准接口,定义了一个小型的用于扩展功能的插槽。在笔记本电脑的旁侧留下了插槽位置,不用打开机箱就可接插 PCMCIA 卡。

PCMCIA 卡的适用范围很广,可用于如下种类。

(1) 存储器类。RAM、ROM、Flash memory 和硬盘等。

(2) 接口类。CD-ROM/DVD 接口、并串口、扩展接口卡等。

(3) 网络通信类。局域网(有线、无线和红外)、Modem、电话卡(ISDN、移动电话)等。

(4) 多媒体类。声卡、视卡、游戏卡、电视/广播接口卡和频讯会议卡等。

PCMCIA 卡有 3 种类型,I 型卡插槽的厚度为 3.3mm,II 型卡为 5.0mm,III 型卡为 10.2mm。3 种卡的长度和宽度是相同的,均为 85.6mm×54mm,卡的引出端均为 68 针。PCMCIA 卡具有即插即用功能。

10.6.5 串行通信接口 USB 和 IEEE 1394

串行通信接口可以只需要一对线来传送信号。过去流行的 RS-232 接口基本上已被淘汰。

数据串行传送的波特率与传输率(比特率)是不同的。波特率是指码元传输速率,比特率是指信息传输速率,例如串行传输一个字节(8 位),波特率是将起始位、停止位等均考虑在内,而比特率则仅考虑信号,所以在同样情况下比特率小于波特率。例如,当采用 8b/10b 编码时,当波特率为 2.5Gb/s 时,数据的传输率为 250MB/s。

1. USB 接口

通用串行总线(universal serial bus,USB)是由 Intel、IBM 和 Microsoft 等公司于 1996 年共同制定的总线标准,其目的是向用户提供一种通用的串行接口,可将键盘、鼠标、打印机、扫描仪、调制解调器、以太网、数码相机和外置的大容量存储器等插入标准的 USB 接口,更换设备时不需要拆卸机箱,具有热插拔和即插即用功能。

USB 1.0 的传输率为 12Mb/s,USB 2.0 可达到 480Mb/s(60MB/s)。各设备之间的连线长度可达 5m,最多可支持 128 个设备,其中 1 个为主机,其余均为 USB 设备,各设备之间采取菊花链的连接方式,即每个 USB 设备都有两个插座分别与相邻的两个 USB 设备相连,也可以通过 USB 集线器(hub)使一个 USB 端口同时接多个 USB 设备,还可以通过多个集线器级联,接更多的 USB 设备。目前在 PC 主板的芯片组上已集成了不少于两个 USB 接口,使用方便。USB 采用 4 线电缆传送数据(一对数据线,一对电源和地线),数据线改为双绞线,通过差分方式传送串行数据,并为 USB 设备提供 5V 电源,最大电流为 500mA(功率为 2.5W)。

2. IEEE 1394 串行接口标准

IEEE 1394 又称火线（Firewire），该标准发布于 1995 年，规定其传输率为 100Mb/s、200Mb/s 和 400Mb/s，其后研究的 IEEE 1394b 传输率可达 800Mb/s 甚至到 1.6Gb/s、3.2Gb/s。

在 1998 年北京中国家用电器博览会上，SONY 公司以 IEEE 1394 为接口，将计算机与电视、音响、摄录放一体机、数据存档系统、数字相机、彩色打印机和图像采集卡等连接起来，构成了一个标准的家庭网络环境。满足了多媒体应用的需要。但该标准并不局限于家庭环境，同样适用于多种计算机外部设备和远程网中。

IEEE 1394 接口允许连接 63 个外部设备，有 3 对连接线，其中有两对双绞线（数据线）、一对电源和地线。连线长度为 4.5m，超过 4.5m 可采用中继设备予以支持。具备热插拔和即插即用功能，且可向外设提供电源，8V～30V 电压、1.5A 电流。

3. 串/并行数据的转换

用于连接慢速外部设备到计算机总线上的串行接口，其设备一端按位串行传送，计算机端并行（通常按字节）传送。

一个串行接口具有寻址和控制功能，并要在寄存器（DIN、DOUT）和 I/O 设备之间进行串/并转换，图 10.17 是一个基于使用一个通用异步接收发送器（universal asynchronous receiver transmitter，UART）集成电路片子的串行接口原理逻辑图。UART 具有串-并和

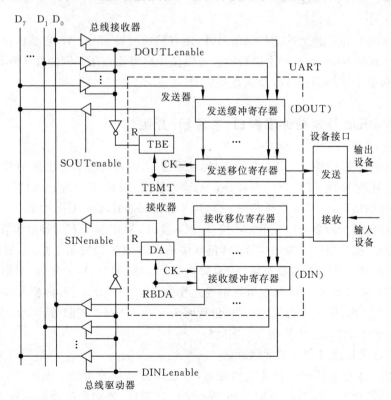

图 10.17　异步串行接口中 UART 工作原理图

并-串行转换所需的全部逻辑电路。它是由内部的两个移位寄存器分别完成的。为了使数据转换与数据发送或接收能重叠进行，每个移位寄存器都带有一个数据缓冲寄存器。由于串行接口的并行传送端是按字节方式工作的，所以这些寄存器只能容纳 8 位数据（$D_7 \sim D_0$）。接收器和发送器各有一个状态触发器，DA 表示接收缓冲寄存器中数据已到齐；TBE 表示发送缓冲寄存器中数据已被取空。从接口控制器送来的允许信号 SINenable、SOUTenable、DINLenable、DOUTLenable 分别控制状态的输入输出和数据的输入输出。

现在分别叙述输入和输出操作过程中 UART 的工作过程。

假定从键盘上向串行接口送来一个字符代码，经设备接口逐位送入接收移位寄存器。在移位寄存器中由低位至高位逐位右移，至 8 位过后，即将接收移位寄存器中的字符代码转送到接收缓冲寄存器中。这时芯片内部产生 RBDA 控制信号，表示"接收缓冲寄存器数据到齐"。它在 DIN 接收的同时，还使 DA 触发器置"1"，以此通知接口控制器形成允许信号 DINLenable 并由 CPU 进入中断，取走本次输入信息。该允许信号经反相又使 DA 触发器置"0"。DIN 的存在使其中的信息无须等待 CPU 取走便可由接收移位寄存器提前接收下一个字符信息，由此实现了二者的重叠工作。

输出操作先由发送缓冲寄存器从总线上接收一个字符信息，此时由接口形成 DOUTLenable 信号予以选通。此信号经反相器又使 TBE 触发器置"0"，表示 DOUT 已被占用。接着字符信息从发送缓冲寄存器转送给发送移位寄存器，以便一方面经它向右移串行送出数据给输出设备，另一方面腾出 DOUT 接收新的字符代码。这时芯片内部产生控制信号 TBMT，它使 TBE 触发器置"1"，表示"发送缓冲寄存器已空"，可继续向 CPU 申请新的输出信息。

图中加在移位寄存器上的除控制信号外，还有移位时钟信号 CK，它是由接口的波特率发生器（baud rate generator）产生供给的。可以按用户需要选用不同的波特率，但同一通道的发送器和接收器所用的波特率应该是相同的。

10.6.6　Pentium 处理器外围接口（芯片组）介绍

Pentium 机主板中除了 CPU 芯片以外，主要靠几块大规模集成电路的外围接口芯片（又称为芯片组）来实现 CPU 与内存和外设的输入输出接口。图 10.18(a)所示为 Pentium Ⅱ处理器的外围接口，主要由北桥芯片 82343BX 和南桥芯片 82371EB 组成。

北桥芯片包括处理器接口、DRAM 接口、PCI 接口、AGP 接口和时钟电源管理接口等。

南桥芯片主要控制输入输出操作，可包括多种设备的接口控制电路，主要有 PCI 总线接口、中断控制逻辑、DMA 控制逻辑、USB 接口、ISA 总线接口、IDE 接口、通用输入输出接口、实时钟、时钟/计数器和系统电源管理等。作为一个 PCI-ISA 桥，南桥芯片集成了多项基于 ISA 总线的 PC 中一些常用的功能，包括两个 82C37 DMA 控制器、两个 82C59 中断控制器、一个 82C54 时钟/计数器和一个实时钟。

南、北桥之间是通过 PCI 总线联系的。

随着 CPU、主存及外部设备性能的提高，以及对传输率要求的不断增长，Intel 等公司不断推出新的芯片组。图 10.18(b)为与 Pentium 4（赛扬）处理器配套的芯片组，与北桥和南桥相对应的芯片分别称为 MCH(memory controller hub，存储器控制中心)和 ICH(I/O controller hub,I/O 控制中心)。MCH 芯片型号为 915,ICH 芯片的型号为 ICH6。MCH 与 ICH 之间不是通过 PCI 总线相连,而是采用两倍于 PCI 总线带宽的专用总线,带宽为 2Gb/s(266MB/s)。前端系统总线 FSB 频率达到 800MHz(CPU 与系统连接的总线称为 FSB)。在 MCH 中集成了图形加速器 GMA900。从图 10.18 中可以看出,(b)所连接的外部设备无论从功能或性能上来看都比(a)强得多。PCIe×16 单向传输率为 4GB/s,双向传输率为 8GB/s,比目前的 AGP×8 的传输率 2.1GB/s 提高了 4 倍。RAID 为 RAID0 和 RAID1 的结合体。

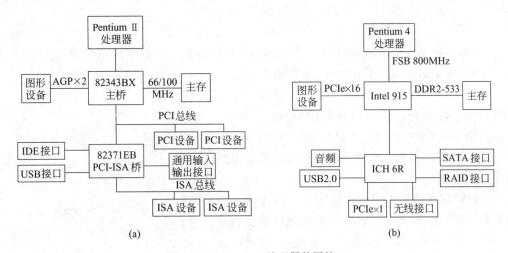

图 10.18　Pentium 处理器外围接口

ICH6 有两种芯片,ICH6 R 和 ICHW。R 表示可连接 RAID(0,1)设备,W 表示有无线局域网功能。

支持双核处理的芯片组为 945 和 ICH7(或 ICH7R)。ICH7R 可支持 RAID0、1、5、10,并将 PCIe×1 增至 6 个,其中 4 个可捆绑成 PCIe×4 使用,另外两个只能作为 PCIe×1 使用。ICH7 只提供可捆绑的 4 个 PCIe。

前面介绍的是 Intel 的芯片组,其他公司也有类似的产品。

10.7　网络存储——SAN 和 NAS

在网络时代,信息资源的积累呈急骤增长趋势,导致通过网络进行传输的信息量不断增长。数据是一种宝贵的财富,有时甚至比设备更重要,因为设备坏了可以更换,数据丢了有可能会造成不可挽救的损失,因此维护数据的安全和可用是很重要的。今天越来越多的应用不仅要求数据全天随时可用,而且还要求在存储设备出现故障甚至发生区域性灾难(诸如洪水、火灾等)的情况下,仍能保证数据的安全、可用,因此远程复制备份和灾难恢复越来越受到重视。此外网络时代对数据共享提出了更严格的要求,在给定的权限下(保证安全),数据应该可以跨系统、跨平台、跨部门、跨区域存取。

在这里,从两个角度来分析存储技术,首先在访问途径上有基于直接连接和基于网络两类;其次从传输协议来看可分成以数据块为传输单位和以文件为传输单位两类。今天无论是哪一种技术,其主要的存储介质(数据载体)一般均为磁盘、磁带和光盘。基于上述分类,下面对目前流行的 DAS、SAN 和 NAS 三种存储体系结构作一简单介绍。

1. DAS

DAS(direct attached storage,直接连接存储器)是存储设备通过 IDE、SCSI 等 I/O 总线直接连接到计算机总线上的一种存储结构,计算机可以直接访问存储设备。

由于网络的发展,促成了网络存储结构(SAN 和 NAS)的出现。

2. SAN

SAN(storage area network,存储区域网络)是以数据块为传输单位的存储网络,是建立在 FC(fibre channel)技术上,使用专用的通道交换机通过光纤将存储设备连接在一起,建立一个能够进行高速数据存储的专用存储网络,如图 10.19 所示。由于 SAN 的存储设备是用专用网络相连的,是与 LAN 分开的,与共享带宽的网络相比具有更高的数据传输率。

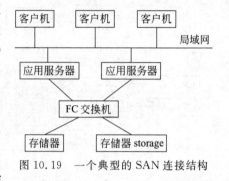

图 10.19　一个典型的 SAN 连接结构

根据存储网络所采用的传输协议以及传输介质的不同,SAN 有很多种实现方式,目前比较流行的是 FC-SAN 和 IP-SAN。FC-SAN 通过 FCP(fibre channel protocol)协议传输 SCSI 命令和数据,由于光纤通道的远距连接能力以及高速的传输能力,使得 FC-SAN 获得极好的性能,但是由于光纤网络的价格昂贵以及人员培训费用较高等因素的影响,使得 FC-SAN 局限在大型计算机系统中使用。

IP-SAN 是采用 iSCSI 协议构架在 IP 网络上的 SAN,iSCSI 协议通过 IP 协议来封装 SCSI 命令,并在 IP 网络上传输 SCSI 命令和数据。与 FC-SAN 不同的是,在 FC-SAN 结构中,服务器的消息传递使用的是前端局域网,数据传输则在后端的存储网络中进行;而 IP-SAN 存储系统使用 IP 网络进行消息传递和数据传输,因此 IP-SAN 可充分利用目前普遍使用的 IP 网络基础设施,建设费用便宜。另外 IP-SAN 的数据传输路径和 FC-SAN 的传输路径相比,只是光纤通道卡和 FCP 协议变为 iSCSI 卡和 iSCSI 协议,其他完全相同。

3. NAS

NAS(network attached storage,网络附加存储)是以文件为传输单位的存储网络,按照 TCP/IP 协议进行数据传输,一个典型的 NAS 结构如图 10.20 所示。其中 NAS 服务器包括处理器、文件服务管理模块和多个存储设备(例如硬盘驱动器等),NAS 服务器可以看成专门用来在网络上提供文件服务的服务器。NAS 结构通常应用于中、小型计算机系统中。

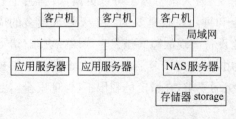

图 10.20　一个典型的 NAS 连接结构

在 NAS 中,数据的传输通过现有的局域网实现,局域网只适合短暂的突发数据传输,不能满足大容量文件传输的要求,同时网络上大量计算机之间的通信也要占用网络带宽,所以当网络规模较大时,会导致数据传输率降低。另外,NAS 不能支持存储设备之间的直接备份,只能采用基于网络的备份,这样会在数据备份时占用大量网络带宽,影响网络上其他应用的运行。此外由于 NAS 系统是面向文件的,而不是块协议或数据库协议,因此不能支持数据库服务,从而缩小了应用范围。但是有的用户希望新的系统能跟传统系统的结构结合起来,让很多应用在不改变结构的前提下继续使用,由于 NAS 可以利用用户原有的网络,所以比较适合这种需求。

SAN 和 NAS 是目前网络存储的主流技术,二者在不同的应用领域各有所长,还出现了二者相互融合的趋势。

最后介绍一下存储虚拟化的概念。

存储需求增加导致存储系统日益庞大和复杂,管理的难度也随之增加,要想简化存储设备的安装和配置,有效利用异构的存储设备,满足不可预见的存储资源需求,可以采用虚拟化存储技术。虚拟存储是介于物理存储设备和用户之间的一个中间层,它屏蔽了具体物理存储设备的物理特性,呈现给用户的是逻辑设备。统一的虚拟存储将不同厂商的 DAS、FC-SAN、IP-SAN 和 NAS 等(如有的话)各类存储资源整合起来,形成一个统一管理、监控和使用的公用存储池。它带来的最大好处是提供了一种简单有效的管理手段,在已经建立好的存储池上,用户可以方便地虚拟存储空间而不必具体分配物理空间;当需要增加新的物理存储设备时,用户只需要对存储系统进行简单的配置更改,就可以使新的存储设备加入到存储系统中。在本节中讨论的存储设备指的是辅助存储器,第 7 章中虚拟存储器讨论的范围还涉及主存储器。

习 题

10.1 从供选择的答案中选出正确答案填入 □ 中。

(1) 计算机系统的输入输出接口是 $\boxed{A}$ 之间的交接界面。主机一侧通常是标准的 $\boxed{B}$。一般这个接口就是各种 $\boxed{C}$。

供选择的答案:

A:①存储器与 CPU;②主机与外部设备;③存储器与外部设备。

B:①内部总线;②外部总线;③系统总线。

C:①设备控制器;②总线适配器。

(2) 中断处理过程中保存现场的工作是 $\boxed{A}$ 的。保存现场中最基本的工作是保存断点和当前状态,其他工作是保存当前寄存器的内容等。后者与具体的中断处理有关,常在 $\boxed{B}$ 用 $\boxed{C}$ 实现,前者常在 $\boxed{D}$ 用 $\boxed{E}$ 完成。

设 CPU 中有 16 个通用寄存器,某中断处理程序运行时仅用到其中的两个,则进入该处理程序前要把这 $\boxed{F}$ 个寄存器内容保存到内存中去。

若某机器在响应中断时,由硬件将 PC 保存到主存 00001 单元中,而该机允许多重中断,则进入中断程序后,$\boxed{G}$ 将此单元的内容转存到其他单元中。

供选择的答案：

A：①必需；②可有可无。

B，D：①中断发生前；②响应中断前；③具体的中断服务程序执行时；④响应中断时。

C，E：①硬件；②软件。

F：①16；②2。

G：①不必；②必须。

(3) 设置中断触发器保存外设提出的中断请求，是因为 $\boxed{A}$ 和 $\boxed{B}$。后者也是中断分级、中断排队、中断屏蔽、中断禁止与允许和多重中断等概念提出的缘由。

供选择的答案：

A，B：①中断不需要立即处理；②中断设备与 CPU 不同步；③CPU 无法对发生的中断请求立即进行处理；④可能有多个中断同时发生。

10.2 程序中断设备接口由哪些逻辑电路组成？各逻辑电路的作用是什么？

10.3 简述中断处理的过程。指出其中哪些工作是由硬件实现的，哪些是由软件实现的。

10.4 流水线 CPU 和非流水线 CPU 在处理程序中断的方法上有何不同？

10.5 中断屏蔽的作用是什么？计算机中有一些故障或事件是不允许屏蔽的。掉电中断允许屏蔽吗？根据图 10.4 的处理过程写出在执行各级中断处理时所设置的中断屏蔽位。

10.6 从供选择的答案中选出正确答案填入 $\boxed{}$ 中。

某行式打印机打印速度为每分钟 760 行，每行 132 字符。打印机经异步串行口与主机相连。设传送效率为 0.8，但在传输前将数据进行压缩处理，使得传送效率提高一倍。串口的波特率应选择 $\boxed{A}$。若打印机以中断方式与 CPU 传送数据，上述数据压缩处理 $\boxed{B}$ 影响打印速度。

供选择的答案：

A：①2400b/s；②4800b/s；③9600b/s。B：①会；②不会。

10.7 假定某外设向 CPU 传送信息，最高频率为 40 千次/秒，而相应的中断处理程序的执行时间为 $40\mu s$，问该外设是否可采用中断方式工作？为什么？

10.8 从供选择的答案中选出正确答案填入 $\boxed{}$ 中。

在 DMA 的 3 种工作方式中，传送同样多的数据，CPU 暂停方式速度 $\boxed{A}$。

采用程序中断方式传送数据时，需暂时中止正在执行的 CPU 程序；而采用 DMA 方式，在传送数据时，$\boxed{B}$ 暂时中止正在执行的 CPU 程序。

供选择的答案：

A：①最快；②最慢。B：①也需要；②不需要。

10.9 DMA 接口由哪些逻辑电路组成？各逻辑电路的作用是什么？

10.10 简述 DMA 处理的全过程，指出哪些工作是由软件实现的，哪些是由硬件实现的。

10.11 设有一磁盘盘面共有磁道 200 道，盘面总存储容量为 1.6MB，磁盘旋转一周时间为 25ms，每道有 4 个区，各区之间有一间隙，磁头通过每个间隙需 1.25ms。问磁盘通道所需最大传输率是多少(B/s)？设有人为上述磁盘机设计了一个与主机之间的接口,磁盘读出数据串行送入一个移位寄存器,每当移满 16 位后,向处理机发出一个请求交换数据的信号。处理机响应请求信号,并取走移位寄存器的内容后,磁盘机再串行送入下一个 16 位的字,如此继续工作。如果现在已知处理机在接到请求交换的信号以后,最长响应时间是 $3\mu s$,这样的接口能否正确工作?应如何改进?

10.12 今有一磁盘存储器,转速为 3000r/min,分 8 个扇区,每扇区存储 1KB。主存与磁盘传送数据的宽度为 16b(即每次传送 16b)。

(1) 描述从磁盘处于静止状态开始将主存缓冲区中 2KB 传送到磁盘的整个工作过程。

(2) 假如一条指令最长执行时间为 $30\mu s$,是否可采用在指令结束时响应 DMA 请求的方案?为什么?假如不行,应采用怎样的方案?

10.13 下面的叙述哪些是正确的?

(1) 与各中断源的中断级别相比,CPU(或主程序)的级别最高。

(2) DMA 设备的中断级别比其他非 DMA I/O 设备高,否则数据可能丢失。

(3) 中断级别最高的是"不可屏蔽中断"。

10.14 从中断源的急迫程度、CPU 响应时间和接口控制电路 3 个方面说明程序中断和 DMA 的差别。

10.15 列举出几种系统总线和外部设备接口标准。两者在计算机系统中所起的作用有何不同?

10.16 串行接口中为何需要串、并行数据的转换电路?

10.17 计算机中采用多总线结构的主要原因何在?

10.18 影响并行接口传输率进一步提高的原因是什么?

10.19 在本章所介绍的外部设备接口中,哪些是串行接口?哪些是并行接口?

10.20 简单介绍 DAS、SAN 和 NAS 三种存储体系结构。

第11章 计算机系统和基于互联网的应用

在计算机系统中,硬件和操作系统(通用或专用)是不可缺的,操作系统为应用软件服务,并管理计算机资源,控制程序的执行。与此同时,为配合操作系统的工作,硬件也进行了相应的设计和实现。

"网络就是计算机"已被人们认可,计算机网络的应用范围极为广泛。为了实现不同计算机之间的连接,人们对网络的标准化、操作系统和硬件等提出了相应的要求,并付诸实施。

本章简要讲述计算机操作系统和计算机网络的基本工作原理,以及基于互联网的最新应用,从而学生可以加深对计算机硬件各组成部分的理解和提高设计能力。

11.1 操 作 系 统

本节主要介绍单机操作系统。网络操作系统将在下一节说明。

操作系统的主要任务是管理计算机系统中的资源,并在计算机硬件的基础上提供新的服务和功能,从而使用户能够方便、可靠、安全、有效地操纵计算机运行应用程序和实现其他功能。

11.1.1 管理计算机系统中的硬件资源

1. 处理机管理

早期的计算机是单用户、单任务系统,所有的工作,例如程序和数据的输入、程序的运行、数据的存储以及结果的输出等都是串行执行的,这样使操作系统管理处理器的工作十分简单。但是如果在运行程序时,不能及时取得指令或数据,或者等待主存储器和辅助存储器之间传送数据,或者等待低速的输入输出设备工作等,都会使处理机处于等待状态,降低了处理机的利用率和程序的运行速度,因此人们期望能加强操作系统的功能。中断处理的实施,在一定程度上实现了处理机与存储器和外部设备的并行操作,在第10章10.2节讲述了有关程序中断的内容,图10.1画出了CPU与打印机并行工作时间图,图10.2表明了中断处理过程,这些都是在操作系统和硬件的配合下完成的。处理机中的程序状态字寄存器PSR记录当前的工作状态,每个工作执行的程序都有一个与其执行相关的程序状态字,当切换程序时需予以保存,在返回原程序时用来恢复PSR的内容。举例可参见第6章6.6.1节介绍的SPARC机的程序状态字。

现代的计算机支持单用户多任务或多用户多任务并行操作。在硬件配合下,操作系统负责将处理机调度给其中一个任务使用,执行该任务的程序。程序的执行过程用"进程"来描述,计算机系统的运行由多个进程组成,包括操作系统进程和各个用户任务进程等。通过操作系统对处理机的调度,所有进程在宏观上都能并行执行。

图 11.1 表示一个进程活动的各个阶段,一般包括创建、就绪、运行、暂停和结束阶段。

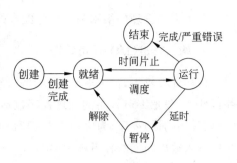

图 11.1　进程运行过程

(1) 创建。进程正在被创建,将作业(任务)从辅存调入主存,并分配可用的资源和相关的控制信息等。

(2) 就绪。创建已完成,进入就绪阶段,等待操作系统分配处理机给本进程使用。

(3) 运行。进程占用处理机执行程序。

(4) 暂停。执行程序时出现延时情况,例如等待 I/O 操作等,进程被挂起(暂停)。延时情况解除后进入就绪阶段。

(5) 结束。进程完成操作,或产生严重错误,结束运行。

进程调度:当存在多个就绪进程时,根据某种策略,将处理机分配给其中一个进程运行。常用的策略有以下两种。

(1) 时间片策略。处理机运行时间分割成等长时间,称为时间片。进程被分配一个时间片运行,如果时间片结束而进程运行尚未结束,则该进程进入就绪阶段,操作系统将处理机分配给另一进程。所有处于就绪阶段的进程都能按顺序分配到处理机。

计算机中一般都设置定时器(硬件),每隔设定的时间间隔发出定时中断信号,实现上述时间片策略。可设置多个定时器使用于不同场合。

(2) 优先权策略。操作系统为某些重要的或紧急的或运行时间短的进程指定较高的优先级。该策略的实施方法类似于第 10 章中讲述的中断优先权处理方法。

上述两种策略可独立采用,也可组合采用。

图 11.1 所示的进程转移过程可采用硬件配合或全部由操作系统完成。如果有硬件配合,可采用 5 个触发器分别表示 5 个阶段的状态。在创建进程时,创建触发器为"1",其余 4 个触发器均为"0";当创建工作完成后,就绪触发器置"1",并将创建触发器置"0"。依此类推。

2. 存储器管理

现代计算机存储系统的多层次结构和多任务运行环境,使得操作系统承担的存储管理工作越来越复杂。存储管理主要工作如下。

(1) 数据存储。计算机系统存储和处理的数据量飞速增长,造成存储设备的种类和数量不断扩大,数据结构、存取方式、数据检索和远近距离的传送等都增加了操作系统的负担。

(2) 存储分配。根据程序运行的需要,为其分配主存的物理空间,有段式管理、页式管理等。

(3) 数据共享。允许多个任务共享主存资源,因此提高了存储器利用率和多任务间的数据交换,操作系统要保证数据安全和读写的正确性。

(4) 存储保护。确保用户程序不损坏操作系统程序和设定的数据,确保各个用户程序之间互不影响操作和运行。

有关存储管理的细则和软硬件配合的情况参阅第 7 章。

3. 输入输出(I/O)设备管理

现代计算机中,为了提高各个 I/O 设备的工作可靠性,提高 I/O 设备与处理机运行的并行性,一般把 I/O 设备的处理程序包括在操作系统内,其中还包括中断处理和 DMA 处理(如果采用的话)程序,为应用人员编写程序提供了方便。在操作系统中,管理 I/O 设备并实现输入输出功能的程序称为 BIOS。

11.1.2 支持应用程序和人机对话

各种类型计算机的指令系统和硬件实现都不会完全相同,即使是同一型号的计算机也会不断发展,因此设计操作系统的基本指导思想虽然不会相互抵制,但也会存在不少差异,有人希望在操作系统与应用程序之间设置一个平台(软件),减小这种差异。

目前比较通用的操作系统有 Windows(多窗口)、UNIX 和 Linux 等,也还存在不少专用或有创新的操作系统。

Windows 操作系统广泛应用于微机系统中,提供了十分友好的图形用户界面。启动计算机,在操作系统运行后即可在屏幕上出现具有若干个图标的工作界面。图标是易于识别的小型图形符号,代表某种对象、文件或程序,当将鼠标指针移到图标处,并按一定规则按下鼠标按键时即可选定对象、文件或打开程序,或出现可供选择的菜单。Windows 操作系统是支持多任务运行、支持网络协议的操作系统。当关机时,操作系统保证机内程序不被破坏,数据不会丢失。

智能手机等设备可以没有键盘,不用鼠标,但启动后仍可出现图标和菜单,可用手指或小棒接触屏幕来选择图标。这些设备一般不具有复杂的计算和管理任务的能力,因此处理器芯片和操作系统比较简单。

互联网的兴起,极大地扩充了计算机的应用范围,同时也对计算机的硬件和网络操作系统提出了新的要求,有关内容将在下一节讨论。

随着移动通信、工业控制、个人消费等领域对嵌入式 SoC 市场需求的高速增长,芯片制造商(例如 Intel 公司)提出了从芯片厂商向计算解决方案厂商转型的战略,将精简的计算机硬件、固化的操作系统和中间件(平台)集成在芯片中。如果还能提供给用户使用的应用软件开发工具,以便于应用程序的设计和实现,就会增强芯片的市场竞争力。

11.2 计算机网络

在第 1 章 1.4 节中已讲述了计算机网络的基础知识,本节将在此基础上继续讨论。

11.2.1 互联网(Internet)层次结构

Internet 采用 TCP/IP 协议,由 5 个层次构成,即应用层、传输层、IP 层(网络层)、数据链路层和物理层(硬件层)。图 11.2 为 TCP/IP 层次结构图,并示出数据传送的方向。当用户调用应用程序来访问 TCP/IP 网络时,各层次完成的功能如下。

(1) 应用层:用户选择 TCP/IP 提供的多种服务中的一种。应用层将数据按要求的格式(报文或字节流)传送到传输层。

(2) 传输层:将要传送的数据流划分成"分组",并连同目的地址传送到 IP 层。

(3) IP 层(网络层):将带有目的地址的分组数据封装到数据报中,填入数据报头,使用路由算法来决定:在下层将数据报处理后,直接传送到目的地址指定的计算机,还是先传送到路由器,再转发。并将此决定记录在数据报中,然后将数据报送到数据链路层。

(4) 数据链路层:负责接收 IP 数据报,并以帧的形式传送到物理层。

在本层次中可能还包含驱动设备(硬件层)的程序。

(5) 物理层(硬件层):在物理层的物理介质上或路由器上设置有传输数据所需要的设备,完成数据的传送。

图 11.3 表示数据从主机 A 传送到主机 B 的路径(举例)。

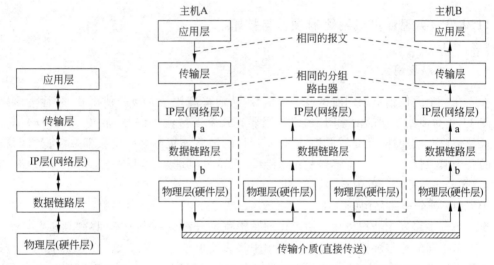

图 11.2　TCP/IP 层次结构　　　　图 11.3　TCP/IP 分层工作流程(举例)

在图 11.3 中如果主机 A 和主机 B 在同一局域网中,则能通过传输介质直接传送数据,不需要路由器,而且图中主机 A 和主机 B 的 a 处为相同的数据报,b 处为相同的帧。如果不在同一局域网,则通过路由器或其它网络互连设备传送数据。路由器的作用在 11.2.3 节中的"网络互连设备"中介绍。图 11.3 中的路由器和传输介质不会同时存在。

主机 B 在物理层接收数据,然后一层一层向上传送,其处理过程是主机 A 的逆过程。

在传输层和数据链路层有差错检测功能,如果发现差错,则要求重复传输。在数据链路层如果发现分组的传送顺序有问题,则对相应的分组前后次序进行调整。

11.2.2　网络操作系统

网络操作系统相对于单机操作系统而言是具有网络功能的计算机操作系统。一般在单机操作系统之上附加具有实现网络访问功能的模块,从而使网络上各计算机能有效并方便地共享网络资源,支持网络用户所需的各种服务。由于在网上有多个用户会争用共享资源,因此网络操作系统要支持多用户和多任务工作环境。网上的共享资源一般由服务器提供,在后面将介绍服务器。

从 TCP/IP 层次结构来看,从传输层到数据链路层之间的功能是由网络操作系统完成的。应用层有根据用户对服务项目的需求而设计的软件。在数据链路层,一般网络操作系统支持在物理层的多种网络接口卡,有基于总线型、环型和星型的网卡,目前广泛应用的是总线型的以太网卡。

网络操作系统除了具有单机操作系统的功能,并具有以下适应于网络运行的功能。

(1) 硬件支持。支持多种网络接口卡,还可以通过网桥、路由器等与别的网络连接。

(2) 多用户、多任务支持。对应用程序和数据文件提供保护。

(3) 网络管理。对共享资源进行管理,监控用户程序对网络操作系统的访问,实现系统备份、安全管理、及时处理、提高效率和采取容错措施等。

(4) 用户界面。提供丰富的界面显示及简便的操作方法。

11.2.3 实现计算机网络的硬件与技术

1. 多路复用

在一个通信信道上同时携带多个信号,从而提高传输介质的使用效率,称为多路复用。图 11.4 为多路复用的示意图,多路复用器有几个模拟输入信号(报文 1、2、⋯ n),其输出直接与传输介质相连,在介质上传送,信号到目的地后连接到多路复接器,并将其恢复成原始的几个模拟信号。在一个多路复用系统中,无论 n 值是多少,只需要一条传输线路。常用的有"频分多路复用"和"时分多路复用"。

(1) 频分多路复用(FDM)

频分多路复用器把传输介质可用的频带宽度分割成一个个不同的"频段",各个"频段"分配给不同的输入装置。该技术最初用来将多路电话合并在一起,在一条电缆上传送。每一路电话需要 $300\sim3000\,\mathrm{Hz}$ 的带宽,双绞电缆可用带宽为 $100\,\mathrm{kHz}$,对每路电话分配不同的载波频率进行调制,在一条双绞电缆上可连接多达 24 路电话。

(2) 时分多路复用(TDM)

时分多路复用器采用分时技术,把传输线路的可用时间分成若干个时间片,图 11.5 是采用 3 个时间片的时分多路复用器。TDM 不适用于传输语音信号(模拟信号),因为每路电话在相当多的时间片内不能传输信号,会造成声音的断续。TDM 只适用于传输数字信号。

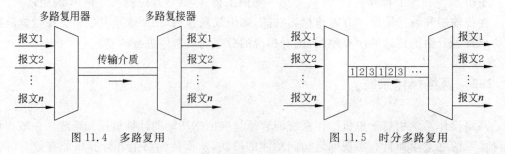

图 11.4 多路复用　　　　　　　　　图 11.5 时分多路复用

2. 有线局域网(以太网)

网络中各个结点(计算机)相互连接的方法和形式称为网络拓扑,构成局域网(LAN)的拓扑结构有星形拓扑、总线拓扑和环形拓扑等,其中应用最广泛的是总线拓扑结构的以太网。

总线拓扑结构采用一根传输线作为传输介质,网上任何一个计算机结点发出的信号可以沿着介质传播,并被其他结点接收,图 11.6 为总线拓扑结构网。当传输线长度太长,或网上结点太多,而影响传输性能时,可采用中继器(图 11.7)。中继器具有信号放大、补偿、整形和转发等功能。

图 11.6　总线拓扑

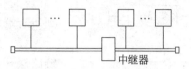

图 11.7　带有中继器的总线拓扑

以太网有传统以太网、快速以太网和千兆位以太网,信号传输速率分别为 10Mb/s、100Mb/s、1000Mb/s(1Gb/s)和 10Gb/s。网上的结点采用"载波监听多路访问/冲突检测(CSMA/CD)"方法来争取数据帧的发送。当一个结点要发送数据时,首先监听总线上是否有其他结点在发送,如果没有,则该结点可以发送;如果有,则等待一段随机时间再监听总线以决定是否发送数据帧,此即为 CSMA 方法。但是也有可能有两个或两个以上结点监听到总线是空闲的,于是同时或先后有一些延迟时间发送帧,造成冲突。每个结点在发送帧期间都有检测冲突的能力,一旦检测到冲突,就立即停止发送,并向总线上发一组阻塞信号,通知总线上各结点,此即为 CD 方法,这样不致因传送受干扰的帧而浪费通道的时间。

国际标准 IEEE 802 是基于 OSI 参考模型 7 层协议中的局域网协议系列,其内容仅包含数据链路层和物理层,数据链路层分成逻辑链路控制(LLC)和介质访问控制(MAC)两层。其中 IEEE 802.3 的内容是 CSMA/CD 的访问方法和物理层规范。如果计算机通过局域网连到 Internet,则需要 Internet 模型的全部 5 层协议。最上面的 3 层(应用层、传输层和网络层)对各种不同技术的局域网都是通用的。对各种以太网而言,数据链路层稍有差别,而物理层有很大的不同。图 11.8 是 IEEE 802.3 中规定的传统以太网的帧格式。

前置	SFD	目的地址	源地址	PDU	数据	CRC
7字节	1字节	6字节	6字节	2字节	64~1500字节	4字节

图 11.8　802.3 数据帧格式

前置:0 和 1 交替,提醒接收站,有数据帧传送过来。

SFD:帧起始分界标志,其值为 10101011,提醒接收结点,下一个域是目的地址。

目的地址、源地址:分别为接收分组结点、发送分组结点的物理地址。

PDU 长度/类型:该域的值小于 1518 为长度域,大于 1518 为类型值,定义分组类型。

数据:64～1500 字节。

CRC:差错检测信息。

3. 网络互连设备

网络互连设备是用来扩大网络中的站点数量或将两个以上(包括两个)网络连接起来的设备,常用的有中继器、集线器、交换机、网桥、路由器和网关等。

(1) 中继器(repeater):工作在 ISO/OSI 网络协议的物理层,对传输的信号起整形、放大作用,参见图 11.7。

(2) 集线器(hub):工作在 ISO/OSI 的物理层,由于采用 CSMA/CD 技术,因此与数据链路层有一些联系。图 11.9 是使用集线器的系统结构示意图。hub 是多端口转发器或称为多端口中继器,对信号起整形、放大和转发功能,采用广播方式发送信号,即将信号发送到所有端口。目前集线器已向交换机发展。

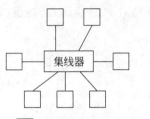

□ 为计算机或其他上联设备

图 11.9 使用集线器的示意图

(3) 交换机(switch):工作在 ISO/OSI 第 2~7 层(数据链路层~应用层),其中以第 2 层最普遍,第 4 层以上主要用于互联网的数据中心。使用在第 2 层的交换机又称为交换式集线器,交换机上所有端口均有独享数据帧的功能,使数据帧直接由源地址发送到目的地址,即不采用广播方式。

(4) 网桥(bridge):工作在 ISO/OSI 的数据链路层,用于连接两个或多个局域网,使一个局域网上的用户可以透明地通过网桥访问另一网络上的资源,并具有存储转发和差错检测功能。

(5) 路由器(router):工作在 ISO/OSI 的网络层。可以实现相同或不同类型的网络的互联(局域网之间、局域网与广域网之间、广域网之间)。它的主要功能是路由选择,采用某种路由算法,为在网上传送的分组从若干条可选的路径中选择一条到达目的地的最佳路径,有效地均衡网络负载,控制网络拥塞,缩短传送时间。

(6) 网关(gateway):工作于 ISO/OSI 第 4~7 层,是实现基于不同协议网络之间互联的设备,又称为协议转换器。

上述的网络互连设备同样适用于互联网 TCP/IP 协议。

4. 无线局域网

无线局域网(WLAN)结点不需要电缆即可连网,运行在 2.4GHz 或 5GHz 频带,广泛应用在校园、办公大楼、家庭和公共场所,有 IEEE 802.11 无线局域网和蓝牙无线网两种。2.4GHz 和 5GHz 是在工业、科研、医疗等范围内无须申请即可使用的频带。

1) IEEE 802.11 体系结构

图 11.10 是 WLAN 的一个模型,其最小构成模块是基本服务集(BSS),它由运行相同数据链路层协议的结点组成。BSS 作为独立的无线局域网使用,通过访问点连到有线局域网,访问点的作用类似于网桥。由两个或两个以上 BSS 通过有线局域网组成一个扩展服务集(ESS)。基于结点的移动性,允许结点在可通信的范围内移动。

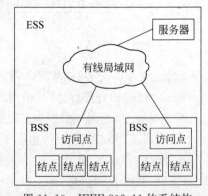

图 11.10 IEEE 802.11 体系结构

1999 年成立了 WiFi 联盟,WiFi 成为该联盟制造商的产品商标,具有 WiFi 功能的设备,例如笔记本、游戏机和智能手机等,在一定范围内可从无线网络连接到有线网络。Internet 的接入点称为热点,WiFi 无线网络可提供收费或免费使用的热点,其使用范围从几个房间到若干平方公里。

2) 蓝牙技术

蓝牙是一种用于 PC、笔记本、手持设备、家用电器和智能手机之间数据传送的短程无线连接技术,运行频率为 2.4GHz,工作范围在 10m 以下。

蓝牙局域网是一种特定的网络,如果其中有一个设备能连接到 Internet,则该局域网就可接入互联网。IEEE 802.15 定义了实施蓝牙局域网的协议。

11.2.4　Internet 的应用

本节主要介绍 Internet 的公共服务。

1) 电子邮件 E-mail

收发邮件不受时间和地点的限制。当用户在某一邮件服务公司的网站上申请到一个邮件信箱名时,就拥有了一个全球唯一的邮件信箱地址。例如在 Yahoo 公司申请到 andy 名时,则该用户的电子信箱地址为 andy@yahoo.com。收发邮件时,先进入地址为 http://mail.yahoo.com/的网站,然后输入用户本人的邮箱地址和密码,即可进行收发。

2) 万维网浏览器

万维网(world wide web)是目前 Internet 中最为流行的信息服务类型,基于超文本方式的信息查询工具。超文本指的是用户在全世界范围内,使用鼠标就可以选择文件中的某些下划线的"热词"(hot word),打开相应的文件。如果在一个超文本系统中还包含有图像、影视和声音,则称为超媒体系统。

微软公司开发的 Internet Explorer(简称 IE)软件是 Windows 平台中最流行的网页浏览器,用户在地址栏中输入某网站的网址,即可进入该网站的主页。主页是访问个人或机构详细信息的入口点,通过主页上的链接进入该网站的其他网页。中国教育科研网的网址为 http://www.cernet.edu.cn/。

3) 万维网搜索引擎

搜索引擎是一个网站,但与一般网站不同,一般网站数据库中存放的是自己的信息,而搜索引擎数据库中保存了万维网(WWW)上许多网页的检索信息,它的内容是不断更新的。当用户在搜索引擎的查找框中输入所需要检索的关键字并提出检索要求后,搜索引擎会自动找出相关的结果网页。

比较著名的搜索引擎有 Google、Baidu 和 Yahoo 等。Google 的网址为 http://www.google.com/。

4) 文件传输(FTP)

FTP 主要用于客户机/服务器方式,用户可以把自己的文件送到服务器硬盘上,以供其他用户使用,也可以从服务器上下载自己感兴趣的文件。

CERNET(中国教育科研网)的网络中心地址为 ftp://ftp.net.edu.cn/。

5) 远程登录(Telnet)

网络用户可以通过 Telnet 软件将自己的计算机与网上的一个服务器相联,使自己的计算机就像服务器的一个终端一样使用。

6）电子公告板（BBS）

电子公告板设置在网络上运行有公告板软件的网络服务器中，网络用户可以通过Telnet等方式与这个服务器相联，并按照公告板的提示进行各种操作。例如，清华大学BBS的地址为 telnet://bbs.tsinghua.edu.cn/，登录在那里的用户可相互讨论问题。

7）基于 Internet 的其他应用

基于 Internet 的其他重要或影响大的应用还有电子商务、电子政务、远程教育、远程医疗、网络电话、网络视频、播客、博客、微博、网络游戏等。

电子商务主要包括以下内容：信息的传递和交换、网上订货、交易和支付、商品的配送和售后服务、企业之间的资源共享等。

电子政务实现政府业务处理电子化，达到正确、高效处理政府机关之间、政府与企业之间、政府与社会各界人士之间的关系，公平、公正地实现政府管理和服务。

播客是基于 Internet 的数字广播的应用，用户通过播客将广播节目录制到播放器中，可随身收听，也可以自己制作节目，传输到网上共享。

博客，又称为网络日志，是一种通常由个人管理，不定期张贴新的文章的网站。许多博客专注在特定的课题上提供评论或新闻，其他则被认为是个人的日记。

微博，即微博客（MicroBlog）的简称，是一个基于用户关系的信息分享、传播以及获取的平台。用户可以通过 Web、WAP（无线应用协议）以及各种客户端组建个人社区，以每条140 字左右的文字更新信息，并实现即时分享。

11.3　客户机/服务器结构和浏览器/服务器结构

1. 客户机/服务器结构

客户机/服务器（Client/Server）结构简称 C/S 结构。通常，采用 C/S 结构的系统，有一台或多台服务器以及大量的客户机。服务器端一般使用高性能的计算机，配备大容量存储器并安装数据库系统，用于数据的存放和数据检索；客户端是安装了系统软件和应用软件的计算机，负责数据的输入、运算和输出。

客户机和服务器都是独立的计算机。如果一台连入网络的计算机向其他计算机提供各种网络服务（如数据和文件的共享、计算、应用程序等），它就被叫做服务器，而那些用于访问服务器服务的计算机则被叫做客户机。客户机/服务器模式体现的是一种网络数据访问的实现方式。采用这种结构的系统目前应用非常广泛，如宾馆和酒店的客户登记和结算系统、超市的 POS 系统、银行和邮电业的网络系统等。通过 C/S 结构可以充分利用客户端和服务器端硬件环境的优势，将任务合理分配到两端来实现，降低了系统的通信开销。

C/S 结构的客户机和服务器可以是分别处在相距很远的两台或多台计算机。它的基本原则是将计算机应用任务分解成多个子任务，由多台客户机和服务器分工完成，即采用"功能分布"原则。客户机和服务器的功能分工如下。

（1）客户机是与用户交互的部分，提供了一个用户界面，负责完成用户命令和数据的输入，具有一定的数据处理能力，并将用户的要求提交给服务器。服务器接收客户机提出的服务请求,进行相应处理,再将结果返回给客户机。然后客户机对服务器送回的结果数据进行分析处理,最后把它们提交给用户。一个 C/S 系统中可以包含多个客户机,它们具有统一的用户界面,并使用一个标准语言或用系统内特定的语言与服务器传递信息。客户机可以使用缓冲或优化技术以减少到服务器的查询和数据传送量。客户机也可执行安全和访问控制检查,但是如果服务器拥有安全管理机制,客户机最好不要提供这些可以由服务器完成的功能。

(2) 服务器通过一个或一组进程的运行,向一个或多个客户机提供服务,服务的类型可以是从需要大量存储到需要集中计算等各种应用。服务器只负责响应来自客户机的查询或命令,一般不主动和任何客户机建立会话。在一个多服务器的环境中,服务器之间可以协调工作,共同向客户机提供服务,这些服务器之间的通信协调对客户机透明。

2. 浏览器/服务器结构

浏览器/服务器(Browser/Server)结构简称 B/S 结构,是 Web 兴起后的一种网络结构模式,Web 浏览器是客户端最主要的应用软件。这种模式可以将系统功能实现的核心部分都集中到服务器上,从而简化了系统的开发、维护和使用。

B/S 结构中,客户端上安装一个浏览器(Browser),如 Firefox 或 Internet Explorer 程序,服务器端安装 Oracle、Informix 或 SQL Server 等数据库和应用程序。在这种结构下,用户界面完全通过客户端的浏览器实现,而主要事务处理在服务器端实现。在大型的复杂系统中,C/S 结构和 B/S 结构的混合使用是很普遍的。

B/S 结构最大的优点就是用户可以在任何地方(客户端)进行操作,并且不需要安装任何其他专门的软件,客户端只要是一台能上网的设备,通过浏览器将用户需求提交给服务器端,再将服务器端返回的结果在浏览器上呈现给用户,而由服务器实现如数据库管理、大型计算、数据处理等核心应用功能。

3. C/S 结构与 B/S 结构的区别

(1) 硬件环境不同。

C/S 一般建立在小型的专用网络上,各网之间再通过专门服务器提供连接和数据交换服务。

B/S 一般建立在广域网之上,客户端可以是通过电话线上网,或者租用的设备上网。有比 C/S 更强的适应范围,客户端一般只要有操作系统和浏览器就行。

(2) 安全保障性不同。

C/S 一般面向相对固定的用户群,对信息安全的保障性较强。因此高度机密的信息系统采用 C/S 结构较为适宜。

B/S 建立在广域网之上,对安全的控制能力相对较弱,可能面向众多用户,带来不可预知的风险。

(3) 程序设计架构不同。

C/S 客户端和服务器端的程序应该更加注重流程方面的设计,注意对用户权限进行校验,而对系统访问速度没有 B/S 的要求高。

针对 B/S 结构安全控制能力较弱和客户端与服务器端通信频繁的特点,B/S 服务器端的程序必须在系统安全以及访问速度方面进行多重考虑。

（4）系统升级维护不同。

C/S 结构的系统具有整体性的要求，即必须从客户端和服务器端整体考虑处理出现的问题以及提供完整系统的升级方案。客户端可能使用不同的操作系统，加大了升级难度，有时可能是再做一个全新的系统。

B/S 结构的系统只需要对服务器进行管理，所有的客户端都只是浏览器，无须进行维护工作。无论用户的规模有多大，都不会增加客户端的维护升级的工作量，因为系统中所有的操作都在服务器上进行。如果多台服务器在异地，只需要把各地的服务器连接起来即可实现远程维护、升级和资源共享。

11.4 物 联 网

物联网译自英文"The Internet of Things"，由此可理解"物联网就是物物相连的互联网"。物联网的核心和基础仍然是互联网（Internet），是指通过各种信息传感设备，如传感器、射频识别（RFID）标签、全球卫星定位系统（GPS）、红外感应器、激光扫描器等各种装置，实时采集需要监控、连接、移动的物体位置或活动，采集其声、光、热、电或位置等信息，与Internet 结合而形成的一个网络。其目的是实现物与物、物与人、所有的物品与网络的连接，方便识别、定位、跟踪、管理和控制。物联网本身具有智能处理的能力，从传感器获得的海量信息中分析、加工和处理出有意义的数据，以适应不同用户的不同需求，扩大应用领域。

物联网可让无处不在的终端设备通过各种无线/有线的长距离/短距离通信网络实现互联互通，提供安全可控乃至个性化的实时在线监测、定位追溯、报警联动、调度指挥、远程控制、安全防范、决策支持等管理和服务功能。

1999 年有人在美国召开的移动计算和网络国际会议上提出物联网概念：在计算机联网的基础上，利用射频识别技术（RFID）、无线数据通信技术和 EPC（电子产品代码）标准等，构造一个实现全球物品信息实时共享的物联网。2005 年物联网的定义和范围又发生了变化，覆盖范围有了较大的拓展，不再只是指基于 RFID 技术的物联网。有关 RFID 的论述参见 12.2.3 节。

从技术架构上来看，物联网可分为 3 层：感知层、网络层和应用层。

感知层由各种传感器以及 RFID 标签和读写器、摄像头、GPS 等感知终端组成，其主要功能是识别物体，采集信息。

网络层可由私有网络、互联网、有线和无线通信网、网络管理系统或云计算平台等组成，负责传递和处理感知层获取的信息。

应用层是物联网和用户（人或其他系统）的接口，它根据客户需求实现物联网的智能应用。目前在工业监控、公共安全、城市管理、远程医疗、图书管理、物品运输、智能交通和环境监测等各个行业均有物联网应用的尝试。

下面是几个物联网应用的例子。

（1）物品跟踪。物品贴上 RFID 电子标签，并输入物品的标识代码，如果物品处于运输线上，可通过沿途设置的读写设备获取标识代码和相关数据，通过 Internet 传送，由相应的管理部门确认或进行运输调整。如果物品为野生动物，可在其体内植入标签，根据获取的信息可确定其所在的区域。

（2）环境监控。利用传感器和分布广泛的传感器网络，可以获取和监控某个环境对象的实时状态,例如,使用分布在市区的各个噪音探头监测噪声污染,通过二氧化碳传感器监控大气中二氧化碳的浓度,通过 GPS 标签跟踪车辆位置,通过交通路口的摄像头捕捉实时交通流量等。GPS 是 Global Positioning System 的简称,即全球卫星定位系统。它是一种基于卫星的定位系统,用于获得物体的地理位置信息以及准确的物体所在地的时间。该系统由美国政府放置在轨道中的 24 颗卫星组成,可提供物体位置的精确度在 10m 之内。它可在任何天气条件下、全球任何地方工作。使用 GPS 无须支付定购费或安装费。该系统由美国政府运营,且其精度和维护也由美国政府完全负责。

(3) 智能控制。依据传感器网络获取的数据进行决策。例如,根据光线的强弱调整路灯的亮度,根据车辆的流量自动调整红绿灯变化的时间间隔等。

要真正建立一个有效的物联网,有两个重要因素。一是规模性,只有具备了规模,才能发挥作用(包括经济效益)。二是流动性,物品通常都不是静止的,而是处于活动的状态,这就要求物联网能随时获取有关信息并实现指定的调度或控制功能。

11.5 数据中心

数据中心(DataCenter)通常是指能实现信息的集中处理、存储、传输、交换、管理的场所。从应用层面看,它包括相关业务系统、数据分析系统等;从数据层面看,包括业务操作数据和业务分析数据等,以及数据与数据的集成/整合流程;从基础设施层面看,包括服务器、网络、存储等设备和整体信息系统运行维护服务。

数据中心按照规模和性能可以分为 4 个级别,第一级拥有最低的可用性和实施成本,第 2、3 级在规模和性能上有所提高,第四级对设备拥有最高级别的保护,同时在技术上也是花费最高的。对于大型的高级别的数据中心,为了保证其服务质量,需要对以下内容特别关注。

(1) 电力设备。电力公司提供冗余的电力资源和线路,数据中心内部安装备用发电机、UPS(不间断电源)等相关冗余设备,以保证电力系统和冷却设备的不中断运行。

(2) 计算机系统。服务器、存储器、网络设备和电信设备等均完全冗余,并保证在出现系统故障时对相关硬件进行实时切换,可以在不中断应用程序的同时,并行实现对相关程序的性能维护。

(3) 数据。支持海量存储及数据的本地和异地备份。提供及时的数据恢复和纠错功能,以保证数据的完整性和正确性。关注数据的传输率以及处理和传输的延迟时间。

(4) 可用性。能够提供每年 365 天、每周 7 天、每天 24 小时不间断应用服务。完全冗余和可容错的电力、冷却设备、计算机、网络和电信设备可以增强数据中心的可用性。冗余的网络带宽服务提供商、针对业务连续性和灾难恢复准备的备用场所可以进一步保证服务的不中断运行。

(5) 安全性。数据中心现场拥有 24 小时(日夜不断的)现场电子监视和安全监控系统。同时,具备完善的保护措施以保证计算机系统中用户数据不泄露,不被篡改。

(6) 灾难及恢复。数据中心配置有效的监测和灭火装置,建筑构造坚固,在一定程度上能够抵抗龙卷风、台风、洪水等自然灾害的威胁。建立自然灾害预防和恢复的备用场所。

从数据中心的功能上看,其发展已经经历了 4 个阶段:数据存储中心阶段、数据处理中心阶段、数据应用中心阶段和数据运营服务中心阶段。

在数据存储中心阶段,数据中心主要承担的责任是数据存储和管理,在信息化建设早期,用来作为办公自动化机房或电子文档的集中管理场所。此阶段的典型特征是:数据中心仅仅是便于数据的集中存放和管理;数据单向存储和应用;救火式的维护;由于数据中心的功能比较单一,对整体可用性需求较低。

到了数据处理中心阶段,基于局域网的各种行业应用系统开始普遍应用,数据中心开始承担核心计算的功能。此阶段的典型特征是:面向核心计算;数据单项应用;机构开始组织专门的人员进行集中维护;对计算效率及对机构运营效率的提高开始关注;但整体上可用性仍不高。

在数据应用中心阶段,随着基于广域网和 Internet 的应用开始普及,信息资源日益丰富,人们开始关注挖掘和利用信息资源。组件化技术及平台化技术得到广泛应用,数据中心承担着核心计算和核心的业务运营支撑。数据应用中心阶段的特征是:面向业务需求,数据中心提供可靠的业务支撑;数据中心提供单向的信息资源服务;对系统的维护上升到管理的高度,更加注重事故前的预防工作;开始关注信息技术的绩效;数据中心具有较高的可用性。

在数据运营服务中心阶段,从技术的发展趋势分析,基于 Internet 的组件化、平台化的技术将更加广泛地应用。数据中心可以完成企业的核心运营支撑、信息资源服务、核心计算、数据存储和备份等工作,并确保业务的可持续发展。业务运营对数据中心的要求将不仅仅是支持,而是提供持续可靠的服务。在这个阶段,数据中心将演进成为数据运营服务中心。

所谓"新一代数据中心"就是通过自动化、资源整合与管理、虚拟化、安全以及能源管理等新技术,解决目前数据中心普遍存在的成本快速增加、资源管理日益复杂、能源危机和信息安全等方面的问题,从而打造与业务动态发展相适应的新一代企业基础设施。新一代数据中心所倡导的"节能、高效、简化管理"已经成为新的数据中心的建设目标。

11.6 云 计 算

11.6.1 基本概念

云计算(Cloud Computing)是分布式计算技术的一种,是根据用户的服务需求通过网络将复杂的计算处理程序自动分拆成众多较小的子程序,再交由多台服务器所组成的庞大系统经搜寻、计算分析之后将处理结果回传给用户。稍早的大规模分布式计算技术即为"云计算"的概念起源。最简单的云计算技术在网络服务中已经随处可见,例如搜寻引擎、网络信箱等,使用者只要进行简单的操作即能获得大量信息。未来如手机、GPS 等移动装置都可以通过云计算技术发展出更多的应用服务。

云计算这个名词是借用了量子物理中的"电子云"(Electron Cloud)概念,强调说明计算的弥漫性、无所不在的分布性和社会性特征。云计算是继 20 世纪 80 年代大型计算机到客户机/服务器的大转变之后的又一种巨变。用户不再需要了解"云"中基础设施的细节,不必具有相应的专业知识,也无须直接进行控制。云计算实现了一种基于 Internet 的新的 IT 服务模式,通常通过 Internet 来提供可伸缩的、易扩展而且具有虚拟化特征的资源。典型的云计算提供商往往提供通用的网络业务应用,用户可以通过浏览器等软件或者其他 Web 服务来提出服务请求,而软件和数据都存储在服务器上。

云计算包括以下 3 个层次的服务:基础设施即服务(IaaS)、平台即服务(PaaS)和软件即服务(SaaS),见图 11.11。

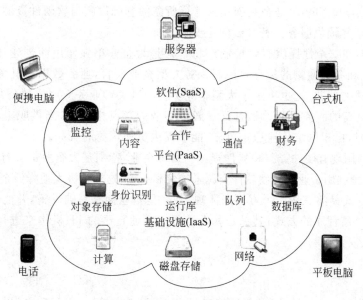

图 11.11　云计算三层次服务示意图

软件即服务(Software as a Service,简称 SaaS),这是 21 世纪初期兴起的一种新的软件应用模式。它是一种通过 Internet 提供软件的模式,提供云计算的厂商将应用软件统一部署在自己的服务器上,客户可以根据自己实际需求,通过 Internet 向厂商订购所需的应用软件服务,按订购的服务多少和时间长短向厂商支付费用,并通过 Internet 获得厂商提供的服务。用户不用再购买软件,而改为向提供商租用软件,且无须对软件进行维护,因为服务提供商会全权管理和维护软件。对于许多中小企业来说,SaaS 是采用先进技术的最好途径,它消除了企业购买、构建和维护基础设施和应用程序的需要。

平台即服务(Platform as a Service,简称 PaaS)是在软件即服务(SaaS)之后兴起的一种软件应用模式。平台即服务实际上是指云计算提供商将软件研发平台租给软件开发用户的一种服务。该用户可以使用提供商的设备来开发自己的程序并通过 Internet 传送到最终用户手中。PaaS 的出现可以加快用户应用程序的开发速度。

基础设施即服务(Infrastructure as a Service,简称 IaaS)是通过 Internet 提供基础架构硬件和软件资源的应用模式。IaaS 可以提供服务器、操作系统、磁盘存储和数据库等信息资源。用户可以通过网络获得自己所需要的资源,运行自己的业务系统,不必建设自己的基础设施,而只须对所使用的资源付费即可。近些年来中国兴建了很多数据中心,其中一些可以成为 IaaS 发展的基础。

11.6.2　云种类

云可分为私有云、公有云和混合云 3 种。

1. 私有云

私有云(Private Cloud)是企业创建云计算所需的基础设施与软硬件资源以供机构或企业内各部门共享并提供服务。私有云的主要优点如下。

(1) 对数据和安全性提供有效控制。私有云是为企业单独使用而创建,因而能够提供对数据、安全性和服务质量的最有效控制。对大型企业而言,业务数据是其关键,安全性不能受到任何形式的威胁,这也决定了大型企业不会将其关键业务应用放到公共平台上去。

(2) 提供更高的服务质量。私有云一般在企业内部网中,所以当供职工访问那些基于私有云的应用时,由于网络传输稳定可靠,能够提供更加快捷的服务。

(3) 充分利用现有硬件资源和软件资源。每个企业,特别是大企业都会有很多现有的应用系统,可以充分利用企业现有硬软件资源来构建私有云,这样将极大地降低企业的成本。

(4) 实施方式灵活。从两个方面来体现,其一是企业拥有基础设施,并能够控制在此基础设施上实施应用程序的方式;其二是私有云可由企业自己的 IT 机构来进行构建,也可由云计算提供商进行构建。

2. 公有云

公有云是借助 Internet,通过云计算提供商(硬件及软件)提供的服务,以租赁的方式来进行云计算平台的搭建。公有云服务有以下特点。

(1) 为用户提供最优的性价比。相比于自己建立服务基础设施,购买服务器、系统软件、应用软件(电子商务、ERP、商业智能软件)的情况,租用云计算提供商成熟的云平台,享受整合后的信息化解决方案要便宜得多。

(2) IT 架构随需而变。用户需求会随着发展而变,所以阶段性地定制不同的软件服务功能是用户应对内外环境最好的一种办法。提供商可以按需定制平台,统一集成化的平台可以实现数据无缝链接。

(3) IT 服务快速响应。提供商具有相对稳定的软硬件系统,而且提供全天候服务,一旦出现故障会及时处理,而且在数据备份方面也无须担心,一旦数据库出现问题,可以及时进行恢复补救。

3. 混合云

当企业既有私有云,同时又采用公有云计算服务时,这两种云之间形成一种内外数据相互流动的形态,即混合云的模式。

11.6.3　云计算关键技术

云计算是分布式处理、并行计算和网络计算等概念的发展和商业实现,其技术实质是计算、存储、服务器、应用软件等 IT 软硬件资源的虚拟化,云计算在虚拟化、数据存储、数据管理、编程模式等方面具有自身独特的技术。云计算的关键技术包括以下几个方向。

(1) 虚拟化技术。服务器虚拟化是云计算底层架构的重要基石。在服务器虚拟化中,虚拟化软件需要实现对硬件的抽象,资源的分配、调度和管理等功能。云计算虚拟化技术的重要特征是通过整合物理资源形成资源池,并通过资源管理层(管理中间件)实现对资源池中资源的调度。云计算的资源管理需要负责对资源、任务、用户和安全等的管理工作,实现结点故障的屏蔽、资源状况监视、用户任务调度、用户身份管理等多重功能。

(2) 数据存储技术。云计算系统需要同时满足大量用户的需求,并行地为大量用户提供服务。因此,云计算需要存储海量数据,其存储技术必须具有分布式、高吞吐率和高传输率的特点,并能够不断提高数据更新的速率。

(3) 分布式编程与计算。为了使用户能更轻松地享受云计算带来的服务,让编程人员能利用该开发平台编写简单的程序以实现特定的目的,云计算上的编程模型必须十分简单,必须保证后台复杂的并行执行和任务调度对用户和编程人员透明。

(4) 云计算的业务接口。为了方便用户业务由传统 IT 系统向云计算环境的迁移,云计算应向用户提供统一的业务接口。业务接口的统一不仅方便用户业务向云端的迁移,也会使用户业务在云与云之间的迁移更加容易。

(5) 云计算相关的安全技术。云计算模式带来一系列的安全问题,包括用户隐私的保护、用户数据的备份、云计算基础设施的防护等,这些问题都需要更强的技术手段乃至法律手段去解决。

习 题

11.1 从供选择的答案中选出正确答案填入□中。

操作系统和高级语言(例如 Fortran、Java)编译程序是□A□。计算机加电后在显示屏上出现的图标和菜单是由□B□实现的。实现某企业工作人员出勤记录的程序属于□C□的范围。实现某游戏的程序属于□D□的范围。存放记录的存储器区域为□E□,操作系统能访问的存储器区域为□F□。操作系统管理计算机硬件中各个部件的操作,操作系统向硬件传送的命令□G□国际标准或工业标准,其部分原因是应用范围不断扩大和硬件水平不断提高。

供选择的答案:

A,B,C,D:(1)系统软件;(2)应用软件;(3)操作系统。

E,F:(1)系统管理区;(2)用户区;(3)系统管理区、用户区。

G:(1)被制订了;(2)没有被制订。

11.2 判断题(判断正确或错误,若为错误,请指出错误的原因)。

(1) 计算机网络系统的出现增加了操作系统的复杂化。

(2) Internet 有 5 个层次,每个层次的功能由网络操作系统实现。

(3) 在客户机/服务器系统中,客户机和服务器的应用层作用相同。

11.3 在 C/S 和 B/S 结构中,客户端的硬件设备完成什么功能? 两者之间有何主要区别？

11.4 填充题。数据中心与用户之间一般能通过互联网实现数据的传输、交换、__A__ 和 __B__ 等功能。数据的存储量达到 __C__ 程度,为了防止数据丢失,需要采取 __D__ 备份和 __E__ 冗余等措施。最高级别的数据中心的服务时间应是 __F__ 天/年, __G__ 小时/天,保证用户存储的私密数据 __H__ 。

11.5 填充题。实现物联网的基础是 __A__ ,早期的物联网依靠 __B__ 标签获取信息,其主要功能是获取 __C__ 的位置,实现物品跟踪。物联网可分为 3 层:感知层、__D__ 和 __E__ 。

11.6 填充题。云计算实现了一种基于 __A__ 的新的 IT 服务模式,用户可通过 __B__ 等软件或其他 Web 服务向云计算提供商提出服务请求。云计算机包括 3 个层次的服务,即 __C__ 、 __D__ 和 __E__ 。云计算有 3 种基本类型,分别是 __F__ 、 __G__ 和混合云。

11.7 请阐述云计算的 3 个层次服务的内容。

11.8 请阐述公有云和私有云的相同点和不同点。

第12章 计算机系统硬件技术的发展及其实施基础

在本章中,将介绍多种计算机系统,从以增强计算机处理能力和提高运算速度为目的的高性能计算机直到满足各种应用需求的微机和微处理器,并简述计算机硬件和集成电路设计中遇到的一些问题。

12.1 计算机系统的性能评测

在高性能计算机系统的研制、选型、选购以及在对已有计算机的改进过程中,计算机系统的性能评测是一项不可缺少的重要工作。

1. 评测性能的几种方法

通常计算机整数性能用 MIPS(百万次整数运算指令/秒)、浮点性能用 MFLOPS(百万次浮点运算指令/秒)表示。

计算机的时钟频率在一定程度上反映了机器速度,一般主频越高,速度越快,但是相同频率、不同体系结构的机器,其速度可能会相差很多倍,还需要有其他方法来测试速度。

(1) 早期的计算机速度是通过计算得来的,当时根据各类指令的执行频率按一定的比例估算,得到平均运算速度。这种方法很不精确,因为在不同的程序中,不同指令的使用频率是不同的,而且数据长度、指令系统功能、cache、流水线等与机器的性能有很大关系,在计算时不能得到充分反映。

另外有一种通过计算"数据处理速率"(processing data rate,PDR)值的方法来衡量机器性能,PDR 值大,则机器性能好。PDR 是指令操作数的平均位数和指令平均速度的比值(加权),其计算公式如下:

$$PDR = L/R$$
$$L = 0.85G + 0.15H + 0.4J + 0.15K$$
$$R = 0.85M + 0.09N + 0.06P$$

式中: G 是每条定点指令的位数;　　 M 是定点加法平均时间;

　　 H 是每条浮点指令的位数;　　 N 是浮点加法平均时间;

　　 J 是定点操作数的位数;　　　 P 是浮点乘法平均时间;

　　 K 是浮点操作数的位数。

PDR 值主要对 CPU 和主存储器的速度进行度量,与真正的机器运行速度有不少差别,它曾是美国政府确定计算机出口许可证的限制性指标。

等效乘法速率(equivalent multiply rate,EMR)曾是美国政府确定计算机出口许可证浮点性能的限制性指标。

(2) 核心程序法是把程序中应用得最频繁的那部分核心程序作为评价计算机性能的标准程序。但因程序短,以致访存的局部性大,cache 命中率偏高。

(3) 基准程序法(benchmark)是目前一致承认的较好的测试方法。在下面将讲到各种基准测试程序。

2. 基准测试程序

基准测试程序往往是为了测试计算机系统某一部分性能而人为地选择一些典型指令组成的,也可能是从实际的应用程序中选择一部分作为测试程序。常用的测试程序如下。

1) 整数测试程序

Dhrystone 基准测试程序主要用于测试编译器和 CPU 处理整数指令和控制功能的有效性。当今已很少使用。

2) 浮点测试程序

Linpack 基准测试程序是一组求解密集线性代数方程组的程序包,初创于 20 世纪 70 年代,在以后的 20 多年中不断完善和更新,至今仍是计算机性能测试的主要标准之一。

3) 计算机综合测试程序 SPEC

随着计算机技术的飞速发展,厂商和用户都希望有一个标准、客观和公正的评测工具。在此背景下,一个非营利性组织——美国标准性能评价协会(Standard Performance Evaluation Corporation,SPEC)于 1988 年成立。SPEC 发表的第一组标准化测试程序是 SPEC 89,后来在 1992 年、1995 年、2000 年和 2006 年相继推出了 SPEC 92、SPEC 95、SPEC CPU2000 和 SPEC CPU2006,并取代了老的版本。SPEC 的基准测试程序全部选自实际的应用程序,下面以 SPEC 95 为例进行介绍。

SPEC 95 由两组基准程序组成,分别测试整数运算和浮点数运算性能。

(1) SPEC CINT 95。用 C 语言写成的整数基准程序。由 8 个基准程序组成。

(2) SPEC CFP 95。用 FORTRAN 语言写成的浮点基准程序。由 10 个基准程序组成。

SPEC 95 重点测试计算机的处理器、存储结构和编译器的性能,对 I/O、网络和图形部件的测试未加考虑。

SPEC 组织采用 SUN SPARC Station 10/40 工作站作为 SPEC 95 的参考机(SPEC 89 和 SPEC 92 的参考机为 VAX-11/780),CINT 95 和 CFP 95 两组基准程序在参考机上大约需要运行 48 小时。SPEC 规定在 SPEC 95 参考机上测试的每个基准程序的得分为 1,在被测机进行 SPEC 95 测试时,CINT 95 和 CFP 95 中的每个基准程序单独计算得分,然后再用这些得分计算合成指标(取几何平均值)。假定被测计算机系统的得分为 10,则表示该系统的相应能力是参考机的 10 倍。

SPEC CPU2000 由 12 个整数基准程序和 14 个浮点基准程序组成,主要测试 CPU、存储系统和编译器的性能。参考机是 300MHz Sun Ultra 5_10,其得分定为 100。

SPEC CPU2006 由 12 个整数基准程序和 17 个浮点基准程序组成,参考机是 Sun Ultra Enterpirse 2 工作站。

4) 事务处理测试程序

事务处理性能测试委员会(Transaction Process Performance Council,TPC)是一个专门负责制定计算机事务处理能力测试标准并监督其执行的组织。20 世纪 80 年代初出现了一种新的在线计算模式,它通过在线数据库系统进行简单的事务处理,拥有良好的在线事务处理(online transaction process,OLTP)系统的厂家就可以赢得更多的客户,因此制定有关的测试标准就提到日程上来了。TPC 于 1988 年成立,1989 年发布了其成立后的第一个标准 TPC-A。20 世纪 90 年代,TPC 又发表了新的标准: OLTP 测试标准 TPC-C 和决策支持系统测试标准 TPC-D、TPC-H 和 TPC-R。

1998 年,TPC 发布了新的基于 Web 商业的测试标准 TPC-W,用来测试一些通过 Internet 进行的商业行为,如零售店、机票预订等。

事务吞吐量(每分钟可完成多少个任务)和性能价格比是 TPC 的两个重要测试指标。

5) 行业基准测试

国内外一些重要行业,如核能、航天、气象和石油行业等,深感通用基准测试程序的不足,他们根据自己行业应用的特点而开发了一批基准测试程序,其成功者又逐步推广到其他行业,成为公共的基准测试程序。

3. 基准测试的公正性和准确性

所有基准测试组织都是中立的,一般是非营利的。测试结果一般来说是公正的,但是外界的干扰可能会冲击基准测试的公正性。

测试结果是否能准确反映计算机实际使用的效果,这就是准确性问题。计算机系统性能是软硬件有机结合的整体的综合性能,而基准测试则是由若干个局部测试程序组成的,不能全面反映综合性能,尤其是尚未解决如何检测系统的瓶颈问题;再加上厂家大肆宣传对其有利的测试结果,而掩盖其缺点,因此对基准测试的结果也不能迷信。另外有些重要性能,如系统的可靠性、可用性和可维护性很难测试。因此基准测试所获得的局部结论是基本可信的,但不足以准确反映实际使用效果。

12.2 微机和微处理器的普及和发展

12.2.1 微机和微处理器

20 世纪 80 年代微机的兴起促进了计算机的大普及。微机的核心是微处理器。当前世界上影响最大的半导体器件生产厂家是 Intel 公司。Intel 公司创建于 1968 年,开始主要生产存储器芯片,后来转向微处理器。自从 1981 年 IBM 公司选择 Intel 的微处理器推出它的第一台微机并获得了极大成功之后,使 Intel 公司登上了芯片之王的宝座。目前 Intel 的微处理器已主宰世界微机市场。

1. 微处理器的性能

微处理器沿着增加字长、提高主频、提高集成度的方向发展,不断提高性能,目前字长已达到 64 位,最高主频超过 3GHz,芯片的集成度突破 10 亿个晶体管,例如 Intel 酷睿 i7 的集成度在 7 亿个晶体管到十几亿个晶体管之间,用于移动设备的芯片集成度则减少。

影响系统性能的还有微处理器与内存之间的总线速度、地址总线宽度、数据总线宽度、存储器容量以及 cache 容量等。

1) 内存总线速度

开始时 CPU 内部的时钟频率与总线频率一致,现在 CPU 内部时钟频率可以高于总线频率。这是因为 CPU 芯片内部更容易提高工作频率,而存储器的性能相对提高得较慢的缘故。

2) 地址总线宽度

地址总线宽度确定了处理器可访问的内存容量,已从 Intel 8086 的 20 位(支持 1MB 容量)发展到 64 位。

3) 数据总线宽度

数据总线宽度由 8 位发展到 64 位。

4) 浮点处理器

早期的微处理器芯片受集成度的限制,没有内置浮点处理器,而是外置一个专用的浮点处理器芯片。集成度提高后,片内已含有浮点处理器。

5) cache 存储器

在片内设置 cache,从一级 cache(L1)发展到两级 cache(L1 和 L2),甚至发展到三级 cache (L3,率先实现的是 Alpha 21164 微处理器)。

6) 多媒体技术

通信、游戏、娱乐和教育等应用要求计算机具有视频、3D 图形、动画和音频等多媒体功能。为此采取了增加指令数、寄存器和数据类型等措施。

7) 单片多核技术

单片多核(CMP)技术是指在单个芯片内集成两个或更多个处理器核,不同的线程(即程序)同时运行在片内不同的处理器核上。采用 CMP 的芯片有很多,例如 Sun、IBM、Intel 等公司都推出了各自的多核芯片。随着超大规模集成电路技术的发展,有几亿量级的晶体管已经可以集成在单个芯片上,这就为 CMP 技术提供了支持。新一代 CMP 芯片内含有多个处理器核,整个设计,包括片上的每个处理器核,都是专门针对多线程(称为超线程 HT)并行体系结构技术设计的。当前采用多核技术和超线程技术的处理器主要面向的对象是高端服务器。

2. 微机的主板结构

一台微机仅靠高速的 CPU 是不够的,如果其外围电路没有跟上,仍采用中、小规模集成电路,那么无论是微机系统的性能还是体积都会令人失望,于是与微机配套的芯片组应运而生。由微处理器、存储器、芯片组和外围接口电路等构成主机板(或称为主板)。

主板是微机硬件系统集中管理的核心载体,几乎集中了全部系统功能,能够根据系统和程序的需要,调度微机各个子系统配合工作,并为实现系统的管理提供充分的硬件保证。

主板的主要构成如下。

(1)微处理器插座。随着微处理器功能的加强,微处理器管脚数量不断增加。采用零插拔力(zero-insertion force,ZIF)设计,以便于器件的安装(插拔)。

(2)内存插槽。是主板上为内存专用的插槽,扩充内存容量变得更简单。只要购买能适应插槽模式的内存条,插入或更换即可使用。

(3)芯片组。芯片组是主板的关键部件,由一组(例如两个)超大规模集成电路芯片构成,它被固定在主板上,不能像内存条等那样容易更换(升级)。芯片组控制和协调整个计算机系统运转。前面介绍的 DMA 控制器、中断控制器、定时钟和总线控制器等都被集成在芯片组中。

（4）二级/三级高速缓冲存储器。固定在主板上，或包含在微处理器芯片内。

（5）专用 CMOS 芯片。CMOS 芯片中存放着重要的 BIOS 信息和与机器运行有关的信息。系统 BIOS 是对基本 I/O 系统进行控制和管理的软件。

CMOS 中存储着 BIOS 使用时所需的系统配置信息，诸如日期、硬盘配置、内存速度，是否即插即用等，还包括口令和启动信息。某些智能型主板，能在 BIOS 中设置微处理器型号、主频、倍频、内外电压等参数，以及自动检测机内温度、散热风扇转速等。当计算机断电时，CMOS 要由电池保持供电，否则信息会丢失。

（6）总线扩展槽。用于扩展插卡的数量，例如预留 ISA 和 PCI 的扩展槽。

（7）AGP 显示卡插槽。目前 AGP 显示卡逐步被 PCIe 接口的显示卡取代（参见第 10 章）。

（8）网络接口。一般为以太网接口。

（9）系统监控。由于 CPU 功耗大，如通风不佳，温升提高，有可能损坏 CPU。因此主机板一般提供了诸如 CPU 温度监控、过热报警、自动降频（降频可减少功耗）、CPU 风扇转速的监测和调整、CPU 电源的电压监视等。上述功能一般由主板上的系统监控芯片或上述 CMOS 芯片完成。

除此以外，某些主板还具有远程开机、定时开机和键盘开机的功能。

3. 台式机、笔记本电脑和平板电脑

根据微机体积的大小，可以分为台式机、笔记本电脑以及平板电脑。

1）台式机

台式机即是放在桌上使用的个人计算机（PC），前面介绍的微处理器以及主机板都适用于台式机。

2）笔记本电脑

自 1988 年底 NEC 公司推出世界上第一台笔记本电脑之后，计算机厂商竞相追求产品的轻、薄、小巧，以满足人们在外出工作或旅行时对计算机应用和个人娱乐的需求。

笔记本电脑的特点及其和台式机的主要差别有以下几点。

（1）笔记本电脑上的微处理器实现了体积、功耗更小的目标。但性能略逊。

（2）散热

散热问题一直是设计人员密切关注的问题，一方面要降低发热部件的发热量，采取降低芯片的电压和根据机内温度调整主频等方法。另一方面则要加强散热。

（3）显示器

采用薄型轻量的平面显示器。

（4）外设接口（PCMCIA）

PC 必备的串口和并口已做在主板上，在机箱后部有插座引出。因笔记本电脑体积有限，一般不设置扩展槽，因而在 1984 年制定了一种外设接口标准，称为 PCMCIA，一般有一个或多个 PCMCIA 插槽，供各种外部设备的接口卡插入。现在广泛应用的有 CF 卡（闪存）。

（5）键盘

采用超薄型键盘，同时具有外接键盘接口，可外接台式机的键盘。

（6）无线局域网和蓝牙技术

在某些大城市的飞机场、写字楼、宾馆饭店和住宅等处，可以通过 WLAN（无线局域网）

上网。

WLAN 代替了常规 LAN 中使用的双绞线、同轴电缆或光纤，通过电磁波传送和接收数据。WLAN 执行文件传输、外设共享、电子邮件和数据库访问等网络通信功能。无线局域网的推广在很大程度上依赖于工业标准的制定，它使不同厂家生产的无线产品能够在一起可靠地工作，1997 年 IEEE 制定了 802.11 无线局域网国际标准。目前 IEEE 已经推出了 802.11a、802.11b、802.11g 等标准，工作频率为 2.4GHz 和 5GHz，这是工业、科学和医疗频带中无需申请许可的频带。802.11b 的工作频率为 2.4GHz，传输速度为 11Mbps，随后推出的 802.11a 工作频率为 5GHz，传输速度为 54Mbps，但它与 802.11b 不兼容，因此又制定了 802.11g 标准，它的工作频率为 2.4GHz，传输速度却为 54Mbps，且与 802.11b 兼容。WLAN 的信号覆盖范围为 100m。在无线局域网上进行数据传送时，所有在数据发射机覆盖范围内的无线局域网终端设备都能接收到数据，因此它比有线网络存在更大的安全隐患，IEEE 802.11i 就是为了增强 WLAN 安全性而制定的标准。

蓝牙（Bluetooth）是一种用于 PC、笔记本电脑、手持设备、家用电器和移动电话之间数据传送的短程无线连接技术，如果用它来连接台式 PC 和众多外部设备，则可消除在机器背后的一大堆杂乱无章的电缆。蓝牙的工作频率也为 2.4GHz，无需申请许可证，传输速度为 1Mbps，传输距离为 10cm～10m，通过增加发射功率可达到 100m。

（7）电池

目前在笔记本电脑中使用的多为锂充电电池，配备这种电池的笔记本无法长时间（几个小时）远离电源插座，它在电池电能耗尽时必须立即接上电源，一边对电池进行长达几小时的充电，一边利用外接的电源继续工作。锂电池的"记忆效应"不明显，但充放电次数有限制，而大多数笔记本电脑在室内工作时往往就接上电源，结果时常反复充放电，影响电池的使用寿命。"记忆效应"指的是在电池使用过程中，如多次不完全放电，将出现在电池中的电能耗尽之前，电压就开始下降的现象。未来的发展趋势可能是用燃料电池取代锂电池。燃料电池是一个电化学装置，不经过燃烧就可将燃料里的化学能转换成电能，它的优点是充电（即加注燃料）非常方便快捷。已推出的燃料电池大多采用醇燃料。

3）平板电脑

平板电脑（Tablet Personal Computer）是一种小型、方便携带的个人电脑，以触摸屏作为基本的输入设备，允许用户通过触控笔或手指而不是传统的键盘或鼠标进行操作。平板电脑不仅支持阅读、音频视频播放和游戏，而且将移动商务、移动通信和移动娱乐融为一体，比之笔记本电脑，其移动性、便携性更胜一筹。由于一般平板电脑没有传统的键盘，其文本输入的便捷性要稍逊于笔记本电脑和台式机。平板电脑的显示器可以随意旋转，一般采用小于 10.4in 的带有触摸识别功能的液晶屏幕，将手写输入作为其主要输入方式，更强调在移动中使用，也可随时通过 USB 端口、红外接口或其他端口外接键盘/鼠标。

平板电脑的概念由微软公司在 2002 年提出，但当时由于硬件技术水平还未成熟，而且所使用的 Windows XP 操作系统是为传统电脑设计的，并不适合平板电脑的操作方法。直到 2010 年，苹果公司首席执行官史蒂夫·乔布斯发布 iPad，它重新定义了平板电脑的概念和设计思想，取得了巨大的成功，从而使平板电脑真正成为了一种带动巨大市场需求的产品。iPad 定位介于苹果的智能手机 iPhone 和笔记本电脑产品之间，通体只有 4 个按键，与 iPhone 布局一样，提供浏览互联网、收发电子邮件、观看电子书、播放音频或视频等功能。

2011 年 3 月苹果公司又发布了升级产品 iPad 2。它的主要配置参数如下：

操作系统：iOS。

CPU：苹果 A5 双核处理器 1GHz。

尺寸：长 241.2mm，宽 185.7mm，厚 8.8mm。

重量：WiFi 版 601g，WiFi＋3G 版 613g。

显示：9.7in LED 背光显示屏，支持多点触控，高清晰度耐指纹抗油涂层。

分辨率：1024×768 像素(XGA)，每英寸 132 像素(ppi)。

通信：802.11a/b/g/n WiFi；蓝牙技术。

容量：16GB/32GB/64GB 闪存。

输入/输出：支持立体声蓝牙输出，具有 3.5mm 耳机插孔；内置扬声器。

电池：内置 25Whr 的充电式锂电池，使用时间 10 小时。

3G(选项)：支持 3G 数据服务，但不支持语音通话。

应用功能及扩展：支持苹果 Apple Store、电子书、电子邮件、音频(内置音效芯片)、视频(高清播放)、双内置摄像头、录音、拍照、录影、图片浏览，支持多种语言文字。有方向感应器、光源感应器、三轴陀螺仪和数码指南针等。

2012 年 3 月苹果公司再次推出新产品 iPad3，采用 A5X 双核处理器 1GHz，支持的屏幕分辨率达到了 2048×1536，每英寸 264 像素，并支持 WiFi＋4G 数据服务。操作系统采用 iOS5，支持 iCloud 应用。

4. 智能手机

手机原本是移动通信工具，传送语音，与信息处理无缘，然而近年来，单纯具有通话功能的手机已淡出市场，取而代之的是具有彩屏、MP3、摄像头、多媒体、收发短信、游戏和连接 Internet 等功能的智能手机。实现这些功能，不仅需要嵌入式操作系统和丰富应用软件的支持，而且需要功能强的处理器和相应的硬件系统支撑。

普通手机主要由主板、显示器、SIM 卡和键盘组成，有一个处理器芯片负责语音信号处理、按键信号接收响应以及液晶显示器控制。智能手机再添加一个应用处理器，负责文本处理、多媒体播放、外设接口管理，同时将液晶显示器、触摸屏(或按键)等外挂到应用处理器上。不仅如此，应用处理器还可以增添蓝牙、红外、摄像头、USB 和 CF 卡等众多接口。同时随着半导体技术的发展，可将这两个处理器的数字部分合并成一个芯片。

在手机中使用的是 ARM 处理器芯片，ARM 公司作为业内领先的 32 位嵌入式 RISC 处理器解决方案供应商，不直接设计和生产芯片，而是为研发和生产芯片的半导体公司和软件及工具开发公司提供 IP(知识产权)核。诺基亚、爱立信、摩托罗拉、西门子等公司推出的智能手机都采用了 ARM 核。ARM 已成为移动通信、手持计算、多媒体数字消费等嵌入式解决方案的事实上的 RISC 标准。ARM 处理器具有小体积、低功耗、低成本、高性能和 16/32 位双指令集等特点。

5. 酷睿微处理器

酷睿(Core)i3/i5/i7 是 Intel 公司新推出的微处理器。酷睿 i5 为双核/4 线程微处理器，即一个芯片内集成了两个物理处理器核，每核可运行两个线程，相当于两个逻辑处理器(称为超线程技术 HT)。酷睿 i7 实现 4 核/8 线程,下面介绍的内容以酷睿 i7 为主,i7 也有多个型号,性能有所差别。

i7 的指令系统沿用 Intel X86 64 位指令集,并扩展了 54 条 SSE(streaming SIMD extension,单指令多数据流扩展)指令,增强了 CPU 在影像、音频、图形处理、游戏、数学运算、文本的字符串处理和存储校验 CRC 的处理等方面的功能。

其组成如下。每核包含 3 个整数执行单元(IEU),各自都有独立的数据传送的入口和出口,所以一个机器周期可同时执行 3 组 64 位整数运算。还有两个浮点执行单元(FPU),其中一个执行加减运算,另一个执行乘除运算。一个机器周期内完成两条浮点指令。为了增强向量运算的能力,将整数和浮点运算的内部数据带宽扩大到 128 位,并在一个周期内完成运算。指令流水线长度为 14 级。主频范围约在 2.6GHz~3.4GHz。

酷睿 i7-2600 有 3 级高速缓存,L1 为 128KB,L2 为 1MB(4×256KB),4 核共享 8MB L3。外接双通道 DDR3 主存储器芯片。处理器对外连接的总线由并行的 FSB 改为串行的 PCIe(称为 Quick Path,QPI),处理器内部已集成了主存储器控制器。

下面举例说明提高性能的一些措施。

(1) 对指令进行处理,将多条同类指令合成一条指令,使处理器能在一个周期内处理原程序中的多条指令(称为宏融合),预测程序分支可能出现的执行情况(包括条件转移和循环子程序),提高指令和数据预取的准确性。

(2) 降低处理器运行功耗。处理器运行时,所有部件不一定全处于忙碌状态,智能地打开处于操作的部件的电源,而让其他部件处于休眠状态,并采用先进的功率门控技术,减少元器件开关过程的能源消耗;智能地关闭当时不运行的核(例如游戏时),把能源留给正在运行的核。由于热量的减少,因而可提高运行频率(主频)。

(3) 超线程技术。处理器内特设硬件指令,使每核模拟成两个逻辑核,支持双线程操作系统和软件,减少 CPU 闲置时间,从而形成了双线程虚拟机。

图 12.1 是 Core i7 和 X58 芯片组等组成的结构简图。

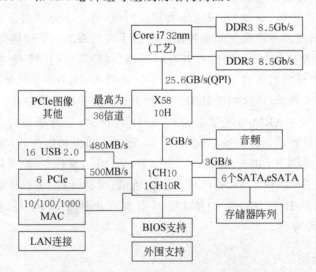

图 12.1　Core i7 和 X58 芯片组结构图

12.2.2 嵌入式计算机和片上系统

1. 嵌入式计算机

嵌入式计算机是嵌入应用系统中的计算机。例如嵌入到医疗仪器、工业机器、高级音响、通信设备、坦克、潜艇、飞机等系统中使用的计算机都是嵌入式计算机。

在上述系统中使用的微处理器又称为微控制器(MCU)。

嵌入式微处理器最大和增长最快的市场是手持设备、手机等消费类电子产品市场。这些产品除了高性能外还要求很低的功率消耗,这是考虑到散热和供电电池的工作寿命而提出的。

嵌入式微处理器的主要供应商有 ARM、Motorola、SGI(MIPS 芯片)、Hitachi(SH 芯片)等公司。

由于嵌入式微处理器应用范围极为广泛,要求各异,因此用户需要根据实际使用情况进行二次开发,于是就有公司提供相应的软硬件开发工具。

应用系统中的嵌入式计算机一般具有以下特征。

(1) 功能和结构符合应用系统的要求。嵌入式计算机往往直接嵌入到所服务的对象(例如武器)中,因此其功能与结构(体积、形状、重量)要符合服务对象的要求及其所提供的工作环境,并根据实际需要提高防震动、防冲击、防潮、防尘、防电网电压波动、抗电磁干扰的能力或扩大温度范围等。

(2) 高可靠性和高安全性,维护简单。有时还需要采用容错技术。

(3) 实时性。采用实时操作系统和实时应用系统。

(4) 直接与传感器及执行机构相连接。嵌入式计算机的输入端一般与传感器相连以获取各种实时信息(诸如温度、速度等),并将其转换成计算机能接收的输入信号;经计算机处理后输出的信息用于控制驱动各种执行机构。

(5) 硬件一般用单片机(片上系统)或单板机;在软件方面,因应用目标明确,所以程序固定,往往被固化在机内,人机界面简单。

2. 片上系统

片上系统(system on chip,SoC),是指用标准化的电子功能模块和新设计的功能模块在单一的集成电路芯片上制作完整的系统。这种标准化的电子功能模块称为知识产权核或IP 核(intellectual property core),它不是为当前制作的芯片专门设计的,具有可在许多芯片中重复使用的特点。SoC 可以包含许多原来只有在印制电路板(PCB)上才可以放置的器件,这样一来,原来需要很多器件、尺寸很大的 PCB 板就因为 SoC 而变得十分小巧。如今在一个芯片中已经可以集成微处理器、数字信号处理器(DSP)、逻辑电路、存储器和外围功能模块等,甚至可将数字电路、模拟电路和射频电路集成在一个芯片中。由于将原来的多个器件都放了一个芯片中,电路之间的物理距离大大缩短了,因此可以提高性能、减小尺寸、降低功耗。与全部独立设计的芯片相比,可以降低成本,并快速推向市场。在 SoC 中使用最为广泛的微处理器为 ARM。

SoC 的胜出得益于微电子工艺的进步而导致的芯片集成度的提高,以及 ASIC(application specific IC,专用集成电路)设计技术的成熟,然而 SoC 的发展必须不断地解决设计、集成、验证及测试等方面的难题。

SoC 将引领新一代嵌入式处理器的技术发展,以嵌入式系统应用为核心,集软、硬件为一体,实现多学科的协作与融合。SoC 设计技术为计算机专业人才介入 IC 设计领域提供了机会,不仅在 SoC 芯片设计上需要较强的计算机体系结构背景知识,而且突出了软件开发的比重,需要计算机专业人士的介入,来提供良好的开发平台、嵌入式操作系统和应用软件。在 SoC 相关学科领域中,势必吸收与培养其他学科领域人才,如光、机、电等学科,不断改善 SoC 研究队伍组织结构,加强跨学科的 SoC 综合技术研讨,积极沟通观念、信息和技术。

为了支持 IP 核的复用,使多个来源的设计成果融入到 SoC 中,需要形成一种新的商业模式和法律规范,目前就 IP 核的保护、授权、赔偿、价值共享及争端解决而言,已有法律可循。

3. ARM 微处理器

英国 ARM 公司开发的 ARM 微处理器占 32 位 RISC 处理器市场份额的 75% 以上,广泛应用于手机、视频/音频处理、图像处理、机顶盒、数码相机、网络设备和工业控制等许多领域。ARM 公司不直接设计和生产 ARM 芯片,而是以 IP(知识产权)核的形式转让设计许可,已授权几十家大的生产芯片的半导体公司,根据实际应用的需要生产各具特色的芯片,这些公司使用 ARM 核,再加上外围电路,形成自己的 ARM 微处理器芯片进入市场。

ARM 是 32 位 RISC 微处理器,有功能和性能不同的多个系列产品,除了执行 32 位 ARM 指令外,还可支持不同的指令集 THUMB(16 位指令)、DSP、Securcore 和 Xcale。

THUMB 是 ARM 的一个子集,有 36 条 16 位指令,从部分 32 位 ARM 指令压缩而来,其目的是减小程序占用的存储容量。在执行程序时又将 16 位指令实时解压为 32 位 ARM 指令且没有性能损失。ARM 指令集和 THUMB 指令集不能混合编程,当处理器处于 ARM 状态时不能执行 THUMB 指令集,处于 THUMB 状态时不能执行 ARM 指令集,每个指令集中包含有切换处理器状态的指令。开机后首先处于 ARM 状态。

DSP 为数字信号处理器,在下面讨论。

Securcore 是适用于对安全性要求高的 ARM 微处理器。

Xcale 是 Intel 公司的 ARM 微处理器。

4. 数字信号处理器

数字信号处理器(digital signal processor,DSP)大体上可分为两类,一类是专门为实现某种数字信号处理算法而设计的专用数字信号处理器,一般将其算法固化在芯片中;另一类是可编程的、可实现各种数字信号处理算法的通用数字信号处理器。在实际应用时,将微处理器、DSP 芯片和其他器件或设备连接成一个系统(也可以是片上系统),其中微处理器起控制和管理作用,DSP 芯片高效实现数字信号处理算法。由于数字信号处理的主要算法包含大量的乘法和加法,DSP 内的乘法器和加法器可在一个时钟周期内完成一次乘法和一次累加,并可连续执行。DSP 采用哈佛结构,程序和数据分别存放在独立的存储器中,而且有独立的程序总线和数据总线。为了满足连续乘加等指令对数据量的需求,在一个时钟周期内可生成多个存储器地址,存取多个数据。

DSP 在 20 世纪 80 年代初期已经得到广泛应用,后来增加了浮点乘法器,提高了运算精度和运算速度。DSP 的指令系统中,除了数据传送指令和乘加指令外,还有能满足各种数字信号处理算法特殊要求的指令。

12.2.3 智能卡和射频识别(RFID)标签

1. 智能卡

1)卡和读写器

将微控制器 MCU 芯片镶嵌入形似名片的卡片中,称为 IC 卡(集成电路卡),或称为智能卡。从用途来分类,该卡可分为金融卡和非金融卡两类。例如信用卡、储蓄卡、电子钱包等为金融卡;而身份证、驾驶证、会员卡主要用来证明身份,可称为非金融卡。

智能卡也是一个片上系统,卡中微控制器(或微处理器)包括以下内容:CPU、ROM、RAM、E^2PROM 和 I/O 接口。其中 ROM 主要存放专用的卡内芯片操作系统(chip operating system,COS)。RAM 主要存放卡操作过程中的一些中间数据。E^2PROM 主要存放应用数据,例如金融卡的账号、金额及交易记录等,非金融卡(例如驾驶证)的证件号码、持卡人姓名、地址和违章记录等。卡中只有一个 I/O 接口,用来与外界交换信息。

根据智能卡与外界交换信息的方式不同可分为接触式 IC 卡和非接触式 IC 卡。

(1)接触式 IC 卡。卡通过触点与外界交换信息并取得能源(外加电压)。国际标准(ISO 7816)规定卡上可以有 8 个触点,并规定了卡的尺寸和触点在卡上的位置。一般只用其中的 5 个触点,分别为电压、地、RST(reset,复位)、CLK(时钟)和 I/O 端口,ISO 7816 标准对电信号及传输特性作出了明确的规定。

(2)非接触式 IC 卡。卡上不带触点,信号与电源都依靠读写器发射的电磁波取得。当卡与读写设备在一定距离范围内时可交换信息,例如在公共汽车上使用时,不必将卡插入读写机具而带来了方便,同时因避免了接触不良的问题而带来了可靠性。

向卡上写信息或从卡上读出信息的设备称为读写器或读写机具。

卡运行所需的电源是由读写器提供的。工作时由读写器向卡发出命令和数据(如果有数据),卡执行命令后向读写器发回应答和数据(如果有数据)。

2)智能卡的一次使用过程简介

假设持卡人手中持有的卡是电子钱包,其作用与真正的钱包相似,不记名、不挂失。操作前卡内存有本卡所含有的钱数,操作结束后,减去本次消费金额,并向卡内写入余额。操作步骤如下。

(1)插卡(假设为接触式卡)。读写器向卡加电源,并发复位(reset)信号,令卡初始化。然后卡向读写器发应答信号,应答信号中包含芯片的制造商代码、芯片的批号、卡的编号等,由上述信号组成卡的唯一性标志,即在全球范围内不会有相同的标志。

(2)卡与读写器相互自动鉴别对方的身份(真伪)。

(3)鉴定持卡人身份(如有需要,可请使用者输入密码)。

(4)减去本次消费金额,向卡内写入余额。

(5)拔卡。

步骤(2)和(3)是为了考虑卡的安全而引入的。为了说明问题,首先介绍密码与密钥的概念。

3) 密码和密钥、加密和解密

密码和密钥是在发卡前预写在卡内的,为了安全起见,写入后不能再读出到卡外(防窃取),但在一定条件下密码可以修改。例如,在银行或 ATM 机上取款时,一般要求输入密码,以验证持卡人身份。密钥是用来加密或解密信息的(卡内的信息一般为数据),通常将原始数据(真实的数据)称为明文,用密钥按一定的算法对明文进行运算(称为加密)后得到的数据称为密文。密文把数据的真实性掩盖了。但是再用密钥对密文进行运算可以恢复为明文,其过程称为解密。假如用密文发送信息,只要将密钥保密好,窃取到信息的人无法解密,从而保证了信息的安全(不被泄露)。

智能卡鉴别读写器真伪的过程如下。

(1) 读写器向智能卡发送产生随机数命令,在卡内产生随机数后将它送到读写器;

(2) 读写器利用双方约定的密钥对随机数进行加密,将密文和验证命令送卡;

(3) 卡将密文解密后,与前面生成的随机数进行比较,如相等,表示读写器为真,否则是假冒的,中止操作。其关键想法是第三方不知道密钥,因此无法正确参与加密(或解密)过程。

读写器鉴别智能卡的过程不再介绍。

4) 智能卡操作系统 COS

智能卡在加电后,向读写器发回一些应答信号,然后由读写器发命令,卡执行命令规定的操作并向读写器返回一些信息;读写器再发命令,……,如此进行下去,直到一次使用过程结束。读写器发的命令基本上分为两类,一类与安全有关,例如输入密码、修改密码、加密、解密等。另一类是实际要完成的操作,例如读/写数据等。应该说要完成这些命令是比较简单的,所以卡中使用的 MCU 比一般的通用微处理器在功能和性能上都要低得多。针对每条命令,在 COS 中都有一段小程序来执行该命令,因此命令的实现是在 COS 控制下进行的。另外在 COS 中还应该有一种"防插拔"功能,这是指:如果卡在"一次使用过程"尚未结束时,突然拔卡或断电,要保证不影响卡内所有数据的正确性。例如在 ATM 上取款时发生这种情况,既要保证取不到款,又要保证卡内余额的正确性。

总之,从读写器向卡供电开始,直到断电为止,卡上的所有操作都是在 COS 控制下进行的,也就是通过微处理器执行 COS 中的程序而实现的。COS 中的内容一经写入,就不能再被读出,也不能修改。断电后卡内的操作系统以及卡上的数据都不能丢失,为此分别用 ROM 和 E^2PROM 来保存 COS 和数据。

卡加电后所发出的应答信号、卡执行的命令以及执行命令后向读写器所发的应答都在 ISO 7816 系列的国际标准中有所规定。我国也已制定了与其兼容的国家标准。

带微处理器的集成电路卡(IC 卡)称为智能卡或 CPU 卡,不带微处理器但含有简单逻辑电路和 E^2PROM 的 IC 卡称为存储器卡。在卡中采用的加密/解密算法有多种,有些算法的计算量很大。

2. RFID 标签

1) 射频识别系统与电子标签

射频识别(radio frequency identification,RFID)技术是一种非接触式自动识别技术,它由电子标签(包括非接触式 IC 卡)、读写器和数据管理系统构成,如图 12.2 所示。电子标签一般由电感耦合元件和 IC 芯片组成,当它进入读写器的磁场时,如果接收到读写器发出的特定射频信号,就能凭借感应电流所获得的能量(经整流稳压后得电压 V_{CC})进行工作。读写器由两个功能模块组成:控制模块以及由发送器和接收器组成的高频接口(读写模块)。高频接口的功能包括产生高频发射信号,为启动电子标签提供能量;对发射信号进行调制,用于将数据传送给电子标签;接收并解调来自电子标签的高频信号。由于可能产生多个电子标签同时进入读写器磁的情况,此时要进行防冲突处理,其目的是能正确对多个电子标签逐一进行处理。

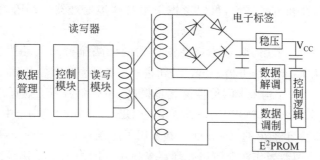

图 12.2　射频识别系统

在标识物品的电子标签中包含有电子产品代码(electronic product code,EPC),EPC 码记录着每个物品的全球唯一标识。在 RFID 系统中,如果读写器没有与网络连接,那么信息流的传递到读写器中止,实现的是货品检查、简单销售等功能。在更多情况下,读写器读到的信息会传递到与之相连的互联网,从而构成物联网(internet of things),将在全球范围内实现对物品生产、运输、仓储、销售各环节的流动监控和动态协调。

2) RFID 标准

目前全球有两大 RFID 标准阵营,即欧美和日本,推出的标准互不兼容,表现在频段和数据格式上的差异。目前热门的标准是 ISO 18000 系列标准。

通常将 RFID 发送的频率称为载波频率,有 3 个范围可供选择,即低频(30kHz～300kHz)、高频(3MHz～30MHz)和超高频(300MHz～3GHz)。低频用于短距离、低成本领域,超高频用于较长的读写距离和高读写速度的场合,高频居中。

RFID 应用范围极广,物联网发展初期主要使用的是 RFID 标签。

应用于非接触式 IC 卡的国际标准有 ISO 15693 和 ISO 14443,两者的载波频率均为 13.56MHz,其中 ISO 15693 的读写距离较远,已被纳入 ISO 18000 系列中。我国第二代电子身份证采用的标准是 ISO 14443,相应的国家标准已出台。

12.3　提高计算机系统性能的措施与实现

12.3.1　服务器的结构

20 世纪 70 年代及其之前,计算机对信息和数据的处理以集中模式为主,即数据的处理和保存集中在一台计算机(主机)上,用户通过挂在主机上的各个显示终端向主机发出处理请求,并接收和显示主机的处理结果。进入 20 世纪 80 年代以后,出现了 PC,PC 的普及加速了信息处理技术在各个领域中的应用。但独立的信息处理方式和信息的交换以及资源共享发生了矛盾,促进了计算机网络技术和客户机/服务器这种分布处理模式的产生和发展。

在计算机网络应用中,用户端使用的计算机称为客户机。服务器根据客户机提出的服务请求,完成所需的处理和管理等任务后,将结果(或结论)送回客户机。在这种系统中,一台服务器要面向多个客户的服务请求。它的作用是通过网络按客户的要求提供各种服务,包括共享文件、共享数据库、共享硬盘驱动器、共享打印机、应用计算和通信服务等,并对整个网络环境进行集中管理。用作服务器的计算机可以从 PC 台式机直到巨型机。服务器更加重视可靠性、可用性和可扩展性,可以考虑采用对称多处理器(SMP)、磁盘阵列、热插拔和电源备份等技术。

在 20 世纪 90 年代,采用 PC 技术搭建服务器的做法流行于低端服务器市场,被称为 PC 服务器,后改名为 IA 架构服务器。Intel 公司进入服务器整机市场,并推出了适用于服务器的芯片 Xeon(至强)。IA 架构服务器的性能逐步提高,并被命名为工业标准服务器。另一方面,RISC 处理器(例如 IBM 的 POWER,Sun 公司的 Ultra SPARC)应用于中高档服务器中。

Intel 公司于 2002 年推出的 Xeon 处理器采用了超线程(hyper threading)技术,通过操作系统将一个物理处理器当作两个逻辑处理器来使用。因为一般服务器操作系统都为多处理器平台提供了运行基础,所以可将任务分配给两个逻辑处理器。Xeon 的流水线长达 20 级,缩短了每级流水线所需的时间,从而显著提高了处理器主频。但是传统的执行程序的方法无法充分利用一个处理器的全部性能,在服务器应用中,一个应用程序可能很短,但是在它的处理过程中却要独占处理单元和流水线,而又不能充分利用它。超线程技术在单一处理器内部形成两个逻辑处理单元,共享流水线,采用分时复用技术降低流水线空闲时间,有效利用处理器资源,提高了处理器整体处理能力。

在服务器发展过程中,根据它的机械结构和占用空间的不同而区分为塔式服务器、机架式服务器和刀片式服务器,这 3 种服务器在各自的应用领域中发展、共存。

塔式服务器占用的空间最大,在服务器领域中的各种先进技术往往在塔式服务器中率先应用,因为不必过多考虑体积、功耗和散热等问题,而这些问题就是影响服务器进入高密度计算的主要障碍。

机架式服务器的出现就是为了缩减塔式服务器占用的空间,它将服务器按水平方向插入标准机架中,标准机架的长度和宽度是固定的,高度则是可选的(根据机架内插入的服务器高度和数量)。机架式服务器从接近塔式服务器的 4U～6U 高度的产品开始(1U＝1.75in),逐渐形成了两极发展的趋势,强调单个服务器性能的产品向 8U 甚至 10U 以上发展,可以认为是传统大型塔式服务器机架化外型的一个分支;另一类服务器向更薄、密度更高的方向发展,特别是发展到 1U 高度时,形成了机架上的强大计算群落,拉开了高密度计算的序幕。计算密度是指单位空间所拥有的计算能力。

在网络信息化快速发展的今天,网络上的应用更接近于分布式计算——同一时间内,大量进程并行,而单一进程的计算处理要求又非常低,于是强调高密度分散计算的架构——刀片服务器应运而生。刀片服务器增大的计算密度使数据中心能用更小的空间服务于更多的客户。刀片服务器中的每一片刀片实际上就是一个独立服务器,运行自己的操作系统,相互之间可以没有关联,但也可以使用系统软件将这些服务器集合成一个服务器集群(计算机集群)。在集群模式下,所有的服务器可以连接起来提供高速的网络环境,可以共享资源。

计算机集群(computer cluster)是指将多台计算机用互联网络连接起来,充分利用各计算机资源,统一调度,协调处理,以实现高效并行计算的分布式计算机系统。互联网络通常采用局域网(如以太网)或交换网络。计算机集群系统设计和实现时要解决两个关键问题:一是降低处理器和进程间的通信开销,采用的方法是针对并行计算的特点设计高效的通信协议,并用高速通信部件来支持;二是设计和实现一套高效的并行程序开发环境和工具系统。

刀片服务器由刀片插件(Blade)和底盘组成,刀片插件上至少要有处理器和内存,底盘上装有背板(backplane),刀片插在背板上,刀片所需的电源、网络连接、存储服务都通过背板提供给刀片,底盘上的冷却系统为所有刀片共用。刀片服务器基本采用了 3U 高度机箱竖插7~13 片刀片的安装方式,机箱的 19in 标准宽度可以轻松安装在标准机架中,但也有一些机型采用了其他结构。刀片服务器减少了机架后部凌乱复杂的布线,同时带来了良好的散热环境。

刀片服务器的存储设备可以采用 NAS 或 SAN 系统,一个机架中的所有服务器可以使用一套键盘、鼠标和显示器。每个刀片可以是通用服务器,也可以是配合专用的操作系统和应用软件提供完整解决方案的功能服务器。刀片上可以有体积小巧、功耗极低的硬盘或者仅有包含了启动程序的 Flash 存储器(作为启动计算机的引导设备)。

12.3.2 超级标量处理机、超级流水线处理机和超长指令字处理机

1. 超级标量、超级流水线和超长指令字处理机的特点

长期以来,计算机设计人员在提高单处理机并行操作方面做了大量工作,20 世纪 70 年代的向量处理机、20 世纪 80 年代的 RISC 机都反映了这方面的成就。但是还不能突破一个时钟周期完成一条指令的框框。本节要介绍的超级标量计算机和超长指令字计算机在一个周期内可流出多条指令,超级流水线以增加流水线级数的方法来缩短机器周期。图 12.3 为4 种处理机的指令流水线,其中(a)为早期 RISC 机的指令流水线,其余 3 种流水线分别介绍如下(假设采用取指、译码、执行、写回 4 级流水线)。

1) 超级标量(superscalar)处理机

在超级标量处理机中,配置了多个功能部件和指令译码电路,采取了多条流水线,还有多个寄存器端口和总线,因此可以同时执行多个操作,以并行处理来提高机器速度。它可以同时从存储器中取出几条指令,并对这几条指令进行译码,把能够并行执行的指令同时送入不同的功能部件。例如,Intel 80960A 配置 3 条流水线,分别执行整数运算、转移处理和访存操作,能同时对 4 条指令进行译码,但最多将 3 条能并行执行的指令分别送入 3 条流水线。超级标量机的硬件是不能重新安排指令的前后次序的,但可以在编译程序时采取优化的办法对指令的执行次序进行精心安排,把能并行执行的指令搭配起来。超级标量处理机能与同一系列的原有机器保持指令兼容。

1989 年,在 Tandem 公司发表的 Cyclone 高可靠计算机系统中开始采用超级标量技术。差不多同时,Intel 公司宣布了 i80960 处理器,IBM 公司推出了 Power PC 处理器。

2) 超级流水线(super pipeline)处理机

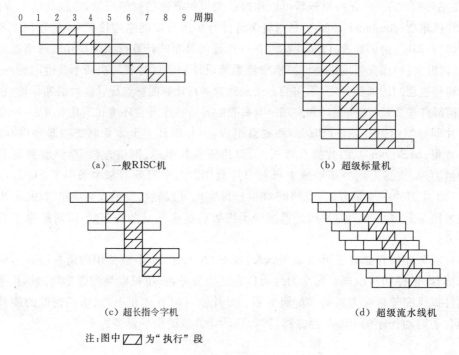

(a) 一般RISC机   (b) 超级标量机

(c) 超长指令字机   (d) 超级流水线机

注：图中 ▨ 为"执行"段

图 12.3   4 种处理机的指令流水线

超级流水线处理机的周期比其他机器短，在图 12.3(d) 所示的流水线中，周期缩短到 1/3。执行一个操作需要 3 个周期，每个周期对一条指令进行译码。与超级标量计算机一样，硬件不能调整指令的执行顺序，而由编译程序解决优化问题，因此这类机器可与同一系列的原有机器的指令系统保持兼容。

3) 超长指令字（VLIW）处理机

VLIW 是一种单指令流多操作码多数据的系统结构，由编译程序在编译时，把多个能并行执行的操作组合在一起，成为一条有多个操作段的超长指令，由这条超长指令控制 VLIW 机中多个互相独立工作的功能部件，每个操作段控制一个功能部件，相当于同时执行多条指令。

2. 超级标量处理器举例——Ultra SPARC Ⅳ＋处理器

Ultra SPARC Ⅳ＋是 Sun 微系统公司于 2005 年 8 月推出的高档 SPARC 处理器，该芯片由双核组成，内有 295M 个晶体管，采用 90nm CMOS 工艺，9 层金属连线（1 层铝，8 层铜），主频 1.5GHz～1.8GHz，每时钟执行 8 条指令。已实现有 144 个处理器（72 个芯片）组成的系统。

1) 指令系统

自 1987 年推出 SPARC 芯片后，Sun 公司不断推出新的产品，同时增加了一些指令，但仍保持软件向上兼容的特点，64 位的 Ultra SPARC Ⅳ＋处理器可直接运行 32 位二进制代码程序，而不需要重新编译。

为了加快运算速度，与早期的 SPARC 处理器相比，增加了一些专用指令，称为 VIS 指令，有一部分 VIS 指令是单指令流多数据流（SIMD）指令，允许对一些短的固定长度（32 位、16 位、8 位）的数据进行并行操作，以提高 64 位机器在处理短数据时的速度。

VIS 指令应用于图形、图像、多媒体、信号处理、密码学、三维显像、网络和通信等领域可明显提高处理速度，另外新指令还考虑应用于科学计算，包括傅里叶变换（FFT）、滤波、校验和、向量或矩阵代数运算。

2）处理单元

Ultra SPARC Ⅳ＋处理器内部由双核组成，每一内核在每个时钟周期最多可从指令 cache 取出 4 条指令存放于指令队列中，每个时钟周期可以有 4 条指令从指令队列发送到执行缓冲器，最多可以有 6 个命令从这些缓冲器送到 6 个并行执行单元：两个整数 ALU、一个转移分支（Branch）单元、一个存数/取数单元和两个浮点单元（一个加/减，一个乘/除）。其中存数/取数单元还处理某些专用指令，包括整数乘/除。两个浮点单元处理大多数 VIS 指令。某些浮点操作，例如将整数转换成浮点数，直接由硬件执行而不是用软件程序实现。

为了提高对转移（Branch）目标判断的正确性，设置了两组存储转移历史情况的缓冲器，分别用于预测管理程序（操作系统）和用户程序（应用系统）的程序转移地址。

3）存储系统

Ultra SPARC Ⅳ＋的存储系统如图 12.4 所示（图中未包括辅存），它由三级 cache（L1、L2、L3）和主存储器组成。单核 L1 的指令 cache 和数据 cache 容量均为 64KB，L2 不区分指令和数据，其容量为 2MB，L1、L2 的全部内容和 L3 的目录（地址标记和有效位）均在芯片内，L3 的存储部分在片外，其容量最多为 32MB。主存储器的容量最大可达到 32GB，存储管理部件在片内。L3 的地址标记和主存的管理部件设计在片内是考虑命中/不命中和虚拟地址到物理地址转换的处理速度，可减少延迟时间。

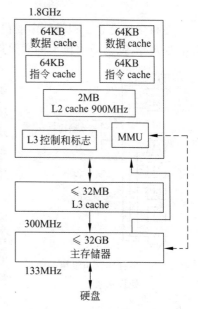

图 12.4　Ultra SPARC Ⅳ＋
存储系统

（1）cache

L1 的数据 cache 采用"写通"方案，即数据同时写入 L1 和 L2。所有的 L1 都采取 4 路组相联结构，cache 行的长度为 64 字节。

L2 也是 4 路组相联，cache 行的长度也为 64 字节，采用 LRU 替换算法。

L3 被称为"Victim"cache，当数据或指令从 L2 中替换出来时进入 L3。即当 CPU 访存，且 cache 不命中时，从主存取出的数据或指令直接进入 L1 和 L2，而不到 L3。因此在任何时候在 L2 和 L3 不可能保持相同的 cache 行内容。于是 Ultra SPARC Ⅳ＋处理器可以视为有 34MB 的 cache 容量（L2 的 2MB＋L3 的 32MB）。访问 L2 和 L3 同时并行进行，当 L2 命中时，L3 必失效（在同一时间，没有一行能在 L2 和 L3 中都有效）；如果 L2 不命中，则 L3 的操作已经开始，争取到了时间。

（2）存储管理部件 MMU

主存的虚拟地址为 64 位,可转换成物理地址 43 位(8TB 物理存储器)。

MMU 中包含有 TLB 表,它由条目组成,每一条目中保持一个虚拟—物理地址对以及相应的状态位和控制位(见第 7 章)。指令 MMU(I-MMU)包含两个大小不同的 TLB 表,当查找地址时并行访问,小 TLB 表有 16 个条目,大 TLB 表有 512 个条目,页面大小为 8KB 或 64KB(可通过编程选择)。数据 MMU(D-MMU)包含 3 个 TLB 表(一个小表,两个大表),小 TLB 表有 16 个条目,一个大 TLB 表有 512 个条目,页面大小为 8KB、64KB、512KB 或 4MB,另一个大 TLB 表可支持默认的小页面(8KB 或 64KB)或特大的页面(32MB 或 256MB)。

12.3.3 向量处理机

在科学研究和工程设计中的很多应用领域,如空气动力学、气象学、天体物理学、原子物理和地震学等,需要对巨大的数组进行高精度计算,为此发展了向量处理机。向量数据是一

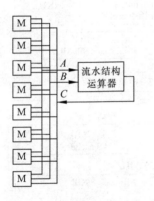

图 12.5 多存储模块组成的向量处理示意图

个含有 N 个元素的有序数组,N 称为"向量的长度",向量中的每一个元素是一个标量,它可以是浮点数、定点数、逻辑值或字符。因此,向量处理机是一种具有向量数据表示,并设置向量指令和相应的硬件,能对向量的各个元素进行并行处理的处理机。向量处理机一般是指采用运算流水线的处理机,当它处理一个数组时,对向量中的每个元素执行相同的操作,而且各元素间是互相无关的,因此流水线就能以每个时钟送出一个结果的速度运行。为了存储系统能及时提供元素,向量处理机配有一个大容量的、分成多个模块交叉工作的主存储器。图 12.5 是一个具有由三端口存储器模块组成存储器系统的向量处理示意图。

对向量的处理,要设法避免流水线功能的频繁切换以及操作数元素间的相关,如有一个向量运算:
$$D = A * (B + C)$$
式中,A、B、C、D 都是长度为 N 的向量,如按以下顺序处理,流水线不能畅通:
$$D_1 = A_1 * (B_1 + C_1)$$
$$D_2 = A_2 * (B_2 + C_2)$$
$$\vdots$$
$$D_i = A_i * (B_i + C_i)$$
$$\vdots$$
$$D_N = A_N * (B_N + C_N)$$
因为流水线要反复进行加法和乘法,要不断改变流水线功能(加法和乘法交替执行),而且计算每个 D_i 的加法和乘法之间存在数据相关,即要完成加法运算后才能进行乘法运算,因此影响流水线作用的发挥。如改变处理顺序,先对所有元素执行加法运算(N 个加法),然后对所有元素执行乘法运算(N 个乘法),其顺序如下:
$$B_i + C_i \rightarrow D_i \qquad (i \text{ 从 } 1 \text{ 到 } N)$$

$$D_i * A_i \rightarrow D_i \qquad (i \text{ 从 } 1 \text{ 到 } N)$$

这样就能保证流水线畅通。在设置有向量加指令和向量乘指令的处理机中,执行两条指令就能完成上述向量运算。

为了提高运算速度,在向量处理机的运算部件中可采用多个功能部件,如 CRAY1 计算机中设置有向量部件、浮点部件、标量部件和地址部件(计算地址)。

12.3.4 多处理机系统

1. 多指令流多数据流(MIMD)系统的结构

在这种系统中由多台处理机组成,每台处理机可分别执行各自的指令,存取各自的数据,并共享主存储器。除此以外,有一些(或全部)处理机可以设有各自单独使用的局部存储器。

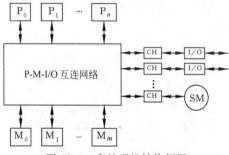

图 12.6 是多处理机结构框图,$P_0 \sim P_n$ 是处理器,通过互连网络共享主存储器。为了保证足够高的传输率,主存由多个并行存储器($M_0 \sim M_m$)组成,一般 $m > n$。I/O 和外存储器 SM(如磁盘驱动器)经过多路通道 CH 和互连网络相连,与处理机 P 共享存储器。处理机之间也可以通过此互连网络交换信息,例如发送中断信号等。此处谈到的互连网络不同于互联网(Internet),其结构见后面的"多处理机的互连结构"。

图 12.6　多处理机结构框图

这种系统的优点是:由于共享主存,所以系统资源的管理和使用比较方便,是顺序计算机的扩充,缺点是受互连网络传输率的影响,系统中处理机数目较少。

具有局部存储器的多处理机系统便于扩充,每个处理机模块相对独立。由于有了局部存储器,因此减少了主存访问的冲突。缺点是编程困难。为了进一步减少访存次数,可在处理机与存储器之间设置 cache。图 12.7 是具有局部存储器 LM(Local Memory)和 cache 的

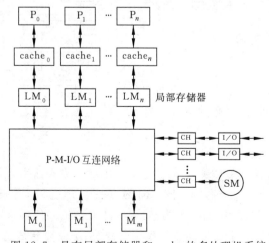

图 12.7　具有局部存储器和 cache 的多处理机系统

多处理机系统。但有了 cache 以后，又要产生系统中多个 cache 之间以及 cache 同主存储器中的数据一致性问题。解决 cache 的一致性问题是研究多处理机技术中的一个重要问题。

在图 12.6 和图 12.7 的多处理机系统中往往还需要一台计算机（称为 HOST）作为系统管理之用。图 12.8 表示在有/无局部存储器的条件下处理机数与系统性能的关系，在无局部存储器的系统中，当处理机数增加时，由于访存冲突增加而影响系统性能。

大规模并行处理机（MPP）和对称多处理机（SMP）是 20 世纪 80 年代中期发展起来的新机种。MPP 是指由成百成千乃至上万个微处理器所组成的大规模并行处理系统，可以采用当前市场上出售的微处理器而不必为之专门设计，因此可获得很高的性能价格比。假如一个微处理器具有 100Mflops 性能，那么由 1024 个微处理器组成的 MPP 系统，其峰值可达到 100Gflops，大大超过传统的巨型机速度，而其价格仅为传统巨型机的几分之一到几十分之一。

MPP 的结构如图 12.9 所示。

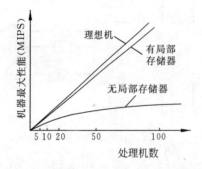

图 12.8　处理机数和机器速度的关系

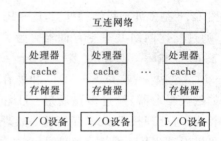

图 12.9　MPP 结构

MPP 成为计算机科学技术领域中的一个研究和开发热点，当时，它被美国、日本和欧洲等国的开发巨型机的公司用作开发万亿次巨型机的主要结构。

SMP 与 MPP 最主要的差别反映在存储空间的安排上。SMP 有一个统一的共享主存空间，而 MPP 的微处理器有各自的局部存储器。

图 12.10 所示为对称多处理（SMP）结构。

2. 多处理机的互连结构

1）总线结构

单总线结构把所有功能部件连接到总线上，为解决总线太忙的问题，可扩充为双总线结构或多总线结构。

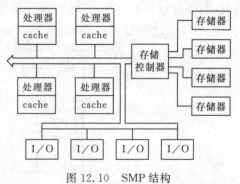

图 12.10　SMP 结构

2）交叉开关（crossbar switch）

每个存储器模块都有一套总线同 p 个处理机和 n 个输入输出通道相连，如图 12.11 所示。如果存储器模块数 $m \geqslant p+n$，则在同一时刻，p 个处理机和 n 个输入输出通道都能分到一套总线，与 m 个存储器模块中的一个相连，因此能大大提高传输带宽和系统效率。

交叉开关结构中的每一个交叉接点都是一套开关，不仅要有传送数据和地址码的开关，还要有在多个处理机和I/O通道向同一个存储器模块发出访问请求时的排队能力,所以每一交叉接点上都有相当大的硬件设备量,当 $m=p+n$ 时设备量和 m^2 成正比。

3)多端口存储器结构

每个存储器模块有多个端口,每个处理机和输入输出模块都分别接到一个端口上,因而它们都可以独立地直接访问存储器。在每个存储模块中有逻辑电路将各端口来的访存要求进行排队,各端口的优先次序一般是固定的。图12.12是4端口存储器系统结构图。

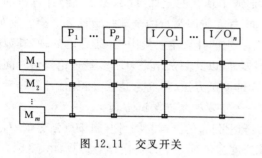

图 12.11 交叉开关

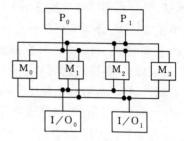

图 12.12 4端口存储器系统结构图

其他还有多种结构复杂的互连方式,请参阅介绍计算机系统结构的书籍。

3. 容错计算机

容错计算机是高可靠性计算机,当其硬件在一定范围内发生固定性故障或偶然性差错时,该系统能自动采取一些措施,保证计算机继续运行。要使计算机具有这种能力,基本的方法是采用冗余技术,即在计算机内设置一些在正常运行时并不一定必需的设备或部件,让两个或两个以上的设备或部件完成同一功能或互相作备份。容错计算机应用于航空航天、电话交换、工业控制以及银行金融业务等联机事务处理系统中。目前容错计算机大多采用多处理机系统实现,又可分为各处理机运行不同的程序和运行相同的程序两类。当容错计算机系统由两台处理机构成时,上述两类系统分别称为"双机系统"和"双工系统"。

1)双机系统

两台处理机各有自身的存储器,运行不同的程序,其中一台是主处理机,另一台是备份处理机。主处理机运行程序,每隔一定时间,设置一个检查点,把一些关键数据复制到备份处理机的存储器中。一旦主处理机发生故障不能继续工作,由备份处理机接替工作。主处理机在每个检查点处传送给备份处理机的数据应足以保证备份处理机可从最近的一个检查点开始执行主处理机中止的程序。备份处理机平时可执行其他程序。双机系统有时被称为"冷备份系统",在作控制使用时,主处理机用于在线控制,备份处理机用作离线计算。

2)双工系统

两台处理机同时接收相同的输入数据,执行相同的程序,但只有主处理机输出数据,一般设置一套开关部件控制主处理机输出。如主处理机发生故障,备份处理机可立即接替主处理机继续工作,其速度比双机系统快得多。因为不必返回到检查点执行程序,并立即由备份处理机输出数据,而原来的主处理机脱离系统进行维修。双工系统通常称为"热备份系统"。

4. 高性能计算和网格计算

1）高性能计算

高性能计算（high performance computing，HPC）或超级计算（supercomputing）系统是指计算性能峰值从每秒万亿次（teraflops）到几十万亿次，甚至向千万亿次挑战的计算机系统。从 1992 年开始，用 Linpack 基准测试程序的线性代数方程包对各种超级计算机的性能进行测试，并且将测试结果按速率大小排名，形成了现在的全球 TOP 500 超级计算机的排名，每半年排一次，分别于当年 6 月在德国和 11 月在美国举行的全球超级计算大会上发布。Linpack 主要是解一个 N 元 N 次的线性方程组，它的计算主要集中在 CPU 的处理，其数据的读出写入较少，各进程之间的消息传递也不多，所以其测试结果差不多是理论峰值时间的同义词，具有局限性，虽有各种提议采用更全面的测试方法，但尚未达成共识，估计在今后相当长一段时间内，Linpack 仍是超级计算机的一个主要的基准测试工具。

2011 年 6 月在德国举行的国际超级计算大会上公布的全球超级计算机 500 强名单中，日本富士通公司制造的 K 计算机排名第一，运算速度为每秒 8 千万亿次浮点运算，由 68 544 个 SPARC 64 Ⅷ fx 处理器组成，每个处理器有 8 个核，总核数为 548 352 个，富士通表示，该超级计算机仍在建造，到 2012 年 11 月，处理器数量将增加到 8 万个。

中国国防科学技术大学的天河一号（Tianhe-1A）排名第二，运算速度为每秒 2.57 千万亿次浮点运算。美国美洲虎（Jaguar）排名第三，运算速度为每秒 1.759 千万亿次浮点运算。排在前 10 名的超级计算机中，美国占 5 个，中国和日本各为 2 个，法国 1 个。

2）网格计算

网格计算（Grid Computing）是利用互联网把分散在不同地理位置上的多个计算资源通过逻辑关系组成一台"虚拟的超级计算机"。这台机器把每一台参与其中的，包括个人计算机在内的计算机都作为自己的一个"结点"，成千上万个这样的结点连接起来，就组成了一张有"超级计算能力的网格"。而每一位将自己的计算机连接到网格上的用户，也就"拥有了"这架超级计算机，可以随时调用其中的计算和信息资源，在应用层面上实现所有资源的全面连通，包括计算、存储、软件、数据、信息、仪器设备等。连接到网格上的计算机除了能获得其他计算机的服务外，也允许其他计算机调用自己的资源。打个比方，网格环境下的计算机好比小电站，把这些小电站拼网使用而构成一个公用电网，因此网格最终应该是一种"公用设施"，由网格应用服务商提供服务，其作用与电力公司类似。这种公用设施有以下优点。

（1）节省资源。当今世界上几亿台个人计算机在大部分时间是闲置的，如果利用网格技术，自动搜索到这些计算机并将它们并联起来，由此形成的计算能力将会超过许多台超级巨型机。另有资料表明，目前我们的宽带、软件和服务器的利用率都很低，造成资源的巨大浪费，利用网格技术可以减少投入，降低成本。

（2）进行分布式计算。这种计算模式可以获得负载平衡；把数据分别存储，还可容错容灾；可提高系统的可用性，当网格中若干台计算机出现故障时，不会影响系统的继续运行。

（3）打破信息孤岛，实现信息共享，营造了异地协同工作的信息环境。

一个完整的网格系统包括多种软件、硬件以及网络设备，目前网格实施中所用到的计算机、网络和存储等硬件设备大多采用现有技术实现，真正让一个系统变成一个网格的研制内容是网格中的软件部分。研制网格软件的最终目的是为了有效地管理分布在各地的多个网格结点,为应用网格用户提供一个安全、统一、友好的界面,在任一网格结点的客户机上都可以方便地使用网格资源。网格操作系统把分布在各地的多个结点组织成一个逻辑整体,并为网格的应用软件和用户提供一个界面。

虽然个人计算机也能作为网格的一个结点,但各国在研制或筹建网格系统过程中都投入了大量资金,除了用于开发网格软件外,同时还考虑使用高性能计算机,这对提高网格的服务能力是至关重要的。

网格系统的关键技术如下。

(1)网格需要提供匹配用户需求和资源能力的机构,即要解决描述、发现和管理资源的技术,把互相分离的信息请求者和信息提供者联系起来。

(2)在网格环境下,活动一般在两个或两个以上的资源之间进行,需要有可信的认证机制为确认对方真实身份提供认证功能。

(3)在广域网上传送消息,一般要经过多个中间结点,网格路由和安全机制除了考虑收发消息的双方外,还要考虑到中间环节。

(4)在网格环境下,人们需要进行并行计算、协同工作,要求网格能够动态配置并管理多个资源,提供简化使用资源的手段。

(5)对大量数据的存储和使用提供支持。根据不同设备和应用对数据传输要求,及时正确地将数据传送到对方。

12.4　计算机硬件设计和实现导论

通用计算机一般是用高级语言编写程序的,因此从面向用户的观点出发,一台新机器的交付使用,至少要达到高级语言编程的最低要求,也就是说应具有必要的硬件和软件。新机器的设计有两种情况。

(1)系列机扩充新机型。设计本系列新档次的计算机以满足不同用户的需要,或者由于元器件的改进而需要设计新机器,以求得更好的性能价格比。这种机器的特点是软件性能扩充但仍保持向上兼容的特点,硬件重新设计。

(2)设计全新的计算机或系列机。这时硬件和软件都要重新设计。其中软件又分为系统软件和应用软件,系统软件指的是高级语言的编译程序、汇编语言的汇编程序、操作系统、调试程序和编辑程序等。这些软件应该由研制单位或计算机厂家提供。然后可随着应用的逐步推广不断充实、不断改进。很多应用软件是由第三方(用户)提供的。

计算机硬件设计与软件不同,一旦机器制造出来以后,就不容易改动。

12.4.1　计算机硬件的总体设计

1. 计算机硬件设计过程

计算机的设计指标首先决定于对计算机性能(即运算速度)的要求。性能价格比高的计算机具有较强的生命力。对现有计算机性能作出全面评价可为新计算机的设计提供依据。

为了加快设计过程,提高设计水平及设计自动化程度,应尽量使用现有的计算机进行辅助设计,为此,要有描述语言来说明要求,并有实现此要求的软件。下面将对硬件设计中的每一步(按先后执行顺序)进行简单介绍。

（1）对现有计算机的测试和评价。

计算机的发展和新型计算机的产生，是与构成计算机硬件的元器件发展和市场需求紧密相关的，伴随这两个因素的不断发展与变化，必定会不断提出设计新机器的要求。新机器的设计是一项复杂工程，它要求有可靠的科学依据，严谨的工作作风，并吸取现有计算机的设计经验。为此，应结合实际应用的需要，对现有计算机进行评价，必要时通过基准程序或实际应用程序进行测试。通过测试可获得计算机实际运行速度。也可以通过对程序执行过程的跟踪，统计出各条指令的执行频率和 cache 命中率对性能的影响等，为新机器的设计提供科学依据。例如，在 8086 中有一个追踪标志位 T，程序将它置 1 后，能使 CPU 进入单步工作方式，即 CPU 在每条指令执行完以后，产生一个内部的中断，允许程序在每条指令执行完以后进行中断处理，实现测试、统计或其他功能。

（2）提出新机器的设计指标。

根据实际应用的需要、测试结果、器件供应情况以及价格等诸因素，提出新机器的硬件设计指标。主要指标如下。

① 机器运算速度。

② 数据字长度、地址长度。

③ 存储器容量及存储体系(是否采用 cache、虚拟存储器等)。

④ 外部设备的种类和速度。

上述指标均与指令系统的设计密切相关，因为指令系统是硬件设计师与系统程序员都能见到的机器结构，程序是通过指令实现的；而且当指令系统确定后，CPU 的规模、是否采用浮点处理部件等与硬件设计密切有关的问题就可解决了。

当前，新机器的设计指标还不能由现有的计算机直接得出，主要依靠有经验的设计师，但是计算机能辅助进行较低层次的设计，以及测试与统计等工作。

（3）指令系统的设计和模拟。

当前各种计算机的指令系统差别很大，指令数在几十条到几百条之间变化，寻址方式也在两三种到十几种范围内波动。

根据指令系统的复杂程度将计算机分成两类，复杂指令系统计算机(CISC)和精简指令系统计算机(RISC)。

确定指令系统是一项技术性很强的工作，要求高水平的设计人员参加并领导这项工作。

新机器的设计(包括指令系统在内)一般总是继承或吸取某些成功机器的设计经验，并有创新，完全"从零开始"不值得提倡。

为了验证指令系统的完整性、合理性及功能描述的正确性，为硬件设计提供正确依据，通常采取在现有的计算机上进行模拟的方法。即在新机器设计过程中，对设想的每一条指令的功能，用计算机语言进行描述，产生相应的子程序，并在另一台计算机上运行(称为模拟)，这样在新机器还没有制造出来以前就能在现有的计算机上验证指令功能的正确性。如有错误或不满足要求，可对指令系统进行修改。

对计算机的每一条指令都编写了相应的子程序以后，可通过专门为之编写的测试程序或实际应用程序在现有的计算机上运行，验证指令功能的正确性。具体方法是每当取出测试程序或应用程序中的一条指令时，就转到对应于这条指令的子程序入口，执行完成返回到原程序，再取出下一条指令，又转到对应这条指令的子程序入口，……，如此重复，直到执行完程序。然后检查结果，并与预先估计的结果比较。如相等，说明执行这一程序时指令的功能是正确的，但并不说明在执行其他程序时这些指令的功能一定正确，因为测试可能还不全面，因此需要编写一个能全面模拟功能的测试程序。另外为了便于查出错误，执行测试程序时应该允许设置断点。

以上仅简单介绍验证指令系统正确性可以考虑采用的一种办法。为了评价指令系统性能，还需要进一步评测。

指令系统确定后，就要进行硬件设计和实施，这就是下面要谈到的几个过程。

（4）系统设计和系统模拟。

这一阶段对计算机的硬件结构及组成进行设计，并模拟其功能，验证其正确性。也是对前面几个阶段的工作进行考核，在机器运算速度、硬件复杂程度及成本之间进行衡量，如感到不满意，则有可能重新修改机器的设计指标，或修改指令系统。

（5）系统实现及测试模式的形成。

系统实现包括逻辑设计及电路的设计与选择，对于逻辑电路的设计和模拟（逻辑模拟、电路模拟）有专门的软件包可供使用。

对于集成电路，除了少数公司自行设计一些专用集成电路（ASIC）以外，应尽量挑选市场上可买到的器件。例如，当前的微机系统或微机工作站，一般都选用 Intel 公司的微处理器和芯片组。系统中一些控制信号可采用 PLD 电路实现，当批量大时，这些电路应考虑设计专用集成电路芯片，以提高集成度。

由于计算机是一个复杂的系统，在设计时就应同时考虑测试和诊断问题，生成插件、部件以及整机系统的测试、诊断模式。为此在芯片内部要设置测试点，并增加一些测试电路。

（6）工程设计。

包括画逻辑图、进行插件划分、印制板布线等。可以利用计算机进行辅助设计。

（7）生产、测试和试运行。

这一阶段的工作主要在工厂的生产线上进行。测试与试运行的目的是要验证本系统是否达到预期的功能要求。

（8）性能评价。

对产品进行最后的测试，以验证是否达到预期的性能要求。

当设计一台新机器时，软、硬件的设计可以并行进行，甚至软件可以提前进行，并不断互相磋商，以求得最佳的性能价格比。

以上各步有时不能划分得很清楚，也可能交叉进行。对于错误，宜及早发现，如最后需要返工可能会造成巨大经济损失。

2. 指令系统的模拟与仿真

模拟即是在一台计算机上用程序来实现（运行）为另一台不同的计算机指令所编制的程序。由于模拟方法是完全依靠软件实现的，所以运行效率很低。一般模拟程序的效率仅能达到 1%～2%。但因其全靠软件处理，所以通用性强，如果程序有错，修改容易。模拟方法经常应用于设计、研究、分析计算机的性能及其正确性上。在模拟程序中可以附加一些功能，例如统计各条指令的使用频率和 cache 命中率。

假如在一台机器（硬件）上采用微程序控制方法来实现另一台不同机器的指令系统，就叫做"仿真"。这台机器相当于有两套指令系统，通过内部切换，在某一时刻执行其中一套指令系统的程序。仿真速度比模拟速度高得多,如果有需要,可用在新设计的计算机上,来运行另一台不同指令系统机器的程序。

12.4.2 集成电路设计过程和 VHDL

近年来,计算机朝着普及和高性能方向迅速发展,集成电路(IC)和专用集成电路(ASIC)的设计与应用已成为不可缺少的手段。例如,设计将微处理器、存储管理部件和cache集成在一个芯片上的高性能器件以及将微处理器、外围接口电路和存储器集成在一个芯片内的片上系统(SoC)。为了使设计者能在短期内开发出高质量的 IC,电子设计自动化(EDA)系统已有很大发展,它允许在实际制作芯片前,对相当规模的系统进行认真的、详细的分析,以期达到一次设计投片成功的目标。

目前有下列部门参与 ASIC 设计工作。

(1) 电子设计自动化(EDA)开发部门。主要开发 EDA 软件,提供 ASIC 设计工具,利用此工具对系统、逻辑和电路进行模拟,验证设计的正确性,并自动形成测试模式,最终形成芯片的生产版图。功能齐全的 EDA 软件价格很高。

(2) 整机系统设计部门(用户)。提出 ASIC 实现的具体目标,利用 EDA 工具进行逻辑设计和电路设计,并与 IC 生产厂家联系,根据生产厂家提供的单元库进行设计。一般不做到版图。其后续设计工作由 ASIC 设计中心或生产厂家完成。

(3) ASIC 设计中心。对于自己无设计能力的用户,可委托 ASIC 设计中心进行设计。设计中心的设计工作可以从头做起,也可从中间做起,一般都做完版图。ASIC 设计中心可能有生产线,也可能没有生产线,后者需与 IC 生产厂家联系,由 IC 生产厂家完成生产工作。各 IC生产厂家单元库中单元的复杂程度不一,从简单的逻辑门到微处理器都可能包括在单元库中。

1. 集成电路的设计过程

1) 设计过程简介

IC 设计过程将根据电子设计自动化(EDA)工具水平、逻辑的复杂程度、采用的工艺以及设计者的经验而变化。一般设计过程如图 12.13 所示。首先确定 IC 的功能及指标,并进行系统设计,然后进行详细的逻辑设计,再按 EDA 设计工具要求将逻辑图输入,并预估电路的延迟时间,然后由计算机自动进行模拟、自动布局布线(生成制造集成电路的版图)和生成测试码等工作。在模拟过程中,如发现错误,要修改逻辑图,并根据布线情况(如连线长度)调整延迟时间,最后投入生产线。

进入 20 世纪 90 年代,芯片的集成度越来越高,依靠逻辑图输入的方式已不堪重负,采用硬件描述语言 HDL(hardware description language)的设计方式应运而生。硬件描述语言的优点极其突出,如对一个 32 位加法器,利用逻辑图输入软件需要输入 $500\sim1000$ 个门,工作量庞大;而利用 HDL 语言只需要书写一行 $A<=B+C$,而且 HDL 语言的可读性强、易于修改和发现错误,一般使用的硬件描述语言为 VHDL 语言和 Verilog HDL 语言。

2) 逻辑模拟与仿真验证

逻辑模拟是用软件帮助设计者验证 ASIC 设计的正确性。

仿真验证用硬件实现,在原理上与模拟验证类似,一般可用 FPGA(现场可编程门阵列)实现。仿真比模拟的验证速度快得多,其缺点是代价昂贵,灵活性差,而且与实际的 IC 有

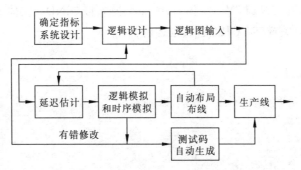

图 12.13　IC 设计过程

差别。

时序问题是已开发的 ASIC 产品不能正常工作的主要原因之一。电路的延迟与器件工艺、负载数目、温度、电压以及连线长度等因素有关。现在的模拟软件允许在逻辑模拟时考虑上述影响。

验证技术的发展落后于 IC 制造工艺的前进步伐,而电子产品的更新换代之快反映了对设计周期不断缩短的市场竞争要求。

2. 超高速集成电路硬件描述语言(VHDL)

VHDL 是美国国防部颁布的超高速集成电路(VHSIC)计划所确定的硬件描述语言,并于 1987 年被 IEEE 批准为标准设计语言,版号为 IEEE 1076-1987。

在对电路进行逻辑模拟时,一般要经历以下步骤。

(1) 定义电路的端口(输入端、输出端),端口是集成电路与外界的连接点。

(2) 电路的行为描述和结构描述。

(3) 编写对电路进行激励模拟的命令文件,进行逻辑模拟。

1) 电路的 VHDL 描述

在 VHDL 中,对电路和系统进行描述的程序的基本结构由两部分组成,即实体说明(Entity Declaration)和结构体(Architecture Body)。实体说明提供所设计电路及系统对外界的公共信息,包括:输入输出端口信号或引脚、端口数目、信号的数据类型等,但不对设计对象做任何逻辑描述。结构体用来描述实体的功能,即设计单元具体的行为和结构。下面结合实例对实体说明和结构体的结构、VHDL 常用的语句作一简单介绍。

(1) 实体说明

实体说明的结构如下:

```
ENTITY  实体名称  is
PORT(
        端口信号名 1:输出输入状态  信号类型;
        端口信号名 2:输出输入状态  信号类型;
                ⋮
        端口信号名 n:输出输入状态  信号类型
);
END  实体名称;
```

在实体说明中，以"ENTITY　实体名称　is"开始，以"END　实体名称"结束。
实体的端口是以关键字 PORT 进行描述的。

（2）结构体

结构体的结构如下：

```
ARCHITECTURE　结构体名称　OF　实体名称　is
        数据类型说明；
        内部信号说明；
            ⋮
BEGIN
        并发处理语句；
            ⋮
        并发处理语句；
END　结构体名称；
```

结构体包括结构体说明和结构体语句两部分。结构体以 ARCHITECTURE 开始，引出结构体名称。接着是结构体说明，在这一部分中，将引出结构体中要用到的一些对象，并进行说明，如数据类型、信号、常数和子程序等。如果没有要说明的对象，可以没有结构体说明。结构体语句以 BEGIN 开始，结构体以"END　结构体名称"作为结束。

下面是半加器（half adder）的描述。

```
ENTITY  half adder  is                //VHDL 不区分字母的大小写,half adder 为实体名称
PORT  (X,Y: in  bit;                   //X、Y 为输入,S、C 为输出,以位形式表示
       S,C: out  bit);
END  half adder;
ARCHITECTURE  behavioral description  of  half adder  is
                                      //结构体名称是 behavioral description
BEGIN                                 //结构体语句开始。本例无需结构体说明
PROCESS(X,Y)                          //结构体描述,该描述以进程 PROCESS 为开始。括号内的
                                      //X,Y 是参与的信号名
BEGIN                                 //PROCESS 描述开始
     S<=X xor Y;                      //"<="是一种关系运算符,表示赋值
     C<=X and Y;                      //"xor"、"and"是逻辑运算符,分别表示"异或"、"和"运算
END   PROCESS;                        //进程描述结束
END  behavioral description;          //结构体描述结束
```

2）信号的运算

VHDL 有两类信号运算，逻辑运算和关系运算。逻辑运算有非（not）、与（and）、或（or）、异或（xor）、与非（nand）、或非（nor）、异或非（xnor）。关系运算主要有算术加（＋）、减（－）、乘（＊）、除（/）、等于（＝）、不等于（/＝）、小于（＜）、大于（＞）、指数（＊＊）、连接（＆）、延迟赋值（＜＝）、直接赋值（:＝）等。

延迟赋值"＜＝"表示信号的形成有延迟时间，例如语句：

```
C<=X and Y after 15ns          表示与门的输出延迟 15ns 赋于 c。
```

直接赋值":＝"经常用于赋常数值，例如 C:＝5，没有延迟时间。

下面是图 12.14 组合逻辑电路的 VHDL 程序。在程序中引入了结构体的内部信号 SIGNAL 说明。

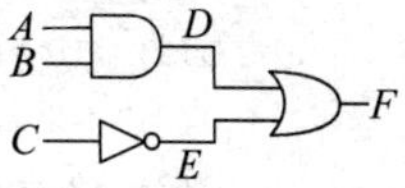

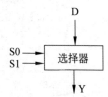

图 12.14　组合逻辑电路

```
ENTITY  circuit  is
PORT (A,B,C： iN  Std. Logic;
     F： out  std. Logic);        
END  circuit;
ARCHITECTURE  a  of circuit is    //结构体名称是 a
    SIGNAL  D,E：  Std. Logic;     //数值信号 D、E 是标准逻辑形式,D、E 是内部信号,以 SIGNAL
                                   //方式定义,放在结构体说明中
BEGIN                             //结构体语句开始
    D<=A and B after 10 ns;
    E<=not C after 8ns;
    F<=D or E after 10ns;
END  a;                           //结构体语句结束
```

3) 并发语句和顺序语句

(1) 并发语句

程序的顺序执行是指按程序书写方式自上而下一次只执行一条命令,程序的并发执行是指几条命令同时执行。要并发执行程序,电路一定具有并行处理的能力。以图 12.14 为例,D 由 A、B 运算而得,获得 D 需一条命令,E 由 C 运算而得,又需一条命令,两条命令无依赖关系,是可以同时执行的(虽然图中的与门和反相门的传输时间不同)。

并发处理语句可以有以下几种方式。

① 赋值。使用运算符"＜＝"。

② 条件型信号赋值语句：When-Else。

语句格式为：

```
信号名<=表达式1      When      条件1      Else
        表达式2      When      条件2      Else
               ⋮
        表达式 n-1   When      条件 n-1   Else
        表达式 n;
```

图 12.15　数据选择器

它是根据不同的条件将不同的值赋给信号的。

图 12.15 是四选一数据选择器,D0～D3 是 4 个通道输入数据,S0S1 是通道选择信号,Y 为输出数据。

下面是利用 When-Else 描述的 4 选 1 数据选择器的 VHDL 语言。

```
ENTITY  mux  is
   PORT(D： IN  Std. Logic Vector(3 downto 0);S0,S1： IN  Std. Logic;
        Y： OUT  Std. Logic);
END  mux
ARCHITECTURE  Condi  of  mux  is
SIGNAL  Sele：  Std. Logic Vector(1 Downto 0);   //Sele 是选择器的内部信号
BEGIN
```

```
            Sele<=S0&S1                          //外部输入 S0、S连 接后赋值给内部信号 Sele
        Y<=D(0)  When  Sele="00"  Else
           D(1)  When  Sele="01"  Else
           D(2)  When  Sele="10"  Else
           D(3)  When  Sele="11";
    END Condi;
```

（2）顺序语句

顺序语句和并发语句的另一个差别是,顺序语句只能出现在进程(PROCESS)或子程序中。这里介绍 PROCESS(进程)语句。

PROCESS(进程)结构中所有语句都是顺序执行的。PROCESS 的格式为：

```
PROCESS(信号 1,信号 2,…)
BEGIN
      ⋮
END  PROCESS;
```

下面用 If-Else 编写 4 选 1 数据选择器的 VHDL 语言

```
ENTITY  mux  is
    PORT(D:  IN  Std. Logic Vector(3 Downto 0);
         Sele:  IN  Std. Logic Vector(1 Downto 0);
         Y:  OUT  Std. Logic);
END  mux;
ARCHITECTURE  condi  of  mux  is
BEGIN
    PROCESS (D, Sele)
      BEGIN
      If  (Sele="00")  Then
           Y<=D(0);
      ElsIf  (Sele="01")  Then
           Y<=D(1);
      ElsIf  (Sele="10")  Then
           Y<=D(2);
      Else
           Y<=D(3);
      END  If;
  END  PROCESS;
END  Condi;
```

由于 If-Else 是顺序语句的命令,因此,它只能在 PROCESS 中使用,这是需要特别注意的。

在上述用 When-Else 和 IF-ELSE 描述的程序中,Sele 信号的表达方式不同,但这不受限制,可任意选择。

12.4.3 电子设计自动化（EDA）

随着集成电路工艺的改进、集成电路集成度的提高、工作主频的不断窜升、SoC 设计模式的出现和越来越多功能的设计要求,使得 IC 设计的复杂性越来越高。目前 EDA 设计系统的功能覆盖了 IC 设计的全过程,从系统描述输入、综合、模拟、布局布线、验证、测试到芯片的制造加工等都有各种 EDA 工具支持。目前在 EDA 学术界和工业界,美国处于领先地位,全球最著名的 EDA 公司为美国的 Cadence、Synopsys、Mentor、Magma 等,在美国的大学中设有与 EDA 相关的专业或研究方向。然而 IC 制造能力的提高速度远远超过了 IC 设计能力增长速度,而且其差距还在不断增长,因此对 EDA 工具的改进和发展提出了严峻的挑战。

1. 面向 SoC 的系统级设计

1) 系统级设计

SoC 几乎将某些设备的电子系统全部功能集成到一块芯片上,从而在单个芯片上能实现数据的采集、转换、存储、处理和输入输出等多种功能。SoC 设计应是一个软件和硬件协同设计的过程。然而传统的 IC 设计方法一般都是将系统开发分成两个部分,即系统级软件开发部分和电路级硬件开发部分,如图 12.16 所示。系统级软件开发人员使用诸如 C/C++ 等高级编程语言进行系统描述和算法仿真,编写系统设计书,以手工方式移交给硬件设计工程师。在硬件的逻辑级和电路级,硬件设计师根据系统设计书使用诸如 VHDL 等硬件描述语言进行逻辑设计和电路设计。

SoC 系统级设计的主要研究内容包括软硬件协同设计技术、设计重用技术、与底层相结合的设计技术等。

软硬件协同设计技术包括系统描述、软硬件划分(目前仍不能取代有经验的设计师)、软硬件协同综合(利用系统级设计人员提供的各种资源,诸如系统功能描述、可使用的软/硬件模块等来实现从功能到结构再到实现的转换)、软硬件协同仿真和验证(其目的是在硬件生产出来之前来验证系统软硬件的正确性)。

设计重用技术主要包括 IP 核的设计和 IP 核的使用。IP 核的设计除了需要考虑具体功能之外,还要考虑可重用、可测试和可升级问题。与设计重用技术有关的还有可重构计算技术,它是以可编程逻辑芯片为硬件基础,完成应用功能的设计,具有灵活的软件编程性。

研究与底层相结合的设计技术,是因为随着集成电路工艺的不断进步,物理寄生效应已成为电路性能和成本的主导因素,门电路之间连线造成的时延已超过门本身的延迟时间。在逻辑设计时应该充分考虑物理实现后引起的时延问题。

2) 互连线的寄生效应

在当前高性能集成电路设计中,互连线的寄生效应决定电路的时延、可靠性和功耗。对互连线的寄生效应进行有效建模和验证已成为设计流程中的一个至关重要的环节。所谓建模,即是用电容、电阻、电感等寄生元件为互连线间的电磁耦合效应建立模型。在这 3 个寄生参数中,电容的提取最受关注,互连线的电阻较易计算,电感的影响较小,因此互连线间寄生电容的提取是集成电路 EDA 中的一个重要问题。

在集成电路中,存在大量的互连金属线,它们之间用二氧化硅等介质进行绝缘,应该说,任何两根金属互

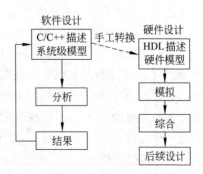

图 12.16　传统的集成电路设计方法

连线之间都存在电容,它的大小体现了这两根金属线间电磁寄生效应的强弱,当前集成电路中的互连线是十分复杂的三维结构,因此对这些互连线的电容效应进行建模并不是一件容易的事。

3)SoC 低功耗设计

SoC 功耗受到重视的原因如下。

(1)能源限制。随着便携式移动通信和计算产品的普及,对电池的需求增强,而电池技术相对落后,这就需要 SoC 降低功耗。

(2)电路的功耗会全部转化成热能,加剧硅失效,导致可靠性下降,而快速散热又会导致尺寸加大和封装、制冷成本提高。

(3)功耗大导致温度高,影响 IC 速度的提高和环境温度。

芯片功耗大致由跳变功耗、短路功耗和泄漏功耗三部分组成。跳变功耗由每个门的输出端对电容充放电形成,这部分的功耗占主要地位;短路功耗是 CMOS 晶体管在翻转过程的短暂时间内,P 管和 N 管同时导通,在电源与地之间形成短路电流,从而产生的功耗;泄漏功耗又称静态功耗,是由漏电流引起的。

降低电源电压可以减少跳变功耗,这就是集成电路由原来的 5V 电压降到 3.3V、1.5V 甚至更低的原因。但是降低电压会面临一些问题。

(1)降低电源电压,如果晶体管阈值电压不变,那么噪声容限会减小,抗干扰能力会降低,为此阈值电压应该相应地减少,此技术已由芯片加工厂提供了相应的支持。然而阈值电压的减少会导致静态功耗增长,其得失要根据工艺水平来评估。

(2)电压降低,电路的时延会增加,可采用的补救方法有:通过操作系统动态控制时钟频率和电源电压;在系统的关键路径上保持高电压,在非关键路径上提供低电压。

功耗有平均功耗和峰值功耗之分,平均功耗可以决定电池的使用时间,而峰值功耗涉及电路的可靠性,并影响电源线和地线的设计。

低功耗设计和功耗评估需要 EDA 工具在 SoC 设计的各个层次中协同进行。

2. 集成电路物理设计

近年来,集成电路在设计规模和制造工艺方面都得到迅猛发展,集成电路从超深亚微米时代进入纳米时代,世界上主要 IC 制造厂家的先进工艺相继进入了 45nm 及 32nm 特征尺寸(指芯片上最小尺寸,如 CMOS 管的栅极长度)范围。在 VLSI 设计中,EDA 工具起着重要的作用,对应于各个不同阶段都有相应的 EDA 工具。物理设计是直接和集成电路制造相关的,存在着广泛的 EDA 工具。

物理设计可进一步分为划分、布图规划和布局、布线等几个阶段。划分是为减少设计复杂性而进行的,对电路单元,如门、触发器等按照互连关系进行划分,以获得较少的电路模块(种类和数量)。布图规划和布局的主要任务是确定各模块的尺寸和在芯片上的位置,其目标是在满足系统性能的条件下,尽量减小芯片面积。布线的主要目标是百分之百完成模块间互连,然后进一步优化。

1)物理设计阶段布图规划和布局面临的问题

(1)在物理设计阶段,把 IC 设计的结果转化为芯片的掩膜图形,这些图形在物理上是具有分布参数特征的,在 IC 工艺进入亚微米之前,互连参数基本可以忽略,但进入深亚微米

（$0.25\mu m$ 以下）和纳米阶段之后，互连和功耗成为系统性能瓶颈。布图规划和布局阶段不仅要为物理设计的其他阶段提供一个好的规划，而且要考虑物理设计的其他约束，是加速 SoC 设计收敛的有效途径，正成为学术界和产业界的研究前沿。

（2）由于系统工作频率的提高和集成度的增大，芯片的功耗急剧增加，在布图规划和布局时，考虑功耗的均匀分布，消除功耗产生的局部热点，避免局部热点烧毁整个芯片的情况发生，也是有效的措施之一。

（3）近年来，CMOS 技术的发展，使得数字电路和模拟电路组合在同一芯片上成为可能，但还没有足够成熟的商用 CAD 工具来支持模拟电路的设计和版图设计。

（4）芯片上互连线的走线方向传统上有水平和垂直两种，其缺点是连线长度比平面最短距离长很多。近年来，研究者一直在研究用偏斜走线代替直角走线，从而有效地缩短模块间互连的线长。

（5）由于物理寄生效应开始在电路性能等一系列指标上占据主要地位，使得高层次综合过程中必须考虑物理寄生效应的影响，于是提出了"高层次综合"和"布图规划"相结合的研究方向，希望能解决当前由于集成电路规模不断扩大，特征尺寸不断减小而导致设计返工次数增多，甚至出现设计不收敛问题。

2）IC 布线

布线就是将逻辑单元（如门、触发器、全加器等）进行互连，其目标是百分之百地完成逻辑单元间的互连，并为满足各种约束条件进行优化，如消除布线拥挤、减小耦合效应、消除串扰、保证信号完整性等布线的优化工作。

布线分总体布线与详细布线两步进行。总体布线在布局阶段之后，将整个芯片的连线划分成若干个线网，并为各个线网在芯片上规定一个大致的布线方向，把线网分配在适合的布线区域内，以引导详细布线顺利进行。详细布线需要满足以下约束。

（1）布线层数目。即可以走线的金属层数目。

（2）互连规则。即不同的线网在同一层内不允许交叉，在不同层上同一线网的各部分由通孔相连。

（3）障碍。包括单元、引脚、通孔和已布线网等。

（4）设计规则。走线宽度、走线与走线之间以及走线与障碍之间的距离、通孔大小等要符合规定。

详细布线的优化目标包括布通率高（如果不能自动将全部线网布通，则需要人工参与，既费时又费力），线网总长度短，减少通孔的数目，减少时延、耦合效应和串扰等。

随着芯片上晶体管数的飞速增加，布线层数的不断增多，集成电路特征尺寸的不断减小，使得为其提供支持和服务的计算机辅助物理设计工具不断面临新的挑战，所要解决的问题也越来越复杂。

3）物理设计和芯片制造

物理设计是 IC 设计制造过程中至关重要的一环，它在几十至几百平方毫米的硅片上最终规划实现整个电子系统。它要把每个电路元件和连线转换成几何图形表示，并要符合由制造工艺确定的设计规则的要求，如间距和密度要求。从尺寸不断缩小的制造工艺角度来讲，集成电路的挑战主要来自光刻技术、晶体管制造技术以及互连技术 3 个方面，随着特征尺寸的减小，制造设备的成本呈指数级增长，工艺制造留给设计的裕量实际上在不断减小。

多种全新工艺步骤的引入和快速发展,新的约束条件的增加,以及制造工艺中系统性、参数性和随机性误差的影响,使得介于逻辑设计与制造之间的物理设计面临更大的压力。

考察 IC 制造工艺过程,在制造时,通常先以不同的导电或绝缘材料(如铝或铜、多晶硅、二氧化硅等)在硅圆片上沉积生成新的材料层;接着在该材料层上涂上对光敏感的光刻胶薄层;然后掩膜母板上刻有的电路精密图像被投影到硅片的光刻胶薄层表面,经过显影和刻蚀,感光部分的材料被消除。这样的工作重复几十次,在硅圆片上就形成了以晶体管为基本构造单元,多层不同材料复杂连接的网络。几年前一台适合于 90nm IC 制造的光刻机需要耗资 1000 万美元以上;为了制造一片完整的 90nm IC,需要几十层掩膜板,其总耗资也需百万美元。根据光的传播原理,光波通过掩膜板时会发生衍射和干涉现象,因此实际投射到硅片上的光强分布是衍射光波的叠加效果,与掩膜图形相比有较严重的失真。引起的图形失真如转角变形、线宽变化等有可能导致电路器件和连线自身断路或相互短路,成为当前影响成品率的重要原因之一。为了解决光刻问题,半导体业界采用了"分辨率增强技术",其主要思路是对掩膜上的图形形状或透光的相位进行改动,使得最后的图形与设计要求比较一致,这就需要 EDA 工具对实际的工艺制造过程建立模型,通过模拟结果和原始版图进行比较,来确定是否要对版图进一步修改。为了使现有的半导体制造设备的制造能力得到充分发挥,并保持较高的成品率,各种新的分辨率增强技术不断涌现,其中产生了大量的物理和数学问题需要通过精深的计算机辅助手段才能获得解决。

习　题

12.1　从以下叙述中选出正确的条目。

(1) Linpack 基准测试程序主要测试计算机的浮点运算速度。

(2) TPC 是负责制订计算机事务处理能力测试标准的组织。

(3) 基准测试程序的测试结果能全面、正确地反映计算机的运算能力。

(4) SPEC 分数目前被广泛用来评测计算机的速度,SPEC 分数值大的机器在运行任何程序时,都能获得比 SPEC 分数值小的机器更高的速度。

(5) 如在某台机器上运行全部 SPEC 95 基准程序的速度是在 SPARC Station 10/40 工作站上运行速度的 n 倍,则这台机器的 SPEC 分数为 n。

12.2　台式计算机、笔记本电脑和平板电脑有何主要差别?

12.3　为微型机提供芯片组的目的是什么?请介绍主机板的构成。

12.4　服务器按照机械结构和占用空间的不同可区分为哪几种?

12.5　接触式卡与非接触式卡有何不同?条形码和 RFID 标签有何不同?

12.6　在存储卡中是否有 COS 操作系统?

12.7　提高计算机运算速度有哪些办法?

12.8　超级标量计算机的特点是什么?对编译优化提出的最主要的要求是什么?

12.9　什么是向量计算机?它对运算单元和存储器各有什么要求?

12.10　根据存储器组成方式的不同,多处理机可分成哪两类?哪一类可减少访问存储器冲突?

12.11　试写出在传统计算机上和向量计算机上计算 $A=B+C$(其中 A、B 和 C 各由 n 个元素组成)的过程。

12.12 什么是容错计算机？双机系统和双工系统的主要差别是什么？

12.13 嵌入式计算机和片上系统的主要特点是什么？在其中使用最多的微处理器叫什么？

12.14 什么是高性能计算和网格计算？

12.15 选择填入 □ 中的正确答案。

(1) 指令系统设计主要由 ☐A 进行。设计兼容机或同一系列不同型号的计算机时，

　　新机器应包括原有机器的 ☐B 指令。

(2) 目前 ☐C ☐D ☐E 工作主要依靠计算机自动完成（当能提供适当的软硬件环境时）。

供选择的答案：

A：① 硬件设计人员；②软件设计人员；③软硬件设计人员共同参加。

B：① 全部；②部分。

C、D、E：①指令系统设计；②指令系统模拟；③从指令系统到硬件实现；④逻辑模拟；⑤印制板布线。

12.16 从以下叙述中选择出正确的条目。

(1) 指令系统模拟是在一台机器上用程序模拟另一台不同计算机所编制的程序，但因其效率太低，因此这项模拟工作没有任何实用意义。

(2) 某公司设计一台新指令系统计算机，但仍想运行该公司在原来机器上运行的程序，通常可采用下列方法：

　　① 如有高级语言编程的源程序，可在新机器上重新编译一次。

　　② 如要运行原二进制代码程序，则新机器应具有执行旧机器指令系统的功能，一般在机器内设置一套能执行旧指令的微码控制器。

(3) 微程序的编制工作直接与硬件有关，而且其编制的好坏程度与机器运行速度影响极大，因此需要由人工进行微程序的二进制编码工作。

12.17 举例说明 ASIC 芯片的应用。

12.18 在集成电路的设计和制造方面，EDA 工具起什么作用？

12.19 设有一全加器，其输入信号为 IN1、IN2 和 CIN。已知该全加器由两个半加器组成，请用 VHDL 语言进行描述。

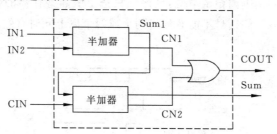

习 题 答 案
（以下答案仅供参考）

第 1 章　略
第 2 章

2.1　三态门和集极开路门，后者输出的波形较差，延时较大。

2.2　与门，与非门，或门，或非门，反相器，异或门，异或非门。

2.3　① 4级门，时间＝3×10ns＋20ns＝50ns

　　② 如果直接产生进位信号，形成 C8 的公式比 C4 复杂得多。而且各种门的输入端数量是有限的，因而产生进位信号的级数会增加，造成延迟时间和门的数量增加。

2.4　ROM 的地址译码器电路见图 2.22。输入 3 个，输出 8 个（2^3 个）。

2.5　逻辑图中，A、B、C、D 为 4 个输入信号，$F_0 \sim F_{15}$ 为 16 个输出信号，利用 D 和 $\overline{D}$ 作为芯片的"使能"控制信号。

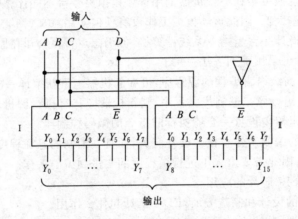

2.6　为了在输出线上得到某个寄存器的内容，无论使用三态门，还是使用四选一，都要求开门信号在约定的时间范围内稳定不变，且保证只选出所需寄存器的数据。对于三态门，必须保证任何时候各开门信号不能有任何两个或两个以上同时有效，以防三态门损坏。

2.7　输出端波形如下：

2.8　表达式：$J_A = K_A = 1$，$J_B = K_B = Q_A$，$J_C = K_C = Q_A Q_B$，$J_D = K_D = Q_A Q_B Q_C$。十进制计数器复杂的原因是 9(1001) 的下一状态为 0(0000) 造成的。

2.9　设 4D 寄存器为 M＝0 左移，即 $Q_4 \leftarrow Q_3 \leftarrow Q_2 \leftarrow Q_1 \leftarrow D_L$

　　　　　　　　M＝1 右移，即 $D_R \rightarrow Q_4 \rightarrow Q_3 \rightarrow Q_2 \rightarrow Q_1$

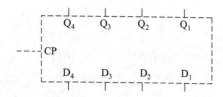

因此有:$D_4 = \overline{M}Q_3 + MD_R$，　$D_3 = \overline{M}Q_2 + MQ_4$，

$D_2 = \overline{M}Q_1 + MQ_3$，　$D_1 = \overline{M}D_L + MQ_2$。

$D_4 \sim D_1$ 由 PLA 实现如下:

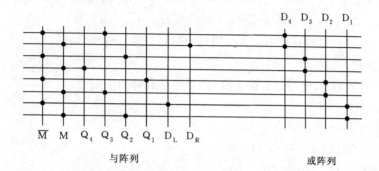

与阵列　　　　　　　　　　　　　　　或阵列

2.10　前 3 种阵列芯片由用户提出逻辑图,工厂进行生产,分别是半定制、半定制和全定制芯片。芯片面积利用率由低到高的顺序为 GA、MCA、SCA。FPGA 已是定型的正式产品,可反复编程和修改逻辑功能,适用于试验或批量不大的应用场合。

2.11　应选择可编程序门阵列 FPGA。

2.12　GAL。因为 GAL 可用电擦除和反复编程,而 PAL 和 PLA 采用熔丝编程,不能修改已写入的内容。

第 3 章

3.1　(1) $\left(7\frac{3}{4}\right)_{10} = (111.11)_2 = (7.6)_8$

(2) $\left(\pm\frac{3}{64}\right)_{10} = (\pm 0.000011)_2 = (\pm 0.03)_8$

(3) $(73.5)_{10} = (1001001.1)_2 = (111.4)_8$

(4) $(725.9375)_{10} = (1011010101.1111)_2 = (1325.74)_8$

(5) $(25.34)_{10} \doteq (11001.011)_2 = (31.3)_8$

3.2　$(101.10011)_2 = (5.59375)_{10}$

$(22.2)_8 = (18.25)_{10}$

$(AD.4)_{16} = (173.25)_{10}$

3.3　略。

3.4

X	$[X]_{原}$	$[X]_{补}$	$[X]_{反}$
0.1010	0.1010	0.1010	0.1010
0	0.0000	0.0000	0.0000
-0	1.0000	0.0000	1.1111

	-0.1010	1.1010	1.0110	1.0101
	0.1111	0.1111	0.1111	0.1111
	-0.0100	1.0100	1.1100	1.1011

3.5　$[X]_原$　　0.10100　　1.10111　　1.10110

　　　$[X]_补$　　0.10100　　1.01001　　1.01010

3.6　$[X]_补$　　0.1110　　　1.1100　　　0.0001　　　1.1111　　　1.0001

　　　X　　　　0.1110　　-0.0100　　　0.0001　　-0.0001　　-0.1111

3.7　$[X]_补=0.1011$；$[-X]_补=1.0101$；$[Y]_补=1.1011$；$[-Y]_补=0.0101$；

　　　$[X/2]_补=0.0101(1)$；$[X/4]_补=0.0010(11)$；$[2X]_补$（溢出）

　　　$[Y/2]_补=1.1101(1)$；$[Y/4]_补=1.1110(11)$；$[2Y]_补=1.0110$

　　　$[-2Y]_补=0.1010$

说明：一数除以 2，相当于右移 1 位，括号内是右移出去的数。

3.8　(1) $Y=0.001000000011$

　　　(2) 原码 0 10010 100000001100000

　　　(3) 反码 0 11101 100000001100000

　　　(4) 补码 0 11110 100000001100000

3.9　(1) 最大正数　　$01\cdots1$，即$(2^{15}-1)_{10}$

　　　　　最小负数　　$11\cdots1$，即$-(2^{15}-1)_{10}$

　　　(2) 最大正数　　$0.1\cdots1$，即$(1-2^{-15})_{10}$

　　　　　最小负数　　$1.1\cdots1$，即$-(1-2^{-15})_{10}$

　　　(3) 最大浮点数　　$2^{31}\times(1-2^{-9})$

　　　　　最小浮点数　　$-2^{31}\times(1-2^{-9})$

　　　　　绝对值最小的浮点数　　$2^{-31}\times2^{-1}=2^{-32}$（尾数为规格化数）

　　　　　十进制有效数字位数小于 3（二进制 9 位）。

3.10

		已规格化	非规格化
	最大正数	$(1-2^{-8})\times2^{63}$	$(1-2^{-8})\times2^{63}$
	非零最小正数	2^{-65}	2^{-72}
	绝对值最大负数	-2^{63}	-2^{63}
	绝对值最小负数	$-(2^{-1}+2^{-8})\times2^{-64}$	-2^{-72}

采用移码上述各值无变化。但考虑到下溢处理，阶为 -64 按下溢处理成机器零，规格化和非规格化的最小非零正数分别为 2^{-64} 和 2^{-71}，规格化和非规格化的绝对值最小负数分别为 $-(2^{-1}+2^{-8})\times2^{-63}$ 和 -2^{-71}。

3.11　$10^3\doteq2^{10}$ 所以 $10^{38}\doteq2^{127}$，阶码取 8 位（含符号位）采用移码。尾数 $2^{83}<10^7<2^{24}$，尾数取 24 位，加 1 位符号位。浮点数格式如下：

1 位	8 位	24 位
数符	阶码	尾数

3.12　101101101，　000110011，　011101111，　100011101

3.13 补数：

	X	Y	$-Y$
(1)	15	08	92
(2)	24	84	16

补码：(为简化起见,符号位用 0 表示正号,1 表示负号)

(1) $[X]_补 = 0\ 0001\ 0101$, $[Y]_补 = 0\ 0000\ 1000$, $[-Y]_补 = 1\ 1001\ 0010$;

(2) $[X]_补 = 0\ 0010\ 0100$, $[Y]_补 = 1\ 1000\ 0100$, $[-Y]_补 = 0\ 0001\ 0110$。

3.14 (1) 0.00010 (2) 正溢出

3.15 (1) 1.01100 (2) 正溢出

3.16 (1) $[X+Y]_移 = 1\ 0011010$ $[X-Y]_移 = 0\ 1000100$

  (2) $[X+Y]_移 = 1\ 1000100$ $[X-Y]_移$：正溢出

3.17 $[X \cdot Y]_原 = 1.10001111$ $X \cdot Y = -0.10001111$

3.18 $[X \cdot Y]_补 = 1.11000100$ $X \cdot Y = -0.00111100$

3.19 商 -0.10110 余数 -0.0000010110

3.20 0.10001111

3.21 (1) $[E_{X+Y}]_补 = 0001$ $[M_{X+Y}]_补 = 0.1100$

  (2) $[E_{X \cdot Y}]_移 = 0111$ $[M_{X \cdot Y}]_原 = 0.1011$

  (3) $[E_{X/Y}]_移 = 1011$ $[M_{X/Y}]_原 = 0.1001$

3.22 略。

3.23 (1) D $\xrightarrow{S}$ 二选一 $\xrightarrow{CPA}$ A $\xrightarrow{A\to\Sigma}$ Σ 加法器 $\xrightarrow{CPB}$ B。箭头 $\longrightarrow$ 表示传送,箭头上的符号表示完成动作所需要的控制信号(下同)。

  (2) A $\xrightarrow{A\to\Sigma}$ Σ 加法器

  B $\xrightarrow{B\to\Sigma}$ Σ 加法器 $\Big\}$ $\xrightarrow[\ CPB\ ]{\overline{S}}$ 二选一 $\xrightarrow{CPA}$ A

     $\searrow$ B

  (3) A+B $\longrightarrow$ B 的执行时间 = (A→Σ 或 B→Σ)门延迟 + Σ 加法器完成加法运算的时间 + B 寄存器翻转时间。前面两项为 A+B 的执行时间。

  A+B $\longrightarrow$ A 的执行时间 = A+B 的执行时间 + "二选一"门延迟时间 + A 寄存器翻转时间。

  (4) 结果不对。

3.24 实现串行加法运算的逻辑图如下:

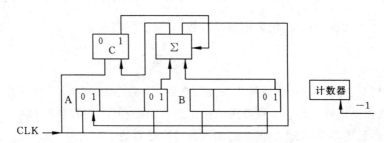

已知相加两数已存放在 A、B 两个寄存器中,A、B 有移位功能,Σ 为一位全加器,C 保留进位信号,其最初值为 0。CLK 为时钟,每一节拍完成的工作为:A、B 最低位送

Σ，与上次进位相加。本次运算的结果（和）送 A 寄存器最高位，进位送触发器 C，同时 A、B 右移一位。另外再设计一个计数器，初始值为 n，在 CLK 作用下，减 1，当计数器为 0 时，加法运算结束。在 A 寄存器中得两数之和。最后检查 C，若 C＝1，表示相加两数溢出。

3.25　（1）1　　（2）0

3.26　（1）校验位数为 6

（2）校验位位置：

共 $k+r＝16+6＝22$ 位，设为 $H_{21} \sim H_0$；数据 16 位，设为 $D_{16} \sim D_1$；

校验 6 位，设为 $P_6 \sim P_1$，则安排如下：

H	22	21	20	19	18	17	16	15	14	13	12	11	10	9	8	7	6	5	4	3	2	1
P		6						5							4				3	2	1	
D			16	15	14	13	12		11	10	9	8	7	6		5	4	3	2			1

3.27　采用图 3.11 的海明校验线路，其编码方法和分析见书中对该图的说明。该方案具有 1 位检错和纠错能力。

8 位信息码 01101101 依顺序表示为 D_8、D_7、$\cdots$、D_1，校验码为 P_1、P_2、P_3、P_4。其中：
$$P_1 = D_1 \oplus D_2 \oplus D_4 \oplus D_5 \oplus D_7 = 1+0+1+0+1 = 1$$
$$P_2 = D_1 \oplus D_3 \oplus D_4 \oplus D_6 \oplus D_7 = 1+1+1+1+1 = 1$$
$$P_3 = D_2 \oplus D_3 \oplus D_4 \oplus D_8 = 0+1+1+0 = 0$$
$$P_4 = D_5 \oplus D_6 \oplus D_7 \oplus D_8 = 0+1+1+0 = 0$$

海明码 $H_{12} \sim H_1 = D_8 D_7 D_6 D_5 P_4 D_4 D_3 D_2 P_3 D_1 P_2 P_1 = 011001100111$

3.28　（1）码距为 4，能纠正 1 位错，或最多发现 3 位错和奇数个错。出现数据 00011111，应纠正成 00001111。当已知出错位时，取其反码即可纠错。

（2）码距为 2。能发现 1 位错，不能纠错。

3.29　（1）无符号数能表示的数为 0000～1111，共 16 个。

（2）用原码能表示 15 个数，因为 0000 和 1000 均为零值。用补码能表示 16 个数，因为仅是 0000 为零值。

用反码能表示 15 个数，因为 0000 和 1111 均为零值。

3.30　对于同一阶码，M 位尾数能表示的个数为 2^M 个，当基数为 2 时，能表示的规格化数为 $2^M \times \dfrac{1}{2} = 2^{M-1}$。阶码的个数为 2^P，所以能表示的全部规格化浮点数为 $2^P \times 2^{M-1}$ 个。当基数为 8 时，能表示的浮点数 $= 2^P \times 2^M \times 7/8$。

第 4 章

4.1　ROM 区经常存放操作系统中需要频繁使用，尤其是停电后不允许丢失的一部分程序或数据。也可能是启动机器用的操作系统引导程序，将存放在辅存中的操作系统（部分）调到主存中，以达到正常启动机器运行的目的。

4.2　使 DRAM 芯片的地址引出端减少一半，从而减小器件的尺寸。

4.3　（1）读信号有效后，SRAM 数据线上的读出数据将随地址变化（有一定延时），为了获得可靠的输出,在地址稳定后,读信号要维持一定时间。在读信号有效后,数据线上不允许其他电路送来信号,否则会干扰数据线上的信号,甚至损坏器件。

(2) 写信号有效后,地址仍在变化,有可能会改写所有曾出现过的地址的存储单元内容;写入数据不稳定,而地址不变,则要保证在写信号消失时数据线上的数据是稳定的,且已维持足够时间。

4.4　$R/\overline{W}$ 命令应往后延,写时地址不允许变化。

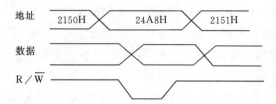

4.5　(1) 128 片　　(2) $\leqslant 15.6\mu s$

4.6

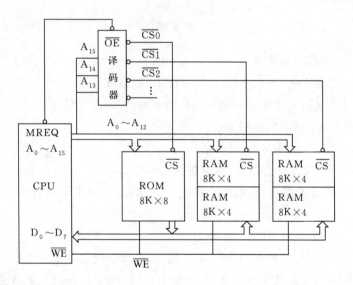

4.7　DRAM 需刷新,SRAM 则不需要。

4.8　DDR3。$1333MHz \times 64b/8 = 10.66GB/s$。

4.9　在结构上 EPROM 和 E^2PROM 都依靠增加了一个浮置栅而能存储信息的。但擦除信息的方法不同,EPROM 依靠紫外线擦除信息,改写内容时需从应用的设备上取下,再到专用仪器上擦除和重新写入,一般应用在工控设备、仪器或其他嵌入式设备中,存放程序或一些固定数据,E^2PROM 可以用电擦除后再写入,比 EPROM 方便,但写入时间比 RAM 长,一般应用在对速度要求不高但又希望停电时仍能保持信息的场合,例如 IC 卡。

4.10　会降低存储器效率,在极端情况下,就像只有一个存储体。

4.11　4 个存储体,每个存储体的容量为 1G 字/4 = 256M 字,地址 30 位($A_0 \sim A_{29}$),假设 A_0、A_1 为低位。将 $A_2 \sim A_{29}$ 地址线作为行地址和列地址经二选一电路连接到存储器芯片的地址输入端，A_0、A_1 连接一个译码器，其输出分别和 RAS 相乘（各通过一个与非门）。产生 $\overline{RAS_0}$、$\overline{RAS_1}$、$\overline{RAS_2}$ 和 $\overline{RAS_3}$，分别连到存储器芯片的 $\overline{RAS}$ 端，用它来选择存储体。

每个存储体由 32 个存储器芯片组成，32 个芯片的 $\overline{RAS}$ 端连接在一起。4 体中所有存储器芯片的相应地址端（共 14 根）分别连接在一起。

4.12　(1) 单字宽主存，读写周期＝1＋4＋1＝6 个时钟周期，16 个字共需 $16 \times 6 = 96$ 个时钟周期。

(2) 4 字宽主存一次可读写 4 字，16 个字需读写 4 次，但最后一次读出还需要增加 3 个时钟周期才能将数据送到 CPU，总共需要 $6 \times 4 + 3 = 27$ 个时钟周期。

(3) 4 体交叉存储，每个体访问 4 次，最后再加上 3 个时钟传送数据，总共需要 $6 \times 4 + 3 = 27$ 个时钟周期。

4.13　Flash memory 要整片或整个分区擦除后才能写入，而且擦除写入时间又长，因此不能作为一般微机的主存。可以用作磁盘的补充设备（相当于小容量移动磁盘）或替代 EPROM 等。

第 5 章

5.1　操作码 4 位（双操作数指令）。
　　单操作数指令最多为 $(2^4 - 1024) \times 2^6 - L/2^6$（取整数）。

5.2　变址编址访存地址为 23DFH，相对编址访存地址为 2B3FH。

5.3　(1) 取出数据为 2800H，转移地址为 2B3FH。
　　(2) 若机内设有基址寄存器，所取数据为 2500H；
　　　　若机内没有基址寄存器，所取数据为 2300H。

5.4　加法指令实现算术加运算，根据运算结果置状态位；逻辑加进行按位加运算，不置状态位。

5.5　(1),(4),(5),(6)

5.6　在设计指令系统时，一般在指令（1 字节指令）或指令的第一个字节（多字节指令）中安排 1 至 2 位来区分是几字节指令，当安排 1 位时，用于区分是 1 字节指令或多字节指令，然后在指令的第 2 字节中再区分多字节指令的字节数；若安排 2 位，则有 4 种状态，可直接区分 1～4 字节指令。

5.7　清除 R_2 可采用下面任意一条指令。

指　　　　令	操 作 说 明
(1)　ADD　R_0,　　R_0,　R_2	$R_2 \leftarrow (R_0) + (R_0)$
(2)　SUB　R_2,　　R_2,　R_2	$R_2 \leftarrow (R_2) - (R_2)$
(3)　ADD　R_0,　imm(0),　R_2	imm(0) 为立即数 0，$R_2 \leftarrow (R_0) + 0$

5.8　(1) 8000H＋2000H＝A0000H
　　(2) 18000H＋1440H＝19440H

(3) $40000H-2H=3FFFEH$

5.9 A ②,B ③,C ⑧,D ①,E ④,F ⑤,G ⑥,其中 E、F、G 可以互换。当 PC 也作为寄存器时,相对寻址方式成立。

5.10 最主要优点:软件兼容。

　　　最主要缺点:指令字设计不尽合理,指令系统过于庞大。

5.11 略。

5.12 $[-Y]_{补}=10110$

　　　$[X+Y]_{补}=01111$,$X+Y=01111$,置 $N=0$,$V=0$,$Z=0$,$C=0$;

　　　$[X-Y]_{补}=11011$,$X-Y=-00101$,置 $N=1$,$V=0$,$Z=0$,$C=1$。

5.13 平均指令长度 $=0.35\times1+0.20\times2+0.11\times3+0.09\times4+0.08\times5+0.07\times6+$

　　　$0.04\times7+0.03\times8+0.02\times9+0.01\times9=3.05$ 位。

霍夫曼编码

指令	使用频率	指令码	指令	使用频率	指令码
I_1	0.35	0	I_6	0.07	111110
I_2	0.20	10	I_7	0.04	1111110
I_3	0.11	110	I_8	0.03	11111110
I_4	0.09	1110	I_9	0.02	111111110
I_5	0.08	11110	I_{10}	0.01	111111111

第 6 章

6.1 (1) a:数据缓冲寄存器 DR;　　　b:指令寄存器 IR;

　　　c:主存地址寄存器 AR;　　　d:程序计数器 PC。

(2) M→IR→微操作信号发生器

(3) 读:M→DR→ALU→AC;写:AC→DR→M

6.2 除取指之外各微指令编码如下(未列出下址部分,取指为第(1)条微指令):

　JMP　　(2) 0101,0001,0100,1000,0010,0××

　LOAD　(2) 0001,0001,0100,1000,0010,0××

　　　　　(3) 0000,0100,0000,0000,0001,110

　　　　　(4) 0000,0000,1001,1000,1000,0××

　STORE (2) 0001,0001,0100,1000,0010,0××

　　　　　(3) 0000,0000,1010,1000,0100,0××

　　　　　(4) 0000,0010,0000,0000,0001,111

注:×表示可为任意值,当 ADS=0 时,微指令最后两位不起作用。

6.3 时间关系图如下:

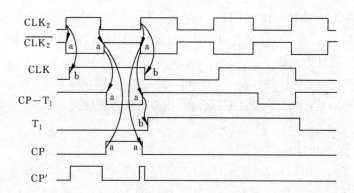

CP′的波形如上,宽度变窄,且有毛刺,不能用作工作脉冲。

6.4　A ④,B ③,C ④,D ②,E ①,F ②,G ①

6.5　以下是可供采用的方案之一。

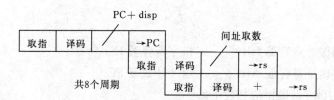

6.6　判别测试字段 4 位,下地址字段 9 位。微指令操作控制字段 48−4−9＝35 位。

6.7　提示:可参考下一题的答案。

6.8

取指	译码		PC+ disp →	→PC			间址取数	
				取指	译码		→rs	
	共8个周期				取指	译码	+	→rs

6.9　一般不会影响。

6.10　加 1 后的计数器编码与加 1 前相比,只允许改变 1 个触发器的值。以下设计的计数顺序不会使译码输出产生毛刺:

$$000 \to 001 \to 011 \to 010 \to 110 \to 111 \to 101 \to 100$$

今用 ABC 表示三位计数器,最低位 C 的输入表达式为:

$$\overline{AB}\overline{C}+\overline{A}BC+AB\overline{C}+ABC=\overline{A}B+AB$$

6.11　略。

6.12　(1) 4MIPS, (2) 2.67MIPS。

6.13　A ①,B ⑦,C ④

6.14　A ③,B ②

6.15　略。

6.16　JMPL 指令在流水线的执行段计算转移地址,下面是可供选择的一种流水线设计。

取指 n	译码 n	执行 n	写 n	— — — — — — — — JMPL指令
	取指 $n+1$	译码 $n+1$	执行 $n+1$	写 $n+1$
		取指 $n+2$	译码 $n+2$(取消)	执行 $n+2$(取消)	写 $n+2$(取消)
			取指 t	译码 t	执行 t	写 t

6.17 由 reset 信号设置 PC 的初始值。

6.18 下述公式中的每一项按字段顺序给出：

(1) 控制位数 $=3+3+2+4+4+3+3+1+4+4=31$ 位。

(2) 控制位数 $=4+6+3+11+9+5+7+1+8+15=69$ 位。

6.19 SPARC 采用硬布线控制逻辑,合理设计操作码可以简化逻辑控制电路。SPARC 的操作码有 8 位,但指令少于 256 条,因此可以不用某些操作码。其特点：操作码 I_7、I_6、$I_5=$ 100 表示算逻指令,$I_4=1$ 置状态位,$I_3=1$ 最低位加进位,I_2 控制 1 个操作数按原码 ($I_2=0$)或反码($I_2=1$)参与运算。以上这些特点简化了控制信号的逻辑表达式。

第 7 章

7.1 存储系统层次：cache——主存——辅存

或 寄存器组——cache——主存——辅存

存储介质： 寄存器——电路 cache——SRAM

主存——DRAM 辅存——磁表面存储

容量由小到大,速度由高到低。

7.2 主存:随机按字存取。

辅存:DMA 成组传送。

7.3 有 cache:平均访存时间

$=(10\text{ns}\times0.98+(10+100)\times0.02)+(10\text{ns}\times0.95+(10+100)\times0.05)\times1/5$

$=(9.8+2.2)+(9.5+5.5)/5$

$=12+3$

$=15\text{ns}$

无 cache:平均访存时间 $=100\times1+100\times1/5=120\text{ns}$

速度提高倍数 $=120\text{ns}/15\text{ns}=8$ 倍

7.4 $120\text{ns}/12\text{ns}=10$ 倍

7.5 (1) 主存地址 21 位

主存高位地址(区号)	组号	块号	块内地址	字节
7	7	2	3	2

组号为 cache 地址,区号＋块号为 cache 中的标记

(2) $10/11=91\%$ （命中率）

$11\times5/(10\times1+1\times5)=55/15=3.67$ 倍

7.6 (1) 0； (2) 15ns。

7.7 (1) cache 地址 11 位，主存地址 18 位，4 路组相联。

(2) 区号 7 位，组号 4 位，块号 2 位，块内地址 5 位。

7.8 (1)，(4)

7.9 有虚存用户编程时不用考虑允许使用的主存容量，无虚存则应考虑。

7.10 虚拟地址 30 位，物理地址 22 位；虚拟地址；页表长度 2^{18}。

7.11 (1) 80324H；(2) 96128H；(3) 去主存查找，有可能需重新分配。

7.12 (1) 主存为 3 页面时的调页情况如下表所示：

页面请求		3	4	2	6	4	3	7	4	3	6	3	4	8	4	6
LRU	③	3	3	3	4	2	6	4	3	7	4	4	6	3	3	8
	②	/	4	4	2	6	4	3	7	4	3	6	3	4	8	4
	①	/	/	2	6	4	3	7	4	3	6	3	4	8	4	6
	命中	×	×	×	×	✓	×	×	✓	✓	×	✓	✓	×	✓	×
FIFO	③	3	3	3	4	4	2	6	3	3	7	4	4	6	3	8
	②	/	4	4	2	2	6	3	7	7	4	6	6	3	8	4
	①	/	/	2	6	6	3	7	4	4	6	3	3	8	4	6
	命中	×	×	×	×	✓	×	×	×	✓	×	×	✓	×	×	×

采用 LRU 算法的命中率为 6÷15＝40％，采用 FIFO 算法的命中率为 3÷15＝20％。

(2) 主存页面为 4 时的调页情况如下表所示：

页面请求		3	4	2	6	4	3	7	4	3	6	3	4	8	4	6
LRU	④	3	3	3	3	3	2	6	6	6	7	7	7	6	6	3
	③	/	4	4	4	2	6	4	3	7	4	4	6	3	3	8
	②	/	/	2	2	6	4	3	7	4	3	6	3	4	8	4
	①	/	/	/	6	4	3	7	4	3	6	3	4	8	4	6
	命中	×	×	×	×	✓	✓	×	✓	✓	✓	✓	✓	×	✓	✓
FIFO	④	3	3	3	3	3	3	4	4	2	2	2	6	7	7	3
	③	/	4	4	4	4	4	2	2	6	6	6	7	3	3	4
	②	/	/	2	2	2	2	6	6	7	7	7	3	4	4	8
	①	/	/	/	6	6	6	7	7	3	3	3	4	8	8	6
	命中	×	×	×	×	✓	✓	×	✓	×	✓	✓	×	×	✓	×

采用 LRU 算法的命中率为 9÷15＝60％，采用 FIFO 算法的命中率为 6÷15＝40％。

(3) 以上得出的命中率是访存改变页面时的命中率，根据局部性原理，在某页调入主

存后，一般 CPU 会访问该页很多次(每次都命中)，所以 CPU 访问主存的命中率
会大大超过上述的数据。

7.13 相联存储器芯片中还有大量逻辑电路。

7.14 A—①；B—③；C—③。

第 8 章

8.1 各记录方式写电流波形如下图所示。

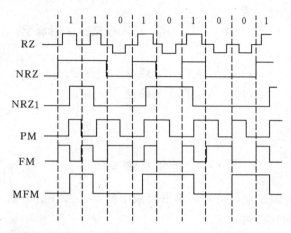

有自同步能力：RZ，PM，FM，MFM。

8.2

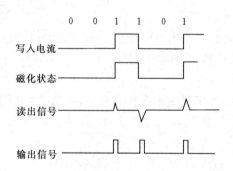

8.3 $t_B = t_s + \dfrac{60}{2r} + 60\,\dfrac{n}{rN}$

8.4 减少浮动磁头的浮动高度，采用 MR 磁头和 MFM(改进调频制)记录方式，或其他
途径。

8.5 (1) 20；(2) 1650；(3) 48.5KB，1.6GB；(4) 1.94MB/s。

(5) 磁盘地址 21 位：存储面号(5 位)，磁道号(11 位)，扇区号(5 位)。

(6) 同一柱面。

8.6 参阅本书 8.3.4 节。

8.7 (1) 记录位密度 64B/mm；(2) 最大有效容量 23.2MB。

8.8 不可以随机存取数据，因为找到存放数据处需要很长时间，适宜于成批传送数据。

突出的优点：硬盘速度快，光盘和软盘的盘片可替换，磁带容量大、便宜且可替换。

适用场合：硬盘是做主存的后援；光盘保存资料、文献档案，支持多媒体技术；磁带作为海量后备或数据迁移之用；软盘用于输入输出传递及小容量备份，但已被淘汰。

共同的发展趋势是提高容量和速度，降低价格，减小体积。

8.9   (1) A：驱动器、控制器和盘片   B：驱动器   C：控制器   D：盘片

     (2) A：快速精确的磁头定位

        B：带动盘片按额定转速稳定地旋转

        C：寻址操作、磁头选择、写电流控制、读出放大、数据分离

     (3) A：主机   B：驱动器

     (4) A：大且重   B：低   C：长   D：擦除、写入和检验   E：低于

8.10   CRC 校验码。

8.11   (1) 寄存器组——cache——主存——硬盘——磁带。

     (2) 寄存器组——cache——主存——硬盘——磁带。

     (3) 略。

8.12   参阅本书 8.6 节。

第 9 章

9.1   本章讲到的输入输出设备可查阅本书目录中的第 9 章各节标题。相关的设备还应有移动通信设备和互联网。

9.2   参阅 9.3.1 节和 9.3.3 节。

9.3   参阅 9.3.2 节。

9.4   参阅 9.3.2 节。

9.5   行频为 38400；每像素允许读出时间小于 $1 \div (38400 \times 1024) = 0.0254(\mu s)$。若考虑以 32 个像素为单位存取，其读出时间也须小于 $0.8\mu s$。

9.6   参阅表 9.2。

9.7   提示：工作原理不同，外形及重量有很大差别，限制了 CRT 的使用场合。

9.8   A ①，B ②，C ①，D ④，E ③，F ③，G ②，H ③，I ③，J ②

9.9   参阅 9.4.1 节。

9.10   A ④，B ②，C ②，⑤或⑥，D ③，E ④，F ②，G ③

第 10 章

10.1   (1) A ②和③，B ③，C ①

     (2) A ①，B ③，C ②，D ④，E ①，F ②，G ②

     (3) A ③，B ④

10.2   参阅图 10.5 和图 10.3。

10.3   参阅图 10.2 中断处理过程和相关的说明。

10.4   非流水线 CPU 在当时正在执行的指令完成后，立即响应中断，而流水线 CPU 则会遇到一些问题，处理方法参考 6.5 节中的"程序转移对流水线的影响"。

10.5   作用：当处理某级中断时，屏蔽本级和更低级的中断；改变中断源的优先级。

     能实现图 10.4 处理过程的中断级屏蔽位有好几种，现仅列出一种，如下表所示。

中断处理程序级别	中断级屏蔽位			
	1级	2级	3级	4级
第1级	1	1	1	1
第2级	0	1	1	1
第3级	0	0	1	1
第4级	0	0	0	1

10.6　A ③,B ②

10.7　不可。请求中断的周期可为 $25\mu s$,而处理一次中断要用 $40\mu s$,因此会失去数据。

10.8　A ①,B ②

10.9　参阅 10.3.2 节。

10.10　图 10.7 表示 DMA 处理过程、预处理和后处理由软件实现,第二阶段由硬件完成。

10.11　最大数据传输率为 400KB/s。

直接从移位寄存器送回数据的方案不能正确工作。因为移位寄存器保存一个字的时间仅为 $5\mu s\div 16=0.3\mu s$,而等待时间可能达 $3\mu s$,所以有可能失去数据。

改进方法:再设置一个发送寄存器,每当移位寄存器内为一个字时就将其内容送发送寄存器保存,由发送寄存器送回数据。这个寄存器保存一个字的最短时间为 $5\mu s$。

10.12　(1) 主程序应先启动磁盘驱动器。转速正常后,接口向 CPU 发中断,由中断服务程序实现向接口发送设备地址、主存缓冲区地址、字数(1K)等预处理工作。找道和等待磁盘转到访问的扇区后,通过接口发出 1K 个 DMA 请求,传送 1K 字后,接口向 CPU 发中断,由中断服务程序实现停止磁盘工作等后处理工作。

(2) 可计算出数据传输率为 400KB/s,即每 16 位数据保持最短时间为 $5\mu s$,故指令结束时响应 DMA 可能丢失数据。应使每个周期都可以响应 DMA。

10.13　(3) 正确。

10.14　略。

10.15　略。

10.16　计算机内部数据是并行传送的。

10.17　解决总线数据传送的"瓶颈"问题。

10.18　参阅 10.5.2 节总线通信中有关"并行通信和串行通信"的讨论。

10.19　并行接口有 ATA、SCSI。串行接口有 USB、IEEE 1394、SATA、SAS、ISCSI、FC、InfiniBand。

10.20　参阅 10.7 节。

第 11 章

11.1　A ①,B ③,C ②,D ②,E ②,F ③,G ②

11.2　(2) 有错。最高层为应用层,由应用程序实现;最底层为物理层,由硬件实现。

(3) 有错。客户机的应用层主要接收和处理用户的需求,服务器的应用层不直接与用户接触,要求完成的功能由网络下层送来。

11.3　参阅 11.3 节。

11.4 　A：存储；B：处理；C：海量；D：数据；E：设备；F：365；G：24；H：不泄漏。

11.5 　A：互联网；B：RFID；C：正在移动物体；D：网络层；E：应用层。

11.6 　A：互联网；B：浏览器；C：软件即服务；D：平台即服务；E：基础设施即服务；F：私有云；G：公有云。

11.7 　参阅 11.6 节。

11.8 　参阅 11.6 节。

第 12 章

12.1 　(1)、(2)、(5) 是正确的。

12.2 　笔记本电脑相对于台式微机体积小、重量轻、省电,因此其主存、外存容量较小,连接的 I/O 设备较少,在芯片方面,有专门为之设计的节能芯片,一般带有电源管理功能。平板电脑体积更小,重量更轻,以触摸屏作为基本输入设备,使用者以触笔或手指进行操作。参阅 12.2.1 节。

12.3～12.8 　略。

12.9 　设有向量指令和向量数据表示的计算机称为向量计算机。它的运算单元一般采用流水线结构。要求存储器能足够快提供运算数据和接收运算结果。

12.10 　分成各处理机具有局部存储器、共享存储器和只有共享存储器两类。具有局部存储器的多处理机可减少访存冲突。

12.11 　在传统计算机上先算 $A(1)=B(1)+C(1)$,再算 $A(2)=B(2)+C(2)$,…,$A(n)=B(n)+C(n)$,这几步是顺序执行的,并通过循环程序来完成。在向量计算机上,设置有向量指令,用一条向量加指令,按流水线运算规则操作,即可取得结果。

12.12～11.14 　略。

12.15 　A ③,B ①,C ②,D ④,E ⑤,C、D、E 位置可互换。

12.16 　(2)。

12.17 　参阅 12.2.2 节和 12.2.3 节。

12.18 　参阅 12.4.3 节。

12.19
```
ENTITY full-adder is
  port(IN1,IN2,CIN:in bit;
       Sum,COUT:out bit);
  end full-adder;
ARCHITECTURE behavior of full-adder is
begin
  process (IN1,IN2,CIN)
    varible Sum1,CN1,CN2:bit;
  begin
      Sum1<=IN1 xor IN2;
      CN1<=IN1 and IN2;
      Sum<=Sum1 xor CIN;
      CN2<=Sum1 and CIN;
      COUT<=CN1 or CN2;
    end process;
  end behavior;
```

参 考 文 献

1. 王爱英.计算机组成与结构. 4 版.北京:清华大学出版社,2007.

2. John L Hennessy, David A Patterson. Computer Architecture—A Quantitative Approch. Morgan Kaufmann Publishers, Inc. ,1990.

3. William Stallings. Computer Organization and Architecture, Design for Performance.计算机组织与结构,性能设计. 4 版.北京:清华大学出版社, Prentice Hall,1997.

4. 王爱英. 计算机组成与结构(第 4 版)习题详解与实验指导. 北京:清华大学出版社,2007.

5. 张效祥.计算机科学技术百科全书.北京:清华大学出版社,1990.

6. 李勇,裘式纲, 等.计算机原理与设计. 修订本. 长沙:国防科技大学出版社,1989.

7. 王尔乾.数字逻辑及数字集成电路. 2 版.北京:清华大学出版社,2002.

8. 苏东庄.计算机系统结构.北京:国防工业出版社,1984.

9. 孙强南,孙昱东.计算机系统结构.北京:科学出版社,1992.

10. 葛本修.计算机组织与结构.北京:北京航空航天大学出版社,1992.

11. 俸远祯,阎慧娟.计算机组成原理. 修订本.北京:电子工业出版社,1995.

12. 杨天行.计算机技术.北京:国防工业出版社,1999.

13. 郑纬民,汤志忠.计算机系统结构. 2 版.北京:清华大学出版社,1998.

14. 张尧学,等.计算机网络与 Internet 教程. 2 版.北京:清华大学出版社,2006.

15. 胡道元.计算机局域网. 4 版.北京:清华大学出版社,2010.

16. 吴功宜.计算机网络与互联网技术研究、应用和产业发展.北京:清华大学出版社,2008.

17. 赵继文. 非击打式打印机结构原理与维修. 北京:人民邮电出版社,1998.

18. 林福宗. VCD 与 DVD 技术基础. 北京:清华大学出版社,1998.

19. 王爱英. 计算机组成与结构课程辅导. 北京:清华大学出版社,2004.

20. 李保红. 微型计算机组织与接口技术. 北京:清华大学出版社,2005.

21. 马群生,等. 微计算机技术. 北京:清华大学出版社,2001.

22. 樊孝忠,等. 计算机应用基础. 4 版. 北京:北京理工大学出版社,2003.

23. 杨之廉,申明. 超大规模集成电路设计方法学导论. 2 版. 北京:清华大学出版社,1999.

24. The SPARC Architecture Manual. Sun Microsystems Corp. , 1992.

25. SPARC™ MB86901 (S25) High Performance 32-bit RISC Processor. Fujitsu Corp. , 1989.

26. Harlan McGhan. Ultra SPARC Ⅳ+ Processor Architecture Overview. Sun Microsystems Inc. , 2006.

27. 王爱英,等. 智能卡技术. 3 版. 北京:清华大学出版社,2009.

28. 杭州华三通信技术有限公司.新一代网络建设理论与实施.北京:电子工业出版社,2011.

29. 维基百科(http://zh. wikipedia. org/),词条:客户机/服务器,浏览器/服务器.

30. 百度百科(http://baike. baidu. com/),词条:数据中心,云计算.

清华大学计算机系列教材

书名	作者	定价
数据结构习题解析(第 2 版)	殷人昆、王宏	
程序设计基础(第 3 版)	吴文虎	33
计算机局域网(第 4 版)	胡道元	32
基于 VHDL 语言的微机接口电路设计	赵世霞、谭耀麟	39.5
实用软件工程(第三版)	殷人昆、郑人杰 等	32
计算机网络(第 2 版)	胡道元	39
网络安全(第 2 版)	胡道元	43
数据结构(C 语言版)(有盘)	严蔚敏	30
数据结构(C 语言版)(无盘)	严蔚敏	22
数据结构题集(C 语言版)	严蔚敏	16
微型计算机技术及应用(第 4 版)	戴梅萼、史嘉权	36
微型计算机技术及应用习题、实验题与综合训练题集(第 4 版)	戴梅萼、史嘉权	17
计算机组成与结构(第 4 版)	王爱英	39
计算机组成与结构(第 4 版)习题详解与实验指导	王爱英	18
MPI 并行程序设计实例教程	张武生、薛巍 等	39
数据结构(用面向对象方法与 C++语言描述)第二版	殷人昆	39
编译原理(第二版)	张素琴	35
编译原理课程辅导	张素琴	18
计算机系统结构(第 2 版)	郑纬民、汤志忠	42
IBM PC 汇编语言程序设计(第二版)	沈美明	34.8
80x86 汇编语言程序设计	沈美明	46
计算机图形学(第 3 版)	孙家广	39
计算机图形学基础教程(第 2 版)	孙家广、胡事民	23
多媒体技术基础(第 3 版)	林福宗	53
多媒体技术教程	林福宗	33
多媒体技术课程设计与学习辅导	林福宗	25
计算机组成与设计(第 3 版)	王诚	35
计算机组成与设计(第 3 版)实验指导	王诚	27
程序设计基础(第 2 版)	吴文虎	28
程序设计基础(第 2 版)习题解答与上机指导	吴文虎	19
图论与代数结构	戴一奇	12.9
数理逻辑与集合论(第 2 版)	石纯一	18
数理逻辑与集合论(第 2 版)精要与题解	王宏	16
信号处理原理	郑方	26
人工智能导论	林尧瑞、马少平	16
数字逻辑与数字集成电路(第 2 版)	王尔乾	29
计算机网络与 Internet 教程(第 2 版)	张尧学	28
系统分析与控制	孙增圻	17.5
电子商务软件技术教程(第 2 版)	王克宏 等	23